신경향

지적측량실무

황보상원 | 안병구 | 이영수 공저

세진사

머리말

지적은 국가의 구성요소 중 하나로 전국토에 대한 물리적 현황 및 법적권리관리 등을 등록·공시하고 이를 이용, 관리, 활용하는 제도이다. 지적측량은 토지를 지적공부에 등록하거나 등록된 경계점을 지상에 복원하기 위하여 필지의 경계 또는 좌표와 면적을 정하는 측량으로 이를 통하여 효율적인 토지관리 및 소유권보호에 기여함을 목적으로 하고 있다.

모든 측량이 그러하듯 지적측량 역시 현장측량인 외업과 현장측량 결과를 계산하는 내업으로 구분되며, 측량성과의 정확성을 높이기 위해 정확한 현장측량과 계산이 매우 중요하다.

최근 지적정보는 GIS(지리정보시스템)뿐만 아니라 모든 공간정보에서 가장 중요한 기초자료로 활용되고 있으며 큰 비중을 차지하고 있다. 그러므로 본서는 지적측량에 있어 필수적으로 필요한 현장측량 및 계산을 공간정보 구축 및 관리 등에 관한 법률에 의한 공식과 서식을 바탕으로 대학에서 지적측량관련 공부를 하는 학생들과, 자격증 공부를 하는 수험생 및 지적측량 현업에 종사하는 실무자들을 위하여 편찬하게 되었다.

이 책은 다년간 지적실무분야에 종사하면서 얻은 실무지식과 대학에서 수년간 강의를 하면서 정리해 둔 교안을 기초로 하였으나, 지적측량이 갖고 있는 기속측량 특성으로 인하여 범위의 제한성을 고려하였으며, 지적측량을 처음 접근하는 모든 이들에게 쉽게 이해할 수 있도록 내용을 구성하였다.

아무쪼록 이 책을 통하여 지적측량실무를 쉽게 이해하고 효율적인 토지관리 및 소유권 보호에 많은 보탬이 되었으면 하는 바이다. 앞으로도 미진한 부분에 대한 지속적인 연구와 검토를 통하여 추후 수정·보완하여 편찬할 것을 약속드리며, 아울러 여러분들의 충고와 조언을 부탁드린다.

끝으로, 본서를 출판하는데 도움을 주신 도서출판 세진사 문형진 사장님께 감사의 마음을 전하며, 이 책을 탐독하는 모든 이에게 좋은 열매의 결실이 맺어질 수 있기를 기원한다.

공 학 박 사 **황보 상원** 외
지적 기술사 저자 일동

차례

1장 지적삼각측량

1 사각망조정

(1) 사각망조정 계산

1) 조건식 수 계산

① 각 조건식 수 : $S-P+1=6-4+1=3$

② 변 조건식 수 : $B+S-2P+2=1+6-2\times4+2=1$

③ 점 조건식 수 : $W-l+1=0$

④ 총 조건식 수 : $a-2p+3+B=8-2\times4+3+1=4$

여기서, S : 변의 총 수

P : 삼각점 수

B : 기선 수

W : 한 점 주위의 각 수

l : 한 점 주위의 변 수

a : 관측각 수

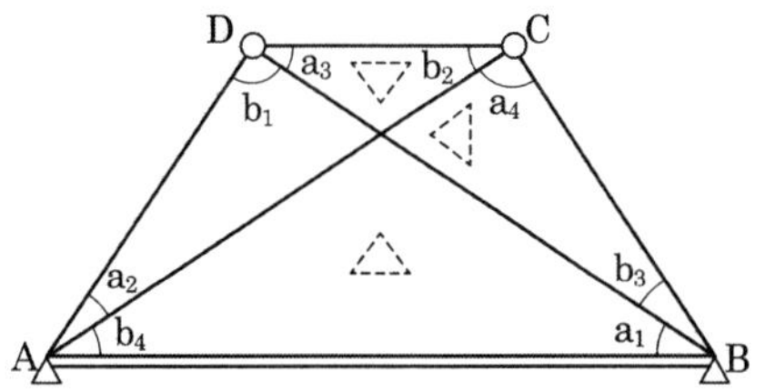

2) 기지점 역계산

$$거리 = \sqrt{\Delta x^2 + \Delta y^2}$$

$$방위 = \theta = \tan^{-1}\frac{\Delta y}{\Delta x}(상한)$$

$$\begin{aligned} 방위각 &= \theta\ (1상한) \\ &= 180 - \theta\ (2상한) \\ &= 180 + \theta\ (3상한) \\ &= 360 - \theta\ (4상한) \end{aligned}$$

3) 각도방정식

① 삼각규약

$$(a_1 + b_4) - (a_3 + b_2) = e_1$$
$$(a_2 + b_1) - (a_4 + b_3) = e_2$$

여기서 발생한 오차 e_1과 e_2는 각각 4개의 각이므로 오차배부는 $\frac{e_1}{4}$과 $\frac{e_2}{4}$가 된다.

따라서 e_1이 $-$일 경우 a_1과 b_4에는 $+$로, a_3와 b_2에는 $-$로
e_1이 $+$일 경우 a_1과 b_4에는 $-$로, a_3와 b_2에는 $+$로 배부하고
e_2이 $-$일 경우 a_2과 b_1에는 $+$로, a_4와 b_3에는 $-$로
e_2이 $+$일 경우 a_2과 b_1에는 $-$로, a_4와 b_3에는 $+$로 배부한다.

② 망규약 : 기하학에서 사각형의 내각의 합은 $(n-2)180°$로서 360°가 된다.

$$a_1 + b_4 + a_2 + b_1 + a_3 + b_2 + a_4 + b_3 = 360°$$

즉, $a_1 + b_4 + a_2 + b_1 + a_3 + b_2 + a_4 + b_3 - 360° = 0°$가 되어야 한다. 하지만, 장비·관측 등의 이유로 작은 오차 ε가 생기게 된다.

$$a_1 + b_4 + a_2 + b_1 + a_3 + b_2 + a_4 + b_3 - 360° = \varepsilon$$

$$\varepsilon = -\frac{\varepsilon}{8}$$

각 오차는 8개의 관측각에 각각 균등하게 배부한다.

4) 변방정식

사각망에서 기선 AB에서 시작하여 시계방향으로 계산, 다시 AB에 도착하면 기선의 길이는 일치하여야 한다.

△ABD에서

$$\frac{AD}{\sin a_1} = \frac{AB}{\sin b_1} \qquad \therefore\ AD = \frac{AB \times \sin a_1}{\sin b_1}$$

△ACD에서

$$\frac{CD}{\sin a_2} = \frac{AD}{\sin b_2} \qquad \therefore\ CD = \frac{AB \times \sin a_2}{\sin b_2}$$

$$= \frac{\sin a_1 \cdot \sin a_2 \cdot AB}{\sin b_1 \cdot \sin b_2}$$

△DCB에서

$$\frac{BC}{\sin a_3} = \frac{CD}{\sin b_3} \qquad \therefore\ BC = \frac{CD \times \sin a_3}{\sin b_3}$$

$$= \frac{\sin a_1 \cdot \sin a_2 \cdot \sin a_3 \cdot AB}{\sin b_1 \cdot \sin b_2 \cdot \sin b_3}$$

△ABC에서

$$\frac{AB}{\sin a_4} = \frac{BC}{\sin b_4} \qquad \therefore\ AB = \frac{BC \times \sin a_4}{\sin b_4}$$

$$= \frac{\sin a_1 \cdot \sin a_2 \cdot \sin a_3 \cdot \sin a_4 \cdot AB}{\sin b_1 \cdot \sin b_2 \cdot \sin b_3 \cdot \sin b_4}$$

$$\therefore\ \frac{\sin a_1 \cdot \sin a_2 \cdot \sin a_3 \cdot \sin a_4}{\sin b_1 \cdot \sin b_2 \cdot \sin b_3 \cdot \sin b_4} = \frac{AB}{AB} = 1$$

다시 고쳐 쓰면 $\frac{\pi \sin a}{\pi \sin b} = 1$이 된다. (여기서 문자기호 π는 이집트 고대언어로 한 묶음으로 있는 숫자 또는 기호 등을 거듭(또는 계속) 곱한다는 뜻임)

① E_1의 계산

$$E_1 = \frac{\pi \sin a}{\pi \sin b} - 1$$

※ 각각의 sin 값을 계산한 후 변규약의 sin란에 기입한 후 $\sin a$, $\sin b$의 값을 모두 곱하여 E_1을 구한다.

② E_2의 계산

$$E_2 = \frac{\pi \sin a'}{\pi \sin b'} - 1$$

> sin 값의 초차 △는 sin$a$와 sin$b$에 대한 변규약 경정수 등을 산출하기 위한 sin 1"에 대한 변화량으로서 sin 1"값이 미소하므로 10"에 대한 값으로 계산한다.

③ $\triangle a, \triangle b$의 계산

$\triangle a = \sin 10'' \times \cos a_1$
$\triangle b = \sin 10'' \times \cos b_1$

> 여기서(sin10"=48.4814) 소숫점 이하 6자리까지 구하기 위해 10^6을 곱한 값
> $\triangle a, \triangle b = 48.4814 \times \cos a$ 또는 $\cos b$

$\therefore\ \triangle a_1 = 48.4814 \times \cos a_1$
$\triangle b_1 = 48.4814 \times \cos b_1$
$\vdots \quad \vdots \quad \vdots$

> $\pi \sin a > \pi \sin b$ 이면 E_1값이 (+)이므로 sin$a$에는 $-\triangle a$, sin$b$에는 $+\triangle b$로 조정하여 sin$a$', sin$b$'를 구한다.

④ 경정수계산

$$x_1'' = \frac{10'' \times E_1}{|E_1 - E_2|} \qquad x_2'' = \frac{10'' \times E_2}{|E_1 - E_2|}$$

검산$=|x_1'' - x_2''| = 10''$

E_1이 (+)인 경우	E_1이 (−)인 경우
α값에는 $(-)x_1''$를 보정 β값에는 $(+)x_1''$를 보정	α값에는 $(+)x_1''$를 보정 β값에는 $(-)x_1''$를 보정

5) 변장 계산

$$\text{변장} = \frac{\sin \text{소구변 대각}}{\sin \text{기지변 대각}} \times \text{기지변}$$

①번 삼각형

A → D $\quad l = \dfrac{\sin a_1}{\sin b_1} \times \text{기지변}(\overline{AB})$

B → D $\quad l = \dfrac{\sin r_1}{\sin b_1} \times \text{기지변}(\overline{AB})$

②번 삼각형

$$D \rightarrow C \quad l = \frac{\sin a_2}{\sin b_2} \times \text{기지변}(\overline{AD})$$

$$A \rightarrow C \quad l = \frac{\sin a_1}{\sin b_1} \times \text{기지변}(\overline{AB})$$

③번 삼각형

$$C \rightarrow B \quad l = \frac{\sin a_3}{\sin b_3} \times \text{기지변}(\overline{DC})$$

$$D \rightarrow B \quad l = \frac{\sin r_3}{\sin b_3} \times \text{기지변}(\overline{DC})$$

④번 삼각형

$$B \rightarrow A \quad l = \frac{\sin a_4}{\sin b_4} \times \text{기지변}(\overline{CB})$$

$$C \rightarrow A \quad l = \frac{\sin r_4}{\sin b_4} \times \text{기지변}(\overline{CB})$$

6) 방위각 계산

① 삼각형 $V_A^D = V_A^B - r_1$

$$V_B^D = (V_A^B \pm 180) + a_1$$

②, ③, ④번도 동일한 방법으로 계산한다.

7) 종·횡선 좌표계산

①번 삼각형에서 D의 계산

㉠ A → D

$$x_1 = A_x + \text{변장}(\overline{AD}) \times \cos V_A^D$$

$$y_1 = A_y + \overline{AD} \times \sin V_A^D$$

㉡ B → D

$$x_2 = B_x + \text{변장}(\overline{BD}) \times \cos V_B^D$$

$$y_2 = B_y + \text{변장}(\overline{BD}) \times \sin V_B^D$$

㉢ D의 좌표

$$D_x = (x_1 + x_2) \div 2$$

$$D_y = (y_1 + y_2) \div 2$$

②번 삼각형에서 C의 계산

㉠ D → C

$x_1 = D_x +$ 변장$(\overline{DC}) \times \cos V_D^C$

$y_1 = D_y +$ 변장$\times \sin V_D^C$

㉡ A → C

$x_2 = A_x +$ 변장$(\overline{AC}) \times \cos V_A^C$

$y_2 = A_y +$ 변장$\times \sin V_A^C$

③번 삼각형에서 B의 계산

㉠ C → B

$x_1 = C_x +$ 변장$(\overline{CB}) \times \cos V_C^B$

$y_1 = C_y +$ 변장$\times \sin V_C^B$

㉡ D → B

$x_2 = D_x +$ 변장$(\overline{DB}) \times \cos V_D^B$

$y_2 = D_y +$ 변장$\times \sin V_D^B$

㉢ B의 좌표

$B_x = (x_1 + x_2) \div 2$

$B_y = (y_1 + y_2) \div 2$

④번 삼각형에서 A의 계산

㉠ B → A

$x_1 = B_x +$ 변장$(\overline{BA}) \times \cos V_B^A$

$y_1 = B_y +$ 변장$\times \sin V_B^A$

㉡ C → A

$x_2 = C_x +$ 변장$(\overline{CA}) \times \cos V_C^A$

$y_2 = C_y +$ 변장$\times \sin V_C^A$

㉢ A의 좌표

$A_x = (x_1 + x_2) \div 2$

$A_y = (y_1 + y_2) \div 2$

QUESTION Q 예제

01 지적삼각측량을 사각망으로 실시하여 다음과 같은 결과를 얻었다. 경기11과 경기12의 좌표를 계산하시오.

관측내각

점 명	각 명	관측내각
서울2	a_1	48°31′50.1″
경기11	b_1	40°35′17.7″
서울1	a_2	63°36′14.1″
경기12	b_2	53°03′57.3″
경기11	a_3	22°44′29.1″
서울2	b_3	55°12′56.5″
경기12	a_4	48°58′35.3″
서울1	b_4	27°16′36.9″

기지좌표

점 명	x좌표	y좌표
서울1	446,352.57	205,428.05
서울2	451,123.21	202,167.49

359°59′57″−360°=−3″

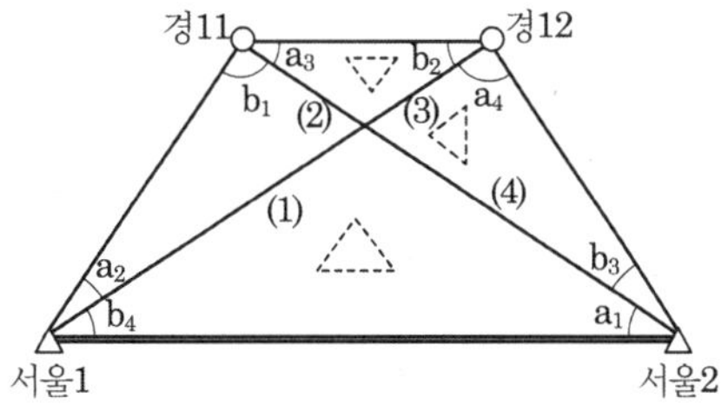

ANSWER & EXPLANATION

1. 각(규약) 조정

1) 망규약

① $a_1+b_1+a_2+b_2+a_3+b_3+a_4+b_4-360° = \varepsilon$

48°31′50.1″+40°35′17.7″+63°36′14.1″+53°03′57.3″+22°44′29.1″+55°12′56.5″+48°58′35.3″+27°16′36.9″−360°=−3″

$\varepsilon=\frac{\varepsilon}{8}=\frac{3}{8}$=+0.375 ≒ +0.4″

각 오차 ε를 a, b에 +0.4″씩 배부하면 +3.2″가 된다. 0.2″가 크게 배부되므로 90°에 가까운 a_2와 b_3에 감하여 +3″가 되도록 배부

2) 삼각규약

① $(a_1+b_4)-(a_3+b_2)=e_1$

75°48′27″−75°48′26.4″=+0.6″

$\frac{e_1}{4}=\frac{0.6}{4}=0.2(a_1,\ b_4=-0.2'',\ a_3,\ b_2=+0.2'')$

② $(a_2+b_1)-(a_4+b_3)=e_2$

104°11′31.8″−104°11′31.8″ = 0 (조정값이 없다. 0이면)
e_1값이 +이면 큰 값에 (−)부호, 작은 값에 (+)부호

※ e_1과 e_2에서 0.2″ 정도 차이가 발생하여도 후속 계산에 지장이 없다.

2. 변(규약) 조정

1) E_1의 계산

$$E_1=\frac{\sin a_1\cdot\sin a_2\cdot\sin a_3\cdot\sin a_4}{\sin b_1\cdot\sin b_2\cdot\sin b_3\cdot\sin b_4}-1$$

$$=\frac{0.749310\times0.895743\times0.386575\times0.754441}{0.650620\times0.799329\times0.821306\times0.458292}-1$$

$$=\frac{\pi\sin a}{\pi\sin b}-1=\frac{0.195751}{0.195749}-1=+0.000010$$

2) E_1을 조정하기 위해 sin 값의 표차(△)를 구하여 변규약오차를 조정한다.

△=sin10″×cos$a$(또는 b)

=48.4814×cos48°31′50.3″=32

=48.4814×cos40°35′18.1″=37

=48.4814×cos63°36′14.4″=22

=48.4814×cos53°03′57.9″=29

여기서 $\pi\sin a>\pi\sin b$이니까 sin$a$에는 $-\Delta a$, sin$b$에는 $+\Delta b$로 기재한다. sin$a$, sin$b$ 값에서 Δa와 Δb를 부호에 따라 가감하면 sina', sinb'의 값을 구한다.

3) E_2의 계산

$$E_2=\frac{\sin a_1'\cdot\sin a_2'\cdot\sin a'_3\cdot\sin a_4'}{\sin b_1'\cdot\sin b_2'\cdot\sin b_3'\cdot\sin b_4'}-1$$

$$=\frac{0.749278\times0.895721\times0.386530\times0.754409}{0.650657\times0.799358\times0.821334\times0.458335}-1$$

$$= \frac{\pi \sin a'}{\pi \sin b'} - 1 = \frac{0.195707}{0.195793} - 1 = -0.000439$$

$$|E_1 - E_2| = |+10-(-439)| = 449$$

4) 경정수(x_1'', x_2'')의 계산 및 검산

$$x_1'' = \frac{10'' \times E_1}{|E_1 - E_2|} = \frac{10'' \times 10}{449} = +0.2$$ → 변 규약 경정수

$$x_2'' = \frac{10'' \times E_2}{|E_1 - E_2|} = \frac{10'' \times (-439)}{449} = -9.8$$ → 변 규약 경정수를 검산하기 위한 계수

검산 $x_1'' - x_2'' = 0.2-(-9.8) = 10''$

E_1이 (+)인 경우	E_1이 (−)인 경우
α값에는 $(-)x_1''$를 보정 β값에는 $(+)x_1''$를 보정	α값에는 $(+)x_1''$를 보정 β값에는 $(-)x_1''$를 보정

5) 변규약조정각

①번 삼각형의 r_1 각은 a_2+b_4=63°36'14.2''+27°16'37.3''=90°52'51.5''

②번 삼각형의 r_2r각은 a_3+b_1=22°44'29.5''+40°35'18.3''=63°19'47.8''

③번 삼각형의 r_3 각은 a_4+b_2=48°58'35.5''+53°03'58.1''=102°02'33.6''

④번 삼각형의 r_4 각은 a_1+b_3=48°31'50.1''+55°12'57.0''=103°44'47.1''

3. 변장 계산

$$\text{소구변} = \frac{\text{기지변} \times \text{소구변 대각의 sin}}{\text{기지변 대각의 sin}}$$

서울1=A, 서울2=B, 경기11=C, 경기12=D

기지변 AB= $\sqrt{\Delta x^2 + \Delta y^2}$

$$= \sqrt{(446352.57 - 451123.21)^2 + (205428.05 - 202167.49)^2}$$

$$= 5778.43$$

①번 삼각형

$$\text{AC} = \frac{AB \times \sin a_1}{\sin b_1} = \frac{5778.43 \times \sin 48°31'50.1''}{\sin 40°35'18.3''} = 6654.92$$

$$\text{BC} = \frac{AB \times \sin r_1}{\sin b_1} = \frac{5778.43 \times \sin 90°52'51.5''}{\sin 40°35'18.3''} = 8880.36$$

②번 삼각형

$$\text{CD}=\frac{AC\times\sin a_2}{\sin b_2}=\frac{6654.92\times\sin 63°36'14.2''}{\sin 53°03'58.1''}=7457.62$$

$$\text{AD}=\frac{AC\times\sin r_2}{\sin b_2}=\frac{6654.92\times\sin 63°19'47.8''}{\sin 53°03'58.1''}=7439.83$$

③번 삼각형

$$\text{DB}=\frac{CD\times\sin a_3}{\sin b_3}=\frac{7457.62\times\sin 22°44'29.5''}{\sin 55°12'57''}=3510.17$$

$$\text{CB}=\frac{CD\times\sin r_3}{\sin b_3}=\frac{7457.62\times\sin 102°02'33.6''}{\sin 55°12'57''}=8880.35$$

④번 삼각형

$$\text{BA}=\frac{DB\times\sin a_4}{\sin b_4}=\frac{3510.17\times\sin 48°58'35.5''}{\sin 27°16'37.3''}=5778.43$$

$$\text{DA}=\frac{DB\times\sin r_4}{\sin b_4}=\frac{3510.17\times\sin 103°44'47.1''}{\sin 27°16'37.3''}=7439.84$$

4. 방위각 계산

1) 기지점의 방위각 및 거리 계산

$$V_A^B=\tan^{-1}\frac{\Delta y}{\Delta x}=\tan^{-1}\frac{(y_B-y_A)}{(x_B-x_A)}=\frac{-3260.56}{+4770.64}=34°21'04.3''\ (4상한)$$

$$V_A^B=360°-34°21'04.3''=325°38'55.7''$$

$$\text{AB}=\sqrt{\Delta x^2+\Delta y^2}=\sqrt{4770.64^2+3260.56^2}=5778.43$$

2) ①번 삼각형

$$V_A^C=V_A^B-(a_2+b_4)$$

$$=325°38'55.7''-(63°36'14.2''+27°16'37.3'')=234°46'04.2''$$

$$V_B^C=(V_A^B\pm 180)+a_1$$

$$=325°38'55.7''+180°+48°31'50.1''=194°10'45.8''$$

②번 삼각형

$$V_C^D=(V_A^C\pm 180)-(b_1+a_3)$$

$$=234°46'04.2''+180°-63°19'47.8''=351°26'16.4''$$

$V_A^D = V_A^C + a_2$

$= 234°46'04.2'' + 63°36'14.2'' = 298°22'18.4''$

③번 삼각형

$V_D^B = (V_C^D + 180) - (b_2 + a_4)$

$= 351°26'16.4'' + 180° - 102°02'33.6'' = 69°23'42.8''$

$V_C^B = V_C^D + a_3$

$= 351°26'16.4'' + 22°44'29.5'' = 14°10'45.9''$

④번 삼각형

$V_B^A = (V_D^B \pm 180) - (a_1 + b_3)$

$= 69°23'42.8'' + 180° - (103°44'47.1'') = 145°38'55.7''$

$V_D^A = V_D^B + a_4$

$= 69°23'42.8'' + 48°58'35.5'' = 118°22'18.3''$

5. 소구점의 종·횡선 좌표

> 소구점 종선좌표=기지점 종선좌표+종선차(Δx)
>
> 여기서, $\Delta x = \cos v \times l$
>
> 소구점 횡선좌표=기지점 횡선좌표+횡선차(Δy)
>
> 여기서, $\Delta y = \sin v \times l$

1) ①번 삼각형에서 경기11의 좌표 계산

① 서울2에서 경기11

$x_1 = 451123.21 + \cos 194°10'45.8'' \times 8880.36 = 442513.40$

$y_1 = 202167.49 + \sin 194°10'45.8'' \times 8880.36 = 199992.17$

② 서울1에서 경기11

$x_2 = 446352.57 + \cos 234°46'4.2'' \times 6654.92 = 442513.41$

$y_2 = 205428.05 + \sin 234°46'4.2'' \times 6654.92 = 199992.17$

③ 경기11의 좌표 결정

$x = (442513.40 + 442513.41) \div 2 = 442513.41$

$y = (199992.17 + 199992.17) \div 2 = 199992.17$

2) ②번 삼각형에서 경기12의 좌표계산

① 경기11에서 경기12

$x_1 = 442513.41 + \cos 351°26'16.4'' \times 7457.62 = 449887.92$

$y_1 = 199992.17 + \sin 351°26'16.4'' \times 7457.62 = 198881.87$

② 서울1에서 경기12

$x_2 = 446352.57 + \cos 298°22'18.4'' \times 7439.83 = 449887.91$

$y_2 = 205428.05 + \sin 298°22'18.4'' \times 7439.83 = 198881.87$

③ 경기12의 좌표결정

$x = (449887.92 + 449887.91) \div 2 = 449887.92$

$y = (198881.87 + 198881.87) \div 2 = 198881.87$

3) ③번 삼각형에서 서울2의 좌표 계산

① 경기12에서 서울2

$x_1 = 449887.92 + \cos 69°23'42.8'' \times 3510.27 = 451123.25$

$y_1 = 198881.87 + \sin 69°23'42.8'' \times 3510.27 = 202167.59$

② 경기11에서 서울2

$x_2 = 442513.41 + \cos 14°10'45.9'' \times 8880.35 = 451123.21$

$y_2 = 199992.17 + \sin 14°10'45.9'' \times 8880.35 = 202167.49$

③ 서울2의 좌표 결정

$x = (451123.25 + 451123.21) \div 2 = 451123.23$

$y = (202167.59 + 202167.49) \div 2 = 202167.54$

4) ④번 삼각형에서 서울1의 좌표계산

① 서울2에서 서울1

$x_1 = 451123.21 + \cos 145°38\ 55.7'' \times 5778.43 = 446352.57$

$y_1 = 202167.49 + \sin 145°38'55.7'' \times 5778.43 = 205428.05$

② 경기12에서 서울1

$x_2 = 449887.92 + \cos 118°22'18.3'' \times 7439.84 = 446352.58$

$y_2 = 198881.87 + \sin 118°22'18.3'' \times 7439.84 = 205428.06$

③ 서울1의 좌표결정

$x = (446352.57 + 446352.58) \div 2 = 446352.58$

$y = (205428.05 + 205428.06) \div 2 = 205428.06$

좌표계산값의 오차는 0.01 또는 0.02가 넘지 않아야 하는데 이러한 차이는 삼각형 내각의 합의 불일치 때문이다.

5) 서울1의 좌표검산

① 서울2에서 서울1의 거리

$\triangle x = 446352.58 - 451123.23 = -4770.65$

$\triangle y = 205428.06 - 202167.54 = +3260.52$

$BA = \sqrt{4770.65^2 + 3260.52^2} = 5778.42$

② 방위각 θ

$\theta = \tan^{-1}\dfrac{3260.52}{4770.65} = 34°21'2.92''$ (2상한)

$V_B^A = 145°38'57'' = 180° - 34°21'2.92''$

③ 서울1의 좌표

$x = 451123.21 + \cos 145°38'57'' \times 5778.42 = 446352.56$

$y = 202167.49 + \sin 145°38'57'' \times 5778.42 = 205428.01$

사 각 망 조 정 계 산 부

점명	각명	관측각	각규약 ε/8	각규약 e	각규약 조정각	sinα sinβ	Δα Δβ	sinα′ sinβ′	α−x_1″ β+x_2″	변규약 조정각
서2	α_1	48° 31′ 50.1″	+0.4	-0.2	48° 31′ 50.3″	0.749310	-32	0.749278	-0.2	48° 31′ 50.1″
경11	β_1	40 35 17.7	+0.4	.	40 35 18.1	0.650620	+37	0.650657	+0.2	40 35 18.3
									γ_1	90 52 51.5
										a_2+b_4
서1	α_2	63 36 14.1	+0.3	.	63 36 14.4	0.895743	-22	0.895721	-0.2	63 36 14.2
경12	β_2	53 03 57.3	+0.4	+0.2	53 03 57.9	0.799329	+29	0.799358	+0.2	53 03 58.1
		90°에 가까운 각에 배부							γ_2	63 19 47.8
										a_3+b_1
경11	α_3	22 44 29.1	+0.4	+0.2	22 44 29.7	0.386575	-45	0.386530	-0.2	22 44 29.5
서2	β_3	55 12 56.5	+0.3	.	55 12 56.8	0.821306	+28	0.821334	+0.2	55 12 57.0
									γ_3	102 02 33.6
										a_4+b_2
경12	α_4	48 58 35.3	+0.4	.	48 58 35.7	0.754441	-32	0.754409	-0.2	48 58 35.5
서1	β_4	27 16 36.9	+0.4	-0.2	27 16 37.1	0.458292	+43	0.458335	+0.2	27 16 37.3
									γ_4	103 44 47.1
										a_1+b_3
Σα+β		359° 59′ 57″			360° 00′ 00″	Π sinα	E_2	Π sinα′		
-		360 00 00.0			E_1	0.195751		0.195707		
		ε=−3″				Π sinβ		Π sinβ′		
		ε/8 = +0.4″				0.195749		0.195793		

변장(m) $a\times\frac{\sin a(\gamma)}{\sin\beta}$	방위각	종횡선좌표 X(m)	종횡선좌표 Y(m)	점명
서1→서2	서1→서2	446352.57	205428.05	서1
5778.43	325° 38′ 55.7″	451123.21	202167.49	서2
서1→경11	서1→경11	442513.41	199992.17	경11
6654.92	234° 46′ 4.2″			
서2→경11	서2→경11	442513.40	199992.17	
8880.36	194° 10′ 45.8″			
평	균	442513.41	199992.17	
경11→경12	경11→경12	449887.92	198881.87	경12
7457.62	351° 26′ 16.4″			
서1→경12	서1→경12	9887.91	8881.87	
7439.83	298° 22′ 18.4″			
평	균	449887.92	198881.87	
경12→서2	경12→서2	1123.25	2167.59	서2
3510.17	69° 23′ 42.8″			
경11→서2	경11→서2	1123.21	2167.49	
8880.35	14° 10′ 45.9″			
평	균	451123.23	202167.54	
서2→서1	서2→서1	6352.57	5428.05	서1
5778.43	145° 38′ 55.7″			
경12→서1	경12→서1	6352.58	5428.06	
7439.84	118° 22′ 18.3″			
평	균	446352.58	205428.06	
서2→서1	서2→서1	446352.56	205428.01	서1
5778.42	145° 38′ 57″			

$$-)\frac{\alpha_1+\beta_4=75°48'27''}{\alpha_3+\beta_2=75°48'26.4''}$$

$e_1=+0.6''$ $\quad \frac{e_1}{4}=0.2$

$$-)\frac{\alpha_2+\beta_1=104°11'31.8''}{\alpha_4+\beta_3=104°11'31.8''}$$

$e_2=0$ $\quad \frac{e_2}{4}=0$

Δα, Δβ=10″ 차임

$E_1=\frac{\Pi\sin\alpha}{\Pi\sin\beta}-1=0.000010$

$E_2=\frac{\Pi\sin\alpha'}{\Pi\sin\beta'}-1=-0.000439$

$|E_1-E_2|=10-(-439)$

$x_1''=\frac{10''\cdot E_1}{|E_1-E_2|}=\frac{10''\times10}{449}=+0.2$

$x_2''=\frac{10''\cdot E_2}{|E_1-E_2|}=\frac{10''\times(-439)}{449}=-9.8$

검산$=|x_1''-x_2''|=10''$

약 도

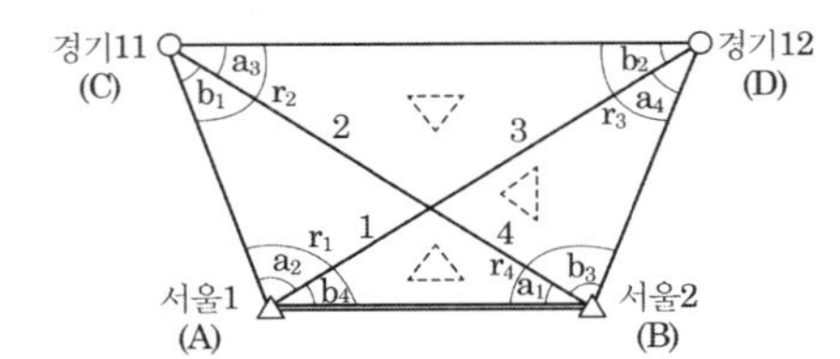

QUESTION Q 예제

02 그림과 같은 사각망에서 기지점의 좌표와 관측내각이 다음과 같을 경우 서식에 의하여 관측내각을 조정하고 소구점의 좌표를 계산하시오.(단, 각도는 초단위로 소수 1자리까지, 거리 및 좌표는 소수 2자리까지)

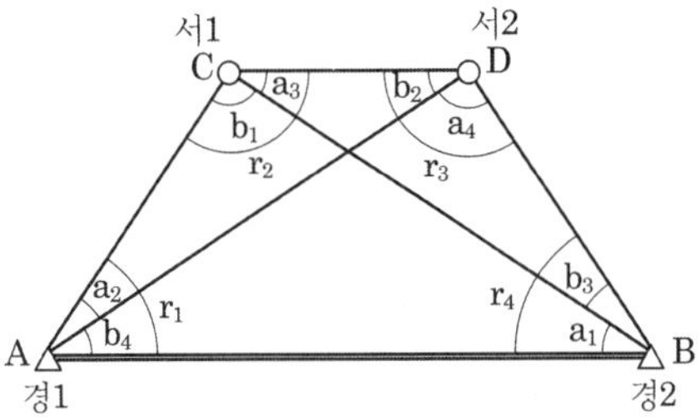

[관측내각]

$a_1 = 37°12'18.0''$ $b_1 = 64°46'31.0''$

$a_2 = 33°58'12.0''$ $b_2 = 34°22'18.0''$

$a_3 = 46°52'56.0''$ $b_3 = 37°30'15.0''$

$a_4 = 61°14'22.0''$ $b_4 = 44°03'00.0''$

[기지좌표]

점명	x좌표	y좌표
경 1	446,352.57	205,428.05
경 2	451,123.21	202,167.49

ANSWER & EXPLANATION

1. 기지점 역계산

$\triangle x = 451123.21 - 446352.57 = 4770.64$

$\triangle y = 202167.49 - 205428.05 = -3260.56$

① 거리= $\sqrt{\triangle x^2 + \triangle y^2} = \sqrt{4770.64^2 + 3260.56^2} = 5778.43$

② 방위각$(\theta) = \tan^{-1}\dfrac{\triangle y}{\triangle x} = \tan^{-1}\dfrac{3260.56}{4770.64} = 34°21'04.3''$(4상한)

③ 방위각 $V_A^B = 360° - 34°21'04.3'' = 325°38'55.7''$

2. 각(규약) 조정

1) 망규약

$$\varepsilon = a_1 + b_1 + a_2 + b_2 + a_3 + b_3 + a_4 + b_4 - 360°$$

$$= 37°12'18'' + 64°46'31'' + 33°58'12'' + 34°22'18''$$

$$+ 46°52'56'' + 37°30'15'' + 61°14'22'' + 44°03'00'' - 360°$$

$$= -0°00'08''$$

$$\varepsilon = \frac{-8}{8} = -1''$$

각 오차 -1''를 a, b에 +1''씩 배부한다.

(※ 만약 각 a, b에 배부할 때 차이가 나면 90°에 가까운 각에 가감하여 ε값에 맞도록 조정한다.)
예를 들어 $\varepsilon=3$이 나왔다고 하자 그러면 $\frac{3}{8}=0.375 \div 0.4''$가 되는데 0.4를 a, b에 0.4″씩 배부하면 3.2″가 되어 0.2″가 크게 배부되므로 0.2″를 90°에 가까운 각에 가감하여 3″가 되도록 한다.)

2) 삼각규약

① $(a_1+b_4)-(a_3+b_2)=e_1$

81°15'18'' − 81°15'14'' = 4''

$$\frac{e_1}{4} = \frac{4}{4} = 1''(\therefore\ a_1,\ b_4 = -1'',\ a_3,\ b_2 = +1'')$$

② $(a_2+b_1)-(a_4+b_3)=e_2$

98°44'43''−98°44'37''=6''

$$\frac{e_2}{4} = \frac{6}{4} = 1.5''\ (\therefore\ a_2,\ b_1 = -1.5'',\ a_4,\ b_3 = +1.5)$$

(※ 만약 0이면 조정값이 없다.)

3. 변(규약)조정

① E_1의 계산

$$E_1 = \frac{\sin a_1 \cdot \sin a_2 \cdot \sin a_3 \cdot \sin a_4}{\sin b_1 \cdot \sin b_2 \cdot \sin b_3 \cdot \sin b_4} - 1$$

$$= \frac{0.604669 \times 0.558757 \times 0.729957 \times 0.876644}{0.904642 \times 0.564567 \times 0.608829 \times 0.695286} - 1$$

$$= \frac{\pi \sin a}{\pi \sin b} - 1 = \frac{0.216203}{0.216198} - 1 = +0.000023$$

② E_1을 조정하기 위해 sin값의 표차(△)를 구하여 변규약오차를 조정한다.

$\Delta = \sin 10'' \times \cos a$ 또는 $\cos b$

$\Delta a_1 = 48.4814 \times \cos 37°12'18'' = 39$

$\Delta b_1 = 48.4814 \times \cos 64°46'30.5'' = 21$

$\Delta a_2 = 48.4814 \times \cos 33°58'11.5'' = 40$

$\Delta b_2 = 48.4814 \times \cos 34°22'20'' = 40$

$\Delta a_3 = 48.4814 \times \cos 46°52'58'' = 33$

$\Delta b_3 = 48.4814 \times \cos 37°30'17.5'' = 38$

$\Delta a_4 = 48.4814 \times \cos 61°14'24.5'' = 23$

$\Delta b_4 = 48.4814 \times \cos 44°03'00'' = 35$

※ $\pi \sin a > \pi \sin b$이면 $\sin a$에는 $-\Delta a$, $\sin b$에는 $+\Delta b$로 기재한다.
$\sin a$, $\sin b$값에서 Δa와 Δb를 가감하면 $\sin a'$, $\sin b'$의 값이다.

③ E_2의 계산

$$E_2 = \frac{\sin a_1' \cdot \sin a_2' \cdot \sin a_3' \cdot \sin a_4'}{\sin b_1' \cdot \sin b_2' \cdot \sin b_3' \cdot \sin b_4'} - 1$$

$$= \frac{0.604630 \times 0.558717 \times 0.729924 \times 0.876621}{0.904663 \times 0.564607 \times 0.608867 \times 0.695321} - 1$$

$$= \frac{\pi \sin a}{\pi \sin b} - 1 = \frac{0.216158}{0.216242} - 1 = -0.000388$$

[검산] $|E_1 - E_2| = |23 - (-388)| = 411$

④ 경정수 계산(x_1'', x_2'')

$$x_1'' = \frac{10'' \times E_1}{|E_1 - E_2|} = \frac{10'' \times 23}{411} = 0.6$$

$$x_2'' = \frac{10'' \times E_2}{|E_1 - E_2|} = \frac{10'' \times (-388)}{411} = -9.4$$

[검산] $|x_1'' - x_2''| = |0.6 - (-9.4)| = 10''$

E_1이 (+)인 경우	E_1이 (−)인 경우
α값에는 $(-)x_1''$를 보정 β값에는 $(+)x_1''$를 보정	α값에는 $(+)x_1''$를 보정 β값에는 $(-)x_1''$를 보정

⑤ 변규약 조정각

①번 삼각형 r₁각은 $a_2+b_4=78°01'11.5''$

②번 삼각형 r₂각은 $a_3+b_1=111°39'28.5''$

③번 삼각형 r₃각은 $a_4+b_2=95°36'44.5''$

④번 삼각형 r₄각은 $a_1+b_3=74°42'35.5''$

$\sum 360°$

4. 변장 계산

$$\text{소구변장}=\frac{\text{소구변 대각의 sin}}{\text{기지변 대각의 sin}}\times \text{기지변}$$

①번 삼각형

$$AC=\frac{\sin a_1}{\sin b_1}\times AB=\frac{\sin 37°12'17.4''}{\sin 64°46'31.1''}\times 5778.43=3862.32$$

$$BC=\frac{\sin r_1}{\sin b_1}\times AB=\frac{\sin 78°01'11.5''}{\sin 64°46'31.1''}\times 5778.43=6248.40$$

②번 삼각형

$$CD=\frac{\sin a_2}{\sin b_2}\times AC=\frac{\sin 33°58'10.9''}{\sin 34°22'20.6''}\times 3862.32=3822.54$$

$$AD=\frac{\sin r_2}{\sin b_2}\times AC=\frac{\sin 111°39'28.5''}{\sin 34°22'20.6''}\times 3862.32=6358.22$$

③번 삼각형

$$DB=\frac{\sin a_3}{\sin b_3}\times CD=\frac{\sin 46°52'57.4''}{\sin 37°30'18.1''}\times 3862.32=6358.22$$

$$CB=\frac{\sin r_3}{\sin b_3}\times CD=\frac{\sin 95°36'44.5''}{\sin 37°30'18.1''}\times 3822.54=6248.39$$

④번 삼각형

$$BA=\frac{\sin a_4}{\sin b_4}\times DB=\frac{\sin 61°14'23.9''}{\sin 44°03'06.6''}\times 4583.01=5778.41$$

$$BC=\frac{\sin r_4}{\sin b_4}\times DB=\frac{\sin 74°42'35.5''}{\sin 44°03'0.6''}\times 4583.01=6358.21$$

5. 방위각 계산

①번 삼각형

$$V_A^C=V_A^B-(a_2+b_4)$$

$=325°38'55.7''-(33°58'10.9''+44°03'0.6'')=247°37'44.2''$

$V_B^C=(V_A^B\pm180)+a_1$

$=325°38'55.7''+180°+37°12'17.4''=182°51'13.1''$

②번 삼각형

$V_C^D=(V_A^B\pm180)+a_1$

$=247°37'44.2''+180°-(64°46'31.1''+46°52'57.4'')=315°58'15.7''$

$V_A^D=V_A^C+a_2$

$=247°37'44.2''+33°58'10.9''=281°35'55.1''$

③번 삼각형

$V_D^B=(V_C^D\pm180)-(b_2+a_4)$

$=315°58'15.7''+180-(34°22'20.6''+61°14'23.9'')=40°21'31.2''$

$V_C^B=V_C^D+a_3$

$=315°58'15.7''+46°52'57.4''=2°51'13.1''$

④번 삼각형

$V_B^A=(V_D^B\pm180)-(a_1+b_3)$

$=40°21'31.2''+180°-(37°12'17.4''+37°30'18.1'')=145°38'55.7''$

$V_D^A=V_D^B+a_4$

$=40°21'31.2''+61°14'23.9''=101°35'55.1''$

6. 소구점의 종·횡선 좌표

소구점 종선좌표=기지점 종선좌표+(소구변장× cos V)
소구점 횡선좌표=기지점 횡선좌표+(소구변장× sin V)

1) ①번 삼각형에서 서1의 좌표 계산

① 경1 → 서1

$x_1=446352.57+(3862.32\times\cos247°37'44.2'')=444882.56$

$y_1=205428.05+(3862.32\times\sin247°37'44.2'')=201856.41$

② 경2 → 서1

$x_2=451123.21+(6248.40\times\cos182°51'13.1'')=444882.56$

$y_2=202167.49+(6248.40\times\sin182°51'13.1'')=201856.41$

③ 서1의 좌표결정(평균)

x=(+)÷2=444,882.56

$y=(+)\div 2=201,856.41$

2) ②번 삼각형에서 서2의 좌표계산

① 서1 → 서2

$x_1=444,882.56+(3822.54\times\cos 315°58'15.7'')=447,630.92$

$y_1=201,856.41+(3822.54\times\sin 315°58'15.7'')=199,199.66$

② 경1 → 서2

$x_2=446352.57+(6358.22\times\cos 281°35'55.1'')=447,630.92$

$y_2=205428.05+(6358.22\times\sin 281°35'55.1'')=199,199.66$

③ 서2의 좌표결정(평균)

$x=447,630.92$

$y=199,199.66$

3) ③번 삼각형에서 경2 좌표계산

① 서2 → 경2

$x_1=447,630.92+(4583.01\times\cos 40°21'31.2'')=451,123.20$

$y_1=199,199.66+(4583.01\times\sin 40°21'31.2'')=202,167.48$

② 서1 → 경2

$x_2=444,882.56+(6248.39\times\cos 2°51'13.1'')=451,123.20$

$y_2=201,856.41+(6248.39\times\sin 2°51'13.1'')=202,167.48$

③ 경2의 좌표결정

$x=451,123.20$

$y=202,167.48$

4) ④번 삼각형에서 경1의 좌표계산

① 경2 → 경1

$x_1=451,123.20+(5778.41\times\cos 145°38'55.7'')=446,352.58$

$y_1=201,167.48+(5778.41\times\sin 145°38'55.7'')=205,428.03$

② 서2 → 경1

$x_2=447630.92+(6358.21\times\cos 101°35'55.1'')=446,352.57$

$y_2=199,199.66+(6358.21\times\sin 101°35'55.1'')=205,428.04$

③ 경1의 좌표결정(평균)

$x=(446,352.58+446,352.57)\div 2=446,352.58$

$y=(205428.03+205428.04)\div 2=205428.04$

사 각 망 조 정 계 산 부

점명	각명	관측각	각규약 ε/8	각규약 e	각규약 조정각	sinα / sinβ	Δα / Δβ	sinα' / sinβ'	α−x_1" / β+x_2"	변규약 조정각
경2	α_1	37° 12′ 18.0″	+1.0	−1.0	37° 12′ 18.0″	0.604669	−39	0.604630	−0.6	37° 12′ 17.4″
서1	β_1	64 46 31.0	+1.0	−1.5	64 46 30.5	0.904642	+21	0.904663	+0.6	64 46 31.1
									γ_1	78 01 11.5
										$a_2 + b_4$
경1	α_2	33 58 12.0	+1.0	−1.5	33 58 11.5	0.558757	−40	0.558717	−0.6	33 58 10.9
서2	β_2	34 22 18.0	+1.0	+1.0	34 22 20.0	0.564567	+40	0.564607	+0.6	34 22 20.6
									γ_2	111 39 28.5
										$a_3 + b_1$
서1	α_3	46 52 56.0	+1.0	+1.0	46 52 58.0	0.729957	−33	0.729924	−0.6	46 52 57.4
경2	β_3	37 30 15.0	+1.0	+1.5	37 30 17.5	0.608829	+38	0.608867	−0.6	37 30 18.1
									γ_3	95 36 44.5
										$a_4 + b_2$
서2	α_4	61 14 22.0	+1.0	+1.5	61 14 24.5	0.876644	−23	0.876621	−0.6	61 14 23.9
경1	β_4	44 03 00.0	+1.0	−1.0	44 03 00.0	0.695286	+35	0.695321	+0.6	44 03 00.6
									γ_4	74 42 35.5
										$a_4 + b_3$
Σα+β		359° 59′ 52″			360° 00′ 00″	Π sinα	E₂	Π sinα′		
−		360 00 00.0				0.216203		0.216158		
		ε = −8″			E₁	Π sinβ		Π sinβ′		
		ε/8 = −1″				0.216198		0.216242		

변장(m) $a\times\frac{\sin\alpha(\gamma)}{\sin\beta}$	방위각	종횡선좌표 X(m)	종횡선좌표 Y(m)	점명
경1→경2	경1→경2	446352.57	205428.05	경1
5778.43	325° 38′ 55.7″	451123.21	202167.49	경2
경1→서1 / 3862.32	경1→서1 / 247° 37′ 44.2″	444882.56	201856.41	서1
경2→서1 / 8880.36	경2→서1 / 194° 10′ 45.8″	444882.56	201856.41	
평	균	444882.56	201856.41	
서1→서2 / 3822.54	서1→서2 / 315 58 15.7	447630.92	199199.66	서2
경1→서2 / 6358.22	경1→서2 / 281° 35′ 55.1″	447630.92	199199.66	
평	균	447630.92	199199.66	
서2→경2 / 4583.01	서2→경2 / 40° 21′ 31.2″	451123.20	202167.48	경2
서1→경2 / 6248.39	서1→경2 / 02 51 13.1	451123.20	202167.48	
평	균	451123.20	202167.48	
경2→경1 / 5778.43	경2→경1 / 145° 38′ 55.7″	446352.58	205428.03	경1
서2→경1 / 6358.21	서2→경1 / 101 35 55.1′	446352.57	205428.04	
평	균	446352.58	205428.04	

$$-)\frac{\alpha_1+\beta_4=81°15'18''}{\alpha_3+\beta_2=81°15'14''}$$

$e_1=+04''$ $\quad \frac{e_1}{4}=01''$

$$-)\frac{\alpha_2+\beta_1=98°44'43''}{\alpha_4+\beta_3=98°44'37''}$$

$e_2=06''$ $\quad \frac{e_2}{4}=1.5''$

Δα, Δβ=10″차임

$$E_1=\frac{\Pi\sin\alpha}{\Pi\sin\beta}-1=0.000023$$

$$E_2=\frac{\Pi\sin\alpha'}{\Pi\sin\beta'}-1=-0.000388$$

$E_1+E_2=411$

$$x_1''=\frac{10''\cdot E_1}{|E_1-E_2|}=\frac{10''\times 23}{411}=+0.6$$

$$x_2''=\frac{10''\cdot E_2}{|E_1-E_2|}=\frac{10''\times(-388)}{411}=-9.4$$

검산= $|x_1''-x_2''|$ = 0.6−(−9.4)

약 도

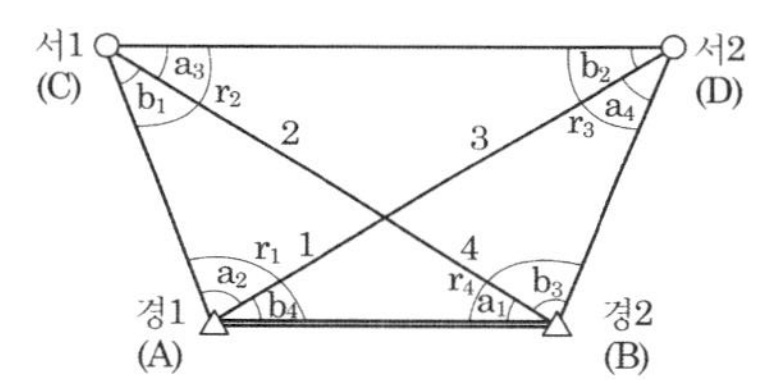

QUESTION Q 예제

03 그림과 같은 사각망에서 기지점의 좌표와 관측내각이 다음과 같을 경우 서식에 의하여 관측내각을 조정하고 소구점의 좌표를 계산하시오. (단, 각도는 초단위로, 소수 1자리, 거리 및 좌표는 소수 2자리까지)

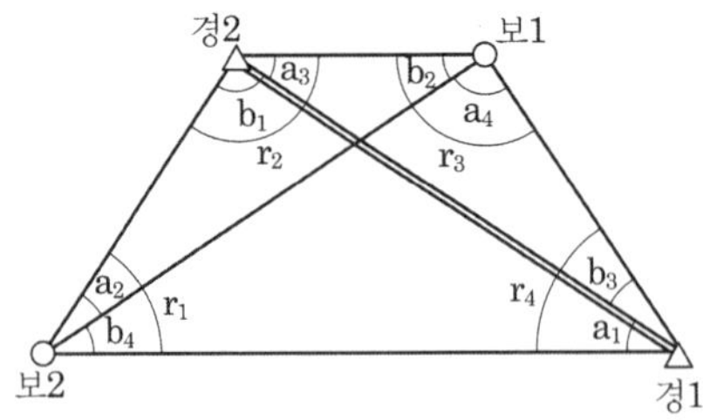

관측내각

점명	관측각	점명	관측각
a_1	37-12-18.0	b_1	64-46-31.0
a_2	33-58-12.0	b_2	34-22-18.0
a_3	46-52-56.0	b_3	37-30-15.0
a_4	61-14-22.0	b_4	44-03-00.0

기지점좌표

점명	x좌표	y좌표
경1	446352.57	205428.05
경2	451123.21	202167.49

ANSWER & EXPLANATION

1. 기지점 역계산

$\triangle x = 451123.21 - 446352.57 = 4770.64$

$\triangle y = 202167.49 - 205428.05 = -3260.56$

1) $\overline{경1경2}$(거리)$= \sqrt{\triangle x^2 + \triangle y^2} = \sqrt{4770.64^2 + 3260.56^2} = 5778.43$

방위$= \theta = \tan^{-1}\dfrac{\triangle y}{\triangle x}$(상한)$= \tan^{-1}\dfrac{3260.56}{4770.64} = 34°21'04.3''$(4상한)

방위각$= V_{경1}^{경2} = 360° - 34°21'04.3'' = 325°38'55.7''$

2. 각(규약) 조정

1) 망규약

$\varepsilon = a_1 + b_1 + a_2 + b_2 + a_3 + b_3 + a_4 + b_4 - 360°$

$= 359°59'52'' - 360°$

$= -8''$

$\varepsilon = \frac{-8}{8} = -1''$

각 오차 -1''를 a, b에 +1''씩 배부한다.

2) 삼각규약

① $e_1 = (a_1 + b_4) - (a_3 + b_2)$

$= (37°12'18'' + 44°03'00'') - (46°52'56'' + 34°22'18'')$

$= 81°15'18'' - 81°15'14'' = 4''$

$\therefore \frac{e_1}{4} = \frac{4}{4} = 1''$ (a_1과 b_4에 -1'', a_3와 b_2에 +1'')

② $e_2 = (a_2 + b_1) - (a_4 + b_3)$

$= 98°44'43'' - 98°44'37'' = 6''$

$\therefore \frac{e_2}{4} = \frac{6}{4} = 1.5''$ (a_2과 b_1에 -1.5'', a_4와 b_3에 +1.5'')

3) 각규약에서 조정각 계산

조정각 a_1 = 관측각 $+ \left(\frac{\varepsilon}{8} + e\right)$

$= 37°12'18'' + 1.0'' - 1.0'' = 37°12'\ 18''$

조정각 b_1 = 관측각 $+ \left(\frac{\varepsilon}{8} + e\right)$

$= 64°46'31.0'' + 1.0'' - 1.5'' = 64°46'30.5''$

3. 변규약

1) E_1의 계산

$$E_1 = \frac{\sin a_1 \cdot \sin a_2 \cdot \sin a_3 \cdot \sin a_4}{\sin b_1 \cdot \sin b_2 \cdot \sin b_3 \cdot \sin b_4} - 1$$

$$= \frac{0.216203}{0.216198} - 1 = +0.000023\ (+23)$$

2) E_1을 조정하기위해 sin값의 표차(△)를 구하여 변규약 오차를 조정한다.

$\sin a_1 = \sin 37°12'18'' = 0.604669$, $\Delta a_1 = \cos 37°12'18'' \times 48.4814 = 39$

$\sin b_1 = \sin 64°46'30.5'' = 0.904642$, $\Delta b_1 = \cos 64°46'30.5'' \times 48.4814 = 21$

$\sin a_2 = \sin 33°58'11.5'' = 0.558757$, $\Delta a_2 = \cos 33°58'11.5'' \times 48.4814 = 40$

$\sin b_2 = \sin 34°22'20'' = 0.564567$, $\Delta b_2 = \cos 34°22'20'' \times 48.4814 = 40$

$\sin a_3 = \sin 46°52'58'' = 0.729957$, $\Delta a_3 = \cos 46°52'58'' \times 48.4814 = 33$

$\sin b_3 = \sin 37°30'17.5'' = 0.608829$, $\Delta b_3 = \cos 37°30'17.5'' \times 48.4814 = 38$

$\sin a_4 = \sin 61°14'24.5'' = 0.876644$, $\Delta a_4 = \cos 61°14'24.5'' \times 48.4814 = 23$

$\sin b_4 = \sin 44°03'00'' = 0.695286$, $\Delta b_4 = \cos 44°03'00'' \times 48.4814 = 35$

※ E_1의 값이 +값이면 $\sin a$값이 크므로 $\sin a$값에는 −하고, $\sin b$값에는 +하여야 오차가 소거되므로 초차(△)를 $+\Delta b$, $-\Delta a$로 하여 계산한다.

3) $\sin a'$, $\sin b'$값 계산

$\sin a_1' = \sin a_1 + \Delta a_1 = 0.604669 - 39 = 0.604630$

$\sin b_1' = \sin b_1 + \Delta b_1 = 0.904642 + 21 = 0.904663$

$\sin a_2' = \sin a_2 + \Delta a_2 = 0.558757 - 40 = 0.558717$

$\sin b_2' = \sin b_2 + \Delta b_2 = 0.564567 + 40 = 0.564607$

4) E_2의 계산

$$E_2 = \frac{\sin a_1' \cdot \sin a_2' \cdot \sin a_3' \cdot \sin a_4'}{\sin b_1' \cdot \sin b_2' \cdot \sin b_3' \cdot \sin b_4'} - 1$$

$$= \frac{0.216158}{0.216242} - 1 = -388$$

$|E_1 - E_2| = |23 - (-388)| = 411$

5) 경정수 계산(x_1'', x_2'')

$$x_1'' = \frac{|0'' \cdot E_1|}{|E_1 - E_2|} = \frac{10 \times 23}{411} = 0.6$$

$$x_2'' = \frac{|0'' \cdot E_2|}{|E_1 - E_2|} = \frac{10 \times 388}{411} = -9.4$$

[검산] $|x_1'' - x_2''| = |0.6 - (-9.4)| = 10''$

E_1이 (+)인 경우	E_1이 (−)인 경우
α값에는 $(-)x_1''$를 보정 β값에는 $(+)x_1''$를 보정	α값에는 $(+)x_1''$를 보정 β값에는 $(-)x_1''$를 보정

6) 변규약 조정각

①번 삼각형 r_1각 : $a_2 + b_4 = 78°01'11.5''$

②번 삼각형 r_2각 : $a_3 + b_1 = 111°39'28.5''$

③번 삼각형 r_3각 : $a_4 + b_2 = 95°36'44.5''$

④번 삼각형 r_4각 : $a_1 + b_3 = 74°42'35.5''$

$\Sigma r = 360°$

4. 변장 계산

$$변장=\frac{소구변\ 대각의\ \sin}{기지변\ 대각의\ \sin}\times 기지변$$

③번 삼각형에서

$$\overline{경2-보1}=\frac{\sin b_3}{\sin r_3}\times \overline{경1경2}=\frac{\sin 37°30'18.1''}{\sin 95°36'44.5''}\times 5778.43=3535.03$$

$$\overline{경1-보1}=\frac{\sin a_3}{\sin r_3}\times \overline{경1경2}=\frac{\sin 46°52'57.4''}{\sin 95°36'44.5''}\times 5778.43=4238.31$$

③번 삼각형에서

$$\overline{보1-경1}=\frac{\sin a_3}{\sin b_3}\times 3535.03=\frac{\sin 46°52'57.4''}{\sin 37°30'18.1''}\times 3535.03=4238.31$$

$$\overline{경2-경1}=\frac{\sin r_3}{\sin b_3}\times 3535.03=\frac{\sin 95°36'44.5''}{\sin 37°30'18.1''}\times 3535.03=5778.42$$

④번 삼각형에서

$$\overline{경1-보2}=\frac{\sin a_4}{\sin b_4}\times 4238.31=\frac{\sin 61°14'23.9''}{\sin 44°03'0.6''}\times 4238.31=5343.80$$

$$\overline{보1-보2}=\frac{\sin r_4}{\sin b_4}\times 423.31=\frac{\sin 74°42'35.5''}{\sin 44°03'0.6''}\times 4238.31=5879.99$$

①번 삼각형에서

$$\overline{보2-경2}=\frac{\sin a_1}{\sin b_1}\times 5343.80=\frac{\sin 37°12'17.4''}{\sin 64°46'31.1''}\times 5343.80=3571.81$$

$$\overline{경1-경2}=\frac{\sin r_1}{\sin b_1}\times 5343.80=\frac{\sin 78°01'11.5''}{\sin 64°46'31.1''}\times 5343.80=5778.42$$

기지변의 위치에 따라서 소구점 계산과정이 다를 수 있으므로 먼저 구하고자 하는 소구점을 정하고, 소구점 계산은 시계방향으로 하는 것이 편리하다.

5. 방위각 계산

③번 삼각형에서

$$V_{경2}^{보1}=V_{경1}^{경2}+180-a_3=325°38'55.7''+180°-46°52'57.4''=98°45'58.3''$$

$$V_{경1}^{보1}=V_{경1}^{경2}+b_3=325°38'55.7''+37°30'18.1''=3°9'13.8''$$

③번 삼각형에서

$V_{경2}^{경1} = V_{경2}^{보1} + a_3 = 98°45'58.3'' + 46°52'57.4'' = 145°38'55.7''$

$V_{보1}^{경1} = V_{경2}^{보1} + 180 - (a_4 + b_2) = 98°45'58.3'' + 180° - 61°14'23.9'' = 34°22'20.6''$

$= 183°09'13.8''$

④번 삼각형에서

$V_{경1}^{보2} = V_{경1}^{경2} - a_1 = 325°38'55.7'' - 37°12'17.4'' = 288°26'38.3''$

$V_{보1}^{보2} = V_{보1}^{경1} + a_4 = 183°09'13.8'' + 61°14'23.9'' = 244°23'37.7''$

①번 삼각형에서

$V_{보2}^{경2} = V_{경1}^{보2} + a_1 = 288°26'38.3'' + 37°12'17.4'' = 325°38'55.7''$

$V_{보2}^{경2} = V_{보1}^{보2} + 180 - a_2 = 244°23'37.7'' + 180° - 33°58'10.9'' = 30°25'26.8''$

6. 소구점 좌표계산

1) 보1의 좌표계산

① 경2 → 보1

$x_1 = 451123.21 + 3535.03 \times \cos 98°45'58.3'' = 450584.46$

$y_1 = 202167.49 + 3535.03 \times \sin 98°45'58.3'' = 205661.23$

② 경1 → 보1

$x_2 = 446352.57 + 4238.31 \times \cos 3°09'13.8'' = 450584.46$

$y_2 = 205428.05 + 4238.31 \times \sin 3°09'13.8'' = 205661.23$

③ 보1의 좌표결정

$x = 450584.46$

$y = 205661.23$

2) 경1의 좌표계산

① 보1 → 경1

$x_1 = 450584.46 + 4238.31 \times \cos 183°09'13.8'' = 446352.57$

$y_1 = 205661.23 + 4238.31 \times \sin 183°09'13.8'' = 205428.05$

② 경2 → 경1

$x_2 = 451123.21 + 5778.42 \times \cos 145°38'55.7'' = 446352.58$

$y_2 = 202167.49 + 5778.42 \times \sin 145°38'55.7'' = 205428.04$

③ 경1의 좌표결정

$x=(352.57+352.58)\div 2=446352.58$

$y=(428.05+428.04)\div 2=205428.05$

3) 보2의 좌표계산

① 경1 → 보2

$x_1=446352.58+5343.80\times\cos 288°26'38.3''=448043.24$

$y_1=205428.05+5343.80\times\sin 288°26'38.3''=200358.74$

② 보1 → 보2

$x_2=450584.46+5879.99\times\cos 244°23'37.7''=448043.23$

$y_2=205661.23+5879.99\times\sin 244°23'37.7''=200358.74$

③ 보2의 좌표결정

$x=(3.24+3.23)\div 2=448043.24$

$y=200358.74$

4) 경2의 좌표계산

① 보2 → 경2

$x_1=448043.24+3571.81\times\cos 30°25'26.8''=451123.21$

$y_1=200358.74+3571.81\times\sin 30°25'26.8''=202167.49$

② 경1 → 경2

$x_2=446352.58+5778.42\times\cos 325°38'55.7''=451123.21$

$y_2=205428.05+5778.42\times\sin 325°38'55.7''=202167.50$

③ 경2의 좌표결정

$x=451123.21$

$y=(7.49+7.50)\div 2=202167.50$

사 각 망 조 정 계 산 부

점 명	각명	관 측 각	각 규 약 ε/8	각 규 약 e	각 규 약 조 정 각	sinα sinβ	Δα Δβ	sinα' sinβ'	α−x₁″ β+x₂″	변 규 약 조 정 각
경1	α_1	37° 12′ 18.0″	+1.0	-1.0	37° 12′ 18.0″	0.604669	-39	0.604630	-0.6	37° 12′ 17.4″
경2	β_1	64 46 31.0	+1.0	-1.5	64 46 30.5	0.904642	+21	0.904663	+0.6	64 46 31.1
						γ_1				78 01 11.5
										$a_2 + b_4$
보2	α_2	33 58 12.0	+1.0	-1.5	33 58 11.5	0.558757	-40	0.558717	-0.6	33 58 10.9
보1	β_2	34 22 18.0	+1.0	+1.0	34 22 20.0	0.564567	+40	0.564607	+0.6	34 22 20.6
						γ_2				111 39 28.5
										$a_3 + b_1$
경2	α_3	46 52 56.0	+1.0	+1.0	46 52 58.0	0.729957	-33	0.729924	-0.6	46 52 57.4
경1	β_3	37 30 15.0	+1.0	+1.5	37 30 17.5	0.608829	+38	0.608867	-0.6	37 30 18.1
						γ_3				95 36 44.5
										$a_4 + b_2$
보1	α_4	61 14 22.0	+1.0	+1.5	61 14 24.5	0.876644	-23	0.876621	-0.6	61 14 23.9
보2	β_4	44 03 00.0	+1.0	-1.0	44 03 00.0	0.695286	+35	0.695321	+0.6	44 03 00.6
						γ_4				74 42 35.5
										$a_4 + b_3$
$\Sigma\alpha+\beta$		359° 59′ 52′′			360° 00′ 00′′	Π sinα	E₂	Π sinα′		
-		360 00 00.0		E₁		0.216203		0.216158		
		ε = -8′′				Π sinβ		Π sinβ′		
		ε/8 = -1′′				0.216198		0.216242		

변장(m) $a\times\frac{\sin\alpha(\gamma)}{\sin\beta}$	방 위 각	종횡선좌표 X(m)	종횡선좌표 Y(m)	점 명
경1→경2	경1→경2	446352.57	205428.05	경1
5778.43	325° 38′ 55.7″	451123.21	202167.49	경2
경2→보1	경2→보1	450584.46	205661.23	보1
3535.03	98° 45′ 58.3″			
경1→보1	경1→보1	450584.46	205661.23	
4238.31	3° 09′ 13.8″			
평	균	450584.46	205661.23	
경2→경1	경2→경1	446352.58	205428.04	경1
5778.42	145 38 55.7			
보1→경1	보1→경1	446352.57	205428.05	
4238.31	183° 09′ 13.8″			
평	균	446352.58	205428.04	
보1→보2	보1→보2	448033.23	200358.74	보2
5879.99	244 23 37.7			
경1→보2	경1→보2	448033.23	200358.74	
5343.80	288 26 38.3			
평	균	448033.23	200358.74	
경1→경2	경1→경2	451123.20	202167.50	경2
5778.42	325 38 55.7			
보2→경2	보2→경2	451123.20	202167.49	
3571.81	30 25 26.8			
평	균	451123.20	202167.50	

$$-)\frac{\alpha_1+\beta_4=81°15'\ 18''}{\alpha_3+\beta_2=81°15'\ 14''}$$

$e_1=+0.4''\quad \frac{e_1}{4}=0.1''$

$$-)\frac{\alpha_2+\beta_1=98°44'43''}{\alpha_4+\beta_3=98°44'37''}$$

$e_2=0.6''\quad \frac{e_2}{4}=1.5''$

$\Delta\alpha,\ \Delta\beta=10''$차임

$E_1=\frac{\Pi\sin\alpha}{\Pi\sin\beta}-1=0.000023$

$E_2=\frac{\Pi\sin\alpha'}{\Pi\sin\beta'}-1=-0.000388$

$E_1+E_2=411$

$x_1''=\frac{10''\cdot E_1}{|E_1-E_2|}=\frac{10''\times 23}{411}=+0.6$

$x_2''=\frac{10''\cdot E_2}{|E_1-E_2|}=\frac{10''\times(-388)}{411}=-9.4$

검산$=|x_1''-x_2''|=06-(-9.4)=10''$

약 도

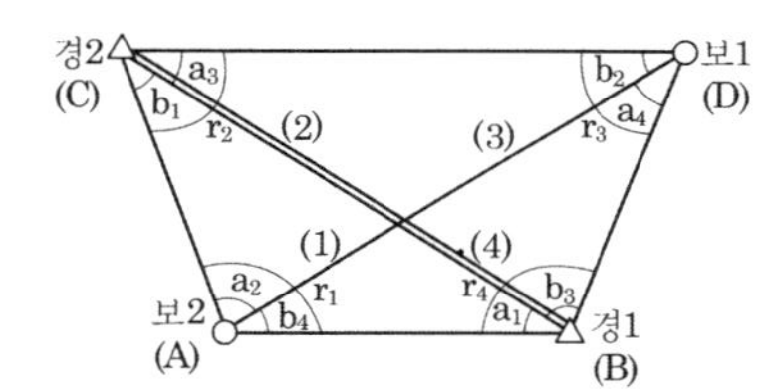

2 유심다각망조정

(1) 계산순서

기지점 역계산 → 각 조정(삼각규약, 망규약) → 변 조정 → 소구변장 계산 → 소구방위각 계산 → 소구점 종·횡선 좌표계산

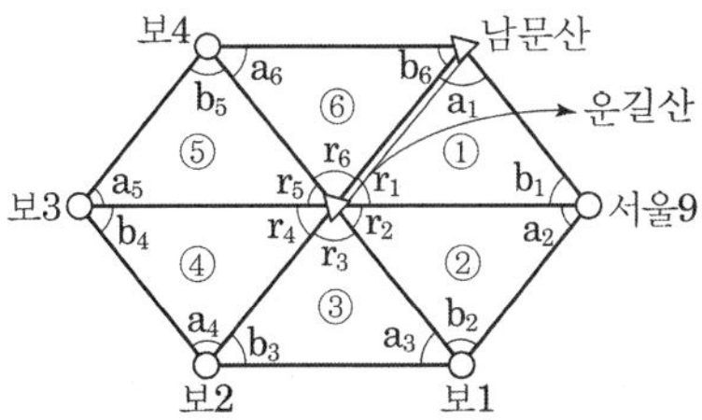

유심다각망

(2) 기지점 역계산

서식의 오른쪽 점명란에 운길산과 남문산을 적고 종·횡선좌표란에 각각 좌표를 기재한다.

1) 운길산과 남문산에 대한 거리계산

거리$=\sqrt{\Delta x^2+\Delta y^2}$

2) 운길산과 남문산에 대한 방위계산

$\theta=\tan^{-1}\dfrac{\Delta y}{\Delta x}$(0 상한)

3) 운길산과 남문산에 대한 방위각계산

1상한 : $V_a^b=\theta$

2상한 : $V_a^b=180-\theta$

3상한 : $V_a^b=180+\theta$

4상한 : $V_a^b=360-\theta$

(3) 삼각규약

각 삼각형별 내각을 합산하여 180°와의 차를 산출한다.

①번 삼각형 $\varepsilon_1 = \alpha_1 + \beta_1 + \gamma_1 - 180°$

②번 삼각형 $\varepsilon_2 = \alpha_2 + \beta_2 + \gamma_2 - 180°$

③번 삼각형 $\varepsilon_3 = \alpha_3 + \beta_3 + \gamma_3 - 180°$

④번 삼각형 $\varepsilon_4 = \alpha_4 + \beta_4 + \gamma_4 - 180°$

⑤번 삼각형 $\varepsilon_5 = \alpha_5 + \beta_5 + \gamma_5 - 180°$

⑥번 삼각형 $\varepsilon_6 = \alpha_6 + \beta_6 + \gamma_6 - 180°$

$\sum\varepsilon = \varepsilon_1 + \varepsilon_2 + \varepsilon_3 + \varepsilon_4 + \varepsilon_5 + \varepsilon_6$

(4) 망규약(중심각의 합계($\sum r$)와 360°와의 차(e) 계산

유심다각망의 중심점에서 관측한 각의 합은 360°가 되어야 한다.

$$r_1 + r_2 + r_3 + r_4 + r_5 + r_6 = 360°$$
$$r_1 + r_2 + r_3 + r_4 + r_5 + r_6 - 360° = 0$$

상기식을 오차수반공식으로 고쳐 쓰면

$$r_1 + r_2 + r_3 + r_4 + r_5 + r_6 - 360° = e$$

즉

$$\sum r - 360 = e$$

(5) 오차배부

유심다각망의 중심각은 기지내각(360°)과 같아야 하므로 r각을 합산한 것($\sum r$)이 360°이므로 기지각오차(e)는 0임을 알게 된다. 각 삼각형 내각오차의 합($\sum r$)을 구하여 망규약(II)과 삼각규약(I)을 계산한다.

1) **망규약**(II)= $\dfrac{\sum\varepsilon - 3e}{2n}$

여기서 n : 삼각형 수

2) **삼각규약**(I)= $\dfrac{-\varepsilon - (\text{II})}{3}$

①번 삼각형 : $\text{I} = \dfrac{-\varepsilon_1 - (\text{II})}{3}$

②번 삼각형 : $\text{I} = \dfrac{-\varepsilon_2 - (\text{II})}{3}$

③번 삼각형 : $\text{I} = \dfrac{-\varepsilon_3 - (\text{II})}{3}$

④번 삼각형 : $\text{I} = \dfrac{-\varepsilon_4 - (\text{II})}{3}$

⑤번 삼각형 : $\text{I} = \dfrac{-\varepsilon_5 - (\text{II})}{3}$

⑥번 삼각형 : $\text{I} = \dfrac{-\varepsilon_6 - (\text{II})}{3}$

※ 각 삼각형의 (I)과 (II)의 배부수의 합은 삼각형 내각오차의 반대부호의 수와 일치하여야 하는데 단수처리로 인하여 ±0.1" 정도의 오차가 있으면 무시하여도 되지만(계산에는 지장 없다) 조정후의 오차를 0으로 하기 위해서는 ±0.1"를 90°에 가까운 각에 배부한다.

(6) 변규약

진수에 의한 변조정의 계산이론은 각 관측치에 10" 이내의 오차가 있을 수 있다는 것을 전제로 한다.

1) sin값 및 초차(△)의 계산

앞서 설명한 바와 같이 I의 내각에서 ±10" 정도의 오차가 발생한 것으로 보기 때문에 해당각의 sin 10"차를 산출하여 기재한다.

$\sin 10'' \times 10^6 = 48.4814$

$\Delta a_1 = \cos a_1 \times 48.4814$

$\Delta a_1 = \cos b_1 \times 48.4814$

① 삼각형 : $\sin a_1 = 0.000000$, $\Delta a_1 = \cos a_1 \times 48.4814 =$

$\sin b_1 = 0.000000$, $\Delta b_1 = \cos b_1 \times 48.4814 =$

② 삼각형 : $\sin a_2 =$, $\Delta a_2 = \cos a_2 \times 48.4814 =$

$\sin b_2 =$, $\Delta b_2 = \cos b_2 \times 48.4814 =$

....

※ sin$a$, sin$b$ 값은 소수 6자리로 한다.

2) E_1의 계산

1기지 변장에서 각 조정이 된 내각에 의하여 소구변장을 구하는 진행으로 2기지 변장과 일치되지 않는 것이 변규약의 오차인데 이를 소거하는 것은 α, β각을 보정하여 합치시키는 것이다. 즉, 각으로 보정하는 것이다.

1기지변을 출발하여 2기지변장에 도착하는 계산식은

$$\frac{\sin a_1 \cdot \sin a_2 \cdot \sin a_3 \cdot \sin a_4 \cdot \sin a_5 \cdot \sin a_6}{\sin b_1 \cdot \sin b_2 \cdot \sin b_3 \cdot \sin b_4 \cdot \sin b_5 \cdot \sin b_6} = 1$$

즉,

$$\frac{\pi \sin a}{\pi \sin b} = 1$$

이 조건식에 부합시키기 위해서는 오차를 어떻게 소거할 것인가의 방법에 있다. 이 계산에는 점근계산법(1차 계산, 2차 계산)을 택한다.

즉,

$$1\text{차 계산} = E_1 = \frac{\pi \sin a}{\pi \sin b} - 1$$

πsina > πsin$b$이면 E_1값이 (+)이므로 sin$a$는 −하고 sin$b$는 +로 하여 sina', sinb'를 계산한다.

① 삼각형 sina' $= \sin a_1 - \Delta a_1$

sinb' $= \sin b_1 - \Delta b_1$

② 삼각형 sina' $= \sin a_2 - \Delta a_2$

sinb' $= \sin b_2 - \Delta b_2$

………

3) E_2의 계산

각규약 조정각으로 계산한 sin값에 초차(Δ)를 더하여 sina'와 sinb'를 구하여 E_2의 값을 계산한다.

$$E_2 = \frac{\pi \sin a'}{\pi \sin b'} - 1$$

> E_2의 값이 정수로 나와도 0.000000으로 소수점 이하 6자리의 수이다.

4) x''의 계산

$$x_1'' = \frac{10'' \times E_1}{|E_1 - E_2|} \qquad x_2'' = \frac{10'' \times E_2}{|E_1 - E_2|}$$

[검산]$=|x_1'' - x_2''| = 10''$

5) 변조건식에 따른 각오차의 배부

①번 삼각형 : a_1=각규약 조정각$-x_1''$

b_1=각규약 조정각$+x_2''$

②번 삼각형 : a_2=각규약 조정각$-x_1''$

b_2=각규약 조정각$+x_2''$

....

(7) 소구변장 계산

$$\text{변장} = \frac{\sin \text{소구변 대각}}{\sin \text{기지변 대각}} \times \text{기지변}$$

①번 삼각형 : 남문산에서 서울9의 변장$=\dfrac{\sin r_1}{\sin b_1}\times$ 기지변(운길산－남산)

운길산에서 서울9의 변장$=\dfrac{\sin a_1}{\sin b_1}\times$ 기지변(운길산－남산)

②번 삼각형 : 서9에서 보1의 변장$=\dfrac{\sin r_2}{\sin b_2}\times$기지변(운길산－서울9)

운길산에서 보1의 변장$=\dfrac{\sin a_2}{\sin b_2}\times$기지변(운길산－서울9)

③번 삼각형 : 보1에서 보2의 변장$=\dfrac{\sin r_3}{\sin b_3}\times$기지변(운길산－보1)

운길산에서 보2의 변장$=\dfrac{\sin a_3}{\sin b_3}\times$기지변(운길산－보1)

④번 삼각형

....

④, ⑤, ⑥ 삼각형에서도 동일한 방법으로 계산한다.

(8) 소구방위각 계산

①번 삼각형 : $V_{남}^{서9} = V_{운}^{남} + 180 - a_1$

$V_{운}^{서9} = V_{운}^{남} + r_1$

②번 삼각형 : $V_{서9}^{보1} = V_{운}^{서9} + 180 - a_2$

$V_{운}^{보1} = V_{운}^{서9} + r_2$

....

③, ④, ⑤, ⑥번 삼각형에서도 동일한 방법으로 계산한다.

(9) 소구점 종·횡선 좌표계산

1) ①번 삼각형에서 서울9의 계산

① 남문산에서 서울9

x_1=(남문산)x_1+변장(남문산−서울9)×cos $V_{남}^{서9}$

y_1=(남문산)y_1+변장(남−서9)×sin $V_{남}^{서9}$

② 운길산에서 서울9

x_2=(운길산)x_1+변장(운길산−서울9)×cos $V_{문}^{서9}$

y_2=(운길산)y_1+변장(운길산−서울9)×sin $V_{운길}^{서울9}$

③ 서울9 좌표결정(평균)

x=$(x_1 + x_2)$÷2=

y=$(y_1 + y_2)$÷2=

2) ②번 삼각형에서 보1의 계산

① 서울9 − 보1

x_1=(서울9)x_1+변장(서울9−보1)×cos $V_{서9}^{보1}$

y_1=(서울9)y_1+변장(서울9−보1)×sin $V_{서9}^{보1}$

② 운길산 – 보1

x_2=(운길산)x_1+변장(운길산–보1)×cos $V_{운}^{보1}$

y_2=(운길산)y_1+변장(운길산–보1)×sin $V_{운}^{보1}$

③ 보1의 좌표(평균)

x=(x_1+x_2)÷2

y=(y_1+y_2)÷2

3) ③, ④, ⑤, ⑥번 삼각형도 동일한 방법으로 계산한다.

(10) 검산

최종계산 결과 값과 기지변 값이 같아야 하며 변장에서 ±0.01m, 방위각에서 ±0.1" 이내의 오차가 발생할 수도 있다.

QUESTION Q 예제

01 지적삼각측량을 유심다각망으로 실시하여 다음결과에 의하여 소구점의 좌표를 계산하시오.

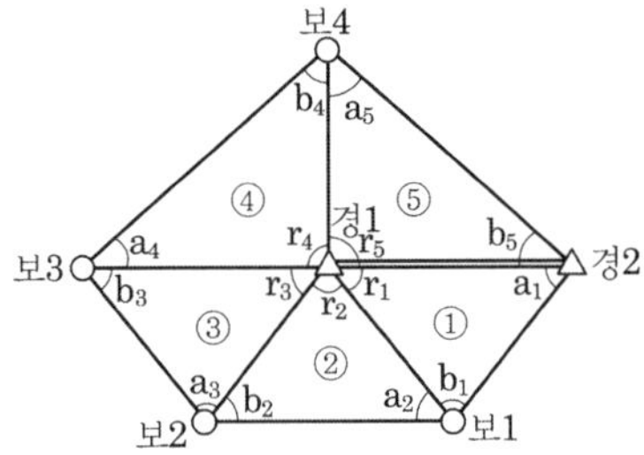

기지점 좌표

점명	x좌표	y좌표
경1	525356.35	259002.26
경2	524462.36	257882.33

관측내각

번호	점명	각명	관측각	번호	점명	각명	관측각
①	경2	a_1	56-40-24.1	④	보3	a_4	43-07-05.7
	보1	b_1	58-33-36.3		보4	b_4	53-42-37.6
	경1	r_1	64-46-03.6		경1	r_4	83-10-22.7
②	보1	a_2	64-58-50.7	⑤	보4	a_5	44-10-58.7
	보2	b_2	38-42-46.3		경2	b_5	54-29-06.6
	경1	r_2	76-18-18.0		경1	r_5	81-19-57.7
③	보2	a_3	61-07-41.9				
	보3	b_3	64-26-58.1				
	경1	r_3	54-25-23.0				

ANSWER & EXPLANATION

1. 기지점 역계산

1) 기지점 간 거리

$$\overline{경1경2}=\sqrt{(524462.36-525356.35)^2+(257882.33-259002.26)^2}$$

$$=\sqrt{(-893.99)^2+(-1119.93)^2}$$

$$=1432.99$$

2) 방위 : $\theta=\tan^{-1}\dfrac{\Delta y}{\Delta x}=\tan^{-1}\dfrac{1119.93}{893.99}=51°24'04.3''$(3상한)

3) 방위각 : $V=180°+51°24'04.3''=231°24'04.3''$

2. 각규약 조정

1) 삼각규약

①번 삼각형 $\varepsilon_2 = +4''$

②번 삼각형 $\varepsilon_3 = -5''$

③번 삼각형 $\varepsilon_4 = +3''$

④번 삼각형 $\varepsilon_5 = +6''$

⑤번 삼각형 $\varepsilon_1 = 44°10'58.7'' + 54°29'06.6'' + 81°19'57.7'' - 180° = +03''$

$\sum\varepsilon = 3+4-5+3+6 = +11''$

2) 망규약

유심망의 중심점 경1에서 관측한 각이 360°가 되어야 한다는 조건

$r_1 + r_2 + r_3 + r_4 + r_5 = 360°$

$e = r_1 + r_2 + r_3 + r_4 + r_5 - 360°$

즉 $\sum r - 360° = e$

$e = 360°00'05'' - 360° = +05''$

3) 오차배부

$$망규약(\mathrm{II}) = \frac{\sum\varepsilon - 3e}{2n} = \frac{11 - 3\times5}{2\times5} = -0.4$$

$$삼각규약(\mathrm{I}) = \frac{-\varepsilon_1 - (\mathrm{II})}{3}$$

여기서, n : 삼각형 수
ε : 각 삼각형 내각의 합과 180°와의 차(삼각규약)
e : 중심각의 합과 360°와의 차(망규약)

$$\mathrm{I} = \frac{-\varepsilon_1 - \mathrm{II}}{3} = \frac{-4-(-0.4)}{3} = -1.2$$

$$\mathrm{I} = \frac{-\varepsilon_2 - \mathrm{II}}{3} = \frac{-(-5)-(-0.4)}{3} = +1.8$$

$$\mathrm{I} = \frac{-\varepsilon_3 - \mathrm{II}}{3} = \frac{-3-(-0.4)}{3} = -0.9$$

$$\mathrm{I} = \frac{-\varepsilon_4 - \mathrm{II}}{3} = \frac{-6-(-0.4)}{3} = -1.9$$

$$\mathrm{I} = \frac{-\varepsilon_5 - \mathrm{II}}{3} = \frac{-3-(-0.4)}{3} = -0.9$$

※ 각 삼각형의 (I)과 (II)의 배부수의 합은 삼각형 내각오차의 반대부호의 수와 일치하여야 하는데 계산과정의 단수처리로 인하여 ±0.1 정도의 오차가 나와서 90°에 가까운 각에 가감처리하였다.(무시하고 계산해도 계산결과에는 영향을 미치지 않음) 1) 각조정 : 각 삼각형 내각의 합은 180°가 되어야 한다는 조건

3. 변규약 조정

1) sin값 및 초차(△)계산

①번 삼각형

$\sin a_1 = \sin 56°40'22.9'' = 0.835549$

$\triangle a_1 = \cos 56°40'22.9'' \times 48.4814 = 27$

$\sin b_1 = \sin 58°33'35.1'' = 0.853185$

$\triangle b_1 = \cos 58°33'35.1'' \times 48.4814 = 25$

②번 삼각형

$\sin a_2 = \sin 64°58'52.5'' = 0.906169$

$\triangle a_2 = \cos 64°58'52.5'' \times 48.4814 = 21$

$\sin b_2 = \sin 38°42'48.1'' = 0.625425$

$\triangle b_2 = \cos 38°42'48.1'' \times 48.4814 = 38$

③번 삼각형

$\sin a_3 = \sin 61°07'41'' = 0.875701$

$\triangle a_3 = \cos 61°07'41'' \times 48.4814 = 23$

$\sin b_3 = \sin 64°26'57.3'' = 0.902204$

$\triangle b_3 = \cos 64°26'57.3'' \times 48.4814 = 21$

④번 삼각형

$\sin a_4 = \sin 43°07'03.8'' = 0.683500$

$\triangle a_4 = \cos 43°07'03.8'' \times 48.4814 = 35$

$\sin b_4 = \sin 53°42'35.8'' = 0.8063031$

$\triangle b_4 = \cos 53°42'35.8'' \times 48.4814 = 29$

⑤번 삼각형

$\sin a_5 = \sin 44°10'57.8'' = 0.696949$

$\triangle a_5 = \cos 44°10'57.8'' \times 48.4814 = 35$

$\sin b_5 = \sin 54°29'05.8'' = 0.813963$

$\triangle b_5 = \cos 54°29'05.8'' \times 48.4814 = 28$

2) E_1의 계산

$$E_1 = \frac{\sin a_1 \cdot \sin a_2 \cdot \sin a_3 \cdot \sin a_4 \cdot \sin a_5}{\sin b_1 \cdot \sin b_2 \cdot \sin b_3 \cdot \sin b_4 \cdot \sin b_5} - 1$$

$$= \frac{0.835549 \times 0.906169 \times 0.875701 \times 0.683500 \times 0.696949}{0.853185 \times 0.625425 \times 0.902204 \times 0.806031 \times 0.813963} - 1$$

$= -0.000006(-6)$

※ E_1의 값이 (−)이므로 $\sin a$값이 적다.

∴ 그러므로 $\sin a$는 ＋하고 $\sin b$는 −하여야 오차가 소거되므로 초차(△)를 $+\triangle a$ $-\triangle b$로 하여 $\sin a'$, $\sin b'$를 계산한다.

① $\sin a'$, $\sin b'$값 계산

①번 삼각형

$\sin a_2' = \sin a_2 + \triangle a_2 = 0.835549+27 = 0.835576$

$\sin b_2' = \sin b_2 + \triangle b_2 = 0.853185-25 = 0.853160$

②번 삼각형

$\sin a_3' = \sin a_3 + \triangle a_3 = 0.906169+21 = 0.906190$

$\sin b_3' = \sin b_3 + \triangle b_3 = 0.625425-38 = 0.625387$

③번 삼각형

$\sin a_4' = \sin a_4 + \triangle a_4 = 0.875701+23 = 0.875724$

$\sin b_4' = \sin b_4 + \triangle b_4 = 0.902204-21 = 0.902183$

④번 삼각형

$\sin a_5' = \sin a_5 + \triangle a_5 = 0.683500+35 = 0.683535$

$\sin b_5' = \sin b_5 + \triangle b_5 = 0.806031-29 = 0.806002$

⑤번 삼각형

$\sin a_1' = \sin a_1 + \triangle a_1 = 0.696949+35 = 0.696984$

$\sin b_1' = \sin b_1 + \triangle b_1 = 0.813963-28 = 0.813935$

② E_2의 계산 : 각 규약조정값으로 계산한 sin 값에 초차(△)를 더하여 sina'와 sinb'를 구하여 E_2의 값을 계산한다.

$$E_2 = \frac{\sin a_1' \cdot \sin a_2' \cdot \sin a_3' \cdot \sin a_4' \cdot \sin a_5'}{\sin b_1' \cdot \sin b_2' \cdot \sin b_3' \cdot \sin b_4' \cdot \sin b_5'} - 1$$

$$= \frac{0.835576 \times 0.906190 \times 0.875724 \times 0.683535 \times 0.696984}{0.853160 \times 0.625387 \times 0.920183 \times 0.806002 \times 0.813935} - 1$$

$= +0.000361$(소수 6자리수) $= 361$

$|E_1 - E_2| = |-6 - 361| = |367|$

③ x''의 계산(경정수)

$$x_1'' = \frac{10'' \times E_1}{|E_1 - E_2|} = \frac{10 \times (-6)}{367} = -0.2$$

$$x_2'' = \frac{10'' \times E_2}{|E_1 - E_2|} = \frac{10 \times 361}{367} = 9.8$$

[검산]$= |x_1'' - x_2''| = |-0.2 - 9.8| = 10''$

④ 변조식에 따른 각오차 배부

①번 삼각형 $a_3 = 56°40'22.9'' + 0.2'' = 56°40'23.1''$

$b_2 = 58°33'35.1'' - 0.2'' = 58°33'34.9''$

②번 삼각형 $a_3 = 64°58'52.5'' + 0.2'' = 64°58'52.7''$

$b_3 = 38°42'48.1'' - 0.2'' = 38°42'47.9''$

③번 삼각형 $a_4 = 61°07'41.0'' + 0.2'' = 61°07'41.2''$

$b_4 = 64°26'57.3'' - 0.2'' = 64°26'57.1''$

④번 삼각형 $a_5 = 43°07'41.0'' + 0.2'' = 43°07'04.0''$

$b_5 = 53°42'35.8'' - 0.2'' = 53°42'35.6''$

⑤번 삼각형 a_3 = 각규약 조정각+ $x_3'' = 44°10'57.8'' + 0.2'' = 44°10'58''$

b_1 = 각규약 조정각+ $x_3'' = 54°29'05.8'' - 0.2'' = 54°29'05.6''$

4. 소구변장 계산

$$\text{변장(소구변)} = \frac{\text{소구대변각 sin}}{\text{기지대변각 sin}} \times \text{기지변}$$

1) ①번 삼각형에서 보1의 계산

$$\text{경2} \rightarrow \text{보1} = \frac{\sin r_1}{\sin b_1} \times \overline{\text{경1경2}} = \frac{\sin 64°46'02''}{\sin 58°33'34.9} \times 1432.99 = 1519.32$$

$$경1 \rightarrow 보1 = \frac{\sin a_1}{\sin b_1} \times \overline{경1경2} = \frac{\sin 56°40'23.1''}{\sin 58°33'34.9''} \times 1432.99 = 1403.37$$

2) ②번 삼각형에서 보2의 계산

$$보1 \rightarrow 보2 = \frac{\sin r_2}{\sin b_2} \times \overline{경1보1} = \frac{\sin 76°18'19.4''}{\sin 38°42'47.9''} \times 1403.37 = 2180.08$$

$$경1 \rightarrow 보2 = \frac{\sin a_2}{\sin b_2} \times \overline{경1보1} = \frac{\sin 64°58'52.7''}{\sin 38°42'47.9''} \times 1403.37 = 2033.33$$

3) ③번 삼각형에서 보3의 계산

$$보2 \rightarrow 보3 = \frac{\sin r_3}{\sin b_3} \times \overline{경1보2} = \frac{\sin 54°25'21.7''}{\sin 64°26'57.1''} \times 2033.33 = 1833.04$$

$$경1 \rightarrow 보3 = \frac{\sin a_3}{\sin b_3} \times \overline{경1보2} = \frac{\sin 61°07'41.2''}{\sin 64°26'57.1''} \times 2033.33 = 1973.60$$

4) ④번 삼각형에서 보4의 계산

$$보3 \rightarrow 보4 = \frac{\sin r_4}{\sin b_4} \times \overline{경1보3} = \frac{\sin 83°10'20.4''}{\sin 53°42'35.6''} \times 1973.60 = 2431.18$$

$$경1 \rightarrow 보4 = \frac{\sin a_4}{\sin b_4} \times \overline{경1보3} = \frac{\sin 43°07'04.0''}{\sin 53°42'35.6''} \times 1973.60 = 1673.58$$

5) ⑤번 삼각형에서 경2의 계산

$$보4 \rightarrow 경2 = \frac{\sin r_5}{\sin b_5} \times \overline{경1보4} = \frac{\sin 81°19'56.4''}{\sin 54°29'05.6''} \times 1673.58 = 2032.61$$

$$경1 \rightarrow 경2 = \frac{\sin a_5}{\sin b_5} \times \overline{경1보4} = \frac{\sin 44°10'58.0''}{\sin 54°29'05.6''} \times 1673.58 = 1432.99$$

5. 방위각 계산

1) ①번 삼각형

$V_{경2}^{보1} = V_{경1}^{경2} \pm 180 - a_2 = 231°24'04.3'' + 180° - 56°40'23.1''$

$= 354°43'41.2''$

$V_{경1}^{보1} = V_{경1}^{경2} + r_2 = 231°24'04.3'' + 64°46'0.2'' = 296°10'04.5''$

2) ②번 삼각형

$V_{보1}^{보2} = V_{경1}^{보1} \pm 180 - a_3 = 296°10'04.5'' + 180° - 64°58'52.7'' = 51°11'11.8''$

$V_{경1}^{보2} = V_{경1}^{보1} + r_3 = 296°10'04.5'' + 76°18'19.4'' = 12°28'23.9''$

3) ③번 삼각형

$V_{보2}^{보3} = V_{경1}^{보2} + 180 - a_4 = 12°28'23.9'' + 180° - 61°07'41.2'' = 131°20'42.7''$

$V_{경1}^{보3} = V_{경1}^{보2} + r_4 = 12°28'23.9'' + 54°25'21.7'' = 66°53'45.6''$

4) ④번 삼각형

$V_{보3}^{보4} = V_{경1}^{보3} \pm 180 - a_5 = 66°53'45.6'' + 180° - 43°07'04'' = 203°46'41.6''$

$V_{경1}^{보4} = V_{경1}^{보3} + r_5 = 66°53'45.6'' + 83°10'20.4'' = 150°04'06''$

5) ⑤번 삼각형

$V_{보4}^{경2} = V_{경1}^{보4} \pm 180 - a_1 = 150°04'06'' + 180° - 44°10'58'' = 285°53'08''$

$V_{경1}^{경2} = V_{경1}^{보4} + r_1 = 150°04'06'' + 81°19'56.4'' = 231°24'2.4''$

6. 종·횡선 좌표계산

1) ①번 삼각형에서 보1의 좌표 계산

① 경2 → 보1

$x_1 = 경2x + \overline{경2보1} \times \cos V_{경2}^{보1}$

$= 524462.36 + 1519.32 \times \cos 354°43'41.2'' = 525975.25$

$y_1 = 경2y + \overline{경2보1} \times \sin V_{경2}^{보1}$

$= 257882.33 + 1519.32 \times \sin 354°43'41.2'' = 257742.73$

② 경1 → 보1

$x_2 = 경1x + \overline{경1보1} \times \cos V_{경1}^{보1}$

$= 5525356.35 + 1403.37 \times \cos 296°10'04.5'' = 525975.24$

$y_1 = 경1y + \overline{경1보1} \times \sin V_{경1}^{보1}$

$= 259002.26 + 1403.37 \times \sin 296°10'04.5'' = 257742.73$

③ 보1의 좌표결정(평균)

$x = (525975.25 + 525975.24) \div 2 = 525975.25$

$y = 257742.73$

2) ②번 삼각형에서 보2의 좌표계산

① 보1 → 보2

$x_1 = 525975.25 + 2180.08 \times \cos 51°11'11.8'' = 527341.69$

$y_1 = 257742.73 + 2180.08 \times \sin 51°11'11.8'' = 259441.43$

② 경1 → 보2

$x_2 = 525356.35 + 2033.33 \times \cos 12°28'23.9'' = 527341.69$

$y_1 = 259002.26 + 2033.33 \times \sin 12°28'23.9'' = 259441.43$

③ 보2의 좌표결정(평균)

$x = 527341.69$

$y = 259441.43$

3) ③번 삼각형에서 보3의 좌표계산

① 보2 → 보3

$x_1 = 527341.69 + 1833.04 \times \cos 131°20'42.7'' = 526130.79$

$y_1 = 259441.43 + 1833.04 \times \sin 131°20'42.7'' = 260817.57$

② 경1 → 보3

$x_2 = 525356.35 + 1973.60 \times \cos 66°53'45.6'' = 526130.79$

$y_1 = 259002.26 + 1973.60 \times \sin 66°53'45.6'' = 260817.57$

③ 보3의 좌표결정(평균)

$x = 526130.79$

$y = 260817.57$

4) ④번 삼각형에서 보4의 좌표계산

① 보3 → 보4

$x_1 = 526130.79 + 2431.18 \times \cos 203°46'41.6'' = 523905.99$

$y_1 = 260817.57 + 2431.18 \times \sin 203°46'41.6'' = 259837.32$

② 경1 → 보4

$x_2 = 525356.35 + 1673.58 \times \cos 150°04'06'' = 523905.99$

$y_1 = 259002.26 + 1673.58 \times \sin 150°04'06'' = 259837.32$

③ 보4의 좌표결정(평균)

$x = 523905.99$

$y = 259837.32$

5) ⑤번 삼각형에서 경2의 좌표계산

① 보4 → 경2

$x_1 = 523905.99 + 2032.61 \times \cos 285°53'08'' = 524462.35$

$y_1 = 259837.32 + 2032.61 \times \sin 285°53'08'' = 257882.33$

② 경1 → 경2

$x_2 = 525356.35 + 1432.99 \times \cos 231°24'02.4'' = 524462.35$

$y_2 = 259002.26 + 1432.99 \times \sin 231°24'02.4'' = 257882.34$

③ 경2의 좌표결정(평균)

$x = 524462.35$

$y = (257882.33 + 257882.34) \div 2 = 257882.34$

(유심다각망 / 삽입망) 조정계산부(진수)

삼각형	점명	각명	관측각	각규약 I	각규약 II	각규약 조정각	sinα / sinβ	Δα / Δβ	sinα' / sinβ'	$\alpha-x_1''$ / $\beta+x_2''$	변규약 조정각
1	경2	α_1	56 40 24.1	-1.2		56 40 22.9	0.835549	+27	0.835576	+0.2	56 40 23.1
	보1	β_1	58 33 36.3	-1.2		58 33 35.1	0.853185	-25	0.853160	-0.2	58 33 34.9
	경1	γ_1	64 46 03.6	-1.2	-0.4	64 46 02.0	γ_2				64 46 02.0
		+	180 00 04.0			180 00 00.0					
		−	180 00 00.0								
			ε_2 = +4.0								
2	보1	α_2	64 58 50.7	1.8		64 58 52.5	0.906169	+21	0.906190	+0.2	64 58 52.7
	보2	β_2	38 42 46.3	1.8		38 42 48.1	0.625425	-38	0.625387	-0.2	38 42 47.9
	경1	γ_2	76 18 18.0	1.8	-0.4	76 18 19.4	γ_3				76 18 19.4
		+	179 59 55.0			180 00 00.0					
		−	180 00 00.0								
			ε_3 = -5.0								
3	보2	α_3	61 07 41.9	-0.9		61 07 41.0	0.875701	+23	0.875724	+0.2	61 07 41.2
	보3	β_3	64 26 58.1	-0.8		64 26 57.3	0.902204	-21	0.902183	-0.2	64 26 57.1
	경1	γ_3	54 25 23.0	-0.9	-0.4	54 25 21.7	γ_4				54 25 21.7
		+	180 00 03.0			180 00 00.0					
		−	180 00 00.0								
			ε_3 = +3.0								
4	보3	α_4	43 07 05.7	-1.9		43 07 03.8	0.683500	+35	0.683535	+0.2	43 07 04.0
	보4	β_4	53 42 37.6	-1.9		53 42 35.7	0.806031	-29	0.806002	-0.2	53 42 35.6
	경1	γ_4	83 10 22.7	-1.8	-0.4	83 10 20.5	γ_4				83 10 20.4
		+	180 00 06.0			180 00 00.0					
		−	180 00 00.0								
			ε_3 = +6.0								
5	보4	α_5	44° 10′ 58.7″	-0.9		44° 10′ 57.8″	0.696949	+35	0.696984	+0.2	44° 10′ 58.0″
	경2	β_5	54 29 06.6	-0.9		54 29 05.7	0.813963	-28	0.813935	-0.2	54 29 05.6
	경1	γ_5	81 19 57.7	-0.8	-0.4	81 19 56.5	γ_1				81 19 56.4
		+	180 00 03.0			180 00 00.0					
		−	180 00 00.0								
			ε_1 = +3.0								
$\Sigma\gamma$			360° 05′ 05.0″	제1기선 l_1	m	E₁	$\Pi\sin\alpha\cdot l_1$	E₂	$\Pi\sin\alpha'\cdot l_1$		
360° 또는 기지내각			360	제2기선 l_2	m		0.315847		0.315905		
			e = +5.0				$\Pi\sin\beta\cdot l_2$		$\Pi\sin\beta'\cdot l_2$		
							0.315849		0.315791		

변장(m) $a\times\frac{\sin\alpha(\gamma)}{\sin\beta}$	방위각	종횡선좌표 X(m)	종횡선좌표 Y(m)	점명
경1 → 경2	경1 → 경2	525356.35	259002.26	경1
1432.99	231° 24′ 04.3″	524462.36	257882.33	경2
경2→보1	경2→보1	525975.25	257742.73	보1
1519.32	354 43 41.2			
경1→보1	경1→보1	525975.24	257742.73	
1403.37	296 10 04.5			
평	균	525975.25	257742.73	
보1→보2	보1→보2	527341.69	259441.43	보2
2180.08	51 11 11.8			
경1→보2	경1→보2	527341.69	259441.43	
2033.33	12 28 23.9			
평	균	527341.69	259441.43	
보2 →보3	보2 →보3	526130.79	260817.57	보3
1833.04	131 20 42.7			
경1→보3	경1→보3	526130.79	260817.57	
1973.60	66 53 45.6			
평	균	526130.79	260817.57	
보3→보4	보3→보4	523905.99	259837.32	보4
2431.18	203 46 41.6			
경1→보4	경1→보4	523905.99	259837.32	
5599.24	4 08 24.3			
평	균	523905.99	259837.32	
보4→경2	보4→경2	524462.35	257882.33	경2
2032.61	285 53 08.0			
경1→경2	경1→경2	524462.35	524462.35	
1432.99	231 24 02.4			
평	균	524462.35	524462.35	

$\Sigma\varepsilon=3+4-5+3+6=11''$ $\Delta\alpha,\ \Delta\beta=10''$차임

$(\text{II})=\frac{\Sigma\varepsilon-3e}{2n}=\frac{11-3\times5}{2\times5}=-0.4$

$(\text{I})=\frac{-\varepsilon-(\text{II})}{3}=\frac{-3-(-0.4)}{3}=-0.9$

n : 삼각형수 $\frac{-4-(-0.4)}{3}=-1.2$ $\frac{-(-5)-(-0.4)}{3}=1.8$ $\frac{-3+0.4}{3}=-0.9$ $\frac{-6+0.4}{3}=-1.9$

$E_1=\frac{\Pi\sin\alpha\cdot l_1}{\Pi\sin\beta\cdot l_2}-1=-0.000006$

$E_2=\frac{\Pi\sin\alpha'\cdot l_1}{\Pi\sin\beta'\cdot l_2}-1=0.000361$

$|E_1-E_2|=-6-361=367$

$x_1''=\frac{10''\cdot E_1}{|E_1-E_2|}=\frac{10\times(-6)}{367}=-0.2$

$x_2''=\frac{10''\cdot E_2}{|E_1-E_2|}=\frac{10\times361}{367}=9.8$

검산$=|x_1''-x_2''|=10''$

약 도

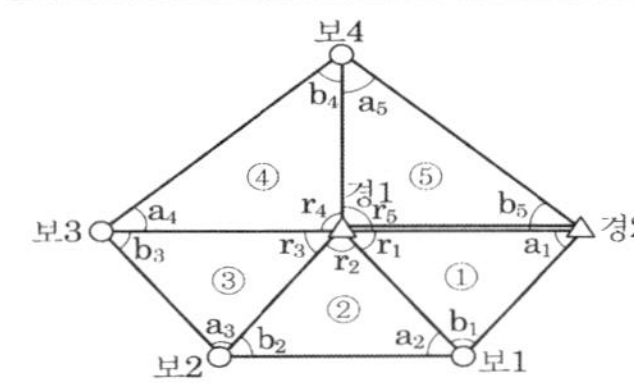

QUESTION Q 예제

02 지적삼각측량을 유심다각망으로 실시하여 다음 결과에 의하여 소구점의 좌표를 구하시오.

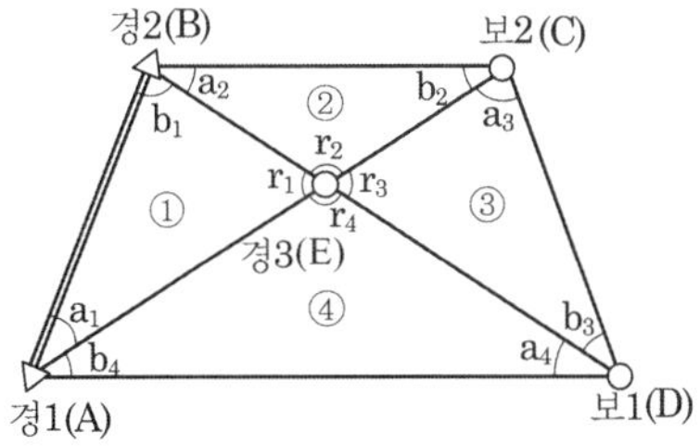

[관측내각]

a_1 29°12'57'',	b_1 48°46'38'',	r_1 102°00'22''
a_2 66°10'47'',	b_2 35°27'25'',	r_2 78°21'51''
a_3 48°34'34'',	b_3 50°50'38'',	r_3 80°34'57''
a_4 40°43'50'',	b_4 40°13'15'',	r_4 99°02'58''

[기지점좌표]

점명	x좌표	y좌표
경1	525356.35	259002.26
경2	524462.36	257882.33

ANSWER & EXPLANATION

1. 기지점 역계산

1) 기지점간거리

$$\overline{AB} = \sqrt{\Delta x^2 + \Delta y^2} = \sqrt{893.99^2 + 1119.93^2} = 1432.99$$

2) 방위 및 방위각

$$\theta = \tan^{-1}\frac{1119.93}{893.99} = 51°24'4.3''\,(3상한)$$

$$V_A^B = 180° + 51°24'4.3' = 231°24'04.3''$$

2. 각도방정식

1) 각 조정

각 삼각형의 내각의 합은 180°가 되어야 한다는 조건

①번 삼각형 $\varepsilon_1 = (a_1 + b_1 + r_1) - 180 = -3''$

②번 삼각형 $\varepsilon_2 = +3''$

③번 삼각형 $\varepsilon_3 = +9''$

④번 삼각형 $\varepsilon_4 = +3''$

$\sum\varepsilon = \varepsilon_1 + \varepsilon_2 + \varepsilon_3 + \varepsilon_4 = 12$

2) 망규약

유심망의 중심점 경3(E)에서 관측한 각이 360°가 되어야 한다는 조건

$r_1 + r_2 + r_3 + r_4 = 360°$

$r_1 + r_2 + r_3 + r_4 - 360° = 0$

$r_1 + r_2 + r_3 + r_4 - 360° = e$

즉 $\sum r - 360° = e$

$e = 360°00'08'' - 360° = 8''$

3) 오차배부

$$(\mathrm{II}) = \frac{\sum\varepsilon - 3e}{2n} = \frac{12 - 3 \times 8}{2 \times 4} = -1.5$$

$$(\mathrm{I}) = \frac{-\varepsilon_1 - (\mathrm{II})}{3}$$

여기서, n : 삼각형 수

ε : 각 삼각형 내각의 합과 180°와의 차(삼각규약)

e : 중심각의 합과 360°와의 차(망규약)

$$(\mathrm{I}) = \frac{-\varepsilon_1 - (\mathrm{II})}{3} = \frac{-(-3) - (-1.5)}{3} = +1.5$$

$$= \frac{-\varepsilon_2 - (\mathrm{II})}{3} = \frac{-(-3) - (-1.5)}{3} = -0.5$$

$$= \frac{-\varepsilon_3 - (\text{II})}{3} = \frac{-(-9)-(-1.5)}{3} = -2.5$$

$$= \frac{-\varepsilon_4 - (\text{II})}{3} = \frac{-(-3)-(-1.5)}{3} = -0.5$$

각규약에 의한 조정각의 합은 모든 삼각형에서 180°가 되어야 하지만 ±0.1"에 대한 오차처리를 하지 않았을 때는 180°00'0.1"이고 179° 59'59.9"가 될 때도 있으나 무시하여도 계산결과에는 영향을 미치지 않는다. (90°에 가까운 각에 배부하여 180°가 되게 하여도 된다.)

3. 변방정식

1) $\frac{\sin a_1 \cdot \sin a_2 \cdot \sin a_3 \cdot \sin a_4}{\sin b_1 \cdot \sin b_2 \cdot \sin b_3 \cdot \sin b_4} = 1$에서 $\frac{\pi \sin a}{\pi \sin b} = 1$이다.

$$E_1 = \frac{\pi \sin a}{\pi \sin b} - 1$$

$$= \frac{0.218470}{0.218472} - 1 = -0.000009 \text{ (소수점 이하 6자리)}$$

2) sin값 및 초차 계산(△)

$\cos a \times 48.4814$

$\cos b \times 48.4814$

$\triangle a_1 = \cos 29° 12'58.5'' \times 48.4814 = 42$

$\triangle b_1 = \cos 48° 46'39.5'' \times 48.4814 = 32$

$\triangle a_2 = 20$

$\triangle b_2 = 39$

$\triangle a_3 = 32$

$\triangle b_3 = 31$

$\triangle a_4 = 37$

$\triangle b_4 = 37$

여기서, $\pi \sin a > \pi \sin b$이면 a값에 -, b값에 +를 한다.

3) E_2의 계산 → $\sin a + \triangle a_1 = \sin a'$

$\sin b + \triangle b_1 = \sin b'$

$$E_2 = \frac{\pi \sin a'}{\pi \sin b'} - 1 = \frac{0.218515}{0.218426} - 1 = 0.000407$$

$$E_1 + E_2 = 9 + 407 = 416$$

※ E_2값이 정수로 나와도 0.000000으로 소수점 이하 6자리 수이다.

4) x''의 계산

$$x_1'' = \frac{10'' \times E_1}{|E_1 + E_2|} = -0.2''$$

$$x_2'' = \frac{10'' \times E_2}{|E_1 + E_2|} = 9.8''$$

검산 $= x_1'' + x_2'' = 10''$

5) 변조건식에 따른 각오차의 배부

① 삼각형 a_1 = 각규약 조정각 $- x_1''$

b_1 = 각규약 조정각 $+ x_2''$

② 삼각형 a_2 = 각규약 조정각 $- x_1''$

b_2 = 각규약 조정각 $+ x_2''$

4. 변장 계산

$$\text{소구변 변장} = \frac{\text{소구변내각 sin}}{\text{기지변대각 sin}} \times \text{기지변}$$

①번 삼각형

(경1)–(경3) = $\frac{\sin b_1}{\sin r_1} \times AB = \frac{\sin 48°46'38.3''}{\sin 102°00'24''} \times 1432.99 = 1101.94$
A – E

(경2)–(경3) = $\frac{\sin a_1}{\sin r_1} \times AB = \frac{\sin 29°12'57.7''}{\sin 102°00'24''} \times 1432.99 = 715.09$
B – E

②번 삼각형

(경2)–(보2) = $\frac{\sin r_2}{\sin b_2} \times BE = \frac{\sin 78°21'51.0''}{\sin 35°27'23.3''} \times 715.09 = 1207.40$
B – C

(경3)–(보2) = $\frac{\sin a_2}{\sin b_2} \times BE = \frac{\sin 66°10'45.7''}{\sin 35°27'23.3''} \times 715.09 = 1127.72$
E – C

③번 삼각형

$$\text{C-D}=\frac{\sin r_3}{\sin b_3}\times CE=\frac{\sin 80°34'55.0''}{\sin 50°50'34.3''}\times 1127.72=1434.74$$

$$\text{E-D}=\frac{\sin a_3}{\sin b_3}\times CE=\frac{\sin 48°34'30.7''}{\sin 50°50'34.3''}\times 1127.72=1090.50$$

④번 삼각형

$$\text{D-A}=\frac{\sin r_4}{\sin b_4}\times ED=\frac{\sin 99°02'58.0''}{\sin 40°13'13.3''}\times 1090.50=1667.77$$

$$\text{E-A}=\frac{\sin a_4}{\sin b_4}\times ED=\frac{\sin 40°43'48.7''}{\sin 40°13'13.3''}\times 1090.50=1101.93$$

5. 방위각 계산

①번 삼각형

$$V_E^A= V_A^B+a_1 = 231°24'04.3''+29°12'58.7''= 260°\ 37'\ 03''$$

$$V_B^E=(V_A^B\pm 180)-b_1 = 231°\ 24'\ 04.3''+180°-48°\ 46'\ 39.3''$$

$$= 2°\ 37'\ 25''$$

②번 삼각형

$$V_B^C=(V_A^B\pm 180)-(b_1+a_2)$$

$$=231°\ 24'\ 04.3''+180°-(48°\ 46'\ 38.3''+66°\ 10'\ 46.7'')$$

$$= 296°\ 26'\ 38.3''$$

[다른 방법]

$$V_B^C= V_B^E-a_2= 2°\ 37'\ 25''-66°\ 10'\ 46.7''=296°\ 26'\ 38.3''$$

$$V_E^C= V_B^E\pm 180+r_2=2°\ 37'\ 25''+180°+78°\ 21'\ 49''$$

$$=260°\ 59'\ 14''$$

③번 삼각형

$$V_C^D=(V_B^C\pm 180°)-a_3=260°59'14''+180°-48°34'31.7''$$

$$=32°24'42.3''$$

$$V_E^D= V_E^C+r_3=260°\ 59'14''+80°\ 34'\ 53''=341°34'07''$$

④번 삼각형

$$V_D^A=(V_E^D+180)-a_4=341°34'07''+180°-40°43'49.7''$$

$$=120°50'17.3''$$

$$V_E^A= V_E^D+r_4=341°34'07''+99°02'56''=80°37'03.0''$$

6. 소구점 종·횡선 좌표계산

1) ①번 삼각형에서 경3의 계산

① A → E

$x_1 = A_x + \overline{AE} \times \cos V_A^E$

$= 525356.35 + 1101.94 \times \cos 260°37'03'' = 525176.71$

$y_1 = A_y + \overline{AE} \times \sin V_A^E$

$= 259002.26 \times 1101.94 \times \sin 260°37'03'' = 257915.06$

② B → E

$x_2 = B_x + \overline{BE} \times \cos V_B^E$

$= 524462.36 \times 715.09 \times \cos 2°37'25'' = 525176.71$

$y_2 = B_y + \overline{BE} \times \sin V_B^E$

$= 257882.33 \times 715.09 \times \sin 2°37'25'' = 257915.06$

③ 경3의 좌표결정

$x = (525176.70 + 525176.70) \div 2 = 525176.71$

$y = (257915.06 + 257915.07) \div 2 = 257915.06$

2) ②번 삼각형에서 보2의 좌표계산

① B → C

$x_1 = 524462.36 + 1207.40 \times \cos 296°26'38.3'' = 525000.05$

$y_1 = 257882.33 + 1207.40 \times \sin 296°26'38.3'' = 256801.25$

② E → C

$x_2 = 525176.70 + 1127.72 \times \cos 260°59'14'' = 525000.05$

$y_2 = 257915.06 + 1127.72 \times \sin 260°59'14'' = 256801.25$

③ c의 좌표결정

$x = 525000.05$

$y = 256801.25$

3) ③번 삼각형에서 보1의 좌표계산

① C → D

$x_1 = 525000.05 + 1434.74 \times \cos 32°24'42.3'' = 526211.28$

$y_1 = 256801.26 + 1434.74 \times \sin 32°24'42.3'' = 257570.27$

② E → D

$x_2 = 525176.70 + 1090.50 \times \cos 341°34'07'' = 526211.28$

$y_2 = 257915.06 + 1090.50 \times \sin 341°34'07'' = 257570.27$

③ D(보1)의 좌표결정

x=526211.28

y=257570.27

4) ④번 삼각형에서 경1(A)의 좌표계산

① D→A

$x_1=526211.27+1667.77\times\cos120°50'17.3''=525356.35$

$y_1=257570.30+1667.77\times\sin120°50'17.3''=259002.26$

② E→A

$x_2=525176.70+1101.93\times\cos80°37'03''=525356.35$

$y_2=257915.06+1101.93\times\sin80°37'03''=259002.26$

③ 경1(A)의 좌표결정

x=(525356.35+52536.35)÷2=525356.35

y=259002.26

(유심다각망 / 삽입망) 조 정 계 산 부 (진수)

삼각형	점 명	각명	관측각	각규약 I	각규약 II	각규약 조정각	sinα sinβ	Δα Δβ	sinα' sinβ'	α−x₁″ β+x₂″	변규약 조정각
1	경1	α_1	29° 12′ 57″	1.5		29° 12′ 58.5″	0.488107	+42	0.488149	+0.2	29° 12′ 58.7″
	경2	β_1	48 46 38	1.5		48 46 39.5	0.752158	−32	0.752126	−0.2	48 46 39.3
	경3	γ_1	102 00 22	1.5	−1.5	102 00 22.0				γ_1	102 00 22.0
		+	179 59 57			180 00 00.0					
		−	180 00 00.0								
			ε_1 = −3.0								
2	경2	α_2	66 10 47	−0.5		66 10 46.5	0.914816	+20	0.914836	+0.2	66 10 46.7
	보2	β_2	35 27 25	−0.5		35 27 24.5	0.580089	−39	0.580050	−0.2	35 27 24.3
	경3	γ_2	78 21 51	−0.5	−1.5	78 21 49.0				γ_2	78 21 49.0
		+	180 00 03.0			180 00 00.0					
		−	180 00 00.0								
			ε_2 = +3.0								
3	보2	α_3	48 34 34	−2.5		48 34 31.5	0749827	+32	0.749859	+0.2	48 34 31.9
	보1	β_3	50 50 38	−2.5		50 50 35.5	0.775421	−31	0.775390	−0.2	50 50 35.3
	경3	γ_3	80 34 57	−2.5	−1.5	80 34 53.0				γ_3	80 34 53.0
		+	180 00 09			180 00 00.0					
		−	180 00 00.0								
			ε_3 = 9.0								
4	보1	α_4	40 43 50	−0.5		40 43 49.5	0.652501	+37	0.652538	+0.2	40 43 49.7
	보1	β_4	40 13 15	−0.5		40 13 14.5	0.645734	−37	0.645697	−0.2	40 13 14.3
	경3	γ_4	99 02 58	−0.5	−1.5	99 02 56.0				γ_4	99 02 56.0
		+	180 00 03.0			180 00 00.0					
		−	180 00 00.0								
			ε_3 = +3.0								
$\Sigma\gamma$			360° 00′ 08.0″	제1기선 l_1	m	E₁	Π sinα · l_1	E₂	Π sinα′ · l_1		
360° 또는 기지내각			360° 00′ 00.0″	제2기선 l_2	m		0.218470		0.218515		
			e = +8.0				Π sinβ · l_2		Π sinβ′ · l_2		
							0.218472		0.218426		

변장(m) $a\times\frac{\sin\alpha(\gamma)}{\sin\beta}$	방위각	종횡선좌표 X(m)	종횡선좌표 Y(m)	점 명
경1->경2	경1→경2	525356 35	259002.26	경1
1432.99	231 24 04.3	524462.36	257882.33	경2
경1→경3 / 1101.94	경1→경3 / 260 37 3.0	525176.71	257915.06	경3
경2→경3 / 715.107	경2→경3 / 302 37 25.0	525176.71	257915.06	
평	균	525176.71	257915.06	
경2→보2 / 1207.41	경2→보2 / 296 26 38.3	525000.05	256801.25	보2
경3→보2 / 1127.73	경3→보2 / 260 59 14.0	525000.05	256801.25	
평	균	525000.05	256801.25	
보2->보1 / 1434.74	보2->보1 / 32 24 42.3	526211.28	257570.27	보1
경3→보1 / 1090.51	경3→보1 / 341 34 7.0	526211.28	257570.27	
평	균	526211.28	257570.27	
보1→경1 / 1667.71	보1→경1 / 120 50 17.3	525356.35	259002.26	경1
경3→경1 / 1101.94	경3→경1 / 80 37 3.0	525356.35	259002.26	
평	균	525356.35	259002.26	

$\Sigma\varepsilon = 12''$ $\Delta\alpha,\ \Delta\beta$ = 10″차임

$(\text{II}) = \frac{\Sigma\varepsilon - 3e}{2n} = -1.5$

$(\text{I}) = \frac{-\varepsilon - (\text{II})}{3} = -1.5,\ -0.5,\ -2.5,\ -0.5$

n : 삼각형수

$E_1 = \frac{\Pi\sin\alpha\cdot l_1}{\Pi\sin\beta\cdot l_2} - 1 = -9$

$E_2 = \frac{\Pi\sin\alpha'\cdot l_1}{\Pi\sin\beta'\cdot l_2} - 1 = 407$

$|E_1 - E_2| = 416$ 검산

$x_1'' = \frac{10''\cdot E_1}{|E_1 - E_2|} = -0.2''$

$x_2'' = \frac{10''\cdot E_2}{|E_1 - E_2|} = \frac{10\times 361}{367} = 9.8''$

$|x_1'' - x_2''| = 10''$

약 도

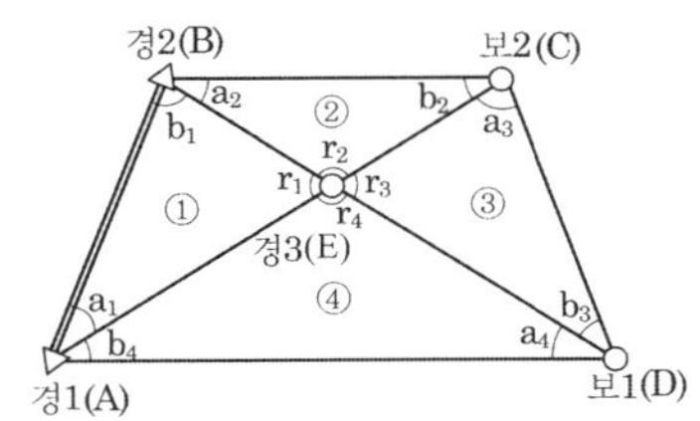

3 삼각쇄 조정

삼각쇄는 삽입망에서와 같이 기지변에 폐색시켜 삼각점의 좌표를 구하는 안전성이 있는 방법이며 하천, 도로 등 좁고 긴 형상의 지형에 적합한 망 형태이다.

(1) 기지점 역계산

1) A-B에 대한 계산

거리$=\sqrt{\Delta X^2+\Delta Y^2}$

방위$(\theta)=\tan^{-1}\dfrac{\Delta Y}{\Delta X}$

방위각 1상한 : $V_a^b=\theta$

방위각 2상한 : $V_a^b=180-\theta$

방위각 3상한 : $V_a^b=180+\theta$

방위각 4상한 : $V_a^b=360-\theta$

2) C-D에 대한 계산

거리$=\sqrt{\Delta X^2+\Delta Y^2}$

방위$(\theta)=\tan^{-1}\dfrac{\Delta Y}{\Delta X}$

방위각 1상한 : $V_c^d=\theta$

방위각 2상한 : $V_c^d=180-\theta$

방위각 3상한 : $V_c^d=180+\theta$

방위각 4상한 : $V_c^d=360-\theta$

(2) 각규약 조정

1) 삼각형 내각 오차

①번 삼각형 $\varepsilon_1=\alpha_1+\beta_1+\gamma_1-180$

②번 삼각형 $\varepsilon_2=\alpha_2+\beta_2+\gamma_2-180$

③번 삼각형 $\varepsilon_3 = \alpha_3 + \beta_3 + \gamma_3 - 180$

④번 삼각형 $\varepsilon_4 = \alpha_4 + \beta_4 + \gamma_4 - 180$

2) 내각 오차 배부

①번 삼각형$=\varepsilon_1/3$

②번 삼각형$=\varepsilon_2/3$

③번 삼각형$=\varepsilon_3/3$

④번 삼각형$=\varepsilon_4/3$

> 삼각형에서 0.1″차가 생길 때는 가장 큰 각에 배부한다.
> 배부하지 않고 계산해도 좌표에는 영향이 없다.

3)방위각 오차(q) 계산

출발점에서 시작하여 도착점에 폐색시켜 기지방위각의 차를 계산한다.

산출방위각$=$기지출발방위각$+r_1+180°-r_2+180°+r_3$

방위각오차$(q)=$산출방위각$-$도착기지방위각

4)기지각 오차의 배부(각규약의 경정수)

②④ r각이 좌측에 있을 때	r각이 우측에 있을 때 ①③
$\alpha=-\frac{q}{2n}$	$\alpha=+\frac{q}{2n}$
$\beta=-\frac{q}{2n}$	$\beta=+\frac{q}{2n}$
$\gamma=+\frac{q}{n}$	$\gamma=-\frac{q}{n}$

> α에서 β를 기준해서 우측은 (+)(+)(−), 좌측은 (−)(−)(+)

(3) 변규약

각 조정(삼각규약, 망규약)이 완료된 조정각에 의하여 변 조정을 실시하는 것은 삽입망, 유심다각망, 사각망조정 계산 방법과 같다.

1) E_1의 계산

$$\frac{\sin\alpha_1 \times \sin\alpha_2 \times \sin\alpha_3 \times \sin\alpha_4 \times l_1}{\sin\beta_1 \times \sin\beta_2 \times \sin\beta_3 \times \sin\beta_4 \times l_2} = 1 \text{ 에서}$$

$$E_1 = \frac{\Pi \sin\alpha \times l_1}{\Pi \sin\beta \times l_2} - 1$$

2) $\Delta\alpha, \Delta\beta$의 계산

$\Delta\alpha, \Delta\beta = \sin 10'' \times \cos\alpha$ 또는 $\cos\beta$

> $\sin 10'' = 48.4814$는 소수점 이하 6자리까지 계산하기 위하여 $\sin 10'' \times 10^6$한 것이다.

①번 삼각형

$\Delta\alpha_1 = 48.4814 \times \cos\alpha_1$

$\Delta\beta_1 = 48.4814 \times \cos\beta_1$

②번 삼각형

$\Delta\alpha_2 = 48.4814 \times \cos\alpha_2$

$\Delta\beta_2 = 48.4814 \times \cos\beta_2$

③, ④번 삼각형도 동일한 방법으로 계산한다.

> $\Pi \sin\alpha \times l_1 > \Pi \sin\beta \times l_2$이면 E_1값이 (+)이므로 $\sin\alpha$에는 $-\Delta\alpha$, $\sin\beta$에는 $+\Delta\beta$로 조정하여, $\sin\alpha'$, $\sin\beta'$를 구한다.

3) E_2의 계산

$$E_2 = \frac{\Pi \sin\alpha' \times l_1}{\Pi \sin\beta' \times l_2} - 1$$

4) 경정수(X_1'', X_2'')의 계산 및 검산

$$X_1'' = \frac{10'' \times E_1}{|E_1 - E_2|} \qquad X_2'' = \frac{10'' \times E_2}{|E_1 - E_2|}$$

[검산] $= X_1'' - X_2'' = 10''$

(4) 변장 계산

$$변장 = \frac{\sin 소구변\ 대각}{\sin 기지변\ 대각} \times 기지변$$

①번 삼각형

B → 보2 $l = \dfrac{\sin\gamma_1}{\sin\beta_1} \times 기지변(\overline{AB})$

A → 보2 $l = \dfrac{\sin\gamma_1}{\sin\beta_1} \times 기지변(\overline{AB})$

②번 삼각형

A → 보1 $l = \dfrac{\sin\gamma_2}{\sin\beta_2} \times 기지변(\overline{A보2})$

보2 → 보1 $l = \dfrac{\sin\gamma_2}{\sin\beta_2} \times 기지변(\overline{A보2})$

③번 삼각형

보2 → D $l = \dfrac{\sin\gamma_3}{\sin\beta_3} \times 기지변(\overline{보2보1})$

보1 → D $l = \dfrac{\sin\gamma_3}{\sin\beta_3} \times 기지변(\overline{보2보1})$

④번 삼각형

보1 → C $l = \dfrac{\sin\gamma_4}{\sin\beta_4} \times 기지변(\overline{보1D})$

D → C $l = \dfrac{\sin\gamma_4}{\sin\beta_4} \times 기지변(\overline{보1D})$

(5) 방위각 계산

①번 삼각형 $V_B^{보2} = (V_A^B \pm 180) - \alpha_1$

$V_A^{보2} = V_A^B + \gamma_1$

②번 삼각형 $V_A^{보1} = V_A^{보2} + \alpha_2$

$V_{보2}^{보1} = (V_A^{보2} \pm 180) - \gamma_1$

③번 삼각형 $V_{보2}^D = (V_{보2}^{보1} \pm 180) - \alpha_3$

$V_{보1}^D = V_{보1}^{보2} + \gamma_3$

④번 삼각형 $V_{보1}^{C} = V_{보1}^{D} + \alpha_4$

$V_{D}^{C} = (V_{보1}^{D} \pm 180) - \gamma_4$

(6) 종·횡선 좌표계산

1) ①번 삼각형에서 보2의 계산

① B→보2 $X_1 = B_X + \overline{B보2}(변장) \times \cos V_B^{보2}$

$Y_1 = B_Y + \overline{B보2}(변장) \times \sin V_B^{보2}$

② A→보2 $X_2 = A_X + \overline{A보2}(변장) \times \cos V_A^{보2}$

$Y_2 = A_Y + \overline{A보2}(변장) \times \sin V_A^{보2}$

③ 보2 좌표결정(평균)

$X = (X_1 + X_2) \div 2$

$Y = (Y_1 + Y_2) \div 2$

2) ②번 삼각형에서 보1의 계산

① A→보1 $X_1 = A_X + \overline{A보1} \times \cos V_A^{보1}$

$Y_1 = A_Y + \overline{A보1} \times \sin V_A^{보1}$

② 보2→보1 $X_2 = 보2x + \overline{보2보1} \times \cos V_{보2}^{보1}$

$Y_2 = 보2y + \overline{보2보1} \times \sin V_{보2}^{보1}$

③ 보1의 좌표

$X = (X_1 + X_2) \div 2$

$Y = (Y_1 + Y_2) \div 2$

③, ④번 삼각형도 동일한 방법으로 계산한다.

두 값을 평균하여 단수처리는 5사5입에 의한다.

QUESTION Q 예제

01 다음과 같은 삼각쇄에서 수평각을 관측하여 다음 값을 얻었다. 주어진 서식에 의해 계산하시오.

1. 기지점

점명	X	Y
경1	438165.25	218088.84
경2	434396.83	217151.37
경3	443434.06	212834.82
경4	445608.88	216586.08

2. 관측각

점명	각명	관측각	점명	각명	관측각
경2	α_1	73°12′34.7″	보1	α_3	43°13′48.4″
보1	β_1	39°55′03.3″	경3	β_3	79°27′25.3″
경1	γ_1	66°52′13.6″	보2	γ_3	57°19′04.6″
경1	α_2	93°49′55.3″	보2	α_4	57°04′46.4″
보2	β_2	52°51′36.7″	경4	β_4	77°58′08.5″
보1	γ_2	33°18′43.3″	경3	γ_4	44°57′08.7″

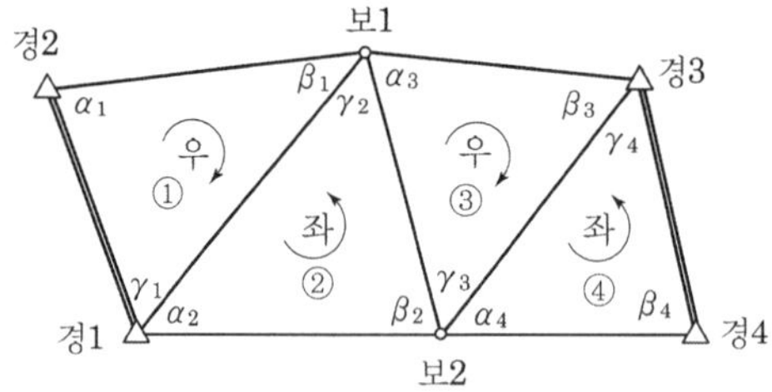

ANSWER & EXPLANATION

1. 기지점 간 거리 및 방위각 계산

① 경2 → 경1

$$거리 = \sqrt{(438165.25-434396.83)^2+(218088.84-217151.37)^2}$$

$$=3883.28\text{m}$$

방위$=\tan^{-1}\left(\dfrac{218088.84-217151.37}{438165.25-434396.83}\right)$=13°58'11.6''(1상한)

방위각=13°58'11.6''

② 경3 → 경4

거리$=\sqrt{(445608.88-443434.06)^2+(216586.08-212834.82)^2}$

=4336.10m

방위$=\tan^{-1}\left(\dfrac{216586.08-212834.82}{445608.88-443434.06}\right)$=59°53'48.0''(1상한)

방위각=59°53'48.0''

2. 각규약 조정

①번 삼각형 ε_1=−8.4''　　$\varepsilon_1/3$=+2.8'

②번 삼각형 ε_2=+15.3''　　$\varepsilon_2/3$=−5.1'

③번 삼각형 ε_3=+18.3''　　$\varepsilon_3/3$=−6.1'

④번 삼각형 ε_4=+3.6''　　$\varepsilon_4/3$=−1.2'

① q 계산

기지방위각 : 59°53'48.0''

산출방위각 : 13°58'11.6''−180°+66°52'16.4''+180°−33°18'38.2''−180°
+57°18'58.5''+180°−44°57'07.5''
=59°53'40.8''

q=59°53'48.0''−59°53'40.8''=−7.2''

② 경정수 계산

$\alpha=-\dfrac{-7.2}{2\times4}=+0.9$	$\alpha=+\dfrac{-7.2}{2\times4}=-0.9$
$\beta=-\dfrac{-7.2}{2\times4}=+0.9$	$\beta=+\dfrac{-7.2}{2\times4}=-0.9$
$\gamma=+\dfrac{-7.2}{4}=-1.8$	$\gamma=-\dfrac{-7.2}{4}=+1.8$
r각이 좌측에 있을 때	r각이 우측에 있을 때

3. 변규약 조정

① E_1 계산

$\sin\alpha_1=0.957371$ $\sin\alpha_3=0.684905$

$\sin\beta_1 = 0.641692 \quad \sin\beta_3 = 0.983112$

$\sin\alpha_2 = 0.997766 \quad \sin\alpha_4 = 0.839425$

$\sin\beta_2 = 0.797152 \quad \sin\beta_4 = 0.978035$

$$E_1 = \frac{\pi \sin\alpha \times l_1}{\pi \sin\beta \times l_2} - 1$$

$$= \left(\frac{3883.28 \times 0.957371 \times 0.997766 \times 0.684905 \times 0.839425}{4336.10 \times 0.641692 \times 0.797152 \times 0.983112 \times 0.978035}\right) - 1$$

$$= -10(-0.000010)$$

② $\Delta\alpha$, $\Delta\beta$ 계산

> E_1을 조정하기 위해 sin 값의 표차(Δ)를 구하여 변규약 오차를 조정한다.

$\Delta\alpha_1 = 48.4814 \times \cos 73°12'36.6'' = +14$

$\Delta\beta_1 = 48.4814 \times \cos 39°55'05.2'' = -37$

$\Delta\alpha_2 = 48.4814 \times \cos 93°49'51.1'' = +3$

$\Delta\beta_2 = 48.4814 \times \cos 52°51'32.5'' = -29$

$\Delta\alpha_3 = 48.4814 \times \cos 43°13'41.4'' = +35$

$\Delta\beta_3 = 48.4814 \times \cos 79°27'18.3'' = -9$

$\Delta\alpha_4 = 48.4814 \times \cos 57°04'46.1'' = +26$

$\Delta\beta_4 = 48.4814 \times \cos 77°58'08.2'' = -10$

③ E_2 계산

$\sin\alpha_1 = 0.957371 + 0.000014 = 0.957385$

$\sin\beta_1 = 0.641692 - 0.000037 = 0.641655$

$\sin\alpha_2 = 0.997766 + 0.000003 = 0.997769$

$\sin\beta_2 = 0.797152 - 0.000029 = 0.797123$

$\sin\alpha_3 = 0.684905 + 0.000035 = 0.684940$

$\sin\beta_3 = 0.983112 - 0.000009 = 0.983103$

$\sin\alpha_4 = 0.839425 + 0.000026 = 0.839451$

$\sin\beta_4 = 0.978035 - 0.000010 = 0.978025$

$$E_2 = \frac{\pi\ \sin\alpha' \times l_1}{\pi\ \sin\beta' \times l_2} - 1$$

$$= \left(\frac{3883.28 \times 0.957385 \times 0.997769 \times 0.684940 \times 0.839451}{4336.10 \times 0.641655 \times 0.797123 \times 0.983103 \times 0.978025}\right) - 1$$

$$= +203\ (0.000203)$$

④ 경정수(X_1'', X_2'')의 계산

$$X_1'' = \frac{10'' \times E_1}{|E_1 - E_2|} = \frac{10'' \times -10}{213} = -0.5''$$

$$X_2'' = \frac{10'' \times E_2}{|E_1 - E_2|} = \frac{10'' \times 203}{213} = +9.5''$$

4. 변장 계산

$$\text{변장} = \frac{\sin \text{소구변 대각}}{\sin \text{기지변 대각}} \times \text{기지변}$$

①번 삼각형

〈경2 → 보1〉 $\frac{3883.28 \times \sin 66°\ 52'18.2''}{\sin 39°\ 55'4.7''} = 5565.26\text{m}$

〈경1 → 보1〉 $\frac{3883.28 \times \sin 73°\ 12'37.1''}{\sin 39°\ 55'4.7''} = 5793.67\text{m}$

②번 삼각형

〈경1 → 보2〉 $\frac{5793.67 \times \sin 33°\ 18'36.4''}{\sin 52°\ 51'32.0''} = 3991.35\text{m}$

〈보1 → 보2〉 $\frac{5793.67 \times \sin 93°\ 49'51.6''}{\sin 52°\ 51'32.0''} = 7251.73\text{m}$

③번 삼각형

〈보1 → 경3〉 $\frac{7251.73 \times \sin 57°\ 19'00.3''}{\sin 79°\ 27'17.8''} = 6208.41\text{m}$

〈보2 → 경3〉 $\frac{7251.73 \times \sin 43°\ 13'41.9''}{\sin 79°\ 27'17.8''} = 5052.08\text{m}$

④번 삼각형

〈보2 → 경4〉 $\frac{5052.08 \times \sin 44°\ 57'05.7''}{\sin 77°\ 58'07.7''} = 3649.50\text{m}$

〈경3 → 경4〉 $\frac{5052.08 \times \sin 57°\ 04'46.6''}{\sin 77°\ 58'07.7''} = 4336.10\text{m}$

5. 방위각 계산

①번 삼각형

〈경2 → 보1〉 13°58'11.6''−73°12'37.1''+360°=300°45'34.5''

〈경1 → 보1〉 13°58'11.6''−180°+66°52'18.2''=260°50'29.8''

②번 삼각형

〈경1 → 보2〉 260°50'29.8''+93°49'51.6''=354°40'21.4''

〈보1 → 보2〉 260°50'29.8''+180°−33°18'36.4''=47°31'53.4''

③번 삼각형

〈보1 → 경3〉 47°31'53.4''−43°13'41.9''=4°18'11.5''

〈보2 → 경3〉 47°31'53.4''−180°+57°19'00.3''=284°50'53.7''

④번 삼각형

〈보2 → 경4〉 284°50'53.7''+57°04'46.6''=341°55''40.3''

〈경3 → 경4〉 284°50'53.7''+180°−44°57'05.7''=59°53'48.0''

6. 좌표 계산

①번 삼각형

〈경2 → 보1〉

X_1=434396.83+5565.26×cos300°45'34.5''=437243.11m

Y_1=217151.37+5565.26×sin300°45'34.5''=212369.03m

〈경1 → 보1〉

X_2=438165.25+5793.67×cos260°50'29.8''=437243.10m

Y_2=218088.84+5793.67×sin260°50'29.8''=212369.03m

☞ 보1의 좌표 : X좌표=437243.10m, Y좌표=212369.03m

②번 삼각형

〈경1 → 보2〉

X_1=438165.25+3991.35×cos354°40'21.4''=442139.36m

Y_1=218088.84+3991.35×sin354°40'21.4''=217718.26m

〈보1 → 보2〉

X_2=437243.10+7251.73×cos47°31'53.4''=442139.36m

Y_2=212369.03+7251.73×sin47°31'53.4''=217718.26m

☞ 보2의 좌표: X좌표=442139.36m, Y좌표=217718.26m

③번 삼각형

〈보1 → 경3〉

$X_1 = 437243.10 + 6208.41 \times \cos 4°18'11.5'' = 443434.01m$

$Y_1 = 212369.03 + 6208.41 \times \sin 4°18'11.5'' = 212834.87m$

〈보2 → 경3〉

$X_2 = 442139.36 + 5052.08 \times \cos 284°50'53.7'' = 443434.01m$

$Y_2 = 217718.26 + 5052.08 \times \sin 284°50'53.7'' = 212834.88m$

☞ 경3의 좌표 : X좌표=443434.01m, Y좌표=212834.88m

④번 삼각형

〈보2 → 경4〉

$X_1 = 442139.36 + 3649.50 \times \cos 341°55'40.3'' = 445608.82m$

$Y_1 = 217718.26 + 3649.50 \times \sin 341°55'40.3'' = 216586.13m$

〈경3 → 경4〉

$X_2 = 443434.01 + 4336.10 \times \cos 59°53'48.0'' = 445608.83m$

$Y_2 = 212834.88 + 4336.10 \times \sin 59°53'48.0'' = 216586.14m$

☞ 경4의 좌표 : X좌표=445608.82m, Y좌표=216586.14m

삼 각 쇄 조 정 계 산 부 (진수)

삼각형	점명	각명	관측각	각규약 ε/3	각규약 조정각	각규약 경정수	각규약 조정각	$\frac{\sin\alpha}{\sin\beta}$	$\frac{\Delta\alpha}{\Delta\beta}$	$\frac{\sin\alpha'}{\sin\beta'}$	$\alpha+x_1''$ / $\beta+x_2''$	변규약 조정각
1	경2	α_1	73 12 34.7	+2.8	73 12 37.5	-0.9	73 12 36.6	0.957371	+14	0.957385	+0.5	73 12 37.1
	보1	β_1	39 55 03.3	+2.8	39 55 06.1	-0.9	39 55 05.2	0.641692	-37	0.641655	-0.5	39 55 04.7
	경1	γ_1	66 52 13.6	+2.8	66 52 16.4	+1.8	66 52 18.2	γ_1				66 52 18.2
		+	179 59 51.6									
		−	180 00 00.0	+8.4								
			ε_1 = -8.4									
2	경1	α_2	93 49 55.3	-5.1	93 49 50.2	+0.9	93 49 51.1	0.997766	+3	0.997769	+0.5	93 49 51.6
	보2	β_2	52 51 36.7	-5.1	52 51.31.6	+0.9	52 51 32.5	0.797152	-29	0.797123	-0.5	52 51 32.0
	보1	γ_2	33 18 43.3	-5.1	33 18 38.2	-1.8	33 18 36.4	γ_2				33 18 36.4
		+	180 00 15.3									
		−	180 00 00.0	-15.3								
			ε_2 = +15.3									
3	보1	α_3	43 13 48.4	-6.1	43 13 42.3	-0.9	43 13 41.4	0.684905	+35	0.684940	+0.5	43 13 41.9
	경3	β_3	79 27 25.3	-6.1	79 27 19.2	-0.9	79 27 18.3	0.983112	-9	0.983103	-0.5	79 27 17.8
	보2	γ_3	57 19 04.6	-6.1	57 18 58.5	+1.8	57 19 00.3	γ_3				57 19 00.3
		+	180 00 18.3									
		−	180 00 00.0	-18.3								
			ε_3 = +18.3									
4	보2	α_4	57 04 46.4	-1.2	57 04 45.2	+0.9	57 04 46.1	0.839425	+26	0.839451	+0.5	57 04 46.6
	경4	β_4	77 58 08.5	-1.2	77 58 07.3	+0.9	77 58 08.2	0.978035	-10	0.978025	-0.5	77 58 07.7
	경3	γ_4	44 57 08,7	-1.2	44 57 07.5	-1.8	44 57 05.7	γ_3				44 57 05.7
		+	180 00 03.6									
		−	180 00 00.0	+3.6								
			ε_3 = +3.6									
5		α_5	.	.	.	.	.	.		.	.	.
		β_5	.	.	.	.	.	.		.	.	.
		γ_5	.	.	.	.	.	γ_4				.
	.	+	.									
		−	180 00 00.0									
			ε_4 =									

산출방위각	59 53 40.8	제1기선 l_1	3883.28m	E_1	$\Pi\sin\alpha\cdot l_1$	E_2	$\Pi\sin\alpha'\cdot l_1$
기지방위각	59 53 48.0	제2기선 l_2	4336.10m		2132.651590		2132.864234
q	-7.2				$\Pi\sin\beta\cdot l_2$		$\Pi\sin\beta'\cdot l_2$
					2132.673872		2132.431996

변장(m) $\alpha\times\frac{\sin\alpha(\gamma)}{\sin\beta}$	방위각	종횡선좌표 X(m)	종횡선좌표 Y(m)	점명
경2→경1	경2→경1	438165.25	218088.84	경1
3883.28	13 58 11.6	434396.83	217151.37	경2
경2→보1	경2→보1	437243.11	212369.03	보1
5565.26	300 45 34.5			
경1→보1	경1→보1	437243.10	212369.03	
5793.67	260 50 29.8			
평 균		437243.10	212369.03	
경1→보2	경1→보2	442139.36	217718.26	보2
3991.35	354 40 21.4			
보1→보2	보1→보2	442139.36	217718.26	
7251.73	47 31 53.4			
평 균		442139.36	217718.26	
보1→경3	보1→경3	443434.01	212834.87	경3
6208.41	04 18 11.5			
보2→경3	보2→경3	443434.01	212834.88	
5052.08	284 50 53.7			
평 균		443434.01	212834.88	
보2→경4	보2→경4	445608.82	216586.13	경4
3649.50	341 55 40.3			
경3→경4	경3→경4	445608.83	216586.14	
4336.10	59 53 48.0			
평 균		445608.82	216586.14	
→	→	.	.	
.	.			
→	→	.	.	
.	.			
평 균		.	.	
경3→경4	경3→경4	443434.06	212834.82	경3
4336.10	59 53 48.0	445608.88	216586.08	경4

각 규 약 경 정 수 계 산

[γ각이 좌측에 있을 때]

$\alpha=-\frac{q}{2n}=+0.9$

$\beta=-\frac{q}{2n}=+0.9$

$\gamma=+\frac{q}{n}=-1.8$

[γ각이 우측에 있을 때]

$\alpha=+\frac{q}{2n}=-0.9$

$\beta=+\frac{q}{2n}=-0.9$

$\gamma=-\frac{q}{n}=+1.8$

n : 삼각형 수

$\Delta\alpha,\ \Delta\beta=10''$ 차임

$$E_1=\frac{\Pi\sin\alpha\cdot l_1}{\Pi\sin\beta\cdot l_2}-1=-10 \qquad x_1''=\frac{10''\cdot E_1}{|E_1-E_2|}=-0.5$$

$$E_2=\frac{\Pi\sin\alpha'\cdot l_1}{\Pi\sin\beta'\cdot l_2}-1=+203 \qquad x_2''=\frac{10''\cdot E_2}{|E_1-E_2|}=+9.5$$

$$|E_1-E_2|=213 \qquad 검산=|x_1''-x_2''|=10''$$

약 도

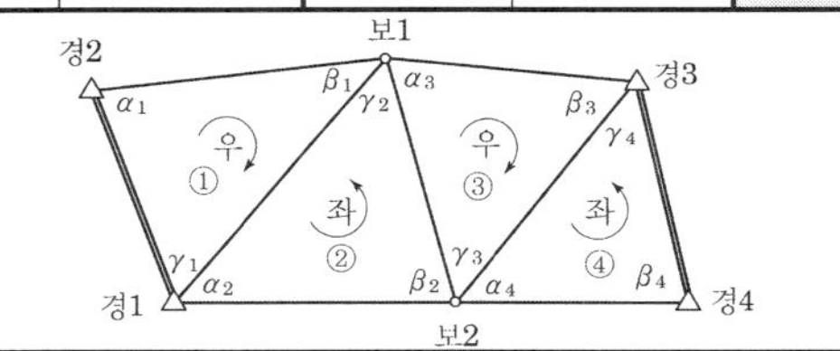

QUESTION Q 예제

02 다음과 같은 삼각쇄에서 수평각을 관측하여 다음 값을 얻었다. 주어진 서식에 의해 계산하시오.

1. 기지점

점명	X	Y
경1	451158.19	183032.91
경2	453280.06	182808.21
경3	458598.06	191838.39
경4	454056.92	190765.42

2. 관측각

점명	각명	관측각	점명	각명	관측각
경1	α_1	69°29′35.6″	보2	α_4	61°12′26.5″
보1	β_1	40°17′35.5″	보4	β_4	60°06′43.5″
경2	γ_1	70°12′46.3″	보3	γ_4	58°40′49.4″
경2	α_2	51°01′11.0″	보3	α_5	99°01′36.5″
보2	β_2	75°58′51.4″	경4	β_5	42°13′42.4″
보1	γ_2	52°59′58.5″	보4	γ_5	38°44′40.3″
보1	α_3	80°23′08.0″	보4	α_6	57°24′07.9″
경3	β_3	51°00′47.1″	경3	β_6	57°22′50.1″
보2	γ_3	48°36′02.7″	경4	γ_6	65°13′01.7″

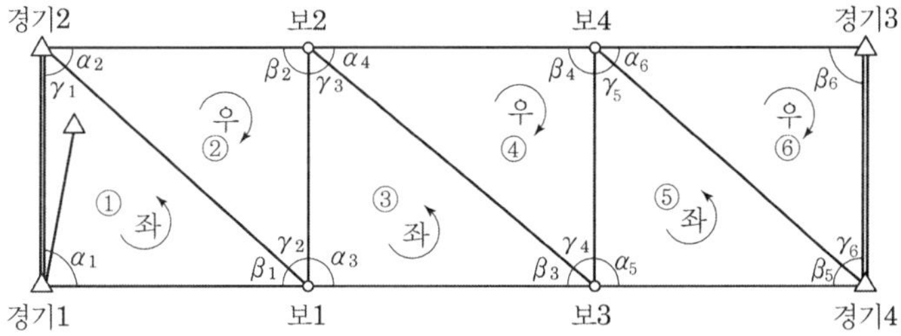

ANSWER & EXPLANATION

1. 기지점 간 거리 및 방위각 계산

① 경1 → 경2

거리$=\sqrt{(453280.06-451158.19)^2+(182808.21-183032.91)^2}$

$=2133.73\text{m}$

방위$=\tan^{-1}\left(\dfrac{182808.21-183032.91}{453280.06-451158.19}\right)=-6°\ 2'41.8''$(4상한)

방위각$=353°57'18.2''$

② 경4 → 경3

거리$=\sqrt{(458598.06-454056.92)^2+(191838.39-190765.42)^2}$

$=4666.18\text{m}$

방위$=\tan^{-1}\left(\dfrac{191838.39-190765.42}{458598.06-454056.92}\right)=13°17'38.1''$(1상한)

방위각$=13°17'38.1''$

2. 각규약 조정

①번 삼각형 $\varepsilon_1=-2.6''$ $\varepsilon_1/3=+0.9''$

②번 삼각형 $\varepsilon_2=+0.9''$ $\varepsilon_2/3=-0.3''$

③번 삼각형 $\varepsilon_3=-1.7''$ $\varepsilon_3/3=+0.6''$

④번 삼각형 $\varepsilon_4=-0.6''$ $\varepsilon_4/3=+0.2''$

⑤번 삼각형 $\varepsilon_5=-0.8''$ $\varepsilon_5/3=+0.3''$

⑥번 삼각형 $\varepsilon_6=-0.3''$ $\varepsilon_6/3=+0.1''$

※ 삼각형에서 $\pm0.1''$ 차가 생기면 90°에 가까운 각에 배부한다.
배부지 않아도 좌표에는 영향이 없다.

① q 계산

기지방위각 : $13°17'38.1''$

산출방위각 : $(353°57'18.2''-180°)+70°12'47.1''-180°+52°59'58.2''+180°$
$-48°36'03.3''-180°+58°40'49.6''+180°-38°44'40.6''$
$-180°\ +65°13'01.8''$
$=13°17'36.8''$

$q=13°17'36.8''-13°17'38.1''=-1.3''$

② 경정수 계산

$\alpha=-\dfrac{-1.3}{2\times6}=+0.1$ $\alpha=+\dfrac{-1.3}{2\times6}=-0.1$

$\beta=-\dfrac{-1.3}{2\times6}=+0.1$ $\beta=+\dfrac{-1.3}{2\times6}=-0.1$

$\gamma = + \dfrac{-1.3}{6} = -0.2$ $\gamma = - \dfrac{-1.3}{6} = +0.2$

γ각이 좌측에 있을 때 γ각이 우측에 있을 때

3. 변규약 조정

① E_1 계산 $= \dfrac{\pi \sin\alpha \times l_1}{\pi \sin\beta \times l_2} - 1$

$\sin\alpha_1 = 0.936632$ $\sin\alpha_4 = 0.876369$

$\sin\beta_1 = 0.646703$ $\sin\beta_4 = 0.867002$

$\sin\alpha_2 = 0.777361$ $\sin\alpha_5 = 0.987615$

$\sin\beta_2 = 0.970215$ $\sin\beta_5 = 0.672090$

$\sin\alpha_3 = 0.985954$ $\sin\alpha_6 = 0.842473$

$\sin\beta_3 = 0.777293$ $\sin\beta_6 = 0.842270$

$$E_1 = \left(\frac{2133.73 \times 0.936632 \times 0.777361 \times 0.985954 \times 0.876369}{4666.18 \times 0.646703 \times 0.970215 \times 0.777293 \times 0.867002} \frac{\times 0.987615 \times 0.842473}{\times 0.672090 \times 0.842270}\right) - 1 = \frac{1116.910907}{1116.909462} - 1$$

$= 1(0.000001)$

② $\Delta\alpha$, $\Delta\beta$ 계산

$\Delta\alpha_1 = 48.4814 \times \cos 69°29'36.5'' = -17$

$\Delta\beta_1 = 48.4814 \times \cos 40°17'36.5'' = +37$

$\Delta\alpha_2 = 48.4814 \times \cos 51°01'10.6'' = -30$

$\Delta\beta_2 = 48.4814 \times \cos 75°58'51.0'' = +12$

$\Delta\alpha_3 = 48.4814 \times \cos 80°23'08.6'' = -8$

$\Delta\beta_3 = 48.4814 \times \cos 51°00'48.3'' = +31$

$\Delta\alpha_4 = 48.4814 \times \cos 61°12'26.6'' = -23$

$\Delta\beta_4 = 48.4814 \times \cos 60°06'43.6'' = +24$

$\Delta\alpha_5 = 48.4814 \times \cos 99°01'36.8'' = +8$ → (−)값이 나오므로 (+)이다.

$\Delta\beta_5 = 48.4814 \times \cos 42°13'42.8'' = +36$

$\Delta\alpha_6 = 48.4814 \times \cos 57°24'07.9'' = -26$

$\Delta\beta_6 = 48.4814 \times \cos 57°22'50.1'' = +26$

③ E_2 계산 $= \dfrac{\pi \sin\alpha' \times l_1}{\pi \sin\beta' \times l_2} - 1$

$\sin\alpha_1 = 0.936632 - 0.000017 = 0.936615$

$\sin\beta_1 = 0.646703 + 0.000037 = 0.646740$

$\sin\alpha_2 = 0.777361 - 0.000030 = 0.777331$

$\sin\beta_2 = 0.970215 + 0.000012 = 0.970227$

$\sin\alpha_3 = 0.985954 - 0.000008 = 0.985946$

$\sin\beta_3 = 0.777293 + 0.000031 = 0.777324$

$\sin\alpha_4 = 0.876369 - 0.000023 = 0.876346$

$\sin\beta_4 = 0.867002 + 0.000024 = 0.867026$

$\sin\alpha_5 = 0.987615 - 0.000008 = 0.987607$

$\sin\beta_5 = 0.672090 + 0.000036 = 0.672126$

$\sin\alpha_6 = 0.842473 - 0.000026 = 0.842447$

$\sin\beta_6 = 0.842270 + 0.000026 = 0.842296$

$$E_2 = \left(\frac{2133.73 \times 0.936615 \times 0.777331 \times 0.985946 \times 0.876346}{4666.18 \times 0.646740 \times 0.970227 \times 0.777324 \times 0.867026}\right.$$

$$\left.\frac{\times 0.987607 \times 0.842447}{\times 0.672126 \times 0.842296}\right) - 1 = \frac{1116.765646}{1117.156967} - 1 = -0.000350$$

$= -350$

④ 경정수(X_1'', X_2'')의 계산

$$X_1'' = \frac{10'' \times E_1}{|E_1 - E_2|} = \frac{10'' \times 1}{350} = 0''$$

$$X_2'' = \frac{10'' \times E_2}{|E_1 - E_2|} = \frac{10'' \times -350}{350} = -10''$$

4. 변장 계산

$$\text{소구변장} = \frac{\sin \text{소구변 대각}}{\sin \text{기지변 대각}} \times \text{기지변장}$$

①번 삼각형

〈경1→보1〉 $\dfrac{2133.73 \times \sin 70°12'46.9''}{\sin 40°17'36.5''} = 3104.59\text{m}$

〈경2→보1〉 $\frac{2133.73 \times \sin 69°\ 29'36.6''}{\sin 40°\ 17'36.5''} = 3090.32\text{m}$

②번 삼각형

〈경2→보2〉 $\frac{3090.32 \times \sin 52°\ 59'58.4''}{\sin 75°\ 58'51''} = 2543.79\text{m}$

〈보1→보2〉 $\frac{3090.32 \times \sin 51°\ 01'10.6''}{\sin 75°\ 58'51''} = 2476.04\text{m}$

③번 삼각형

〈보1→보3〉 $\frac{2476.04 \times \sin 48°\ 36'03.1''}{\sin 51°\ 00'48.3''} = 2389.48\text{m}$

〈보2→보3〉 $\frac{2476.04 \times \sin 80°\ 23'08.6''}{\sin 51°\ 00'48.3''} = 3140.72\text{m}$

④번 삼각형

〈보2→보4〉 $\frac{3140.72 \times \sin 58°\ 40'49.8''}{\sin 60°\ 06'43.6''} = 3094.64\text{m}$

〈보3→보4〉 $\frac{3140.72 \times \sin 61°\ 12'26.6''}{\sin 60°\ 06'43.6''} = 3174.65\text{m}$

⑤번 삼각형

〈보3→경4〉 $\frac{3174.65 \times \sin 38°\ 44'40.4''}{\sin 42°\ 13'42.8''} = 2956.23\text{m}$

〈보4→경4〉 $\frac{3174.65 \times \sin 99°\ 01'36.8''}{\sin 42°\ 13'42.8''} = 4665.05\text{m}$

⑥번 삼각형

〈보4→경3〉 $\frac{4665.05 \times \sin 65°\ 13'02.0''}{\sin 57°\ 22'50.1''} = 5028.57\text{m}$

〈경4→경3〉 $\frac{4665.05 \times \sin 57°\ 24'07.9''}{\sin 57°\ 22'50.1''} = 4666.18\text{m}$

5. 방위각 계산

①번 삼각형

〈경1→보1〉＝353°57'18.2''+69°29'36.5''－ 360°＝63°26'54.7''

〈경2→보1〉＝(353°57'18.2''－180°) －70°12'47''＝103°44'31.2''

②번 삼각형

〈경2→보2〉＝103°44'31.2''－51°01'10.6''＝52°43'20.6''

〈보1→보2〉＝103°44'31.2''－180°+52°59'58.4''＝336°44'29.6''

③번 삼각형

〈보1→보3〉= 336°44'29.6"+80°23'08.6"= 57°07"38.2"

〈보2→보3〉= 336°44'29.6"+180°−48°36'03.1"= 108°08'26.5"

④번 삼각형

〈보2→보4〉= 108°08'26.5"−61°12'26.6"= 46°55'59.9"

〈보3→보4〉= 108°08'26.5"−180°+58°40'49.8"= 346°49'16.3"

⑤번 삼각형

〈보3→경4〉= 346°49'16.3"+99°01'36.8"= 85°50'53.1"

〈보4→경4〉= 346°49'16.3"+180°−38°44'40.4"= 128°04'35.9"

⑥번 삼각형

〈보4→경3〉= 128°04'35.9"−57°24'07.9"= 70°40'28"

〈경4→경3〉= 128°04'35.9"−180°+65°13'2.0"= 13°17'37.9"

6. 좌표 계산

①번 삼각형

〈경1 → 보1〉

X_1 = 451158.19+3104.59×cos63°26'54.7"= 452545.95m

Y_1 = 183032.91+3104.59×sin63°26'54.7"= 185810.07m

〈경2 → 보1〉

X_2 = 453280.06+3090.32×cos103°44'31.2"= 452545.95m

Y_2 = 182808.21+3090.32×sin103°44'31.2"= 185810.07m

☞ 보1의 좌표 : X좌표= 452545.95m, Y좌표= 185810.07m

②번 삼각형

〈경2 → 보2〉

X_1 = 453280.06+2543.79×cos52°43'20.6"= 454820.78m

Y_1 = 182808.21+2543.79×sin52°43'20.6"= 184832.33m

〈보1 → 보2〉

X_2 = 452545.95+2476.04×cos336°44'29.6"= 454820.77m

Y_2 = 185810.07+2476.04×sin336°44'29.6"= 184832.33m

☞ 보2의 좌표 : X좌표= 454820.78m, Y좌표= 184832.33m

③번 삼각형

〈보1 → 보3〉

X_1 = 452545.95+2389.48×cos57°07'38.2"= 453842.90m

$sY_1 = 185810.07 + 2389.48 \times \sin 57°07'38.2'' = 187816.94m$

〈보2 → 보3〉

$X_2 = 454820.78 + 3140.72 \times \cos 108°08'26.5'' = 453842.91m$

$Y_2 = 184832.33 + 3140.72 \times \sin 108°08'26.5'' = 187816.94m$

☞ 보3의 좌표 : X좌표=453842.90m, Y좌표=187816.94m

④번 삼각형

〈보2 → 보4〉

$X_1 = 454820.78 + 3094.64 \times \cos 46°55'59.9'' = 456933.95m$

$Y_1 = 184832.33 + 3094.64 \times \sin 46°55'59.9'' = 187093.15m$

〈보3 → 보〉

$X_2 = 453842.90 + 3174.65 \times \cos 346°49'16.3'' = 456933.94m$

$Y_2 = 187816.94 + 3174.65 \times \sin 346°49'16.3'' = 187093.15m$

☞ 보4의 좌표 : X좌표=456933.94m, Y좌표=187093.15m

⑤번 삼각형

〈보3 → 경4〉

$X_1 = 453842.90 + 2956.23 \times \cos 85°50'53.1'' = 454056.93m$

$Y_1 = 187816.94 + 2956.23 \times \sin 85°50'53.1'' = 190765.41m$

〈보4 → 경4〉

$X_2 = 456933.94 + 4665.05 \times \cos 128°04'35.9'' = 454056.93m$

$Y_2 = 187093.15 + 4665.05 \times \sin 128°04'35.9'' = 190765.41m$

☞ 경4의 좌표 : X좌표=454056.93m, Y좌표=190765.41m

⑥번 삼각형

〈보4 → 경3〉

$X_1 = 456933.94 + 5028.57 \times \cos 70°40'28'' = 458598.07m$

$Y_1 = 187093.15 + 5028.57 \times \sin 70°40'28'' = 191838.38m$

〈경4 → 경3〉

$X_2 = 454056.93 + 4666.18 \times \cos 13°17'37.9'' = 458598.07m$

$Y_2 = 190765.41 + 4666.18 \times \sin 13°17'37.9'' = 191838.38m$

☞ 경3의 좌표 : X좌표=458598.07m, Y좌표=191838.38m

삼 각 쇄 조 정 계 산 부 (진수)

삼각형	점 명	각명	관 측 각	각 규 약 ε/3	각 규 약 조 정 각	각 규 약 경정수	각 규 약 조 정 각	sinα / sinβ	Δα / Δβ	sinα' / sinβ'	α−x₁″ / β+x₂″	변 규 약 조 정 각
1	경1	α_1	69 29 35.6	+0.9	69 29 36.5	+0.1	69 29 36.6	0.936632	−17	0.936615	−0	69 29 36.6
	보1	β_1	40 17 35.5	+0.9	40 17 36.4	+0.1	40 17 36.5	0.646703	+37	0.646740	+0	40 17 36.5
	경2	γ_1	70 12 46.3	+0.8	70 12 47.1	−0.2	70 12 46.9				γ_1	70 12 46.9
		+	179 59 57.4									
		−	180 00 00.0	+2.6								
			ε_1 = −2.6									
2	경2	α_2	51 01 11.0	−0.3	51 01 10.7	−0.1	51 01 10.6	0.777361	−30	0.777331	−0	51 01 10.6
	보2	β_2	75 58 51.4	−0.3	75 58 51.1	−0.1	75 58 51.0	0.970215	+12	0.970227	+0	75 58 51.0
	보1	γ_2	52 59 58.5	−0.3	52 59 58.2	+0.2	52 59 58.4				γ_2	52 59 58.4
		+	180 00 00.9									
		−	180 00 00.0	−0.9								
			ε_2 = +0.9									
3	보1	α_3	80 23 08.0	+0.5	80 23 08.5	+0.1	80 23 08.6	0.985954	−8	0.985946	−0	80 23 08.6
	보3	β_3	51 00 47.6	+0.6	51 00 48.2	+0.1	51 00 48.3	0.777293	+31	0.777324	+0	51 00 48.3
	보2	γ_3	48 36 02.7	+0.6	48 36 03.3	−0.2	48 36 03.1				γ_3	48 36 03.1
		+	179 59 58.3									
		−	180 00 00.0	+1.7								
			ε_3 = =−1.7									
4	보2	α_4	61 12 26.5	+0.2	61 12 26.7	−0.1	61 12 26.6	0.876369	−23	0.876346	−0	61 12 26.6
	보4	β_4	60 06 43.5	+0.2	60 06 43.7	−0.1	60 06 43.6	0.867002	+24	0.867026	+0	60 06 43.6
	보3	γ_4	58 40 49.4	+0.2	58 40 49.6	+0.2	58 40 49.8				γ_3	58 40 49.8
		+	179 59 59.4									
		−	180 00 00.0	+0.6								
			ε_3 = −0.6									
5	보3	α_5	99 01 36.5	+0.2	99 01 36.7	+0.1	99 01 36.8	0.987615	+8	0.987623	−0	99 01 36.8
	경4	β_5	42 13 42.4	+0.3	42 13 42.7	+0.1	42 13 42.8	0.672090	+36	0.672126	+0	42 13 42.8
	보4	γ_5	38 44 40.3	+0.3	38 44 40.6	−0.2	38 44 40.4				γ_4	38 44 40.4
		+	179 59 59.2									
		−	180 00 00.0	+0.8								
			ε_4 = −0.8									
6	보4	α_5	57 24 07.9	+0.1	57 24 08.0	−0.1	57 24 07.9	0.842473	−26	0.842447	−0	57 24 07.9
	경3	β_5	57 22 50.1	+0.1	57 22 50.2	−0.1	57 22 50.1	0.842270	+26	0.842296	+0	57 22 50.1
	경4	γ_5	65 13 01.7	+0.1	65 13 01.8	+0.2	65 13 02.0				γ_4	65 13 02.0
		+	179 59 59.7									
		−	180 00 00.0	+0.3								
			ε_4 = −0.3									

변장(m) $\alpha\times\frac{\sin\alpha(\gamma)}{\sin\beta}$	방 위 각	종횡선좌표 X(m)	종횡선좌표 Y(m)	점 명
경1→경2	경1→경2	451158.19	183032.91	경1
2133.73	353 57 18.2	453280.06	182808.21	경2
경1→보1 / 3104.59	경1→보1 / 63 26 54.7	452545.95	185810.07	보1
경2→보1 / 3090.32	경2→보1 / 103 44 31.2	452545.95	18581007	
평	균	452545.95	185810.07	
경2→보2 / 2543.79	경2→보2 / 52 43 20.6	454820.78	184832.33	보2
보1→보2 / 2476.04	보1→보2 / 336 44 29.6	454820.77	184832.33	
평	균	454820.78	184832.33	
보1→보3 / 2389.48	보1→보3 / 57 07 38.2	453842.90	187816.94	보3
보2→보3 / 3140.72	보2→보3 / 108 08 26.5	453842.91	187816.94	
평	균	453842.91	187816.94	
보2→보4 / 3094.64	보2→보4 / 46 55 59.9	456933.95	187093.15	보4
보3→보4 / 3174.65	보3→보4 / 346 49 16.3	456933.95	187093.15	
평	균	456933.94	187093.15	
보3→경4 / 2956.23	보3→경4 / 85 50 53.1	454056.93	190765.41	경4
보4→경3 / 4665.05	보4→경3 / 128 04 35.9	454056.93	197065.41	
평	균	454056.93	190765.41	
보4→경3 / 5028.57	보4→경3 / 70 40 28.0	458598.07	191838.38	경3
경4→경3 / 4666.18	경4→경3 / 13 17 37.9	458598.07	191838.38	
평	균	458598.07	191838.38	
경4→경3	경4→경3	454056.92	190765.42	경4
4666.18	13 17 38.1	458598.06	191838.39	경3

산출방위각	13 17 38.1	제1기선 l_1	2133.73m	E_1	$\Pi\sin\alpha\cdot l_1$	E_2	$\Pi\sin\alpha'\cdot l_1$
기지방위각	13 17 36.8	제2기선 l_2	4666.18m		1116.910907		1616.783738
q	−1.3				$\Pi\sin\beta\cdot l_2$		$\Pi\sin\beta'\cdot l_2$
					1116.909462		1617.156967

각 규 약 경 정 수 계 산

[γ각이 좌측에 있을 때]

$\alpha=-\frac{q}{2n}=+0.1$

$\beta=-\frac{q}{2n}=+0.1$

$\gamma=+\frac{q}{n}=-0.2$

n : 삼각형 수

[γ각이 우측에 있을 때]

$\alpha=+\frac{q}{2n}=-0.1$

$\beta=+\frac{q}{2n}=-0.1$

$\gamma=-\frac{q}{n}=+0.2$

Δα, Δβ = 10″ 차임

$$E_1=\frac{\Pi\sin\alpha\cdot l_1}{\Pi\sin\beta\cdot l_2}-1=1 \qquad x_1''=\frac{10''\cdot E_1}{|E_1-E_2|}=0$$

$$E_2=\frac{\Pi\sin\alpha'\cdot l_1}{\Pi\sin\beta'\cdot l_2}-1=-334 \qquad x_2''=\frac{10''\cdot E_2}{|E_1-E_2|}=-10$$

$|E_1-E_2|=335$ 검산 = $|x_1''-x_2''|$ = 10″

약 도

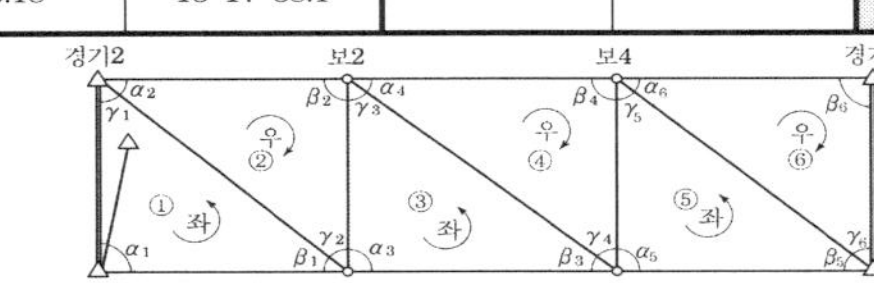

4 삽입망 조정

삽입망은 기지 삼각점 3개에 의하여 소구점 1개 또는 2개 이상의 좌표를 구하기 위한 조정 방법이다.

(1) 기지점 역계산

1) A-B에 대한 계산

거리$=\sqrt{\Delta X^2+\Delta Y^2}$

방위$(\theta)=\tan^{-1}\dfrac{\Delta Y}{\Delta X}$

방위각 $V_a^b=\theta$(1상한)

방위각 $V_a^b=180-\theta$(2상한)

방위각 $V_a^b=180+\theta$(3상한)

방위각 $V_a^b=360-\theta$(4상한)

2) B-C에 대한 계산

거리$=\sqrt{\Delta X^2+\Delta Y^2}$

방위$(\theta)=\tan^{-1}\dfrac{\Delta Y}{\Delta X}$

방위각 $V_b^c=\theta$(1상한)

방위각 $V_b^c=180-\theta$(2상한)

방위각 $V_b^c=180+\theta$(3상한)

방위각 $V_b^c=360-\theta$(4상한)

(2) 각 조정

1) 계산공식

① 삼각규약(조정)

①번 삼각형 $\varepsilon_1=\alpha_1+\beta_1+\gamma_1-180$

②번 삼각형 $\varepsilon_2 = \alpha_2 + \beta_2 + \gamma_2 - 180$

③번 삼각형 $\varepsilon_3 = \alpha_3 + \beta_3 + \gamma_3 - 180$

② 망규약

그림에서 측점 B가 중심점으로 기지변 AB와 기지변 BC의 방위각에 의하여 내각 또는 외각을 산출할 수 있다. 이는 삼각점의 좌표 A, B, C점에 의하여 이미 기지점 방위각 및 거리 계산부에서 계산된 값에 의하여 내각이 계산되고 측점 B를 중심으로 각 삼각형의 r각의 합이 계산된다. 이를 공식으로 하면 다음과 같다.

(∠ABC)

$\sum\gamma -$ 기지내각 $= e$

2) 오차배부(기본형)

① 삼각규약

한 개의 삼각형에서 생긴 오차를 없애기 위하여 각 내각에 동일한 조건으로 오차를 3등분하여 각각에 나누어 주고 다시 3개의 내각과 전체 오차의 합 관계를 형성하므로 이를 γ각에 나누어 주고 나머지 α, β각에 1/2씩 나누어 준다.

$$\alpha_1 - \frac{\varepsilon_1}{3} - \frac{\sum\varepsilon}{6n},\ \beta_1 - \frac{\varepsilon_1}{3} - \frac{\sum\varepsilon}{6n},\ \gamma_1 - \frac{\varepsilon_1}{3} - \frac{\sum\varepsilon}{3n}$$

$$\alpha_2 - \frac{\varepsilon_2}{3} - \frac{\sum\varepsilon}{6n},\ \beta_2 - \frac{\varepsilon_2}{3} - \frac{\sum\varepsilon}{6n},\ \gamma_2 - \frac{\varepsilon_2}{3} + \frac{\sum\varepsilon}{3n}$$

....

$$\alpha_n - \frac{\varepsilon_n}{3} - \frac{\sum\varepsilon}{6n},\ \beta_n - \frac{\varepsilon_n}{3} - \frac{\sum\varepsilon}{6n},\ \gamma_n - \frac{\varepsilon_n}{3} - \frac{\sum\varepsilon}{3n}$$

② 망규약

망규약 식에서 오차 ε를 나누어 주는 것으로 이는 γ각에만 해당이 되며 γ각이 n개일 때 γ각에 나누어 줄 양은 $\frac{e}{n}$이다. 따라서 γ각에만 나누어 주면 삼각규약에서 나누어 줄 각이 충족되지 않게 되고 흐트러지므로 α, β각에 1/2씩 반대로 나누어 준다. 삼각형이 n개일 때

$$\alpha = +\frac{e}{2n} \qquad \beta = +\frac{e}{2n} \qquad \gamma = -\frac{e}{n}$$

③ 각도 및 측정규약 배부 공식

㉠ $\Sigma\varepsilon = \varepsilon_1 + \varepsilon_2 + \varepsilon_3$

㉡ 각 삼각형 γ각의 합과 기지내각의 차(e) 계산

(관측내각) $\Sigma r = r_1 + r_2 + r_3$

(기지내각) $V_a^b - V_b^c$

기지각 오차(e)$= \Sigma r -$ 기지내각

㉢ 각규약 조정식

$$(\text{II}) = \frac{\Sigma\varepsilon - 3e}{2n}, \quad (\text{I}) = \frac{-\varepsilon - (\text{II})}{3}$$

여기서, n : 삼각형 수

ε : 각 삼각형 내각의 합과 180°와의 차(삼각규약)

e : 각 삼각형 중심각의 합(Σr)과 기지내각의 차(망규약)

④ 오차의 배부

①번 삼각형 $\text{I} = \dfrac{-\varepsilon_1 - \text{II}}{3}$ ②번 삼각형 $\text{I} = \dfrac{-\varepsilon_2 - \text{II}}{3}$

③번 삼각형 $\text{I} = \dfrac{-\varepsilon_3 - \text{II}}{3}$

> 삼각형의 보정수의 합이 ±0.1″차가 있으면 90°에 가까운 값에 가감한다.

3) 오차 배부(특수형)

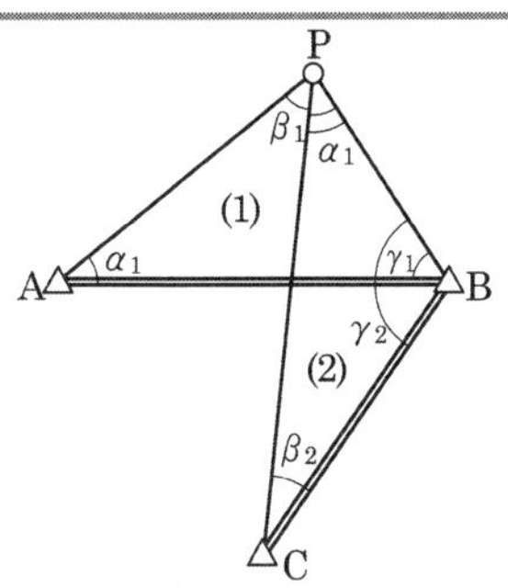

삽입망(변형1)

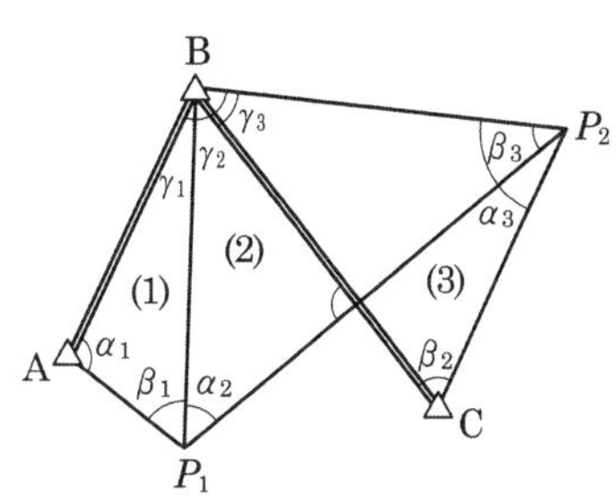

삽입망(변형2)

삽입망(변형1)	삽입망(변형2)
기지각오차(e)$=(\gamma_2-\gamma_1)-$기지내각 (I)의 계산 $(1) = \dfrac{-\varepsilon_1 - \text{II}}{3}$ $(2) = \dfrac{-\varepsilon_2 + \text{II}}{3}$	$\gamma_1+\gamma_2-\gamma_3 = \angle\text{CBA}$, $\gamma_1+\gamma_2-\gamma_3-\angle\text{CBA} = e$ (I)의 계산 (1) 삼각형$= \dfrac{-\varepsilon_1 + \text{II}}{3}$, (2) 삼각형$= \dfrac{-\varepsilon_2 + \text{II}}{3}$ (3) 삼각형$= \dfrac{-\varepsilon_3 + \text{II}}{3}$

(3) 변규약 조정

$$\frac{\sin\alpha_1 \times \sin\alpha_2 \times \sin\alpha_3 \times \sin\alpha_4 \times l_1}{\sin\beta_1 \times \sin\beta_2 \times \sin\beta_3 \times \sin\beta_4 \times l_2} = 1$$

$$\frac{\Pi \sin\alpha \times l_1}{\Pi \sin\beta \times l_2} = 1$$

1) E_1의 계산

$$\frac{\Pi \sin\alpha \times l_1}{\Pi \sin\beta \times l_2} - 1\text{(소수점 6자리 수 이하)}$$

> $\sin\alpha < \sin\beta$이면 $+\Delta\alpha, -\Delta\beta$로 하여 $\sin\alpha'$, $\sin\beta'$의 값을 산정한다.

2) E_2의 계산

$$E_2 = \frac{\Pi \sin\alpha' \times l_1}{\Pi \sin\beta' \times l_2} - 1$$

① $\sin\alpha$와 $\sin\beta$에 대한 변규약 경정수 등을 산출하기 위하여 $\sin 10''$에 대한 삼각함수의 변화량 Δ는 여함수인 cos에 의하여 계산한다.

$\Delta = \sin 10'' \times \cos\alpha$ 또는 $\cos\beta$

② 소수점 이하 6자리까지 계산하기 위하여 $\sin 10''$값에 10^6을 곱한다.

$\Delta = 48.4814 \times \cos\alpha$ 또는 $\cos\beta$

③ $\sin\alpha' = \sin\alpha_1 + \Delta\alpha_1$

$\sin\beta' = \sin\beta_1 + \Delta\beta_1$

$\vdots \quad \vdots \quad \vdots$

> $\Delta\alpha$와 $\Delta\beta$의 부호는 E_1값이 +이면 $-\Delta\alpha$, $+\Delta\beta$, E_1값이 −이면 $+\Delta\alpha$, $-\Delta\beta$로 하여 계산한다.

3) 경정수(X_1'', X_2'')의 계산 및 검산

$$X_1'' = \frac{10'' \times E_1}{|E_1 - E_2|} \qquad X_2'' = \frac{10'' \times E_2}{|E_1 - E_2|}$$

[검산]$= X_1'' - X_2'' = 10''$

(4) 소구변장 계산

$$변장 = \frac{\sin 소구변\ 대각}{\sin 기지변\ 대각} \times 기지변$$

①번 삼각형(기지변 AB, 소구변 BE, AE)

BE의 변장$=\dfrac{\sin\alpha_1}{\sin\beta_1}\times AB$

AE의 변장$=\dfrac{\sin\gamma_1}{\sin\beta_1}\times AB$

②번 삼각형(기지변 BE, 소구변 ED, BD)

BD의 변장$=\dfrac{\sin\alpha_2}{\sin\beta_2}\times BE$

ED의 변장$=\dfrac{\sin\gamma_2}{\sin\beta_2}\times BE$

③번 삼각형(기지변 BD, 소구변 DC, BC)

BC의 변장$=\dfrac{\sin\alpha_3}{\sin\beta_3}\times BD$

CD의 변장$=\dfrac{\sin\gamma_3}{\sin\beta_3}\times BD$

(5) 소구방위각 계산

①번 삼각형 $V_a^e = V_A^B - \alpha_1$

$V_b^e = (V_A^B \pm 180) + \gamma_1$

②번 삼각형 $V_e^d = (V_b^e \pm 180) - \alpha_2$

$V_b^d = V_b^e + \gamma_2$

③번 삼각형 $V_d^c = (V_b^d \pm 180) - \alpha_3$

$V_b^c = V_b^d + \gamma_3$

(6) 종/횡선 좌표계산

①번 삼각형

A → E : $X_{E1} = X_A + \overline{AE} \times \cos V_A^E$

$Y_{E1} = Y_A + \overline{AE} \times \sin V_A^E$

B → E : $X_{E2} = X_B + \overline{BE} \times \cos V_B^E$

$Y_{E2} = Y_B + \overline{BE} \times \sin V_B^E$

E점의 좌표(평균) $X_E = (X_{E1} + X_{E2}) \div 2$

$Y_E = (Y_{E1} + Y_{E2}) \div 2$

②번 삼각형

E → D : $X_{D1} = X_E + \overline{ED} \times \cos V_E^D$

$Y_{D1} = Y_E + \overline{ED} \times \sin V_E^D$

B → D : $X_{D2} = X_{BX} + \overline{BD} \times \cos V_B^D$

$Y_{D2} = Y_B + \overline{BD} \times \sin V_B^D$

D점의 좌표(평균) $X_D = (X_{D1} + X_{D2}) \div 2$

$Y_D = (Y_{D1} + Y_{D2}) \div 2$

③번 삼각형

D → C : $X_{C1} = X_D + \overline{DC} \times \cos V_D^C$

$Y_{C1} = Y_D + \overline{DC} \times \sin V_D^C$

B → C : $X_{C2} = X_{BX} + \overline{BC} \times \cos V_B^C$

$Y_{C2} = Y_B + \overline{BC} \times \sin V_B^C$

C점의 좌표(평균) $X_C = (X_{C1} + X_{C2}) \div 2$

$Y_C = (Y_{C1} + Y_{C2}) \div 2$

> 기지변장에서 0.01m, 기지방위각에서 0.2″ 정도의 차이가 계산 단수로 인해 생길 수 있다. 종·횡선 좌표가 기지점의 좌표가 일치하여야 하나 0.01m의 차이가 날 수 있으며, 이때에는 계산값보다 기지점의 종·횡선 좌표를 사용해야 한다.

QUESTION Q 예제

01 다음과 같이 삽입망에서 수평각을 관측하여 다음과 같았을 때 주어진 서식에 의하여 계산하시오.

1. 기지점

점명	X	Y
경1	431465.61	212383.79
경2	434662.60	213179.11
경3	437664.77	216419.33

2. 관측각

점명	각명	관측각	점명	각명	관측각
경1 보1 경2	α_1 β_1 γ_1	73° 12′45.2″ 39° 55′07.1″ 66° 52′23.4″	보2 보3 경2	α_3 β_3 γ_3	30° 13′56.3″ 110° 10′23.1″ 39° 35′20.2″
보1 보2 경2	α_2 β_2 γ_2	76° 32′24.8″ 49° 13′32.7″ 54° 14′24.1″	보3 경3 경2	α_4 β_4 γ_4	78° 44′14.2″ 48° 44′55.3″ 52° 30′31.6″

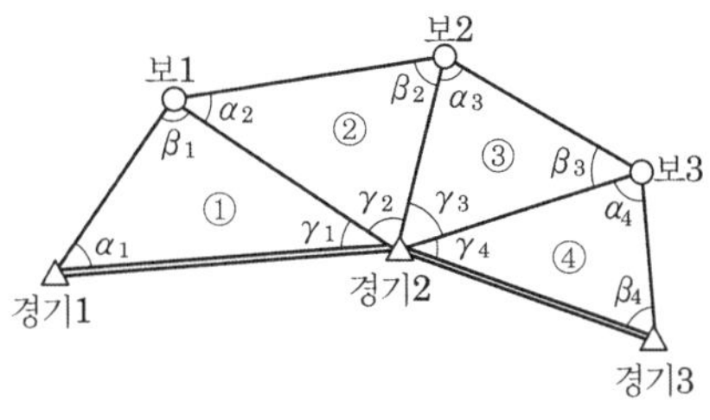

ANSWER & EXPLANATION

1. 기지점 간 거리 및 방위각 계산

① 경1 → 경2

$$거리 = \sqrt{(434662.60 - 431465.61)^2 + (213179.11 - 212383.79)^2}$$

$$= 3294.43\text{m}$$

$$방위 = \tan^{-1}\left(\frac{213179.11 - 212383.79}{434622.60 - 431465.61}\right) = 13°58'11.9''(1상한)$$

방위각 = 13°58'11.9''

② 경2 → 경3

거리 $= \sqrt{(437664.77-434662.60)^2+(216419.33-213179.11)^2}$

$= 4417.24\text{m}$

방위 $= \tan^{-1}\left(\dfrac{216419.33-213179.11}{437664.77-434662.60}\right) = 47°11'2.0''$(1상한)

방위각 $= 47°11'2.0''$

2. 각규약

①번 삼각형 $\varepsilon_1 = +15.7$

②번 삼각형 $\varepsilon_2 = +21.6$

③번 삼각형 $\varepsilon_3 = -20.4$

④번 삼각형 $\varepsilon_4 = -18.9$

① $\sum\varepsilon = 15.7+21.6+(-20.4)+(-18.9) = -2.0$

② e 계산

$\sum r = 66°52'23.4''+54°14'24.1''+39°35'20.2''+52°30'31.6''$

$= 213°12'39.3''$

기지내각 $= 360°-((13°58'11.9''+180°)-47°11'2.0'')) = 213°12'50.1''$

$e = 213°\ '12''39.3-213°12'50.1'' = -10.8''$

③ $(\text{Ⅱ}) = \dfrac{\sum\varepsilon-3e}{2n} = \dfrac{-2.0-(3\times(-10.8))}{2\times4} = +3.8$

$(\text{Ⅰ}) = \dfrac{-\varepsilon_1-(\text{Ⅱ})}{3} = \dfrac{-15.7-3.8}{3} = -6.5$

$\dfrac{-21.6-3.8}{3} = -8.5$

$\dfrac{+20.4-3.8}{3} = +5.5$

$\dfrac{+18.9-3.8}{3} = +5.0$

삼각형 보정수의 합이 ±0.1″ 차가 있으면 90°에 가까운 각에 가감한다.

④ 변규약 조정각

3. 변규약 조정

① E_1 계산

$\sin\alpha_1 = 0.957374$ $\sin\alpha_3 = 0.503530$

$\sin\beta_1 = 0.641675$ $\sin\beta_3 = 0.938646$

$\sin\alpha_2 = 0.972524$ $\sin\alpha_4 = 0.980747$

$\sin\beta_2 = 0.757262$ $\sin\beta_4 = 0.751841$

$$E_1 = \frac{\pi \sin\alpha \times l_1}{\pi \sin\beta \times l_2} - 1$$

$$= \left(\frac{3294.43 \times 0.957374 \times 0.972524 \times 0.503530 \times 0.980747}{4417.24 \times 0.641675 \times 0.757262 \times 0.938646 \times 0.751841}\right) - 1$$

$= +10$

② $\Delta\alpha$, $\Delta\beta$ 계산

$\Delta\alpha_1 = 48.4814 \times \cos 73°12'38.7'' = -14$

$\Delta\beta_1 = 48.4814 \times \cos 39°55'00.6'' = +37$

$\Delta\alpha_2 = 48.4814 \times \cos 76°32'16.4'' = -11$

$\Delta\beta_2 = 48.4814 \times \cos 49°13'24.2'' = +32$

$\Delta\alpha_3 = 48.4814 \times \cos 30°14'01.8'' = -42$

$\Delta\beta_3 = 48.4814 \times \cos 110°10'28.7'' = -17$

$\Delta\alpha_4 = 48.4814 \times \cos 78°44'19.3'' = -9$

$\Delta\beta_4 = 48.4814 \times \cos 48°45'00.3'' = +32$

③ E_2 계산

$\sin\alpha_1 = 0.957360$ $\sin\alpha_3 = 0.503488$

$\sin\beta_1 = 0.641712$ $\sin\beta_3 = 0.938629$

$\sin\alpha_2 = 0.972513$ $\sin\alpha_4 = 0.980738$

$\sin\beta_2 = 0.757294$ $\sin\beta_4 = 0.751873$

$$E_2 = \frac{\pi \sin\alpha' \times l_1}{\pi \sin\beta' \times l_2} - 1$$

$$= \left(\frac{3294.43 \times 0.957360 \times 0.972513 \times 0.503488 \times 0.980738}{4417.24 \times 0.641712 \times 0.757294 \times 0.938629 \times 0.751873}\right) - 1$$

$= -233$

④ 경정수(X_1'', X_2'')의 계산

$$X_1'' = \frac{10'' \times E_1}{|E_1 - E_2|} = \frac{10'' \times 10}{243} = +0.4''$$

$$X_2'' = \frac{10'' \times E_2}{|E_1 - E_2|} = \frac{10'' \times -233}{243} = -9.6''$$

4. 변장 계산

$$소구변장 = \frac{\sin\ 소구변\ 대각}{\sin\ 기지변\ 대각} \times 기지변장$$

①번 삼각형

〈경1→보1〉 $\frac{3294.43 \times \sin 66°52'20.7''}{\sin 39°55'01.0''} = 4721.48\text{m}$

〈경2→보1〉 $\frac{3294.43 \times \sin 73°12'38.3''}{\sin 39°55'01.0''} = 4915.25\text{m}$

②번 삼각형

〈보1→보2〉 $\frac{4915.25 \times \sin 54°14'19.4''}{\sin 49°13'24.6''} = 5267.03\text{m}$

〈경2→보2〉 $\frac{4915.25 \times \sin 76°32'16.0''}{\sin 49°13'24.6''} = 6312.47\text{m}$

③번 삼각형

〈보2→보3〉 $\frac{6312.47 \times \sin 39°35'29.5''}{\sin 110°10'29.1''} = 4285.97\text{m}$

〈경2→보3〉 $\frac{6312.47 \times \sin 30°14'01.4''}{\sin 110°10'29.1''} = 3386.27\text{m}$

④번 삼각형

〈보3→경3〉 $\frac{3386.27 \times \sin 52°30'40.4''}{\sin 48°45'0.7''} = 3573.77\text{m}$

〈경2→경3〉 $\frac{3386.27 \times \sin 78°44'18.9''}{\sin 48°45'0.7''} = 4417.25\text{m}$

5. 방위각 계산

①번 삼각형

〈경1→보1〉 = 13°58'11.9'' − 73°12'38.3'' = 300°45'33.6''

〈경2→보1〉 = (13°58'11.9'' + 180°) + 66°52'20.7'' = 260°50'32.6''

②번 삼각형

〈보1→보2〉=300°45'33.6"+180°−39°55'01"−76°32'16"=04°18'16.6"

〈경2→보2〉=260°50'32.6"+54°14'19.4"=315°04'52"

③번 삼각형

〈보2→보3〉=04°18'16.6"+180°−49°13'24.6"−30°14'01.4"=104°50'50.6"

〈경2→보3〉=315°04'52"+39°35'29.5"=354°40'21.5"

④번 삼각형

〈보3→경3〉=104°50'50.6"+180°−110°10'29.1"−78°44'18.9"=95°56'2.6"

〈경2→경3〉=354°40'21.5"+52°30'40.4"=47°11'1.9"

6. 좌표 계산

①번 삼각형

〈경1 → 보1〉

X_1=431465.61+4721.48×cos300°45'33.6"=433880.33m

Y_1=212383.79+4721.48×sin300°45′33.6″=208326.51m

〈경2 → 보1〉

X_2=434662.60+4915.25×cos260°50′32.6″=433880.33m

Y_2=213179.11+4915.25×sin260°50′32.6″=208326.51m

☞ 보1의 좌표 : X좌표=433880.33m, Y좌표=208326.51m

②번 삼각형

〈보1 → 보2〉

X_1=433880.33+5267.03×cos04°18′16.6″=439132.50m

Y_1=208326.51+5267.03×sin04°18′16.6″=208721.85m

〈경2 → 보2〉

X_2=434662.60+6312.47×cos315°04′52″=439132.50m

Y_2=213179.11+6312.47×sin315°04′52″=208721.84m

☞ 보2의 좌표 : X좌표=439132.50m, Y좌표=208721.84m

③번 삼각형

〈보2 → 보3〉

X_1=439132.50+4285.97×cos104°50′50.6″=438034.24m

Y_1=208721.84+4285.97×sin104°50′50.6″=212864.71m

〈경2 → 보3〉

$X_2 = 434662.60 + 3386.27 \times \cos 354°40'21.5'' = 438034.24$m

$Y_2 = 213179.11 + 3386.27 \times \sin 354°40'21.5'' = 212864.71$m

☞ 보3의 좌표 : X좌표=438034.24m, Y좌표=212864.71m

④번 삼각형

〈보3 → 경3〉

$X_1 = 438034.24 + 3573.77 \times \cos 95°56'2.6'' = 437664.77$m

$Y_1 = 212864.71 + 3573.77 \times \sin 95°56'2.6'' = 216419.33$m

〈경2 → 경3〉

$X_2 = 434662.60 + 4417,25 \times \cos 47°11'1.9'' = 437664.77$m

$Y_2 = 213179.11 + 4417,25 \times \sin 47°11'1.9'' = 216419.33$m

☞ 경3의 좌표 : X좌표=437664.77m,
Y좌표=216419.33m

(유심다각망 삽입망) 조 정 계 산 부 (진수)

삼각형	점 명	각명	관 측 각	각 규 약 I	각 규 약 II	각 규 약 조 정 각	$\frac{\sin\alpha}{\sin\beta}$	$\frac{\Delta\alpha}{\Delta\beta}$	$\frac{\sin\alpha'}{\sin\beta'}$	$\alpha - x_1''$ / $\beta + x_2''$	변 규 약 조 정 각
1	경1	α_1	73 12 45.2	-6.5		73 12 38.7	0.957374	-14	0.957360	-0.4	73 12 38.3
	보1	β_1	39 55 07.1	-6.5		39 55 00.6	0.641675	+37	0.641712	+0.4	39 55 01.0
	경2	γ_1	66 52 23.4	-6.5	+3.8	66 52 20.7	γ_1				66 52 20.7
		+	180 00 15.7			180 00 00.0					
		−	180 00 00.0								
			ε_1 = +15.7								
2	보1	α_2	76 32 24.8	-8.4		76 32 16.4	0.972524	-11	0.972513	-0.4	76 32 16.0
	보2	β_2	49 13 32.7	-8.5		49 13 24.2	0.757262	+32	0.757294	+0.4	49 13 24.6
	경2	γ_2	54 14 24.1	-8.5	+3.8	54 14 19.4	γ_2				54 14 19.4
		+	180 00 21,6			180 00 00.0					
		−	180 00 00.0								
			ε_2 = +21.6								
3	보2	α_3	30 13 56.3	+5.5		30 14 01.8	0.503530	-42	0.503488	-0.4	30 14 01.4
	보3	β_3	110 10 23.1	+5.6		110 10 28.7	0.938646	-17	0.938629	+0.4	110 10 29.1
	경2	γ_3	39 35 20.2	+5.5	+3.8	39 35 29.5	γ_3				39 35 29.5
		+	179 59 39.6			180 00 00.0					
		−	180 00 00.0								
			ε_3 = -20.4								
4	보3	α_4	78 44 14.2	+5.1		78 44 19.3	0.980747	-9	0.980738	-0.4	78 44 18.9
	경3	β_4	48 44 55.3	+5.0		48 45 00.3	0.751841	+32	0.751873	+0.4	48 45 00.7
	경2	γ_4	52 30 31.6	+5.0	+3.8	52 30 4.4	γ_4				52 30 40.4
		+	179 59 41.1			180 00 00.0					
		−	180 00 00.0								
			ε_3 = -18.9								
$\Sigma\gamma$			213 12 39.3	제1기선 l_1	3294.43m	E₁	$\Pi\sin\alpha \cdot l_1$	E₂	$\Pi\sin\alpha' \cdot l_1$		
360° 또는 기지내각			213 12 50.1	제2기선 l_2	4417.24m		1514.762621		1514.583093		
			e = -10.8				$\Pi\sin\beta \cdot l_2$		$\Pi\sin\beta' \cdot l_2$		
							1514.747062		1514.935457		

변장(m) $\alpha \times \frac{\sin\alpha(\gamma)}{\sin\beta}$	방 위 각	종횡선좌표 X(m)	종횡선좌표 Y(m)	점 명
경1→경2	경1→경2	431465.61	212383.79	경1
3294.43	13 58 11.9	434662.60	213179.11	경2
경1→보1 / 4721.48	경1→보1 / 300 45 33.6	433880.33	208326.51	보1
경2→보1 / 4915.25	경2→보1 / 260 50 32.6	433880.33	208326.51	
평	균	433880.33	208326.51	
보1→보2 / 5267.03	보1→보2 / 04 18 16.6	439132.50	208721.85	보2
경2→보2 / 6312.47	경2→보2 / 315 04 52.0	439132.50	208721.84	
평	균	439132.50	208721.84	
보2→보3 / 4285.97	보2→보3 / 104 50 50.6	438034.24	212864.71	보3
경2→보3 / 3386.27	경2→보3 / 354 40 21.5	438034.24	212864.71	
평	균	438034.24	212864.71	
보3→경3 / 3573.77	보3→경3 / 95 56 02.6	437664.77	216419.33	경3
경2→경3 / 4417.25	경2→경3 / 47 11 01.9	437664.77	216419.33	
평	균	437664.77	216419.33	
경2→경3 / 4417.24	경2→경3 / 47 11 02.0	434662.60 / 437664.77	213179.11 / 216419.33	경2 / 경3

$\Sigma\varepsilon = -2.0$ $\Delta\alpha,\ \Delta\beta$ = 10″ 차임

$$(\mathrm{II}) = \frac{\Sigma\varepsilon - 3e}{2n} = 3.8$$

$$(\mathrm{I}) = \frac{-\varepsilon - (\mathrm{II})}{3} = -6.5 \quad -8.5 \quad +5.5 \quad +5.0$$

n : 삼각형수

$$E_1 = \frac{\Pi\sin\alpha \cdot l_1}{\Pi\sin\beta \cdot l_2} - 1 = +10$$

$$E_2 = \frac{\Pi\sin\alpha' \cdot l_1}{\Pi\sin\beta' \cdot l_2} - 1 = -233$$

$$|E_1 - E_2| = 243$$

$$x_1'' = \frac{10'' \cdot E_1}{|E_1 - E_2|} = 0.4$$

$$x_2'' = \frac{10'' \cdot E_2}{|E_1 - E_2|} = -9.6$$

검산 = $|x_1'' - x_2''| = 10''$

약 도

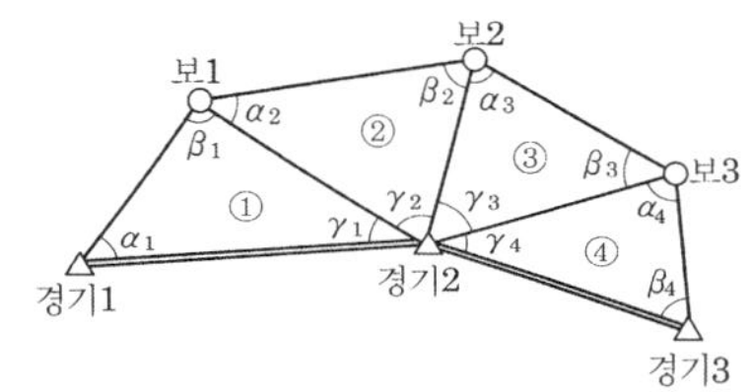

QUESTION Q 예제

02 지적삼각측량을 삽입망으로 실시하여 다음과 같은 결과를 얻었다. 소구점의 좌표를 계산하시오.

[관측내각]

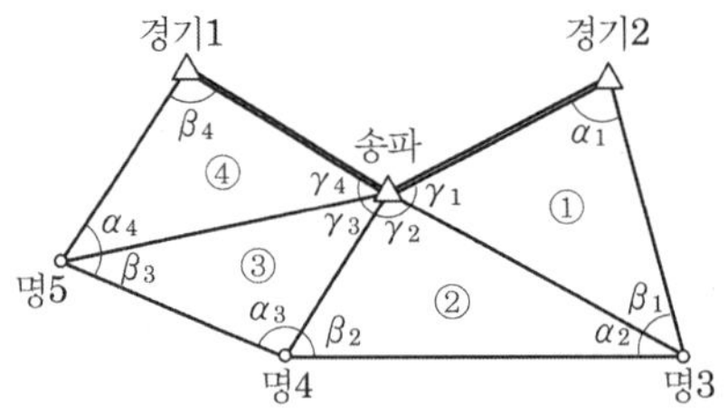

점명	각명	관측내각
경2	a_1	48° 10' 41.0"
명3	b_1	52 12 53.6
송파	r_1	79 36 26.9
명3	a_2	51 50 45.7
명4	b_2	39 19 44.5
송파	r_2	88 49 28.1
명4	a_3	69 15 52.1
명5	b_3	77 34 33.1
송파	r_3	33 09 32.7
명5	a_4	53 00 11.1
경1	b_4	71 53 23.2
송파	r_4	55 06 26.9

기지좌표

점명	x좌표	y좌표
경기2	448999.43	213840.87
송파	444288.04	210474.08
경기1	446352.56	205428.04

ANSWER & EXPLANATION

1. 기지점 간 거리 및 방위각계산

1) 경기2 → 송파

$$거리 = \sqrt{\Delta x^2 + \Delta y^2}$$

$$= \sqrt{(444288.04 - 448999.43)^2 + (210474.08 - 213840.87)^2}$$

$$= \sqrt{(-4711.39)^2 + (-3366.79)^2} = 5790.72$$

$$\theta = \tan^{-1}\frac{\Delta y}{\Delta x} = \tan^{-1}\frac{3366.79}{4711.39} = 35°32'59.45''$$

$V_{경2}^{송파}$ = 180°+35°32'59.45'' = 215°32'59.4''(3상한)

2) 송파 → 경기1

$$거리 = \sqrt{(446352.56-444288.04)^2+(205428.04-210474.08)^2}$$

$$= \sqrt{(2064.52)^2+(-5046.04)^2} = 5452.04$$

$$\theta = \tan^{-1}\frac{\Delta y}{\Delta x} = \tan^{-1}\frac{5046.04}{2064.52} = 67°44'55.43''(4상한)$$

$V_{송파}^{경1}$ = 360°−67°44'55.43'' = 292°15'04.6''

2. 각규약 조정

1) 오차 계산

①번 삼각형 = 48°10'41.0''+52°12'53.6''+79°36'26.9''−180° = +1.5''

②번 삼각형 = −1.7''

③번 삼각형 = −2.1''

④번 삼각형 = +1.2''

2) 기지내각 = $V_{송파}^{경1} - V_{송파}^{경2}$ ($V_{경2}^{송파}$의 역방위각)

= 292°15'04.6''−(180°+215°32'59.4'')

= −103°17'54.8''(−값 계산)

∴ 360°−103°17'54.8'' = 256°42''05.2''

3) 관측내각($\sum r$) = $r_1 + r_2 + r_3 + r_4$

= 256°41'54.6''

4) 기지각오차(e) = $\sum r$ − 기지내각

= 256°41'54.6''−256°42'05.2'' = −10.6''

$\sum \varepsilon = \varepsilon_1 + \varepsilon_2 + \varepsilon_3 + \varepsilon_4$

$= 1.5 + (-1.7) + (-2.1) + 1.2 = -1.1$

$$(\text{II}) = \frac{\sum\varepsilon - 3e}{2n} = \frac{-1.1-3\times(-10.6)}{2\times 4} = +3.8$$ (n : 삼각형 수)

5) 오차 배부

①번 삼각형 $(\text{I}) = \frac{-\varepsilon_1-(\text{II})}{3} = \frac{-1.5-3.8}{3} = -1.8$

②번 삼각형 $(\text{I}) = \frac{-\varepsilon_2-(\text{II})}{3} = \frac{+1.7-3.8}{3} = -0.7$

③번 삼각형 (Ⅰ)= $\frac{-\varepsilon_3-(\text{Ⅱ})}{3}=\frac{+2.1-3.8}{3}=-0.6$

④번 삼각형 (Ⅰ)= $\frac{-\varepsilon_4-(\text{Ⅱ})}{3}=\frac{-1.2-3.8}{3}=-1.7$

삼각형의 보정수의 합이 180°와 ±0.1'' 차이가 생길 수 있다.(단수처리로) 이때에는 90°에 가까운 각에 ±0.1''씩 추가 배부한다. ①, ③, ④번 삼각형에 -0.1''씩 배부하였다.(단, 배부하지 않고 계산을 하여도 좌표에는 영향이 없다)

6) 각규약 조정각

3. 변규약 조정

1) E_1의 계산

$$E_1=\frac{\pi\sin a\times l_1}{\pi\sin b\times l_2}-1$$

$$=\frac{0.745215\times0.786351\times0.935224\times0.798663\times5790.72}{0.790309\times0.633770\times0.976581\times0.950458\times5452.04}-1$$

$$=\frac{2534.602190}{2534.713278}-1=-0.000044(-44)$$

2) $\triangle a$, $\triangle b$의 계산($\triangle a$, $\triangle b=\sin10''\times10^6$: 소수점 이하 6자리까지 구하기 위함)

$\triangle=48.4814\times\cos a$(또는 $\cos b$)

$\triangle a_1=48.4814\times\cos48°10'39.2''=32$

$\triangle b_1=48.4814\times\cos52°12'51.9''=30$

$\triangle a_2=48.4814\times\cos51°50'45.0''=30$

$\triangle b_2=48.4814\times\cos39°19'43.8''=38$

$\triangle a_3=48.4814\times\cos69°15'51.5''=17$

$\triangle b_3=48.4814\times\cos77°34'32.6''=10$

$\triangle a_4=48.4814\times\cos53°00'09.4''=29$

$\triangle b_4=48.4814\times\cos71°53'21.6''=15$

$\triangle a$와 $\triangle b$값을 구한 후 E_1에 의한 부호를 정해 sin$a$, b값에 더하여 sin a', b'을 계산한다.

3) E_2의 계산

$$E_2 = \frac{\pi \sin a' \times l_1}{\pi \sin b' \times l_2} - 1$$

$$= \frac{0.745247 \times 0.786381 \times 0.935241 \times 0.798692 \times 5790.72}{0.790279 \times 0.633732 \times 0.976571 \times 0.950443 \times 5452.04} - 1$$

$$= \frac{2534.945847}{2534.399138} - 1 = 0.000216\,(+216)$$

※ $|E_1 - E_2| = |-44 - 216| = 260$

> E_1, E_2를 10^6한 값의 절대치의 합

4) x''의 계산

$$x_1'' = \frac{10'' \times E_1}{|E_1 - E_2|} = \frac{10'' \times (-44)}{|-44 - 216|} = -1.7$$

$$x_2'' = \frac{10'' \times E_2}{|E_1 - E_2|} = \frac{10'' \times 216}{|-44 - 216|} = -8.3$$

검산 $= |x_1'' - x_2''| = |-1.7'' - (+8.3'')| = 10''$

> 위 계산 결과 x''값을 상쇄시키기 위해서는 a각에는 +1.7''를, b각에는 −1.7''를 보정한다.

5) 각도차(x'') 배부

①번 삼각형 $a_1 = 48°10'39.2'' + 1.7'' = 48°10'40.9''$

$b_1 = 52°12'51.9'' - 1.7'' = 52°12'50.2''$

②번 삼각형 $a_2 = 51°50'45.0'' + 1.7'' = 51°50'46.7''$

$b_2 = 39°19'43.8'' - 1.7'' = 39°19'42.1''$

③번 삼각형 $a_3 = 69°15'51.5'' + 1.7'' = 69°15'53.2''$

$b_3 = 77°34'32.6'' - 1.7'' = 77°34'30.9''$

④번 삼각형 $a_4 = 53°00'09.4'' + 1.7'' = 53°00'11.1''$

$b_4 = 71°53'21.6'' - 1.7'' = 71°53'19.9''$

6) 소구변장 계산

$$소구변 = \frac{기지변 \times 소구변\ 대각의\ \sin}{기지변\ 대각의\ \sin}$$

①번 삼각형

송파 → 명3

$$= \frac{\sin a_1}{\sin b_1} \times 5790.72 = \frac{\sin 48°10'40.9''}{\sin 52°12'50.2''} \times 5790.72 = 5460.38$$

경2 → 명3

$$= \frac{\sin r_1}{\sin b_1} \times 5790.72 = \frac{\sin 79°36'28.9''}{\sin 52°12'50.2''} \times 5790.72 = 7207.01$$

②번 삼각형

송파 → 명4

$$= \frac{\sin a_2}{\sin b_2} \times 5460.38 = \frac{\sin 51°50'46.7''}{\sin 39°19'42.1''} \times 5460.38 = 6775.09$$

명3 → 명4

$$= \frac{\sin r_2}{\sin b_2} \times 5460.38 = \frac{\sin 88°49'31.2''}{\sin 39°19'42.1''} \times 5460.38 = 8613.99$$

③번 삼각형

송파 → 명5

$$= \frac{\sin a_3}{\sin b_3} \times 6775.09 = \frac{\sin 69°15'53.2''}{\sin 77°34'30.9''} \times 6775.09 = 6488.20$$

명4 → 명5

$$= \frac{\sin r_3}{\sin b_3} \times 6775.09 = \frac{\sin 33°09'35.9''}{\sin 77°34'30.9''} \times 6775.09 = 3794.70$$

④번 삼각형

송파 → 경기1

$$= \frac{\sin a_4}{\sin b_4} \times 6488.20 = \frac{\sin 53°00'11.1''}{\sin 71°53'19.9''} \times 6480.20 = 5452.04$$

명5 → 경1

$$= \frac{\sin r_4}{\sin b_4} \times 6488.20 = \frac{\sin 55°06'29.0''}{\sin 71°53'19.9''} \times 6488.20 = 5599.24$$

4. 방위각 계산(V=기지방위각, V=기지방위각$\pm 180 + r$)

1) 기지점의 방위각 및 거리 계산

경기2 → 송파 0=5790.72

$V_{경2}^{송}$=35°32'59.45"+ 180°=215°32'59.4"

2) 각 변에 대한 방위각 계산

①번 삼각형

$V_{송}^{명3}$=기지방위각±180+r

=215°32'59.4"−180+79°36'28.9"=115°09'28.3"

또는 215°32'59.4"+180°+79°36'28.9"=475°09'28.3"−360°

=115°09'28.3"

$V_{경2}^{명3}$=기지방위각−a

=215°32'59.4"−48°10'40.9"=167°22'18.5"

②번 삼각형

$V_{송파}^{명4}$ =기지방위각+r_2

=115°09'28.3"+88°49'31.2"=203°58'59.5"

$V_{명3}^{명4}$=기지방위각+180°−a_2

=115°09'28.3"+180°−51°50'46.7"=243°18'41.6"

③번 삼각형

$V_{송}^{명5}$=기지방위각+r_3

=203°58'59.5"+33°09'35.9"=237°08'35.4"

$V_{명4}^{명5}$=기지방위각+180°−a_3

=203°58'59.5"+180°−69°15'53.2"=314°43'06.3"

④번 삼각형

$V_{송}^{경1}$=기지방위각+r_4

=237°08'35.4"+55°06'29.0"=292°15'04.4"

$V_{명5}^{경1}$=기지방위각+180°−a_4

=237°08'35.4"+180°−53°00'11.1"=4°08'24.3"

5. 소구점의 좌표

소구점 종선좌표 = 기지점 종선좌표 + 종선차(Δx)
소구점 횡선좌표 = 기지점 종선좌표 + 횡선차(Δy)
여기서, $\Delta x = \cos V \times l$ $\Delta y = \sin V \times l$

1) ①번 삼각형에서 명3 좌표 계산

① 송파 → 명3

$x_1 = 444288.04 + \cos 115°09'28.3'' \times 5460.38 = 441966.76$

$y_1 = 210474.08 + \sin 115°09'28.3'' \times 5460.38 = 215416.49$

② 경기2 → 명3

$x_1 = 448999.43 + \cos 167°22'18.5'' \times 7207.01 = 441966.76$

$y_1 = 213840.87 + \sin 167°22'18.5'' \times 7207.01 = 215416.49$

③ 명3의 좌표결정

$x = 441966.76$

$y = 215416.49$

2) ②번 삼각형에서 명4 좌표계산

① 송파 → 명4

$x_1 = 444288.04 + \cos 203°58'59.5'' \times 6775.09 = 438097.88$

$y_1 = 210474.08 + \sin 203°58'59.5'' \times 6775.09 = 207720.22$

② 명3 → 명4

$x_2 = 441966.76 + \cos 243°18'41.6'' \times 8613.99 = 438097.88$

$y_2 = 215416.49 + \sin 243°18'41.6'' \times 8613.99 = 207720.22$

③ 명4의 좌표결정

$x = 438097.88$

$y = 207720.22$

3) ③번 삼각형에서 명5 좌표계산

① 송파 → 명5

$x_1 = 444288.04 + \cos 237°08'35.4'' \times 6488.20 = 440767.92$

$y_1 = 210474.08 + \sin 237°08'35.4'' \times 6488.20 = 205023.80$

② 명4 → 명5

x_2 = 438097.88+cos314°43'06.3" × 3794.70 = 440767.92

y_2 = 207720.22+sin314°43'06.3" × 3794.70 = 205023.81

③ 명5의 좌표결정

x = 440767.92

y = (205023.80+205023.81) ÷ 2 = 205023.80

4) ④번 삼각형에서 경1의 좌표계산

① 송파 → 경1

x_1 = 444288.04+cos292°15'04.4" × 5452.04 = 446352.56

y_1 = 210474.08+sin292°15'04.4" × 5452.04 = 205428.04

② 명5 → 경1

x_2 = 440767.92+cos4°08'24.3" × 5599.24 = 446352.55

y_2 = 205023.80+sin4°08'24.3" × 5599.24 = 205428.04

③ 경1의 좌표결정

x = (446352.56+446352.55) ÷ 2 = 446352.56

y = 205428.04

±1″를 가감처리 안 하고 계산함 (가감은 큰 각에서 배부)

(유심다각망 삽입망) 조 정 계 산 부 (진수)

삼각형	점 명	각명	관 측 각	각규약 I	각규약 II	각규약 조정각	sinα / sinβ	Δα / Δβ	sinα′ / sinβ′	α−x_1″ / β+x_2″	변 규 약 조 정 각
1	경2	α_1	48° 10′ 41.0″	-1.8		48° 10′ 39.2″	0.745215	+32	0.745247	+1.7	48° 10′ 40.9″
	명3	β_1	52 12 53.6	-1.8		52 12 51.8	0.790309	−30	0.790279	−1.7	52 12 50.2
	송파	γ_1	79 36 26.9	-1.8	+3.8	79 36 28.9	γ_1				79 36 28.9
		+	180 00 01.5			180 00 00.0					
		−	180 00 00.0			179 59 59.9					
			ε_1 = +1.5								
2	명3	α_2	51 50 45.7	-0.7		51 50 45.0	0.786351	+30	0.786381	+1.7	51 50 46.7
	명4	β_3	39 19 44.5	-0.7		39 19 43.8	0.633770	-38	0.633732	-1.7	39 19 42.1
	송파	γ_2	88 49 28.1	-0.7	+3.8	88 49 31.2	γ_2				88 49 31.2
		+	179 59 58.3			180 00 00.0					
		−	180 00 00.0			180 00 00.0					
			ε_2 = −1.7								
3	명4	α_3	69 15 52.1	-0.6		69 15 51.5	0.935224	+17	0.935241	+1.7	69 15 53.2
	명5	β_3	77 34 33.1	-0.6		77 34 32.5	0.976581	-10	0.976571	-1.7	77 34 30.9
	송파	γ_3	33 09 32.7	-0.6	+3.8	33 09 35.9	γ_3				33 09 35.9
		+	179 59 57.9			180 00 00.0					
		−	180 00 00.0			179 59 59.9					
			ε_3 = −2.1								
4	명5	α_4	53 00 11.1	-1.7		53 00 09.4	0.798663	+29	0.798692	+1.7	53 00 11.1
	경1	β_4	71 53 23.2	-1.7		71 53 21.56	0.950458	-15	0.950443	-1.7	71 53 19.9
	송파	γ_4	55 06 26.9	-1.7	+3.8	55 06 29.00	γ_4				55 06 29.0
		+	180 00 01.2			180 00 00.0					
		−	180 00 00.0			179 59 59.9					
			ε_3 = +1.2								

Σγ	256° 41‘ 54.6“	제1기선 l_1	5790.72m	E_1	Π sinα · l_1	E_2	Π sinα′ · l_1
360° 또는 기지내각	256 42 05.2	제2기선 l_2	5452.04m		2534.602190		2534.945847
	e = −10.6				Π sinβ · l_2		Π sinβ′ · l_2
					2534.713278		2534.399138

변장(m) $a\times\frac{\sin\alpha(\gamma)}{\sin\beta}$	방 위 각	종횡선좌표 X(m)	종횡선좌표 Y(m)	점 명
경2→송파	경2→송파	448999.43	213840.87	경2
5790.72	215° 32′ 59.4″	4288.0436	0474.0833	송파
송파→명3 / 5460.38	송파→명3 / 115 09 28.3	441966.76	215416.49	명3
경2→명3 / 7207.01	경2→명3 / 167 22 18.5	441966.76	215416.49	
평	균	441966.76	215416.49	
송파→명4 / 6775.09	송파→명4 / 203 58 59.5	438097.88	207720.22	명4
명3→명4 / 8613.99	명3→명4 / 243 18 41.6	438097.88	207720.22	
평	균	438097.88	207720.22	
송파→명5 / 6488.20	송파→명5 / 237 08 35.4	440767.92	205023.80	명5
명4→명5 / 3794.70	명4→명5 / 314 43 06.3	440767.92	205023.80	
평	균	440767.92	205023.80	
송파→경1 / 5452.04	송파→경1 / 295 15 04.4	446352.56	205428.04	경1
명5→경1 / 5599.24	명2→경1 / 4 08 24.3	446352.55	205428.04	
평	균	446352.56	205428.04	
송파→경1 / 5452.04	송파→경1 / 292° 15‘ 04.6“	446352.56	205428.04	경1

$\Sigma\varepsilon = -1.1$ Δα, Δβ=10″ 차임

$(\mathrm{II}) = \frac{\Sigma\varepsilon - 3e}{2n} = +3.8$

$(\mathrm{I}) = \frac{-\varepsilon-(\mathrm{II})}{3} = -1.8$

n : 삼각형 수 -0.7

-0.6

-1.7

$E_1 = \frac{\Pi\sin\alpha\cdot l_1}{\Pi\sin\beta\cdot l_2} - 1 = -0.000044$

$E_2 = \frac{\Pi\sin\alpha'\cdot l_1}{\Pi\sin\beta'\cdot l_2} - 1 = 0.000216$

$|E_1 - E_2| = |-44-216|$

$= 260$

$x_1'' = \frac{10''\cdot E_1}{|E_1 - E_2|} = -1.7$

$x_2'' = \frac{10''\cdot E_2}{|E_1 - E_2|} = 8.3$

검산$= |x_1'' - x_2''| = 10''$

$|-1.7-8.3| = 10''$

약 도

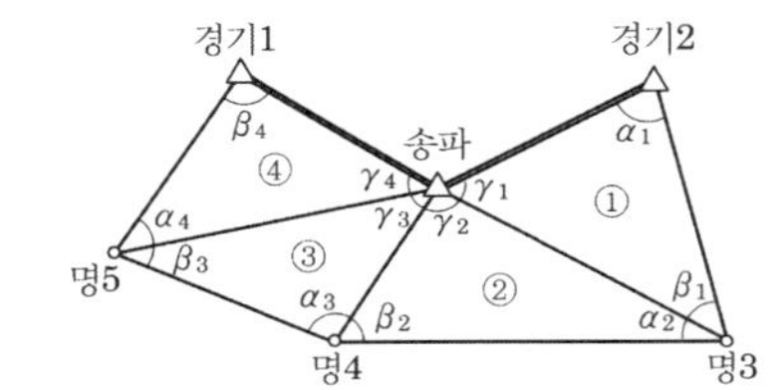

QUESTION Q 예제

03 지적삼각측량을 삽입망(변형)으로 실시하여 다음과 같은 결과를 얻었다. 소구점의 좌표를 구하시오.

1. 기지점

점명	X	Y
경1	465334.03	193402.42
경2	465621.48	193859.09
경3	465981.72	193447.98

2. 관측각

점명	각명	관측각	점명	각명	관측각
경1	α_1	32° 40′ 34.6″	보1	α_2	106° 27′ 29.4″
보1	β_1	45° 49′ 16.5″	경3	β_2	45° 27′ 21.3″
경2	γ_1	101° 30′ 15.5″	경2	γ_2	28° 05′ 23.8″

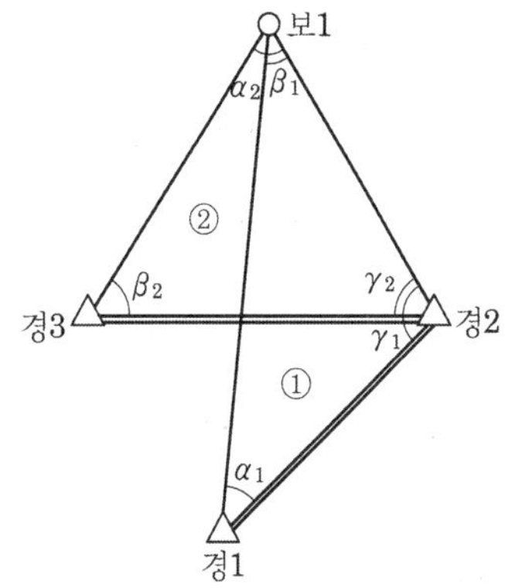

ANSWER & EXPLANATION

1. 기지점 간 거리 및 방위각 계산

1) 경2 → 경1

$$거리 = \sqrt{(465334.03-465621.48)^2+(193402.42-193859.09)^2}$$
$$=539.61\text{m}$$

방위$=\tan^{-1}\left(\dfrac{193402.42-193859.09}{465334.03-465621.48}\right)=59°48'42.2''$(2상한)

방위각$=237°48'42.2''$

2) 경2 → 경3

거리$=\sqrt{(465981.72-465621.48)^2+(193447.98-193859.09)^2}$

$=546.61\text{m}$

방위$=\tan^{-1}\left(\dfrac{193447.98-193859.09}{465981.72-465621.48}\right)=-48°46'23.4''$(4상한)

방위각$=311°13'36.6''$

2. 각규약

1) 오차계산

①번 삼각형 $\varepsilon_1=+6.6$

②번 삼각형 $\varepsilon_2=+14.5$

2) $\sum\varepsilon=\varepsilon_1-\varepsilon_2=6.6-14.5=-7.9$

3) e 계산$=(r_1-r_2)-$기지내각

$\sum r=r_1-r_2=101°30'15.5''-28°04'46.7''=73°25'28.8''$

기지내각$=311°13'36.6''-237°48'42.2''=73°24'54.4''$

$e=73°25'28.8''-73°24'54.4''=+34.4''$

4) $(\text{II})=\dfrac{-7.9-(3\times34.4)}{2\times2}=-27.8''$

겹쳐있는 2번 삼각형에는 +27.8''배부

$(\text{I})=\dfrac{-6.6-(-27.8)}{3}=+7.1''$

$\dfrac{-14.5-(-27.8)}{3}=+4.4''$

각규약(I) 조정시 단수처리로 인하여 삼각형 내각의 합이 180°와 ±0.1″의 차이가 생기면 90°에 가까운 각에 ±0.1″를 추가 배부한다.

5) 각규약 조정각

3. 변규약 조정

1) E_1 계산

$\sin\alpha_1 = 0.539921$　　$\sin\beta_1 = 0.717193$

$\sin\alpha_2 = 0.959021$　　$\sin\beta_2 = 0.712726$

$$E_1 = \left(\frac{539.61 \times 0.539921 \times 0.959021}{546.61 \times 0.717193 \times 0.712726}\right) - 1 = +5$$

2) $\Delta\alpha$, $\Delta\beta$ 계산

$\Delta\alpha_1 = 48.4814 \times \cos\ 32°40'41.7'' = -41$

$\Delta\beta_1 = 48.4814 \times \cos\ 45°49'23.6'' = +34$

$\Delta\alpha_2 = 48.4814 \times \cos\ 106°27'33.9'' = +14$

$\Delta\beta_2 = 48.4814 \times \cos\ 45°27'25.7'' = +34$

> −가 나오므로 +가 됨
> +14 ← {−(−14)}

> E_1이 +값이므로 α에는 '−', β에는 '+'조정

3) E_2 계산

$\sin\alpha_1 = 0.539921 - 41 = 0.539880$

$\sin\beta_1 = 0.717193 + 34 = 0.717227$

$\sin\alpha_2 = 0.959021 + 14 = 0.959035$

$\sin\beta_2 = 0.712726 + 34 = 0.712760$

$$E_2 = \left(\frac{539.61 \times 0.539880 \times 0.959035}{546.61 \times 0.717227 \times 0.712760}\right) - 1 = -152$$

$|E_1 - E_2| = |5 + 152| = 157$

4) 경정수(X_1'', X_2'')의 계산

$$X_1'' = \frac{10'' \times E_1}{|E_1 - E_2|} = \frac{10'' \times 5}{157} = +0.3''$$

$$X_2'' = \frac{10'' \times E_2}{|E_1 - E_2|} = \frac{10'' \times (-152)}{157} = -9.7''$$

5) 변규약 조정각

4. 변장 계산

〈경1 → 보1〉 $\dfrac{539.61 \times \sin 101°29'54.7''}{\sin 45°49'23.9''} = 737.29\text{m}$

〈경2 → 보1〉 $\frac{539.61 \times \sin 32°40'41.4''}{\sin 45°49'23.9''} = 406.23\text{m}$

〈보1 → 보3〉 $\frac{406.23 \times \sin 28°05'0.4''}{\sin 45°27'26.0''} = 268.32\text{m}$

〈경2 → 경3〉 $\frac{406.23 \times \sin 106°27'33.6''}{\sin 45°27'26.0''} = 546.61\text{m}$

5. 방위각 계산

〈경1→보1〉=(237°48'42.2''−180°)−32°40'41.4''=25°08'0.8''

〈경2→보1〉=237°48'42.2''+101°29'54.7''=339°18'36.9''

〈보1→경3〉=339°18'36.9''−180°+106°27'33.6''=265°46'10.5''

〈경2→경3〉=237°48'42.2''+(101°29'54.7''−28°5'0.4'')=311°13'36.5''

6. 좌표 계산

〈경1 → 보1〉

X_1=465334.03.+737.29×cos25°8'0.8''=466011.51m

Y_1=193402.42+737.29×sin25°8'0.8''=193715.57m

〈경2 → 보1〉

X_2=464621.48+406.23×cos339°18'36.9''=466001.51m

Y_2=193859.09+406.23×sin339°18'36.9''=1936715.57m

☞ 보1의 좌표 : X좌표=466011.51m, Y좌표=193715.57m

〈보1 → 경3〉

X_1=466011.51+268.32×cos265°46'10.5''=465981.72m

Y_1=193715.57+268.32×sin265°46'10.5''=193447.98m

〈경2 → 경3〉

X_2=465621.48+546.61×cos311°13'36.5''=465981.72m

Y_2=193859.09+546.61×sin311°13'36.5''=193447.98m

☞ 경3의 좌표 : X좌표=465981.72m,
Y좌표=193447.98m

(유심다각망 / 삽입망) 조정 계산부 (진수)

삼각형	점 명	각명	관측각	각규약 I	각규약 II	각규약 조정각	sinα / sinβ	Δα / Δβ	sinα' / sinβ'	$\alpha-x_1''$ / $\beta+x_2''$	변규약 조정각
1	경1	α_1	32 40 34.6	+7.1		32 40 41.7	0.539921	-41	0.539880	-0.3	32 40 41.4
	보1	β_1	45 49 16.5	+7.1		45 49 23.6	0.717193	+34	0.717227	+0.3	45 49 23.9
	경2	γ_1	101 30 15.5	+7.0	-27.8	101 29 54.7				γ_1	101 29 54.7
		+	180 00 06.6			180 00 00.0					
		−	180 00 00.0								
			ε_1 = +6.6								
2	보1	α_2	106 27 29.4	+4.5		106 27 33.9	0.959021	+14	0.959035	-0.3	106 27 33.6
	경3	β_2	45 27 21.3	+4.4		45 27 25.7	0.712726	+34	0.712760	+0.3	45 27 26
	경2	γ_2	28 05 23.8	+4.4	-27.8	28 05 00.4				γ_2	28 05 00.4
		+	180 00 14.5			180 00 00.0					
		−	180 00 00.0								
			ε_2 = +14.5								
3		α_3									
		β_3									
		γ_3								γ_3	
		+	.			180 00 00.0					
		−	180 00 00.0								
			ε_3 =								
4		α_4	.	.		.	.		.	.	.
		β_4	.	.		.	.		.	.	.
		γ_4	.	.	.	.				γ_4	.
		+	.			180 00 00.0					
		−	180 00 00.0								
			ε_4 =								
Σγ			73 25 28.8	제1기선 l_1	539.61	E_1	$\Pi\sin\alpha \cdot l_1$	E_2	$\Pi\sin\alpha' \cdot l_1$		
360° 또는 기지내각			73 24 54.4	제2기선 l_2	546.61		279.407672		279.390333		
			e = +34.4				$\Pi\sin\beta \cdot l_2$		$\Pi\sin\beta' \cdot l_2$		
							279.406315		279.432890		

변장(m) $a\times\frac{\sin\alpha(\gamma)}{\sin\beta}$	방위각	종횡선좌표 X(m)	종횡선좌표 Y(m)	점 명
경2 → 경1	경2 → 경1	465621.48	193859.09	경2
539.61	237 48 42.2	465334.03	193402.42	경1
경1 →보1	경1 →보1	466011.51	193715.57	보1
737.29	25 08 0.8			
경2 →보1	경2 →보1	466001.51	193715.57	
406.23	339 18 36.9			
평균		466001.51	193715.57	
보1 → 경3	보1 → 경3	465981.72	193447.98	경3
268.32	265 46 10.5			
경2 → 경3	경2 → 경3	465981.72	193447.98	
546.61	311 13 36.5			
평균		465981.72	193447.98	
→	→	.	.	
.	.			
→	→	.	.	
.	.			
평균		.	.	
→	→	.	.	
.	.			
→	→	.	.	
.	.			
평균		.	.	
경2 → 경3	경2 → 경3	465981.72	193447.98	경3
546.61	311 13 36.6	465621.48	193859.09	경2

$\Sigma\varepsilon=-7.9$ $\Delta\alpha, \Delta\beta$ = 10″ 차임

$$(\text{II})=\frac{\Sigma\varepsilon-3e}{2n}=-27.8$$

$$(\text{I})=\frac{-\varepsilon-(\text{II})}{3}=+7.1$$

+4.4

n : 삼각형 수

$$E_1=\frac{\Pi\sin\alpha\cdot l_1}{\Pi\sin\beta\cdot l_2}-1=+5$$

$$E_2=\frac{\Pi\sin\alpha'\cdot l_1}{\Pi\sin\beta'\cdot l_2}-1=-152$$

$$|E_1-E_2|=157$$

$$x_1''=\frac{10''\cdot E_1}{|E_1-E_2|}=+0.3$$

$$x_2''=\frac{10''\cdot E_2}{|E_1-E_2|}=-9.7$$

검산= $|x_1''-x_2''|=10''$

약 도

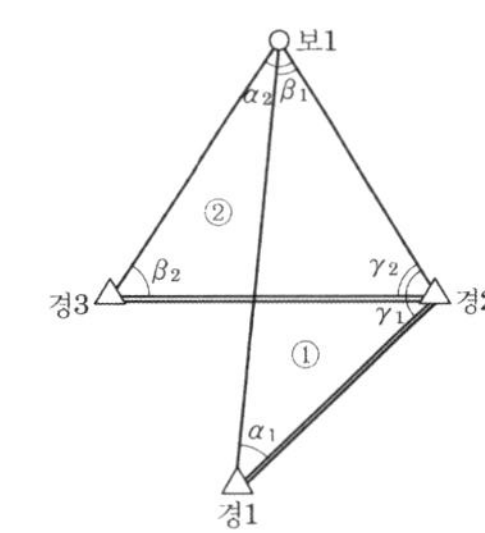

5 표고계산

(1) 편방향 계산

두 점 A.B 사이의 고저차 ΔH는 다음 식과 같다.

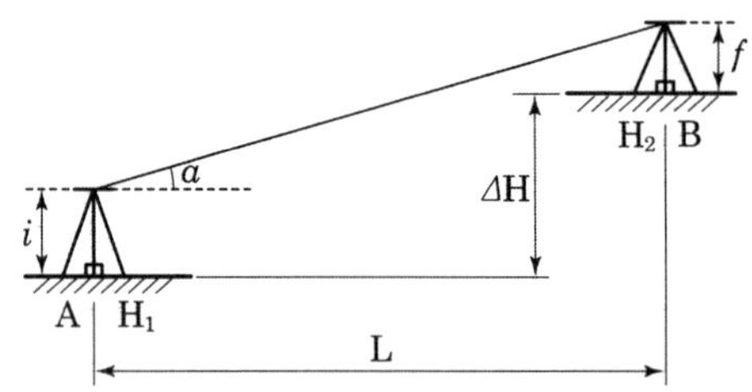

$$\Delta H = L \times \tan\alpha + i - f$$

지구 표면이 완곡하므로 생기는 구차와, 시준선이 대기의 영향으로 굴절하여 생기는 기차를 보정하여야 정확한 고저차를 구할 수 있다. 구차와 기차를 합한 것을 양차라 하고 이것을 k라고 하면

$$\Delta H = L \times \tan\alpha + i - f + k$$

가 된다.

여기서, ΔH : 고저차

α : 고저각

L : 수평거리

i : 기계고

f : 측표고(시준고)

소구점 표고 계산 : $H_2 = H_1 + \Delta H$

$$= H_1 + L \times \tan\alpha + i - f$$

(2) 양방향 고저차 계산

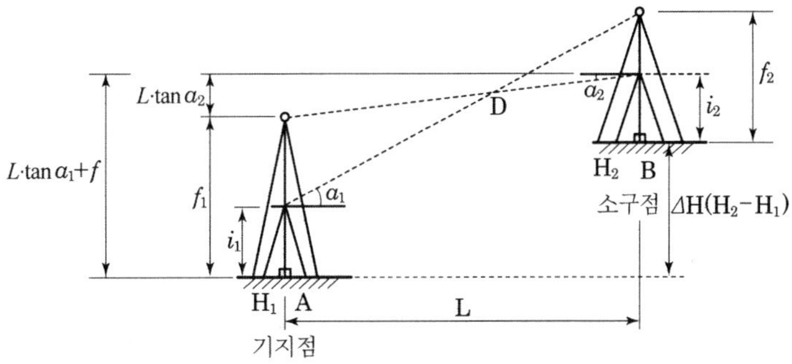

여기서, H_1 : 기지점 표고, H_2 : 소구점 표고

ΔH : 고저차($H_2 - H_1$), L : 수평거리

α_1, α_2 : 연직각, i_1, i_2 : 기계고

f_1, f_2 : 시준고, D : 경사거리

기지점과 소구점에서 연직각을 관측하여 표고를 계산하는 방법으로 정방향과 반방향의 식을 더하여 산술평균하여 구한다.

1) 정방향(기지점 → 소구점)의 계산

$$H_2 = H_1 + \Delta H = H_1 + i_1 + (L \times \tan\alpha_1) - f_2$$

2) 반방향(소구점 → 기지점)의 계산

$$H_2 = H_1 + \Delta H = H_1 + f_1 + (L \times \tan\alpha_2) - i_2$$

☞ $2H_2 = 2H_1 + L(\tan a_1 - \tan a_2) + i_1 - i_2 + f_1 - f_2$

$$H_2 = H_1 + \frac{L}{2}(\tan a_1 - \tan a_2) + \frac{(i_1 - i_2)}{2} + \frac{(f_1 - f_2)}{2}$$

여기서 a_1, a_2가 20° 이하인 경우는 $\frac{1}{2}(\tan a_1 - \tan a_2) \fallingdotseq \tan\frac{1}{2}(a_1 + a_2)$이므로

$$H_2 = H_1 + L \times \tan\frac{(\alpha_1 - \alpha_2)}{2} + \frac{(i_1 - i_2) + (f_1 - f_2)}{2}$$

QUESTION Q 예제

01 두 기지점 경기11과 경기21에서부터 소구점 송파에 대한 표고를 구하기 위하여 다음의 값을 얻었다. 주어진 서식을 이용하여 표고를 계산하시오.

	경기11 - 송파	경기21 - 송파
수평거리(L)	4712.68m	3976.93m
연직각(α_1)	+ 2°16′53″	+ 1°53′46″
(α_2)	- 2°17′15″	- 1°53′38″
기계고(i_1)	+1.65	1.68
(i_2)	+1.63	1.64
시준고(f_1)	3.12	3.42
(f_2)	3.14	3.25
표고(H_1)	459.58	515.75

ANSWER & EXPLANATION

1. 경기11–송파

1) $\alpha_1 - \alpha_2 = 2°16'53'' - (-2°17'15'')$

$= 4°34'08''$

2) $\tan\dfrac{(\alpha_1 - \alpha_2)}{2} = 0.039892$

3) $L \times \tan\dfrac{(\alpha_1 - \alpha_2)}{2} = 4712.68 \times 0.039892 = 188.0$

4) $\dfrac{(i_1 - i_2) + (f_1 - f_2)}{2} = \dfrac{(1.65 - 1.63) + (3.12 - 3.14)}{2} = 0.04$

5) 고저차 계산

$h = L \times \tan\dfrac{(\alpha_1 - \alpha_2)}{2} + \dfrac{(i_1 - i_2) + (f_1 - f_2)}{2}$

$= 188.0 + 0.04$

$= 188.04$

6) 표고(H_2) 계산

$H_2 = H_1 + h$

$= 459.58 + 188.04$

$= 647.62\text{m}$

2. 경기21-송파

1) $L \times \tan\frac{(\alpha_1 - \alpha_2)}{2} = 3976.93 \times \tan\frac{(1°53'46'' + 1°53'38'')}{2}$

$= 131.58$

2) $\frac{(i_1 - i_2) + (f_1 - f_2)}{2} = \frac{(1.68 - 1.64) + (3.42 - 3.25)}{2}$

$= 0.10$

3) 고저차 계산

$h = L \times \tan\frac{(\alpha_1 - \alpha_2)}{2} + \frac{(i_1 - i_2) + (f_1 - f_2)}{2}$

$= 131.58 + 0.10 = 131.68$

4) 표고 계산

$H_2 = H_1 + h$

$= 515.75 + 131.68 = 647.43\text{m}$

3. 교차 및 공차 계산

1) 교차 : 647.62−647.43=0.19

2) 공차 : $0.05 + 0.05(s_1 - s_2) = 0.05 + 0.05(4.71268 + 3.97693)$

$= 0.48$

s_1, s_2는 두 기지점에서 소구점까지의 거리를 km 단위로 환산한 값

4. 표고의 결정

$\frac{647.62 + 647.43}{2} = 647.52\text{m}$

표 고 계 산 부

[약 도]

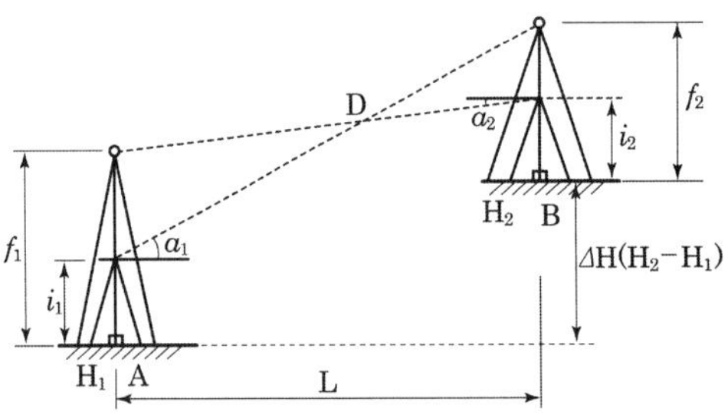

[공 식]

$H_2 = H_1 + h$

$h = L \times \tan\frac{1}{2}(\alpha_1 - \alpha_2) + \frac{1}{2}(i_1 - i_2 + f_1 + f_2)$

$L = D \times \cos\alpha_1$ 또는 α_2

H_1 : 기지점표고　　α_1, α_2 : 연직각
H_2 : 소구점표고　　i_1, i_2 : 기계고
h: 고저차　　f_1, f_2 : 시준고
L : 수평거리　　D : 경사거리

기지점명	경기11	경기21
소구점명	송파	
수평거리(L)	4712.68m	3976.93m
연직각(α_1)	2°16′53″	1°53′46″
연직각(α_2)	−2°17′15″	−1°53′38″
$(\alpha_1 - \alpha_2)$	+4°34′08″	+3°47′24″
$\tan\frac{(\alpha_1 - \alpha_2)}{2}$	0.039892	0.033086
$L \times \tan\frac{(\alpha_1 - \alpha_2)}{2}$	188.00m	131.58m
기계고(i_1)	1.65m	1.68m
기계고(i_2)	1.63m	1.64m
시준고(f_1)	3.21m	3.42m
시준고(f_2)	3.14m	3.25m
$\frac{(i_1 - i_2) + (f_1 - f_2)}{2}$	0.04m	0.10m
h	188.04m	131.68m
기지점표고(H_1)	459.58m	515.75m
소구점표고(H_2)	647.62m	647.43m
평균	647.52m	
교차	0.19m	
공차	0.48m	
계 산 자		검 사 자

QUESTION Q 예제

02 두 기지점 경1과 경5에서 서울의 표고를 관측한 결과값이다. 소구점에 대한 표고를 주어진 서식에 의하여 계산하시오.

	경1 - 서울	경5 - 서울
수평거리(L)	1728.06m	1093.24m
연직각(α_1)	$+1°37'06''$	$-2°24'38''$
(α_2)	$-1°48'11''$	$+2°30'54''$
기계고(i_1)	1.70	1.45
(i_2)	1.65	1.50
시준고(f_1)	2.50	2.31
(f_2)	2.74	2.06
표고(H_1)	138.36	236.64

ANSWER & EXPLANATION

1. 경1–서울

1) $\alpha_1-\alpha_2=1°37'06''-(-1°48'11'')=+3°25'17''$

2) $\tan\dfrac{(\alpha_1-\alpha_2)}{2}=0.029866$

3) $L\times\tan\dfrac{(\alpha_1-\alpha_2)}{2}=1728.06\times0.029866=51.61$

4) $\dfrac{(i_1-i_2)+(f_1-f_2)}{2}=\dfrac{(1.70-1.65)+(2.50-2.74)}{2}$

$=-0.095=-0.10$

5) 고저차 계산

$h=\mathrm{L}\times\tan\dfrac{(\alpha_1-\alpha_2)}{2}+\dfrac{(i_1-i_2)+(f_1-f_2)}{2}$

$=51.61+(-0.10)$

$=51.51$

6) 표고(H_2) 계산

$H_2=H_1+h$

$=138.36+51.51=189.87\text{m}$

2. 경5-서울

1) $L \times \tan\frac{(\alpha_1 - \alpha_2)}{2} = 1093.24 \times \tan\frac{(-2°24'38'' + (-2°30'54''))}{2}$

$= -47.02$

2) $\frac{(i_1 - i_2) + (f_1 - f_2)}{2} = \frac{(1.45 - 1.50) + (2.31 - 2.06)}{2}$

$= +0.1$

3) 고저차 계산

$h = L \times \tan\frac{(\alpha_1 - \alpha_2)}{2} + \frac{(i_1 - i_2) + (f_1 - f_2)}{2}$

$= -47.02 + 0.1$

$= -46.92$

4) 표고 계산

$H_2 = H_1 + h$

$= 236.64 - 46.92$

$= 189.72\text{m}$

3. 교차 및 공차 계산

1) 교차 : 189.87−189.72=0.15

2) 공차 : $0.05 + 0.05(s_1 - s_2)$

$= 0.05 + 0.05(1.72806 + 1.09324) = 0.19$

4. 표고의 결정

$\frac{189.87 + 189.72}{2} = 189.80\text{m}$

표 고 계 산 부

[약 도]

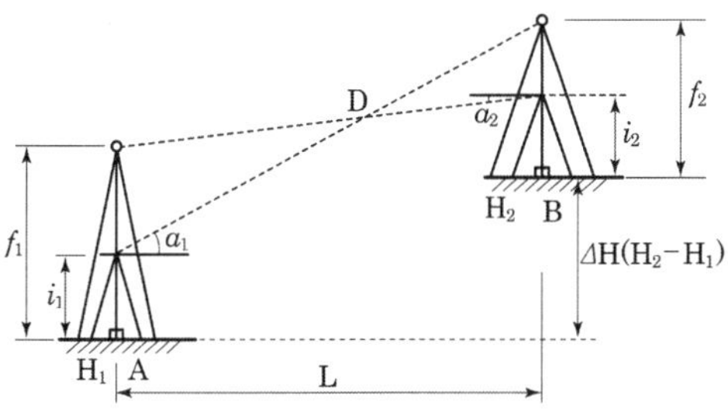

[공 식]

$$H_2 = H_1 + h$$

$$h = L \times \tan\frac{1}{2}(\alpha_1 - \alpha_2) + \frac{1}{2}(i_1 - i_2) + (f_1 - f_2)$$

$$L = D \times \cos\alpha_1 \text{ 또는 } \alpha_2$$

H_1 : 기지점표고　　α_1, α_2 : 연직각

H_2 : 소구점표고　　i_1, i_2 : 기계고

h: 고저차　　f_1, f_2 : 시준고

L : 수평거리　　D : 경사거리

기지점명	경1	경5
소구점명	서울	
수평거리(L)	1728.06m	1093.24m
연직각(α_1)	1° 37′ 06″	−2° 24′ 38″
연직각(α_2)	−1° 48′ 11″	+2° 30′ 54″
$(\alpha_1 - \alpha_2)$	+3° 25′ 17″	−4° 55′ 32″
$\tan\frac{(\alpha_1 - \alpha_2)}{2}$	0.029866	−0.043010
$L \times \tan\frac{(\alpha_1 - \alpha_2)}{2}$	51.01m	−47.02m
기계고(i_1)	1.70m	1.45m
기계고(i_2)	1.65m	1.50m
시준고(f_1)	2.50m	2.31m
시준고(f_2)	2.74m	2.06m
$\frac{(i_1 - i_2) + (f_1 - f_2)}{2}$	−0.10m	0.10m
h	51.51m	−46.92m
기지점표고(H_1)	138.36m	236.64m
소구점표고(H_2)	189.87m	189.72m
평균	189.80m	
교차	0.15m	
공차	0.19m	
계 산 자		검 사 자

6 평면거리 계산

기준면상 거리를 평면에 투영했을 때의 거리를 평면거리라 하며 연직각에 의한 기준면거리와 표고에 의한 기준면거리를 구한 다음 축척계수를 이용하여 평면거리를 구한다.

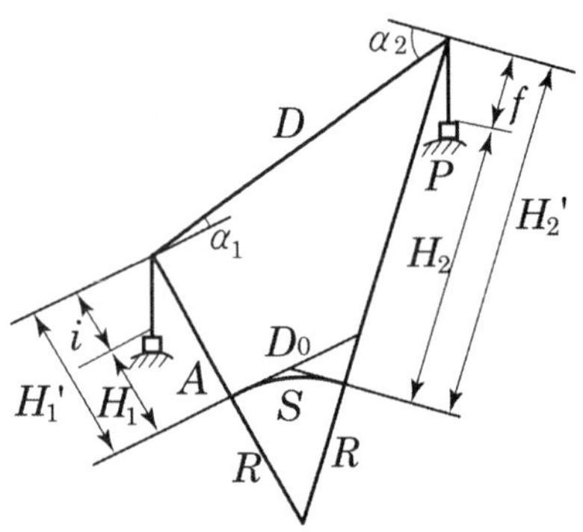

여기서, D : 경사거리
α_1, α_2 : 연직각
R : 곡률반경
K : 축척계수
S : 기준면상거리
D_0 : 평면거리
i : 기계고
Y_1, Y_2 : 원점에서부터 삼각점까지 횡선거리(km)
f : 시준고
H_1, H_2 : 표고
$H_1' = H_1 + i$
$H_2' = H_2 + f$

(1) 평면거리 계산

평면거리는 연직각에 의한 평면거리 계산과 표고에 의한 평면거리 계산으로 나누어 평면거리를 구한다.

연직각에 의한 평면거리 계산	1. 기준면상거리$(S) = D \cdot \cos\frac{1}{2}(\alpha_1 + \alpha_2) - \frac{D(H_1' + H_2')}{2R}$ 2. 축척계수$(K) = 1 + \frac{(Y_1 + Y_2)^2}{8R^2}$ 3. 평면거리$(D_1) = S \times K$
표고에 의한 평면거리 계산	1. 기준면상거리$(S) = D - \frac{(H_1' - H_2')^2}{2D} - \frac{D(H_1' + H_2')}{2R}$ 2. 축척계수$(K) = 1 + \frac{(Y_1 + Y_2)^2}{8R^2}$ 3. 평면거리$(D_0) = S \times K$
평균(평면거리)	1. 평면거리$(D_0) = \frac{D_1 + D_2}{2}$

QUESTION Q 예제

01 지적삼각점 경기11에서 경기21 점 간의 관측값에 대하여 두 점 간의 평면거리를 계산하시오.

두 점 간의 경사거리(D)	1728.75
연직각(α_1)	1°37′06″
(α_2)	1°48′11″
표고(H_1)	138.51m
(H_2)	187.14m
기계고(i)	1.55
시준고(f)	2.31
횡선거리	Y_1=60.0km, Y_2=61.5km

ANSWER & EXPLANATION

1. 주어진 조건을 서식지에 기재한다.
2. 연직각에 의한 계산

1) $\frac{1}{2}(\alpha_1+\alpha_2)=\frac{1°37'06''+1°48'11''}{2}=1°42'38.5''$

2) $\cos\left(\frac{\alpha_1+\alpha_2}{2}\right)=\cos 1°42'38.5''=0.999554$

3) 수평거리 환산

$$D\times\cos\frac{1}{2}(\alpha_1+\alpha_2)=1728.75\times0.999554=1727.98$$

4) H_1', H_2'의 계산

H_1' = 표고+기계고 = 138.51+1.55 = 140.06

H_2' = 표고+시준고 = 187.14+2.31 = 189.45

5) $\frac{D(H_1'+H_2')}{2R}=\frac{1728.75(140.06+189.45)}{12744399.3}=0.045$

6) 기준면상 거리 계산

$$S=D\times\cos\frac{1}{2}(\alpha_1+\alpha_2)-\frac{D(H_1'+H_2')}{2R}$$

$=1727.98-0.045$

$=1727.935$

7) $(Y_1 + Y_2)^2 = (60 + 61.5)^2 = 14762.25$

8) 축척계수 계산

$$K = 1 + \frac{(Y_1 + Y_2)^2}{8R^2} = 1 + \frac{14762.25}{324839427.7} = 1.0000454$$

9) 연직각에 의한 평면거리 계산

Do= 기준면상거리×축척계수

=1727.935×1.0000454

=1728.013

3. 표고에 의한 계산

1) $2D = 2 \times 1728.75 = 3457.50$

2) $H_1' - H_2' = 140.06 - 189.45 = -49.39$

3) $(H_1' - H_2')^2 = 2439.37$

4) $\frac{(H_1' - H_2')^2}{2D} = 0.706$

5) 수평거리 환산

$$D - \frac{(H_1' - H_2')^2}{2D} = 1728.75 - 0.706 = 1728.044$$

6) $\frac{D(H_1' + H_2')}{2R} = \frac{1728.75(140.06 + 189.45)}{12744399.3} = 0.045$

7) 기준면상 거리 계산

$$S = D - \frac{(H_1' - H_2')^2}{2D} - \frac{D(H_1' + H_2')}{2R}$$

$= 1728.044 - 0.045 = 1727.999$

8) 축척계수 계산

$$K = 1 + \frac{(Y_1 + Y_2)^2}{8R^2} = 1 + \frac{14762.25}{324839427.7} = 1.0000454$$

9) 표고에 의한 평면거리 계산

D_o= 기준면상거리×축척계수

$= 1727.999 \times 1.0000454 = 1728.077$

4. 평균(평면거리)

$$D_o = \frac{1728.013 + 1728.077}{2} = 1728.05\text{m}$$

평 면 거 리 계 산 부

[약 도]

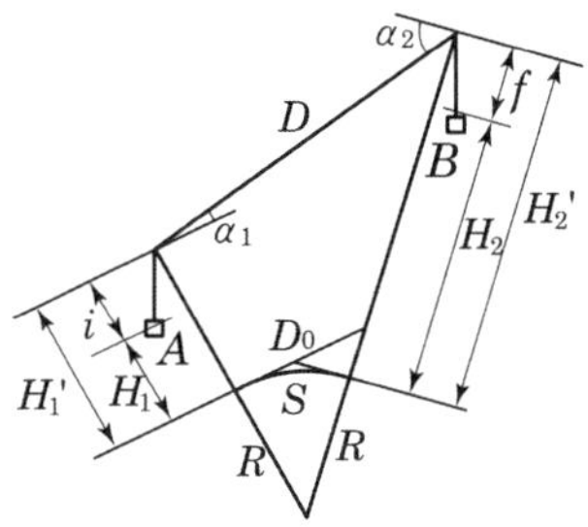

[공 식]

- 연직각에 의한 계산

$$S = D \times \cos\frac{1}{2}(\alpha_1 + \alpha_2) - \frac{D(H_1' + H_2')}{2R}$$

- 표고에 의한 계산

$$S = D - \frac{(H_1' - H_2')^2}{2D} - \frac{D(H_1' + H_2')}{2R}$$

- 평면거리 : $D_o = S \times K \left(K = 1 + \frac{(Y_1 + Y_2)^2}{8R^2} \right)$

R=곡률반경(6372199.7m)
D=경사거리, S=기준면거리
H_1, H_2=표고, i_1, i_2=기계고
K=축척계수, α_1, α_2=연직각(절대치)
Y_1, Y_2=원점에서 삼각점까지 횡선거리(km)

연직각에 의한 계산		표고에 의한 계산	
방 향	경기11 → 경기21		
D	1728.75m	D	1728.75m
α_1	1°37′06″	$2D$	3457.50
α_2	1 48 11	H_1'	140.06
$\frac{1}{2}(\alpha_1+\alpha_2)$	1 42 38	H_2'	189.45
$\cos\frac{1}{2}(\alpha_1+\alpha_2)$	0.999554	$(H_1' - H_2')$	49.39
$D \times \cos\frac{1}{2}(\alpha_1+\alpha_2)$	1727.980m	$(H_1' - H_2')^2$	2439.37
$H_1' = H_1 + i_1$	140.06	$\frac{(H_1' - H_2')^2}{2D}$	0.706
$H_2' = H_2 + i_2$	189.45	$D - \frac{(H_1' - H_2')^2}{2D}$	1728.044
R	6372199.7	R	6372199.7
$2R$	12744399.3	$2R$	12744399.3
$\frac{D(H_1' + H_2')}{2R}$	0.045	$\frac{D(H_1' + H_2')}{2R}$	0.045
S	1727.935	S	1727.999
Y_1	60km	Y_1	60km
Y_2	61.5km	Y_2	61.5km
$(Y_1 + Y_2)^2$	14762.25	$(Y_1 + Y_2)^2$	14762.25
$8R^2$	324839427.7km	$8R^2$	324839427.7km
$K = 1 + \frac{(Y_1 + Y_2)^2}{8R^2}$	1.0000454	$K = 1 + \frac{(Y_1 + Y_2)^2}{8R^2}$	1.0000454
$S \times K$	1728.013m	$S \times K$	1728.077m
평 균(D_o)	1728.05m		
계 산 자		검 사 자	

QUESTION Q 예제

02 광파측거기에 의하여 두 점 간의 거리를 측정하여 다음과 같은 값을 얻었다. 두 점 간의 평면거리를 계산하시오.

두 점 간의 경사거리(D)	4712.68m
연직각(α_1)	2°16′53″
(α_2)	−2°17′15″
표고(H_1)	459.78m
(H_2)	648.35m
기계고(i)	1.45
시준고(f)	2.48
원점에서의 거리	Y_1=13.5m Y_2=15.3m

ANSWER & EXPLANATION

1. 연직각에 의한 계산

1) $\frac{1}{2}(\alpha_1+\alpha_2)=\frac{2°16'53''+2°17'15''}{2}=2°17'04''$

2) $\cos\frac{1}{2}(\alpha_1+\alpha_2)=0.999205$

3) 수평거리 환산

$D\times\cos\frac{1}{2}(\alpha_1+\alpha_2)=4712.68\times0.999205=4708.93$

4) H_1', H_2'의 계산

H_1' = 표고+기계고 = 459.78+1.45 = 461.23

H_2' = 표고+시준고 = 648.35+2.48 = 650.83

5) $\frac{D(H_1'+H_2')}{2R}=\frac{4712.68(461.23+650.83)}{12744399.3}=0.411$

6) 기준면상 거리 계산

$S=D\times\cos\frac{1}{2}(\alpha_1+\alpha_2)-\frac{D(H_1'+H_2')}{2R}$

$=4708.93-0.411=4708.519$

7) 축척계수 계산

$$K=1+\frac{(Y_1+Y_2)^2}{8R^2}=1+\frac{(13.5+15.3)^2}{324839427.7}$$

$=1.000003$

8) 연직각에 의한 평면거리 계산

$D_o=\mathrm{S}\times\mathrm{K}$

$=4708.519\times1.000003=4708.53$

2. 표고에 의한 계산

1) $2D=2\times4712.68=9425.36$

2) $H_1'-H_2'=461.23-650.83=-189.60$

3) $\frac{(H_1'-H_2')^2}{2D}=3.81$

4) 수평거리 환산

$$D-\frac{(H_1'-H_2')^2}{2D}=4712.68-3.81=4708.87$$

5) $\frac{D(H_1'+H_2')}{2R}=\frac{4712.68(461.23+650.83)}{12744399.3}=0.411$

6) 기준면상 거리 계산

$$S=D-\frac{(H_1'-H_2')^2}{2D}-\frac{D(H_1'+H_2')}{2R}$$

$=4708.87-0.411=14708.459$

7) 축척계수

$K=1.000003$

8) 표고에 의한 평면거리 계산

$D_o=$기준면상 거리×축척계수

$=4708.459\times1.000003$

$=4708.47$

3. 평균(평면거리)

$$D_o=\frac{4708.53+4708.47}{2}=4708.50\mathrm{m}$$

평 면 거 리 계 산 부

[약 도]

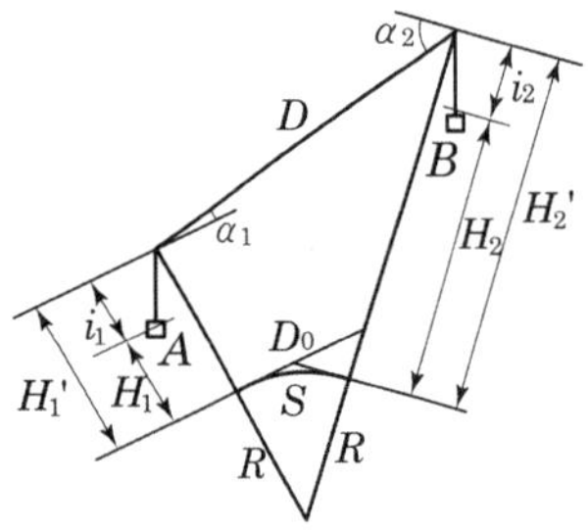

[공 식]

- 연직각에 의한 계산

$$S = D \times \cos\frac{1}{2}(\alpha_1 + \alpha_2) - \frac{D(H_1' + H_2')}{2R}$$

- 표고에 의한 계산

$$S = D - \frac{(H_1' - H_2')^2}{2D} - \frac{D(H_1' + H_2')}{2R}$$

- 평면거리 : $D_o = S \times K\left(K = 1 + \frac{(Y_1 + Y_2)^2}{8R^2}\right)$

R=곡률반경(6372199.7m)
D=경사거리, S=기준면거리
H_1, H_2=표고, i_1, i_2=기계고
K=축척계수, α_1, α_2=연직각(절대치)
Y_1, Y_2=원점에서 삼각점까지 횡선거리(km)

연직각에 의한 계산		표고에 의한 계산	
방 향	경11 → 경21		
D	4712.68m	D	4712.68m
α_1	2°16′53″	2D	9425.36
α_2	−2 17 15	H_1'	461.23
$\frac{1}{2}(\alpha_1+\alpha_2)$	2 17 04	H_2'	650.83
$\cos\frac{1}{2}(\alpha_1+\alpha_2)$	0.999205	$(H_1'-H_2')$	−189.60
$D\times\cos\frac{1}{2}(\alpha_1+\alpha_2)$	4708.93m	$(H_1'-H_2')^2$	35948.16
$H_1' = H_1 + i_1$	461.23	$\frac{(H_1'-H_2')^2}{2D}$	3.81
$H_2' = H_2 + i_2$	650.83	$D-\frac{(H_1'-H_2')^2}{2D}$	4708.87
R	6372199.7	R	6372199.7
2R	12744399.3	2R	12744399.3
$\frac{D(H_1'+H_2')}{2R}$	0.411	$\frac{D(H_1'+H_2')}{2R}$	0.411
S	4708.519	S	4708.459
Y_1	13.5km	Y_1	13.5km
Y_2	15.3	Y_2	15.3
$(Y_1+Y_2)^2$	829.44	$(Y_1+Y_2)^2$	829.44
$8R^2$	324839427.7km	$8R^2$	324839427.7km
$K=1+\frac{(Y_1+Y_2)^2}{8R^2}$	1.000003	$K=1+\frac{(Y_1+Y_2)^2}{8R^2}$	1.000003
$S\times K$	4708.53m	$S\times K$	4708.47m
평 균(D_o)	4708.50m		
계 산 자		검 사 자	

QUESTION Q 예제

03 원점으로부터 100km인 지역에서 동서방향으로 300m인 기준면상 거리(S)를 측정하였다. 평면거리를 산출하시오. (단, $R=6370$km)

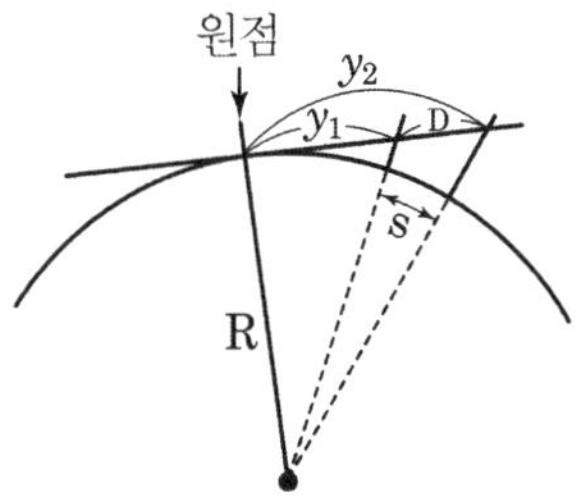

ANSWER & EXPLANATION

평면거리 구하는 공식은

$D=$기준면상 거리 × 축척계수

$$=S\left(1+\frac{(y_1+y_2)^2}{8\times R^2}\right)$$

$$\therefore\ D=300\left(1+\frac{(100+100.3)^2}{8\times(6370)^2}\right)$$

$$=300.037\text{m}$$

7 편심보정 계산

(1) 수평각측점 편심 계산

삼각점의 중심에 기계를 세울 수 없을 때나 다른 시준점을 시준하는 데 장애가 있을 때 삼각점에 세우지 못하고 아주 가까운 곳에 편심측점을 설치하고, 여기에 기계를 설치하여 수평각 관측을 삼각점에서 관측한 것과 같은 값을 계산하고 이를 관측각에 가감하여 수평각을 얻는 방법을 수평각 측점 귀심 계산이라 하며 편심거리와 편심각을 이용하여 계산한다.

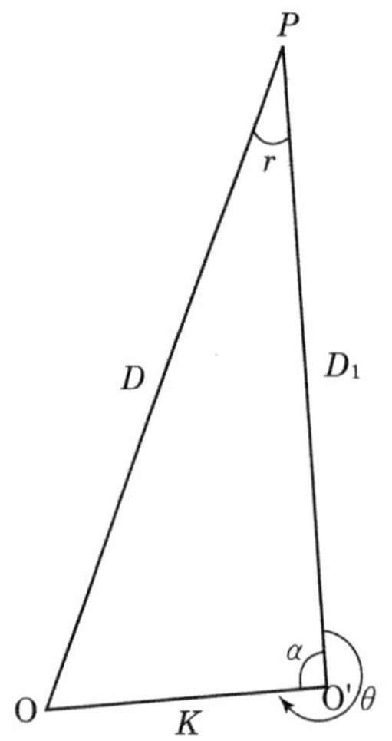

여기서, D : 삼각점간 거리
K : 편심거리
θ : 편심각

$$\frac{K}{\sin\gamma} = \frac{D}{\sin(360° - \theta)}$$

$$\sin\gamma = \frac{K \times \sin(360° - \theta)}{D}$$

$$\gamma'' = \frac{K \times \sin(360° - \theta)}{D \cdot \sin 1''} = \frac{K \times \sin(360° - \theta)}{D} \times \rho''$$

QUESTION Q 예제

01 그림에서 e=0.450m, ∠OBP=t, θ=320°15′, D_1=1.5km, D_2=1km일 때 ∠OCP를 구하시오.

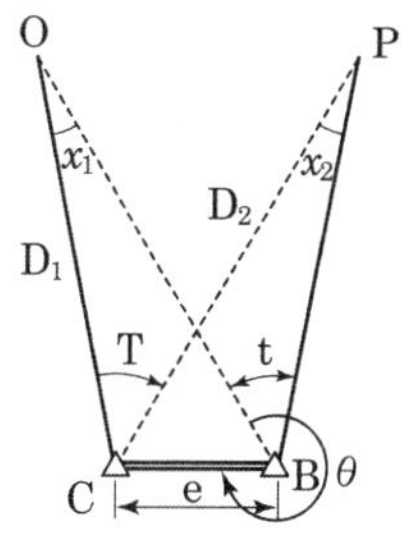

ANSWER & EXPLANATION

1) △OCB에서

$$\frac{e}{\sin x_1} = \frac{D_1}{\sin(360° - \theta)}$$

$$\sin x_1 = \frac{e \times \sin(360° - \theta)}{D_1}$$

$$x_1 = \sin^{-1}\frac{0.45 \times \sin(360° - 320°15')}{1500}$$

$$= 0°00'40''$$

2) △PCB에서

$$\frac{e}{\sin x_2} = \frac{D_2}{\sin(360° - \theta + t)}$$

$$\sin x_2 = \frac{e \times \sin(360° - \theta + t)}{D_2}$$

$$x_2 = \sin^{-1}\frac{0.45 \times \sin(360° - 320°15' + 40°13'25'')}{1000}$$

$$= 0°01'31''$$

3) ∠OCP= ∠OBP+$x_1 - x_2$ $(T = t + x_2 - x_1)$

∠OCP= 40°13′25″ +0°01′31″ −0°00′40″

= 40°14′16″

QUESTION Q 예제

02 그림에서 OPC를 삼각점으로 하고 C점에는 측표의 편심 K=10m θ=229°23′이 있을 때 T_1, T_2를 구하시오. (단, S=1500m, r_1=58°36′20″, r_2=72°14′40″, r=81°22′)

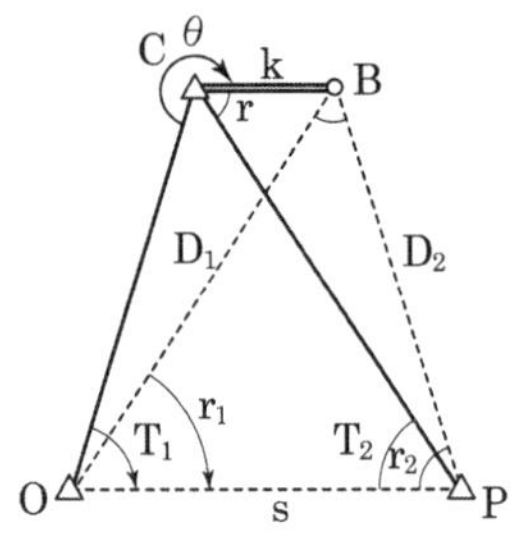

ANSWER & EXPLANATION

1) △BOP에서

$$\angle OBP = 180° - (r_1 + r_2)$$
$$= 180° - (58°36'20'' + 72°14'40'')$$
$$= 49°09'$$

$$\frac{D_1}{\sin r_2} = \frac{D_2}{\sin r_1} = \frac{S}{\sin\angle OBP} \text{ 에서}$$

$$D_1 = \frac{1500 \times \sin 58°36'20''}{\sin 49°9'} = 1886.6\text{m}$$

$$D_2 = \frac{1500 \times \sin 72°14'40''}{\sin 49°9'} = 1692.7\text{m}$$

2) △OCB에서

$$\frac{D_1}{\sin(360° - \theta)} = \frac{K}{\sin\angle COB}$$

$$\sin\angle COB = \frac{K \times \sin(360° - \theta)}{D_1}$$

$$\angle COB = \sin^{-1}\frac{10 \times \sin(360° - 229°23')}{1888.6} = 0°13'49''$$

3) △PCB에서

$$\frac{D_2}{\sin r} = \frac{K}{\sin\angle CPB}$$

$$\sin\angle CPB = \frac{K \times \sin r}{D_2}$$

$$\angle CPB = \sin^{-1}\frac{10 \times \sin 81°22'}{1692.7} = 0°20'05''$$

4) $T_1 = r_1 + \angle COB$

$= 58°36'20'' + 0°13'49''$

$= 58°50'09''$

$T_2 = r_2 - \angle CPB$

$= 72°14'40'' - 0°20'05''$

$= 71°54'35''$

[검산] $\angle OCP = 360° - (\theta + r)$

$= 360° - (229°23' + 81°22')$

$= 49°15'$

$\therefore\ T_1 + T_2 + \angle OCP = 58°50'09'' + 71°54'35'' + 49°15'$

$= 179°59'44''$

폐합오차 $= -16''$

QUESTION Q 예제

03 송파에서 측점귀심방법으로 수평각을 측정하여 편심거리 K=2.40, θ=72°10′53.2″를 얻었다. 다음의 성과에 의하여 주어진 서식으로 중심각을 산출하시오.

시준점	경17	경20	경35	경39	경52
관측방향각	0°00′00″	79°34′53.8″	168°23′21″	201°33′07.4″	256°40′40.3″
거리	5780.35	5464.48	6576.76	6493.51	5464.48

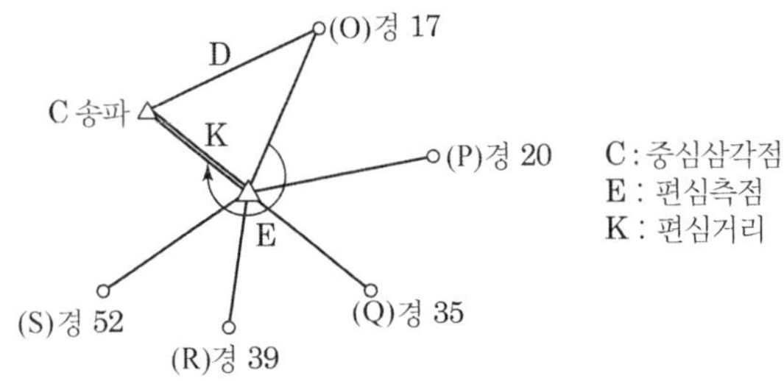

ANSWER & EXPLANATION

1) 관측방향각은 수평각 개정계산부의 평균각이다.
2) 주어진 조건을 서식지에 기재한다.
3) 360°−θ = 360°−72°10′53.2″=287°49′06.8″
4) α의 계산(관측방위각과 (360°− θ)각을 합친 각)
   α=관측방향각+(360°− θ)

경17	경20	경35	경39	경52
0°00′00″ +287°49′06.8″	79°34′53.8″ 287°49′06.8″	168°23′21″ 287°49′06.8″	201°33′07.4″ 287°49′06.8″	256°40′40.3″ 287°49′06.8″
287°49′06.8″	7°24′0.6″	94°12′27.8″	129°22′14.2″	184°29′47.1″

5) $\frac{1}{D}$의 계산(각 점 간의 거리로서 곱셈형태로 바꾸기 위한 값)

측선	송파-경17	송파-경20	송파-경35	송파-경39	송파-경52
거리(D)	5780.35	5464.48	6576.76	6493.51	5464.48
$\frac{1}{D}$	0.000173	0.000183	0.000152	0.000154	0.000183

6) $\frac{1}{\sin 1''}$ 은 곱셈형태로 바꾸기 위한 값(206,264.8″)

5) K는 측점의 편심거리(주어진 값 기재)

6) $\sin\alpha$ 의 계산(α 각의 sin값으로 부호는 $\sin\alpha$ 값의 부호)

측점	경17	경20	경35	경39	경52
α	287°49′06.8″	7°24′0.6″	94°12′27.8″	129°22′14.2″	184°29′47.1″
$\sin\alpha$	−0.952030	0.128798	0.997305	0.773059	−0.078397

7) r'' 계산 ($\frac{1}{D} \times \frac{1}{\sin 1''} \times K \times \sin\alpha$ 로 계산된 초단위의 수치)

−송파 −경17. r″=0.000173×206264.8×2.4×(−0.952030)=−81.5″
−송파 −경20. r″=0.000183×206264.8×2.4×(0.128798)=11.7″
−송파 −경35. r″=0.000152×206264.8×2.4×(0.997305)=75.0″
−송파 −경39. r″=0.000154×206264.8×2.4×(0.773059)=58.9″
−송파 −경52. r″=0.000183×206264.8×2.4×(−0.078397)=−7.1″

8) r는 분 단위로 환산한 값

송파 −경17=−1′21.5″

송파 −경20= 0′11.7″

송파 −경35= 1′15″

송파 −경39= 0′58.9″

송파 −경52=−0′7.1″

9) 중심방향각 계산(관측방향각 + r각)

송파 −경17=0°00′00″+(−1′21.5″)=−1′21.5″

송파 −경20=79°34′53.8″+0′11.7″=79°35′05.5″

송파 −경35=168°23′21″+1′15″=168°24′36″

송파 −경39=201°33′07.4″+0′58.9″=201°34′06.3″

송파 −경52=256°40′40.3″+(−0′7.1″)=256°40′33.2″

10) C점에서 삼각점을 (부호 못 알아봄)로 한 중심방향각

(중심방향각에서 원방향에 대한 r각(−1′21.5″)의 반대부호로 전부 −1′21.5″를 더한 각)

송파 −경17=0°1′21.5″−(−0°1′21.5″)=0°00′00″

송파 −경20=79°35′05.5″−(−0°1′21.5″)=79°36′27″

송파 −경35=168°24′36″−(−0°1′21.5″)=168°25′57.5″

송파 −경39＝201°34′06.3″−(−0°1′21.5″)＝201°35′27.8″

송파 −경52＝256°40′33.2″−(−0°1′21.5″)＝256°41′54.7″

11) 중심각 계산(앞점의 방향각−뒷점의 방향각)

∠경17. 송파, 경20＝79°36′27″−0°00′00″＝79°36′27″

∠경20. 송파, 경35＝168°25′57.5″−79°36′27″＝88°49′30.5″

∠경35. 송파, 경39＝201°35′27.8″−168°25′57.5″＝33°09′30.3″

∠경39. 송파, 경52＝256°41′54.7″−201°35′27.8″＝55°06′26.9″

∠경52. 송파, 경17＝360°00′00″−256°41′54.7″＝103°18′5.3″

[검산]

＝79°36′27″+88°49′30.5″+33°09′30.3″+55°06′26.9″+103°18′5.3″

＝360°

수평각측점귀심계산부(진수)

측 점 명 : **송파** 점

$\gamma'' = \dfrac{K \cdot \sin\alpha}{D \cdot \sin 1''}$ $K = 240m$

α : 관측방향각+(360° − θ) 360°00′00.0″

K : 편심거리(5m 이내) θ =72°10′53″

D : 삼각점 간 거리(약치도 가능함) 360° − θ =287°49′0.68″

시준점	O=경17	P=경20	Q=경35	R=경39	S=경52
관측방향각	0°00′00 ″	79°34′53.8 ″	168°23′21″	201°33′07.4″	256°40′40.3″
360° − θ	287 49 06.8	287 49 06.8	287 49 06.8	287 49 06.8	287 49 06.8
α	287 49 06.8	7 24 06	96 12 27.8	129 22 14.2	184 29 47.1
$\frac{1}{D}$	0.000173	0.000183	0.000152	0.000154	0.000183
$\frac{1}{\sin 1''}$	206264.8	206264.8	206264.8	206264.8	206264.8
K	240	240	240	240	240
sinα	−0.952030	0.128798	0.997305	0.773059	−0.078397
γ''	−81.5″	11.7″	75″	58.9″	−7.1″
γ	−1′21.5″	11.7″	1′15″	58.9″	−7.1″
중심방향각	0 01 21.5	79 35 05.5	168 24 36	201 34 06.3	256 40 33.2
C점에서 O점을 0°로 한 중심방향각	0 00 00	79 36 27.0	168 25 57.5	201 35 27.8	256 41 54.7
중 심 각	79°36′27″	88°49′30.5″	33°09′30.3″	55°06′26.9″	103°18′5.3″

비 고	D : 중심삼각점과 시준점 간 거리 γ'': 초를 단위로 한 귀심화수(부호는 sinα의 부호에 따라 붙임) γ : 분을 초로 환산한 귀심화수

<u>약 도</u>

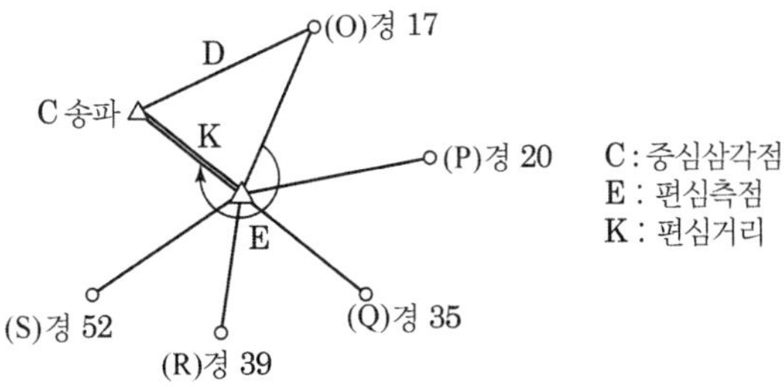

(2) 수평각 점표 귀심 계산

수평각 관측할 때 시준점에 세운 점표(조표)가 관측이 불가할 때 점표의 중심에서 약간 이동하여 관측함으로써 수평각을 얻는 방법이다.

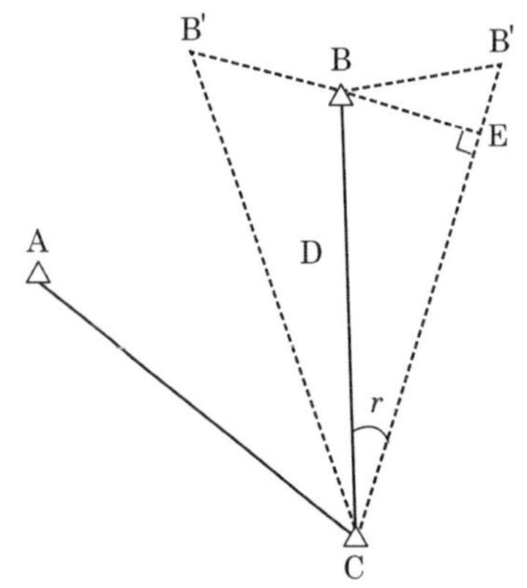

여기서 γ각이 계산되면 점표를 기준으로 우측인 경우 (−), 좌측인 경우 (+) 부호를 붙인다.

$$\frac{BE}{\sin\gamma} = \frac{D}{\sin 90°}$$

$$\sin\gamma = \frac{BE \times \sin 90°}{D}$$

$$\gamma = \sin^{-1}\left(\frac{BE \times \sin 90°}{D}\right)$$

$$\gamma'' = \frac{BE}{D}\rho''$$

QUESTION Q 예제

01

청량산에서 중심각을 측정하려고 했으나 장애물로 인하여 관측하지 못하고 다음과 같이 편심 관측하였다. 주어진 서식에 의하여 중심방향각을 구하시오.

	수상	송파	인능산
관측방향각	0°00′29.0″	51°51′36.7″	104°04′37.4″
편심거리(m)	1.21	1.35	2.03
삼각점거리(m)	8613.85	5460.39	7207.04

* 중심방향선은 실지와 부합하도록 기입할 것

C = 측점
O′ P′ Q′ = 편심 시준점

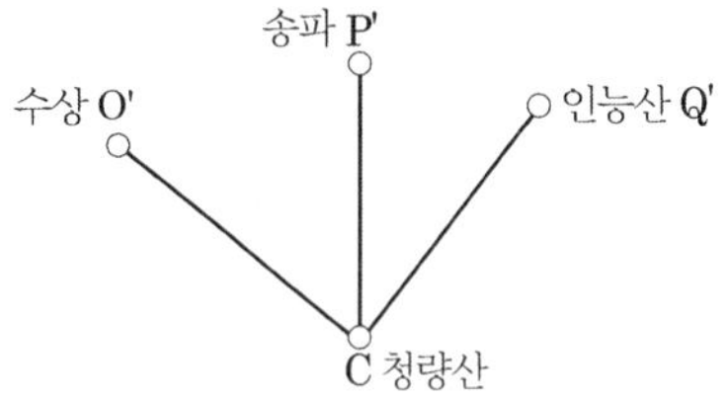

ANSWER & EXPLANATION

1) 주어진 조건부터 기재한다.(측점명, 편심거리(K), 삼각점 간 거리(D), 관측방향각)

2) $\frac{1}{D}$의 계산

측선	청량산 - 수상	청량산 - 송파	청량산 - 인능산
D	8613.85	5460.39	7207.04
$\frac{1}{D}$	0.000116	0.000183	0.000139

3) $\frac{1}{\sin 1''}$ (곱셈형태로 바꾸기 위한 값 : 206264.8″)

4) r″의 계산($K \times \frac{1}{\sin 1''} \times \frac{1}{D}$)

청량산 −수상 : (r″)=1.21×0.000116×206264.8=29.0″

청량산 −송파 : (r″)=1.35×0.000183×206264.8=51.0″

청량산 −인능산 : (r″)=2.03×0.000139×206264.8=58.2″

※ r″의 부호는 0′ 관측방향각이 0도보다 클 경우에는 (−), 작을 경우에는(+) 를 붙임

5) r(귀심화수) 계산(r″를 분, 초로 환산한 값)

청량산 −수상 : r=−29″

청량산 −송파 : r=−51″

청량산 −인능산 : r=−58.2″

6) 중심방향각 계산(관측방향각 +r)

청량산 −수상=0°00′29.0″+(−29″)=0°00′00″

청량산 −송파=51°51′36.7″+(−51″)=51°50′45.7″

청량산 −인능산=104°04′37.4″+(−58.2″)=104°03′39.2″

수평각점표귀심계산부(진수)

측 점 명 : **청량산** 점

$\gamma'' = \dfrac{K}{D \cdot \sin 1''}$ K=1.21m D=8613.85m

K : 편심거리(5m 이내) =1.35 =5436.39

D : 삼각점 간 거리(약치도 가능함) =2.03 =7207.04

편심시준점	O'=수상	P'=송파	Q'=인능산
관측방향각	0°00′29.0 ″	51°51′36.7″	104°04′37.4″
K	1.21	1.35	2.03
$\frac{1}{D}$	0.000116	0.000183	0.000139
$\frac{1}{\sin 1''}$	206264.8	206264.8	206264.8
γ''	29.0″	−51.0″	−58.2″
γ	−29.0″	−51.0″	−58.2″
중심방향각	0°00′00″	51°50′45.7″	104°03′39.2″

비 고

γ : γ''를 분초로 환산 기입하고 편심관측방향이 중심방향선의 좌측에 있는 때에는 (+), 우측에 있는 때에는 (−)부호를 붙인다.

K : 5m 이내일 것

D : 중심삼각점과 시준점 간 거리(약치라도 가능함)

약 도

※ 중심방향선은 실지와 부합하도록 기입할 것

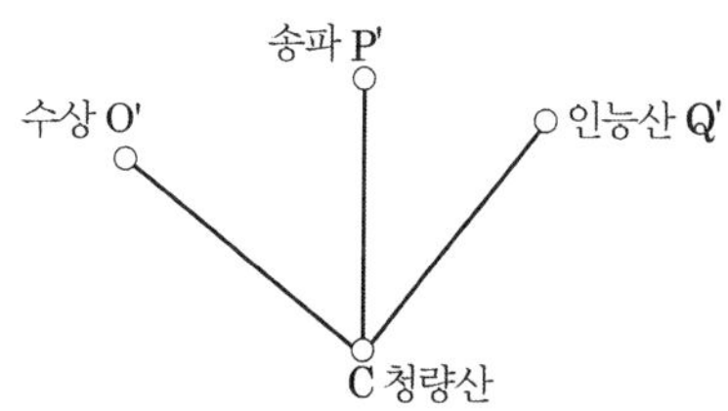

QUESTION Q 예제

02 서울 5를 측정한 점표귀심 결과에 의하여 주어진 서식으로 중심방향각을 산출하시오.(단, 편심관측방향각은 중심방향선의 좌측에 있음)

편심시준점	서울7	서울8	서울9
관측방향각	32°34′45.7″	73°28′20″	105°43′27″
편심거리(K)	3.341	4.543	1.126
점간거리(D)	2234.55	4012.69	4839.68

ANSWER & EXPLANATION

1) $\frac{1}{D}$값 계산

서울5 → 서울7 : $\frac{1}{2234.55}=0.000448$

서울5 → 서울8 : $\frac{1}{4012.69}=0.000249$

서울5 → 서울9 : $\frac{1}{4839.68}=0.000207$

2) r″값 계산($K\times\frac{1}{\sin 1''}\times\frac{1}{D}$)

서울5 → 서울7 : 3.341×0.000448×206,264.8=308.7

서울5 → 서울8 : 4.543×0.000249×206,264.8=233.3

서울5 → 서울9 : 1.126×0.000207×206,264.8= 48.1

3) r(귀심회수) 계산(r''를 분, 초로 환산한 값)

r=308.7″=5′8.7″

r=233.3″=3°53′3″

r=48.1″=48.1″

4) 중심방향각

서울5 → 서울7 : 32°34′45.7″ + 5′8.7″=32°39′54.4″

서울5 → 서울8 : 73°28′20″ + 3°53′3″=73°32′13.3″

서울5 → 서울9 : 105°43′27″ + 48.1″=105°44′15.1″

수평각점표귀심계산부(진수)

측 점 명 : **서울 5**

$\gamma'' = \dfrac{K}{D \cdot \sin 1''}$	K=3.341m	D=2234.55m
K : 편심거리(5m 이내)	=4.543	=4012.69
D : 삼각점 간 거리(약치도 가능함)	=1.126	=4839.68

편심시준점	O'=서울7	P'=서울8	Q'=서울9
관측방향각	32°34′45.7″	73°25′20.0″	105°43′27.0″
K	3.341	4.543	1.126
$\dfrac{1}{D}$	0.000448	0.000249	0.000207
$\dfrac{1}{\sin 1''}$	206264.8	206264.8	206264.8
γ''	308.7″	233.3″	48.1″
γ	5′8.7″	3′53.3″	48.1″
중심방향각	32°39′54.4″	73°32′13.3″	105°44′15.1″

비 고	γ : γ''를 분초로 환산 기입하고 편심관측방향이 중심방향선의 좌측에 있는 때에는 (+), 우측에 있는 때에는 (−)부호를 붙인다. K : 5m 이내 일 것 D : 중심삼각점과 시준점 간 거리(약치라도 가능함)

약 도

※ 중심방향선은 실지와 부합하도록 기입할 것

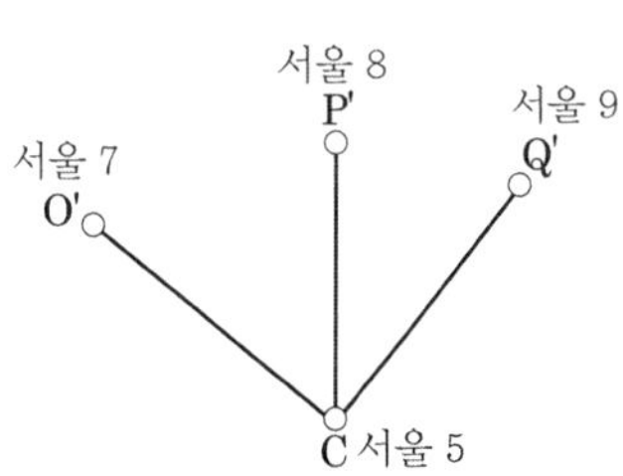

2장 지적도근측량

1 개요

(1) 개 요

지적도근측량은 지적측량기준점 중 지적도근점의 위치를 결정하기 위하여 실시하는 측량을 말한다. 지적도근측량이란 명칭은 도면의 근본이 되는 지적도근점을 설치하기 위하여 행하는 측량이라는 뜻에서 붙여진 이름이다. 지적도근측량은 위성측량기준점·통합기준점, 삼각점·지적삼각점·지적삼각보조점 및 지적도근점을 기초로 하여 경위의측량방법·전파기 또는 광파기측량방법, 위성측량방법, 국토교통부장관이 승인한 측량방법에 의하며, 지적도근측량의 계산은 도선법·교회법 또는 다각망도선법에 의한다. 또한 도선법에 의하여 수평각을 관측하는 경우 배각법과 방위각법으로 나누어 계산하고 있다.

(2) 지적도근측량의 세부방법

1) 측량방법

지적도근측량은 위성측량기준점·통합기준점, 삼각점·지적삼각점·지적삼각보조점 및 지적도근점을 기초로 하여 경위의 측량방법·전파기 또는 광파기측량방법, 위성측량방법, 국토교통부장관이 승인한 측량방법에 의한다.

☞ 지적도근측량을 하는 때에는 미리 지적도근점표지를 설치하여야 한다.

2) 계산방법

지적도근측량의 계산은 도선법·교회법 또는 다각망도선법에 의한다.

3) 지적도근점의 번호

구 분	도근점 번호	각 도선의 교점
영구표지를 설치하는 경우	시·군·구별로 설치순서에 따라 일련번호를 부여	지적도근점의 번호 앞에 "교"자를 붙인다.
영구표지를 설치하지 아니하는 경우	시행지역별로 설치순서에 따라 일련번호를 부여	

4) 도선의 구분 및 도선명

도선	구 분	도선명 표기
1등도선	삼각점·지적삼각점 및 지적삼각보조점의 상호간을 연결하는 도선 또는 다각망도선으로 한다.	가·나·다 순으로 표기
2등도선	삼각점·지적삼각점·지적삼각보조점과 지적도근점을 연결하거나 지적도근점 상호간을 연결하는 도선으로 한다.	ㄱ·ㄴ·ㄷ순으로 표기

5) 지적도근점의 도선구성

지적도근점은 결합도선·폐합도선·왕복도선 및 다각망도선으로 구성하여야 한다.

6) 성과의 기재

지적도근점의 성과결정을 위한 관측 및 계산의 과정은 이를 지적도근측량부에 기재하여야 한다.

7) 지적도근점 표지의 점간거리

지적도근점 표지의 설치 시 점간거리는 평균 50m 내지 300m 이하로 한다. 다만, 다각망도선법에 의하는 때에는 평균 500m 이하로 한다.

(3) 지적도근측량의 기준

1) 경위의측량방법에 의하여 도선법으로 실시하는 경우

① 도선은 지적측량기준점을 연결하는 결합도선에 의할 것. 다만, 지형상 부득이한 때에는 폐합도선 또는 왕복도선에 의할 수 있다.

② 1도선의 점의 수는 40점 이하로 한다. 다만, 지형상 부득이한 때에는 50점까지로 할 수 있다.

2) 경위의측량방법이나 전파기 또는 광파기측량방법에 의하여 다각망도선법으로 실시하는 경우

① 3점 이상의 기지점을 포함한 결합다각방식에 의한다.

② 1도선의 점의 수는 20점 이하로 한다.

(4) 지적도근점의 관측과 계산

경위의측량방법, 전파기 또는 광파기측량방법, 위성측량방법, 국토교통부장관이 승인한 측량방법에 의하되, 그 계산은 도선법, 교회법 또는 다각망도선법에 의하며 관측과 계산은 다음 기준에 의한다.

1) 수평각 관측

지 역	관측방법	관 측
시가지지역, 축척변경지역 경계점좌표등록부 시행지역	배각법	20초독 이상의 경위의 사용
그 밖의 지역	배각법과 방위각법을 혼용	

2) 관측과 계산

관측과 계산은 다음의 기준에 의한다.

종 별	각	측정횟수	거리	진 수	좌 표
배 각 법	초	3회	cm	5자리 이상	cm
방위각법	분	1회	cm	5자리 이상	cm

3) 점간거리의 측정

2회 측정하여 그 측정치의 교차가 평균치의 3천분의 1 이하인 때에는 그 평균치를 점간거리로 한다. 이 경우 점간거리가 경사거리인 때에는 수평거리로 계산하여야 한다.

4) 연직각의 관측

올려본 각과 내려본 각을 관측하여 그 교차가 90초 이내인 때에는 그 평균치를 연직각으로 한다.

(5) 지적도근점의 각도관측에 있어서 폐색오차의 허용범위

도선법과 다각망도선법에 의한 지적도근점의 각도관측에 있어서 폐색오차의 허용범위는 다음 기준에 의한다.

1) 배각법

① 1회 측정각과 3회 측정각의 평균값에 대한 교차 : 30초 이내이어야 한다.

② 1도선의 기지방위각 또는 평균방위각과 관측방위각의 폐색오차

구 분	폐색오차	비 고
1등도선	± $20\sqrt{n}$초 이내	n은 폐색변을 포함한 변수임
2등도선	± $30\sqrt{n}$초 이내	

2) 방위각법

도 선	도선의 폐색오차	비 고
1등도선	± $\sqrt{n}$ 분 이내	n은 폐색변을 포함한 변수임
2등도선	± $1.5\sqrt{n}$분 이내	

(6) 지적도근점의 각도관측에 있어서 측각오차의 배분

각도의 측정 결과 지적도근점의 각도관측에 있어서 폐색오차의 허용범위 이내인 때에 그 오차의 배분은 다음에 의한다.

1) 배각법

배각법에 의하는 때에는 다음 산식에 따라 측선장에 반비례하여 각 측선의 관측각에 배분한다.

$$K = -\frac{e}{R} \times r$$

(K는 각 측선에 배부할 초단위의 각도, e는 초단위의 오차, R은 폐색변을 포함한 각 측선장 반수의 총합계, r은 각 측선장의 반수. 이 경우 반수는 측선장 1미터에 대하여 1천을 기준으로 한 수)

2) 방위각법

방위각법에 의하는 때에는 다음의 산식에 따라 변의 수에 비례하여 각 측선의 방위각에 배분한다.

$$K_n = -\frac{e}{S} \times s$$

(K_n는 각 측선의 순서대로 배부할 분단위의 각도, e는 분단위의 오차, S는 폐색변을 포함한 변의 수, s는 각 측선의 순서)

지적도근점의 각도관측에 있어서 측각오차의 배분

도 선	측각오차의 배분 산식	배분기준
배 각 법	$K = -\frac{e}{R} \times r$	측선장에 반비례하여 각 측선의 관측각에 배분
방위각법	$K_n = -\frac{e}{S} \times s$	변의 수에 비례하여 각 측선의 방위각에 배분

(7) 지적도근측량에 있어서 연결오차의 허용범위

1) 연결오차의 허용범위

지적도근측량에 있어서 연결오차의 허용범위는 다음과 같다.

도 선	연결오차의 허용범위	비 고
1등도선	당해 지역 축척분모의 $\frac{1}{100}\sqrt{n}$ [cm] 이하	n은 각 측선의 수평거리의 총합계를 100으로 나눈 수임
2등도선	당해 지역 축척분모의 $\frac{1.5}{100}\sqrt{n}$ [cm] 이하	

2) 축척분모의 적용 예외

1등도선과 2등도선에 대한 연결오차 허용범위를 적용함에 있어서 경계점좌표등록부를 비치하는 지역의 축척분모는 500으로 하고, 축척이 6천분의 1인 지역의 축척분모는 3천으로 한다. 이 경우 하나의 도선에 속하여 있는 지역의 축척이 2 이상인 때에는 대축척의 축척분모에 의한다.

(8) 지적도근측량에 있어서 종선 및 횡선차의 배분

지적도근측량에 의하여 계산된 연결오차가 허용범위 이내인 때에 종선 및 횡선 오차의 배분은 다음의 기준에 의한다.

1) 배각법

배각법에 의하는 때에는 다음 산식에 따라 각 측선의 종선차 또는 횡선차 길이에 비례하여 배분한다.

$$T=-\frac{e}{L}\times l$$

(T는 각 측선의 종선차 또는 횡선차에 배부할 센티미터 단위의 수치, e는 종선오차 또는 횡선오차, L은 종선차 또는 횡선차의 절대치, l은 각 측선의 종선차 또는 횡선차)

2) 방위각법

방위각법에 의하는 때에는 다음의 산식에 따라 각 측선장에 비례하여 배분한다.

$$C=-\frac{e}{L}\times l$$

(C는 각 측선의 종선차 또는 횡선차에 배부할 센티미터 단위의 수치, e는 종선오차 또는 횡선오차, L은 각 측선장의 총합계, l은 각 측선의 측선장)

3) 종선 또는 횡선의 오차가 매우 작아 배분하기 곤란한 때

배각법에서는 종선차 및 횡선차가 긴 것부터 배분하고, 방위각법에서는 측선장이 긴 것부터 순차로 배분하여 종선 및 횡선의 수치를 결정한다.

지적도근측량에 있어서 종선 및 횡선차의 배분

도 선	종선 및 횡선차의 배분 산식	배분기준	종선 또는 횡선의 오차가 매우 작아 배분하기 곤란한 때
배 각 법	$T=-\frac{e}{L}\times l$	각 측선의 종선차 또는 횡선차 길이에 비례하여 배분	종선차 및 횡선차가 긴 것부터 배분
방위각법	$C=-\frac{e}{L}\times l$	각 측선장에 비례하여 배분	측선장이 긴 것부터 순차로 배분

2 방위각법

(1) 개요

방위각법에 의하여 지적도근측량을 시행하는 때에는 기지방위각에 의하여 순차적으로 각 측선의 방위각을 직접 측정하는데, 방위각의 측정은 주로 반전법을 사용하므로 단측법에 해당하고, 배각법에 비하여 정도는 떨어지지만, 시가지 이외의 지역에서 주로 사용한다. 따라서 방위각법은 각의 측각정도와 거리의 측정정도가 비슷할 때에 실시하며, 배각법의 정밀보다 낮아도 되는 농촌지역이나 임야도시행지역에 적합한 측량방법이다. 방위각법의 계산 시에는 각은 분단위, 거리와 좌표는 cm 단위까지 사용하며, 도선은 1등도선과 2등도선으로 구분한다.

(2) 관측

1) 지적도근점 간 거리 측정

지적도근점 간 거리측정은 광파기 및 전파기를 이용하여 측정한다. 거리측정에 따른 관측부는 도선측정 방법에 따라 방위각법에 의할 때와 배각법에 의할 때의 서식이 별도로 있어 사용하고 있다.

2) 방위각 측정

각 측선이 일정한 기준선과 만들어진 수평각을 우측각(시계방향)으로 측정한 것을 '방향각'이라 하며, 방향각을 측정하는 방법을 '전원법'이라 한다. 이때 남북선(meridian)을 기준선으로 측정한 방향각을 특히 방위각(meridian angle or azimuth)이라 하고, 이를 측정하는 방법을 방위각법(azimuth method)이라 한다. 방위각법에는 반전법(transiting method)과 역방위법(부전법, back bearing method)과 같은 두 가지 방법이 있다.

다음 그림과 같은 도선을 방위각법에 의하여 다음과 같이 관측하며 그 기재는 표와 같다.

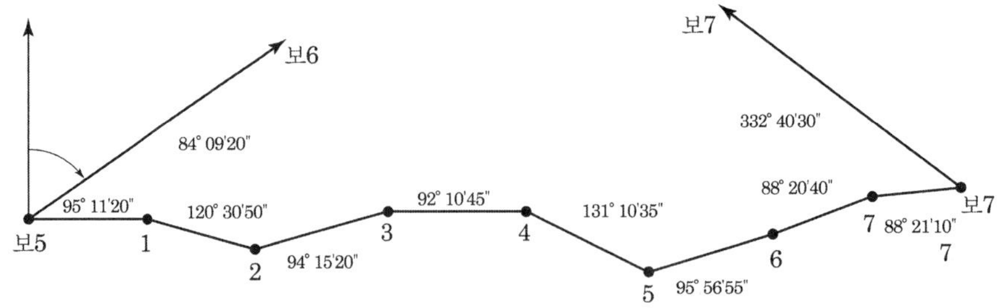

방위각법에 의한 관측

방위각관측 및 거리측정부

측 점	시준점	방 위 각	고 도 정 반	고 도 평 균	측 정 거 리 1회 2회	측 정 거 리 평 균	수평거리
보5	보6	84° 09′ 20″	° ′ ″ 	° ′ ″	m 	m	m
보5	1	95° 11′ 20″	05′ 20″ −05′ 40″	05′ 30″	35.21 35.20	35.20	35.21
1	2	120° 30′ 50″	−10′ 40″ 09′ 50″	00′ 00″	34.01 34.00	34.00	34.01
2	3	94° 15′ 20″	00′ 00″ 00′ 00″	00′ 00″	34.24 34.25	34.25	34.26
3	4	92° 10′ 45″	00′ 00″ 00′ 00″	00′ 00″	29.45 29.46	29.46	29.47
4	5	131° 10′ 35″	00′ 00″ 00′ 00″	00′ 00″	31.14 31.16	31.15	31.16
5	6	91° 56′ 55″	00′ 00″ 00′ 00″	00′ 00″	33.19 33.11	33.10	33.11
6	7	88° 20′ 40″	00′ 00″ 00′ 00″	00′ 00″	40.61 40.60	40.60	40.61
7	보9	88° 21′ 10″	00′ 00″ 00′ 00″	00′ 00″	40.61 40.60	41.30	41.31
보9	보7	332° 40′ 30″					
기	지	332° 42′ 10″					279.14
		오차=−2′					
		공차= $\sqrt{n} = \sqrt{9} = 3'$					
2010.10.1 관측		관 측 자 : 나 지 적		사용기계 :		날씨 : 맑음	풍력 : 연풍

가. 반전법

망원경을 반위로 하여 후시하고, 정으로 하여 전시해 나가는 방법으로 방위각 관측에는 편리한 방법이다.

① 그림과 같이 기지출발점 보5에 기계를 세우고 보5와 보6의 좌표에 의한 기지방위각 84°09′20″를 맞추고, 하부운동으로 보6을 시준하여 기계를 표정한다.

② 다음은 인근에 다른 기지점이 있으면, 시준하여 각도와 기지각이 일치하는가를 확인하여 일치할 때에는 점1을 상부운동으로 시준한다.

③ 기지방위각이 일치하면, 점1을 상부운동으로 전시하여, 관측값을 읽어 95°11′20″를 관측부 '보5-1'에 기입한다. 또 '보5-1' 특선의 연직각 5′20″를 측정, 고도 '정'란에 기입한다. 연직각은 기계고 높이만큼 시준한다.

④ 이렇게 전시가 끝나면 하부고정나사를 풀고 전시한 점1에 기계를 옮겨 세우고, 망원경을 반전하여 하부운동으로 전측점 보5를 후시한 다음, 연직각 −5′40″를 측정, 전측점에서 측정한 5′20″와 비교하여 '반'란에 기입한다. 이때, 교차는 90″ 이내이어야 한다. 그리고 상부고정나사는 잠긴 채로 다시 망원경을 정위로 하고 방위각이 95°11′20″ 그대로 있는지 확인한다. 이상이 있으면 각도를 맞춘다. 상부고정나사를 풀고 점 2를 전시하여 120°30′50″를 '1−2'측선란에 기입하고, 연직각 −10′40″을 '정'란에 기입한다.

⑤ 하부고정나사를 풀고 점2에 기계를 옮겨 세우고 반전하여 하부운동으로 점1을 후시한 다음, 연직각을 관측, 9′50″를 측정, '반'란에 기입하고, 정위로 하여 각을 확인한 다음 상부운동으로 점3을 전시하여 94°15′20″를 읽어 '2-3'측선란에 쓰고 연직각을 관측한다.

⑥ 위와 같은 방법으로 측점순으로 관측하여 측정부에 기입한 다음, 보9에 이르러 보7을 전시하여 방위각 332°40′30″를 '보9−보7'란에 기입한다.

⑦ 이렇게 각 관측이 끝나면 '보9−보7'의 기지방위각 332°42′10″를 계산하여 측정각 아래에 쓰고 그 차를 계산하여 아래에 −1′40″라고 기입한다. 이 오차를 방위각 폐색오차라 한다.

⑧ 폐색오차에 대한 허용한계값을 '공차'라고 하며, 방위각 공차는 $\pm\sqrt{n}$분(1등도선), $\pm 1.5\sqrt{n}$분(2등도선)이 있다. n은 폐색변을 포함한 변의 수이다. 여기서는 측정변이 8, 폐색변이 1, 합해서 9변으로 공차는 $\pm\sqrt{9}=\pm 3'$이 된다. 오차 아래에 공차를 쓰고 허용 여부를 확인하여 오차가 공차를 초과하면 관측각을 재측정하여야 하고,

공차 이내일 경우에는 서식에 옮겨 쓰고 계산과정으로 들어간다.

⑨ 도선을 방위각법으로 시행할 경우, 분단위까지만 관측하여 도근 계산하게 되어 있다. 여기서는 방위각 관측의 예로서 초단위까지 관측하였으나, 계산부는 분단위로 '오사오입'하여 옮겨 쓰고 좌표 계산하게 된다.

나. 역방위법(부전법)

반전법과 같이 후시 때 반전하지 않고, 정위로만 관측하는 방법으로, 반전하지 않기 때문에 부전법이라고 한다. 부전법은 반위와 정위가 180° 차가 있는 것을 감안하여 보5에 기계를 세우고 먼저와 같이 '보5－1'의 방향각을 읽고, 다음에 방향각을 가진 채로 기계를 1점에 옮겨 망원경을 정위로 하부운동을 시켜 '보5'를 후시로 한다. 이때, 망원경의 방향은 '1－보5'이고, 시독의 방향은 기준선과 일치하지만 방향이 180° 반대가 된다.

(3) 방위각법 계산과정

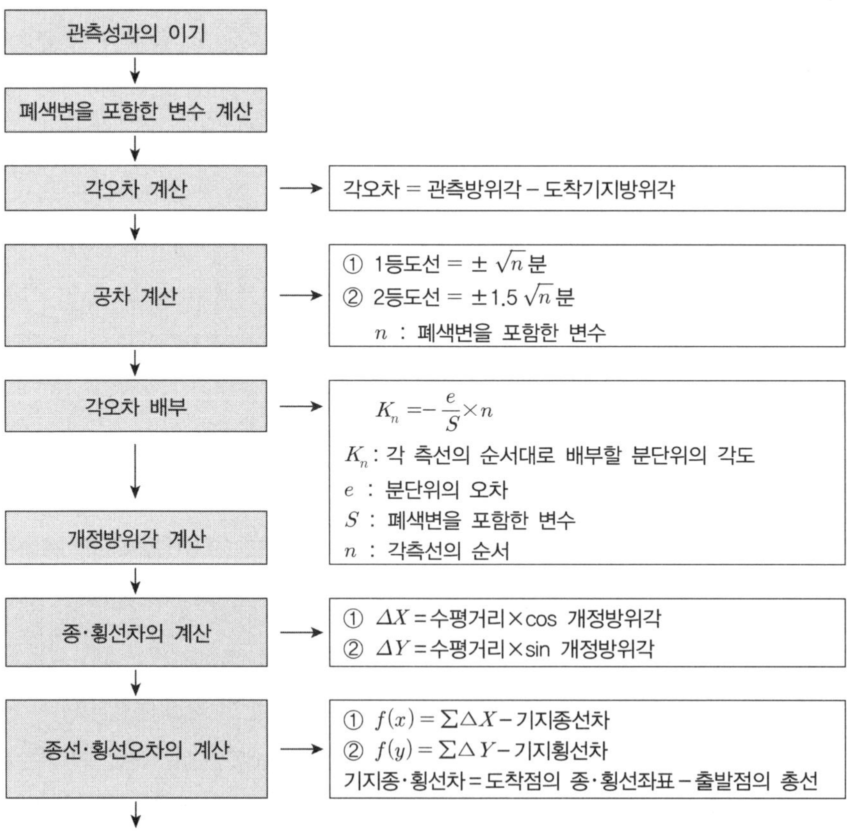

연결오차 계산 →	$\sqrt{(f_x)^2+(f_y)^2}$
공차 계산 →	① 1등도선 $= M \times \frac{1}{100}\sqrt{n}$ [cm] 이하 ② 2등도선 $= M \times \frac{1.5}{100}\sqrt{n}$ [cm] 이하 n : 수평거리 합계를 100으로 나눈 수
종선·횡선오차의 보정 →	$C = -\frac{e}{L} \times l$ C : 각측선의 종선, 횡선차에 배부할 cm 단위의 보정값 e : 종·횡선오차 L : 도선의 측석장의 합 l : 각측선장
각측점의 좌표계산	X = 앞측점의 종선좌표 + 종선차 + 보정치 Y = 앞측점의 횡선좌표 + 횡선차 + 보정치

1) 방위각(측각) 오차

관측방위각 − 기지방위각

2) 공차(허용오차) 계산

① 1등도선 : $\pm\sqrt{n}$분 이내

② 2등도선 : $\pm 1.5\sqrt{n}$분 이내(n은 폐색변을 포함한 변의 수)

3) 방위각(측각) 오차의 배부

$$기본식 : K_n = -\frac{e}{S} \times n$$

① K_n=각 측선의 순서대로 배부할 분단위의 각도

② e=분단위의 방위각 오차

③ S=폐색변을 포함한 변수

④ n=각 측선의 순서

4) 종·횡선차의 계산

측정거리와 개정방위각에 의하여 종선차(ΔX)와 횡선차(ΔY)를 계산한다.

① 종선차(ΔX)$= L \times \cos V$

② 횡선차(ΔY)$= L \times \sin V$(L : 측정거리, V : 측선의 개정방위각)

이때, 삼각함수의 진수는 5자리 이상을 사용하여 계산하고 부호는 방위각의 값에 따라 계산하기도 하지만, 상한에 따라 붙이기도 한다. 각 상한 방위각에 대한 종·횡선 부호의 상한방위(θ)는 다음 표와 같다.

상 한	방위각(V)	부 호		상한방위(θ)의 계산	비고 (θ는 X축과 이루는 각)
		ΔX	ΔY		
I	0°~90°	+	+	$\theta = V$	N θ E
II	90°~180°	−	+	$\theta = 180 - V$	S θ E
III	180°~270°	−	−	$\theta = V - 180$	S θ W
IV	270°~360°	+	−	$\theta = 360 - V$	N θ W

5) 기지 종·횡선차의 계산

종선차(ΔX)와 횡선차(ΔY)를 계산하기 위하여 종선차의 합($\Sigma\Delta X$)과 횡선차의 합($\Sigma\Delta Y$)을 계산하고 기지점좌표에 의하여 기지점 간의 종선차 및 횡선차를 계산한다.

① 기지종선차=도착점의 X좌표−출발점의 X좌표

기지횡선차=도착점의 Y좌표−출발점의 Y좌표

② 종·횡선차 및 공차계산

- 종선오차(f_x)=종선차의 합($\Sigma\Delta X$)−기지종선차
- 횡선오차(f_y)=횡선차의 합($\Sigma\Delta Y$)−기지횡선차

③ 연결오차= $\sqrt{(f_x)^2 + (f_y)^2}$

(연결오차는 기지도착점에 측정치가 합치하지 않았을 때 생기는 거리로, 직각좌표에서 오차 f_x만큼 X축에 거리가 있고 f_y만큼 Y축에 거리가 있으므로 직각삼각형에서 연결오차는 직각을 낀 두 변[f_x, f_y]의 각각의 제곱에 합을 평방근한 값이 된다. 연결오차 계산에서 f_x와 f_y는 선분이기 때문에 절대치를 사용하여 계산한다).

④ 공 차

- 1등도선=축척분모$\times\frac{1}{100}\times\sqrt{n}$ cm 이내
- 2등도선=축척분모$\times\frac{1.5}{100}\times\sqrt{n}$ cm 이내(여기서, n은 수평거리의 합계를 100으로 나눈 수)

- 경계점좌표등록부 비치지역(시행지역)은 $\frac{1}{500}$을 적용하고, $\frac{1}{3,000}$ 이상의 지역은 $\frac{1}{3,000}$을 적용한다.
- 연결오차가 공차범위를 벗어나면 처음부터 재측정하여야 된다.

6) 종·횡선차 배부

가. 공식

$$C = -\frac{e}{L} \times l$$

- C=각 측선의 종·횡선차에 배부할 cm 단위의 보정값
- e=종선오차 또는 횡선오차
- L=도선의 측선장(수평거리의 합)
- l=각 측선장

나. 종·횡선차 배부 시 주의 사항

① 연결오차가 공차 이내이면 $C=-\frac{e}{L}\times l$식을 적용, 계산하여 각각 배분한다. 이 방법은 측각과 거리측정의 정도가 같다고 보는 경우로서 오차를 각 측선장에 비례 배부하는 컴퍼스 법칙이라 한다. 이때, 종선과 횡선의 오차가 극소하여 위의 식에 의해 배부하기가 곤란한 때는 측선장이 긴 것부터 순차로 1cm씩 배부하여 오차와 배부수 합계가 같게 한다.

② 오차배부가 완료되면 배부수를 합하여 확인한 결과, 보정치 배부수의 합이 오차보다 초과배부되었을 때에는 가장 적은 배부수에서 빼주고, 반대로 보정치 배부의 합이 오차보다 적게 배부되었을 때에는 버림수 중 가장 큰 배부수에서 더해 준다.

7) 좌표계산

오차의 배부가 끝나면 각 종·횡선값과 보정량을 출발점의 기지좌표에 가감하여 다음 점의 좌표를 결정하고 순차적으로 앞 측점의 좌표에 종·횡선값과 보정량을 가감하여 좌표를 결정해 나간다.

① 종선좌표=앞 측점의 종선좌표+종선차+보정치

② 횡선좌표=앞 측점의 횡선좌표+종선차+보정치

(4) 실전문제

QUESTION Q 예제

01

방위각법에 의한 지적도근측량의 관측 성과를 이용하여 지적도근점의 좌표를 계산하시오(단, 도선은 1등도선이고 축척은 1200분의 1임)

[기지좌표 및 기지방위각]

점명	X(m)	Y(m)
보1	441234.12	114321.43
보3	441120.36	114021.53

기지방위각	
출발방위각(보1→보2)	321°12′
도착방위각(보3→보4)	165°07′

[관측방위각 및 수평거리]

측점	시준점	관측방위각	수평거리(m)
보1	보2		
보1	1	175° 31′	37.73
1	2	272° 08′	46.64
2	3	284° 42′	95.59
3	4	245° 27′	76.67
4	5	181° 33′	87.78
5	6	179° 45′	57.75
6	7	176° 17′	49.94
7	8	316° 56′	73.37
8	보3	327° 42′	84.48
보3	보4	165° 05′	

ANSWER & EXPLANATION

1. 각오차 계산

각오차 = 관측방위각 − 도착 기지 방위각

$= 165°05′ - 165°07′ = -2′$

2. 공차

1등도선 : $\pm\sqrt{n}$ 분
2등도선 : $\pm 1.5\sqrt{n}$ 분(n : 폐색을 포함한 변수)

1등도선 : $\pm\sqrt{10}$ 분 $=\pm 3'$

3. 각오차 배부

$$k_n = -\frac{e}{s} \times n$$

여기서, k_n : 각 측선의 순서대로 배부할 분단위의 각도
e : 분단위의 오차
s : 폐색변을 포함한 변수
n : 각 측선의 순서

1측선(보-1) : $-\frac{(-2)}{10} \times 1 = 0.2 = 0'$

2측선(1-2) : $-\frac{(-2)}{10} \times 2 = 0.4 = 0'$

3측선(2-3) : $-\frac{(-2)}{10} \times 3 = 0.6 = 1'$

4측선(3-4) : $-\frac{(-2)}{10} \times 4 = 0.8 = 1'$

5측선(4-5) : $-\frac{(-2)}{10} \times 5 = 1'$

6측선(5-6) : $-\frac{(-2)}{10} \times 6 = 1.2 = 1'$

7측선(6-7) : $-\frac{(-2)}{10} \times 7 = 1.4 = 1'$

8측선(7-8) : $-\frac{(-2)}{10} \times 8 = 1.6 = 2'$

9측선(8-보3) : $-\frac{(-2)}{10} \times 9 = 1.8 = 2'$

10측선(보3-보4) : $-\frac{(-2)}{10} \times 10 = 2'$

4. 개정방위각 계산

> 측각오차의 보정치를 관측방위각에 보정한 후 개정방위각 란에 기재한다.
> 방위각 = 관측방위각 + 보정치

1측선(보1−1) : $175°31' + 0' = 175°31'$

2측선(1−2) : $272°08' + 0' = 272°08'$

3측선(2−3) : $284°42' + 1' = 284°43'$

4측선(3−4) : $245°27' + 1' = 245°28'$

5측선(4−5) : $181°33' + 1' = 181°34'$

6측선(5−6) : $179°45' + 1' = 179°46'$

7측선(6−7) : $176°17' + 1' = 176°18'$

8측선(7−8) : $316°56' + 2' = 316°58'$

9측선(8−보3) : $327°42' + 2' = 327°44'$

10측선(보3−보4) : $165°05' + 2' = 165°07'$

5. 종·횡선차 계산

> 종선차($\triangle X$)=수평거리×cos 개정방위각
> 횡선차($\triangle Y$)=수평거리×sin 개정방위각

1측선(보1−1) ($\triangle X$)=37.73×cos 175°31′=−37.61

($\triangle Y$)=37.73×sin175°31′=2.95

2측선(1−2) ($\triangle X$)=46.64×cos 272°08′=1.74

($\triangle Y$)=46.64×sin 272°08′=−46.61

3측선(2−3) ($\triangle X$)=95.59×cos 284°43′=24.28

($\triangle Y$)=95.59×sin 284°43′=−92.45

4측선(3−4) ($\triangle X$)=76.67×cos 245°28′=−31.84

($\triangle Y$)=76.67×sin 245°28′=−69.75

5측선(4−5) ($\triangle X$)=87.78×cos 181°34′=−87.75

($\triangle Y$)=87.78×sin 181°34′=−2.40

6측선(5−6) ($\triangle X$)=57.75×cos 179°46′=−57.75

($\triangle y$)=57.75×sin 179°46′=0.24

7측선(6-7) $(\Delta X) = 49.94 \times \cos\ 176°18' = -49.84$

$(\Delta Y) = 49.94 \times \sin\ 176°18' = 3.22$

8측선(7-8) $(\Delta X) = 73.37 \times \cos\ 316°58' = 53.63$

$(\Delta Y) = 73.37 \times \sin\ 316°58' = -50.07$

9측선(8-보3) $(\Delta X) = 84.48 \times \cos\ 327°44' = 71.43$

$(\Delta Y) = 84.48 \times \sin\ 327°44' = -45.10$

6. 종·횡선오차 계산

1) 종선오차

> 종선오차(f_x)=종선차의 합$(\Sigma \Delta X)$-기지종선 차
> 횡선오차(f_y)=횡선차의 합$(\Sigma \Delta Y)$-기지횡선 차

① 종선차의 합$(\Sigma \Delta X)$

-37.61+1.74+24.28-31.84-87.75-57.75-49.84+53.63+71.43

=-113.71m

기지 종선차=도착점의 X좌표-출발점의 Y좌표

=441120.36-441234.12=-113.76

종선오차=$\Sigma \Delta X$-기지 종선차

=-113.71-(-113.76)=0.05m

② 횡선차의 합$(\Sigma \Delta y)$

2.95-46.61-92.45-69.75-2.40+0.24+3.22-50.07-45.10

=-299.97m

기지 횡선차=도착점의 Y좌표-출발점의 Y좌표

=114021.53-114321.43=-299.9

횡선오차=$\Sigma \Delta Y$-기지 횡선차

=-299.97-(-299.90)=-0.07m

③ 연결오차 $= \sqrt{\text{종선오차}(f_x)^2 + \text{횡선오차}(\Delta Y)^2}$

$= \sqrt{(0.05)^2 + (0.07)^2} = 0.09\text{m}$

④ 공차

$$1\text{등도선} = M \times \frac{1}{100}\sqrt{n}\ \text{cm 이하}$$

$$2\text{등도선} = M \times \frac{1.5}{100}\sqrt{n}\ \text{cm 이하}$$

여기서, M : 축척분모

n : 수평거리 합계를 100으로 나눈 수

$$1\text{등 도선} = 1200 \times \frac{1}{100}\sqrt{\frac{609.95}{100}}$$

$$= 29.6\text{cm} = 0.29\text{m}$$

공차계산 시 소요자릿수 이하는 무조건 버린다. 여기서 29.6은 29cm로 결정한다.

7. 종선 및 횡선오차의 보정

1) 종선오차 보정(종선오차는 측선장(수평거리)의 크기에 비례하여 배부)

$$c = -\frac{e}{L} \times l$$

여기서, c = 각 측선의 종선차에 배부할 cm 단위의 보정값

e = 종선오차

L = 도선의 측선장의 합

l = 측선장

$$1\text{측선(보1-1)} = -\frac{0.05}{609.95} \times 37.73 = 0$$

$$2\text{측선(1-2)} = -\frac{0.05}{609.95} \times 46.64 = 0$$

$$3\text{측선(2-3)} = -\frac{0.05}{609.95} \times 95.59 = -0.01$$

$$4\text{측선(3-4)} = -\frac{0.05}{609.95} \times 76.67 = -0.01$$

$$5\text{측선(4-5)} = -\frac{0.05}{609.95} \times 87.78 = -0.01$$

$$6측선(5-6) = -\frac{0.05}{609.95} \times 57.75 = 0$$

$$7측선(6-7) = -\frac{0.05}{609.95} \times 49.94 = 0$$

$$8측선(7-8) = -\frac{0.05}{609.95} \times 73.37 = -0.01$$

$$9측선(8-보3) = -\frac{0.05}{609.95} \times 84.48 = -0.01$$

$$합계 = -0.05$$

만약 종선에 대한 보정치의 합이 -0.06이 되면 반올림수 중 제일 작은 값에서 가감한다.

2) 횡선오차 보정(횡선오차는 측선장(수평거리)의 크기에 비례하여 배부)

$$c = -\frac{e}{L} \times l$$

여기서, c=각 측선의 횡선차에 배부할 cm 단위의 보정값
e=횡선오차
L=도선의 측선장의 합
l=측선장

$$1측선(보1-1) = -\frac{(-0.07)}{609.95} \times 37.73 = +0.004 = 0$$

$$2측선(1-2) = -\frac{(-0.07)}{609.95} \times 46.64 = +0.005 = 0$$

$$3측선(2-3) = -\frac{(-0.07)}{609.95} \times 95.59 = +0.01$$

$$4측선(3-4) = -\frac{(-0.07)}{609.95} \times 76.67 = 0.01$$

$$5측선(4-5) = -\frac{(-0.07)}{609.95} \times 87.78 = 0.01$$

$$6측선(5-6) = -\frac{(-0.07)}{609.95} \times 57.75 = 0.01$$

$$7측선(6-7) = -\frac{(-0.07)}{609.95} \times 49.94 = 0.01$$

$$8측선(7-8) = -\frac{(-0.07)}{609.95} \times 73.37 = 0.01$$

$$9측선(8-보3) = -\frac{(-0.07)}{609.95} \times 84.48 = 0.01$$

$$합계 = 0.07$$

> 횡선에 대한 보정치의 합이 차이가 나면 반올림수 중 제일 작은 값에 가감하여 보정한다.

8. 종·횡선 좌표계산

1) 종선좌표=출발기지점 좌표(앞 측점)+종선차($\triangle x$)+보정치

1 : 441234.12+(−37.61)+0=441196.51

2 : 441196.51+1.74+0=441198.25

3 : 441198.25+24.28−0.01=441222.52

4 : 441222.52+(−31.84)−0.01=441190.67

5 : 441190.67−87.75−0.01=441102.91

6 : 441102.91−57.75+0=441045.16

7 : 441045.16−49.84−0=440995.32

8 : 440995.32+53.63−0.01=441048.94

9 : 441048.94+71.43−0.01=441120.36

2) 횡선좌표=출발 기지점의 앞측점 좌표+횡선차+보정치

1 : 114321.43+2.95+0=114324.38

2 : 114324.38+(−46.61)+0=114277.77

3 : 114277.77−92.45+0.01=114185.33

4 : 114185.33−69.75+0.01=114115.59

5 : 114115.59−2.40+0.01=114113.20

6 : 114113.20+0.24+0.01=114113.45

7 : 114113.45+3.22+0.01=114116.68

8 : 114116.68−50.07+0.01=114066.62

9 : 114066.62−45.10+0.01=114021.53

도근측량계산부(방위각법)

측점	시준점	보정치	수평거리	개정방위각	종선차(△X)	횡선차(△Y)
					보정치	보정치
		방위각			종선좌표(X)	횡선좌표(Y)
보1	보2		m	321°12′		
		00° 00′			441234.12	114321.43
보1	1	0	37.73m	175°31′	−37.61	2.95
					0	
		175°31′			441196.51	114324.38
1	2	0	46.64m	272°08′	1.74	−46.61
					0	
		272°08′			441198.25	114277.77
2	3	1	95.59m	284°43′	24.28	−92.45
					−0.01	+0.01
		284°42′			441222.52	114185.33
3	4	1	76.67m	245°28′	−31.84	−69.75
					−0.01	+0.01
		245°27′			441190.67	114115.59
4	5	1	87.78m	181°34′	−87.75	−2.40
					−0.01	+0.01
		181°33′			441102.91	114113.20
5	6	1	57.75m	179°46′	−57.75	0.24
						+0.01
		179°45′			441045.16	114113.45
6	7	1	49.94m	176°18′	−49.84	3.22
						+0.01
		176°17′			440995.32	114116.68
7	8	2	73.37m	316°58′	53.63	−50.07
					−0.01	+0.01
		316°56′			441048.94	114066.62
8	보3	2	84.48m	327°44′	71.43	−45.10
					−0.01	+0.01
		327°42′			441120.36	114021.53
보3	보4	2	(609.95)	165°07′		
		165°05′				
각오차=관측방위각−도착 기지 방위각 165°05′−165°07′=−2′					$\Sigma\triangle X$=−113.71	$\Sigma\triangle Y$=−299.97
					기지=−113.76	기지=−299.90
					f_x=+0.05	f_y=−0.07
공 차=± $\sqrt{10}$ = ±3′					연결오차=0.09	
					공차=±0.29	

QUESTION Q 예제

02 지적도근측량을 방위각법으로 실시하여 다음의 결과를 얻었다. 주어진 서식을 이용하여 지적도근점의 좌표를 계산하시오.(단, 도선명은 "가"이고, 축척은 1,200분의 1임)

[기지좌표 및 기지방위각]

점명	X(m)	Y(m)
보5	187255.25	194560.20
보9	187211.68	194826.65

기지방위각	
출발기지방위각(보5→보6)	84°09′
도착기지방위각(보9→보7)	332°42′

[관측방위각 및 수평거리]

측 점	시준점	관측방위각	수평거리(m)
보5	1	95°11′	35.21
1	2	120°31′	34.01
2	3	94°15′	34.26
3	4	92°11′	29.47
4	5	131°11′	31.16
5	6	91°57′	33.11
6	7	88°21′	40.61
7	보9	88°21′	41.31
보9	보7	332°40′	

ANSWER & EXPLANATION

1. 각오차 계산

각오차=관측방위각−도착 기지 방위각

=332°40'−332°42'=−2'

2. 공차

1등도선 : ± $\sqrt{n}$ 분

2등도선± 1.5 $\sqrt{n}$ 분 (n: 폐색을 포함한 변수)

1등도선 : ± $\sqrt{9}$ 분 =± 3'

3. 각오차 배부

$$k_n = -\frac{e}{s} \times n$$

여기서, k_n : 각측선의 순서대로 배부할 분단위의 각도

e : 분단위의 오차

s : 폐색변을 포함한 변수

n : 각측선의 순서

1측선(보5−1)$= -\frac{(-2)}{9} \times 1 = 0.2 = 0'$

2측선(1−2)$= -\frac{(-2)}{9} \times 2 = 0.4 = 0'$

3측선(2−3)$= -\frac{(-2)}{9} \times 3 = 0.6 = 1'$

4측선(3−4)$= -\frac{(-2)}{9} \times 4 = 0.8 = 1'$

5측선(4−5)$= -\frac{(-2)}{9} \times 5 = 1'$

6측선(5−6)$= -\frac{(-2)}{9} \times 6 = 1.3 = 1'$

7측선(6−7)$= -\frac{(-2)}{9} \times 7 = 1.6 = 2'$

$$8\text{측선}(7-\text{보}9) = -\frac{(-2)}{9} \times 8 = 1.8 = 2'$$

$$9\text{측선}(\text{보}9-\text{보}7) = -\frac{(-2)}{9} \times 9 = 2'$$

4. 개정방위각 계산

측각오차의 보정치를 관측방위각에 보정한 후 개정방위각 란에 기재한다.

1측선(보5-1) : $95°\ 11' + 0' = 95°\ 11'$

2측선(1-2) : $120°\ 31' + 0' = 120°\ 31'$

3측선(2-3) : $94°\ 15' + 1' = 94°\ 16'$

4측선(3-4) : $92°\ 11' + 1' = 92°\ 12'$

5측선(4-5) : $131°\ 11' + 1' = 131°\ 12'$

6측선(5-6) : $91°\ 57' + 1' = 91°\ 58'$

7측선(6-7) : $88°\ 21' + 2' = 88°\ 23'$

8측선(7-보9) : $88°\ 21' + 2' = 88°\ 23'$

9측선(보9-보7) : $332°\ 40' + 2' = 332°\ 42'$

5. 종 횡선차 계산

종선차($\triangle X$)=수평거리×cos 개정방위각
횡선차($\triangle Y$)=수평거리×sin 개정방위각

1측선(보5-1) $(\triangle x) = 35.21 \times \cos\ 95°11' = -3.18$
$(\triangle y) = 35.21 \times \sin 95°11' = 35.07$

2측선(1-2) $(\triangle x) = 34.01 \times \cos\ 120°31' = -17.27$
$(\triangle y) = 34.01 \times \sin\ 120°31' = 29.30$

3측선(2-3) $(\triangle x) = 34.26 \times \cos\ 94°16' = -2.55$
$(\triangle y) = 34.26 \times \sin\ 94°16'' = 34.17$

4측선(3-4) $(\triangle x) = 29.47 \times \cos\ 92°12' = -1.13$
$(\triangle y) = 29.47 \times \sin\ 92°12' = 29.45$

5측선(4-5) $(\triangle x) = 31.16 \times \cos\ 131°12' = -20.52$
$(\triangle y) = 31.16 \times \sin\ 131°12' = 23.45$

6측선(5-6) $(\triangle x)=33.11\times\cos\ 91°58'=-1.14$

$(\triangle y)=33.11\times\sin\ 91°58'=33.09$

7측선(6-7) $(\triangle x)=40.61\times\cos\ 88°23'=1.15$

$(\triangle y)=40.61\times\sin\ 88°23'=40.59$

8측선(7-보9) $(\triangle x)=41.31\times\cos\ 88°23'=1.17$

$(\triangle y)=41.31\times\sin\ 88°23'=41.29$

6. 종·횡선오차 계산

1) 종선오차

종선오차(f_x)=종선차의 합$(\Sigma\triangle x)$-기지종선차
횡선오차(f_y)=횡선차의 합$(\Sigma\triangle y)$-기지횡선차

① 종선차의 합$(\Sigma\triangle x)$

-3.18-17.27-2.55-1.13-20.52-1.14+1.15+1.17=-43.47m

기지종선차=도착점의×좌표-출발점의×좌표

=18 7211.68-18 7255.25=-43.57

종선오차=$\Sigma\triangle x$-기지종선차

=43.47-(-43.57)=0.10m

② 횡선차의 합$(\Sigma\triangle y)$

35.07+29.30+34.17+29.45+23.45+33.09+40.59+41.29=266.41m

기지횡선차=도착점의 Y좌표-출발점의 Y좌표

=19 4826.65-19 4560.20=266.45

횡선오차=$\Sigma\triangle y$-기지횡선 차

=266.41-(+266.45)=-0.04m

③ 연결오차$=\sqrt{종선오차(fx)^2+횡선오차(\triangle y)^2}$

$=\sqrt{(0.10)^2+(-0.04)^2}=0.11\text{m}$

④ 공차= 1등도선 $=M\times\frac{1}{100}\sqrt{n}$ cm이하

2등도선$=M\times\frac{1.5}{100}\sqrt{n}$ cm이하

여기서, M : 축척분모

n : 수평거리 합계를 100으로 나눈 수

$$1\text{등도선} = 1200 \times \frac{1}{100}\sqrt{\frac{279.14}{100}}$$

$$= 20.05\text{cm} = 0.20\text{m}$$

공차계산 시 소유자릿수 이하는 무조건 버린다.
여기서 20.05은 20cm로 결정한다.

7. 종선 및 횡선오차의 보정

1) 종선오차보정(종선오차는 측선장(수평거리)의 크기에 비례하여 배부)

$$c = -\frac{e}{L} \times l$$

여기서, c : 각측선의 종선차에 배부할 cm단위의 보정값
e : 종선오차
L : 도선의 측선장의 합
l : 측선장

$$1\text{측선(보5-1)} = -\frac{0.10}{279.14} \times 35.21 = -0.01$$

$$2\text{측선(1-2)} = -\frac{0.10}{279.14} \times 34.01 = -0.01$$

$$3\text{측선(2-3)} = -\frac{0.10}{279.14} \times 34.26 = -0.01$$

$$4\text{측선(3-4)} = -\frac{0.10}{279.14} \times 29.47 = -0.01$$

$$5\text{측선(4-5)} = -\frac{0.10}{279.14} \times 31.16 = -0.01$$

$$6\text{측선(5-6)} = -\frac{0.10}{279.14} \times 33.11 = -0.01$$

$$7\text{측선(6-7)} = -\frac{0.10}{279.14} \times 40.61 = -0.02$$

$$8\text{측선(7-보9)} = -\frac{0.10}{279.14} \times 41.31 = -0.02$$

$$\text{합계} = -0.10$$

만약 종선에 대한 보정치의 합이 -0.10 되면 반올림 수중 제일 작은 값에서 가감한다.

2) 횡선오차보정(횡선오차는 측선장(수평거리)의 크기에 비례하여 배부)

$$c = -\frac{e}{L} \times l$$

여기서, c : 각측선의 횡선 차에 배부할 cm단위의 보정값

e : 횡선오차

L : 도선의 측선장의 합

l : 측선장

1측선(보5−1)$=-\dfrac{-0.04}{279.14}\times 35.21 = 0.01$

2측선(1−2)$=-\dfrac{-0.04}{279.14}\times 34.01 = 0$

3측선(2−3)$=-\dfrac{-0.04}{279.14}\times 34.26 = 0.01$

4측선(3−4)$=-\dfrac{0.10}{279.14}\times 29.47 = 0$

5측선(4−5)$=-\dfrac{-0.04}{279.14}\times 31.16 = 0$

6측선(5−6)$=-\dfrac{-0.04}{279.14}\times 33.11 = 0$

7측선(6−7)$=-\dfrac{-0.04}{279.14}\times 40.61 = 0.01$

8측선(7−보9)$=-\dfrac{-0.04}{279.14}\times 41.31 = 0.01$

합계 $= 0.04$

횡선에 대한 보정치의 합이 차이가 나면 반올림수중 제일 적은 값에 가감하여 보정한다.

8. 종·횡선 좌표계산

1) 종선좌표 = 출발기지점 좌표(앞 측점) + 종선차(ΔX) + 보정치

1 : 187255.25+(−3.18)−0.01=187252.06

2 : 187252.06+(−17.27)−0.01=187234.78

3 : 187234.78+(−2.55)−0.01=187232.22

4 : 187232.22+(−1.13)−0.01=187231.08

5 : 187231.08+(−20.52)−0.01=187210.55

6 : 187210.55+(−1.14)−0.01=187209.40

7 : 187209.40+1.15−0.02=187210.53

8 : 187210.53+1.17−0.02=187211.68

2) 횡선좌표 = 출발 기지점의 앞측점 좌표 + 횡선차 + 보정치

1 : 194560.20+35.07+0.01=194595.28

2 : 194595.28+29.30+0=194624.58

3 :194624.58+34.17+0.01=194658.76

4 : 194658.76+29.45+0=194688.21

5 : 194688.21+23.45+0=194711.66

6 : 194711.66+33.09+0=194744.75

7 : 194744.75+40.59+0.01=194785.35

8 : 194785.35+41.29+0.01=194826.65

도근측량계산부(방위각법)

도선명 : 가 $\frac{1}{1,200}$

측점	시준점	보정치 방위각	수평거리	개정방위각	종선차(ΔX) 보정치 종선좌표	횡선차(ΔY) 보정치 횡선좌표
보5	보6	0 84 09		84°09′	187255.25	194560.20
보5	1	0 95 11	35.21	95°11′	−3.18 −0.01 187252.06	+35.07 +0.01 194595.28
1	2	0 120 31	34.01	120°31′	−17.27 −0.01 187234.78	+29.30 +0 194624.58
2	3	+1 94 15	34.26	94°16′	−2.55 −0.01 187232.22	+34.17 +0.01 194658.76
3	4	+1 92 11	29.47	92°12′	−1.13 −0.01 18 7231.08	+29.45 +0 19 4688.21
4	5	+1 131 11	31.16	131°12′	−20.52 −0.01 187210.55	+23.45 +0 194711.66
5	6	+1 91 57	33.11	91°58′	−1.14 −0.01 187209.40	+33.09 +0 194744.75
6	7	+2 88 21	40.61	88°23′	+1.15 −0.02 187210.53	+40.59 +0.01 194785.35
7	보9	+2 88 21	41.31	88°23′	+1.17 −0.02 187211.68	+41.29 +0.01 194826.65
보9	보7	+2 332 40	(279.14)	332°42′	$\Sigma\Delta X$=43.47	$\Sigma\Delta Y$=+266.41
					기지=−43.57 f_x=+0.10	기지=+266.45 f_y=−0.04
n=9		오차 = −2′ 공차 = ±3′			연결오차 = 0.11m 공차 = 0.20m	

QUESTION Q 예제

03 지적도근측량을 방위각법으로 실시하여 다음의 결과를 얻었다. 주어진 서식을 이용하여 지적도근점의 좌표를 계산하시오. (단, 도선명은 "ㄱ"이고, 축척은 1,200분의 1임)

[기지좌표 및 기지방위각]

점명	종선좌표(X)	횡선좌표(Y)
보12	459046.85	191701.25
보8	458993.78	191675.25

기지방위각	
출발기지방위각 (보12→보13)	150°28′
도착기지방위각 (보8→보10)	188°12′

[관측방위각 및 수평거리]

측 점	시준점	관측방위각	수평거리
보12	1	339°55′	22.71
1	2	244°51′	14.41
2	3	244°52′	19.49
3	4	125°02′	17.36
4	5	121°14′	12.19
5	6	217°32′	11.78
6	보8	208°04′	34.71
보8	보10	188°08′	

ANSWER & EXPLANATION

1. 각오차 계산

각오차=관측방위각−도착 기지 방위각

=188°08'−188°12'=−4'

2. 공차

1등도선 : $\pm\sqrt{n}$ 분

2등도선 : $\pm 1.5\sqrt{n}$ 분(n : 폐색을 포함한 변수)

2등도선 : $\pm 1.5\sqrt{8} = \pm 4'$

3. 각오차 배부

$$k_n = -\frac{e}{s} \times n$$

여기서, k_n : 각측선의 순서대로 배부할 분단위의 각도

e : 분단위의 오차

s : 폐색변을 포함한 변수

n : 각측선의 순서

1측선(보12 − 1) : $-\dfrac{(-4)}{8}\times 1 = 1'$

2측선(1 − 2) : $-\dfrac{(-4)}{8}\times 2 = 1'$

3측선(2 − 3) : $-\dfrac{(-4)}{8}\times 3 = 2'$

4측선(3 − 4) : $-\dfrac{(-4)}{8}\times 4 = 2'$

5측선(4 − 5) : $-\dfrac{(-4)}{8}\times 5 = 3'$

6측선(5 − 6) : $-\dfrac{(-4)}{8}\times 6 = 3'$

7측선(6 − 7) : $-\dfrac{(-4)}{8}\times 7 = 4'$

8측선(보8 − 보10) : $-\dfrac{(-4)}{8}\times 8 = 4'$

4. 개정방위각 계산

측각오차의 보정치를 관측방위각에 보정한 후 개정방위각란에 기재한다.

1측선(보1−1) : $339° 55' + 1' = 339° 56'$

2측선(1−2) : $244° 51' + 1' = 244° 52'$

3측선(2−3) : $244° 52' + 2' = 244° 54'$

4측선(3−4) : $125° 02' + 2' = 125° 04'$

5측선(4−5) : $121° 14' + 3' = 121° 17'$

6측선(5−6) : $217° 32' + 3' = 217° 35'$

7측선(6−7) : $208° 04' + 4' = 208° 8'$

8측선(보8−보10) : $188° 8' + 4' = 188° 12'$

5. 종·횡선차 계산

종선차(ΔX)=수평거리 × cos 개정방위각
횡선차(ΔY)=수평거리 × sin 개정방위각

1측선(보12−1) (Δx)=22.71×cos 339°56'=21.33
(Δy)=22.71×sin 339°56'=−7.79

2측선(1−2) (Δx)=14.41×cos 244°52'=−6.12
(Δy)=14.41×sin 244°52'=−13.05

3측선(2−3) (Δx)=19.49×cos 244°54'=−8.27
(Δy)=19.49×sin 244°54''=−17.65

4측선(3−4) (Δx)=17.36×cos 125°04'=−9.97
(Δy)=17.36×sin 125°04'=14.21

5측선(4−5) (Δx)=12.19×cos 121°17'=−6.33
(Δy)=12.19×sin 121°17'=+10.42

6측선(5−6) (Δx)=11.78×cos 217°35'=−9.33
(Δy)=11.78×sin 217°35'=−7.18

7측선(6−7) (Δx)=34.71×cos 208°8'=−30.61
(Δy)=34.71×sin 208°8'=−16.37

6. 종·횡선오차 계산

1) 종선오차

> 종선오차(f_x) = 종선차의 합($\sum \triangle X$)-기지종선차
> 횡선오차(f_y) = 횡선차의 합($\sum \triangle Y$)-기지횡선차

① 종선차의 합($\sum \triangle x$)

21.33-6.12-8.27-9.97-6.33-9.33-30.61=-49.3m

기지종선차=도착점의×좌표-출발점의×좌표

=45 8993.78-45 9046.85=-53.07

종선오차=$\sum \triangle x$-기지종선차

=-49.3-(-53.07)=3.77m

② 횡선차의 합($\sum \triangle y$)

-7.79-13.05-17.65+14.21+10.42-7.18-16.37=-25.99m

기지횡선차=도착점의 Y좌표-출발점의 Y좌표

=19 1675.25 - 19 1701.25=-26.00

횡선오차=$\sum \triangle y$-기지횡선차

=-26-(-25.99)=-0.01m

③ 연결오차 $= \sqrt{종선오차(f_x)^2 + 횡선오차(\triangle y)^2}$

$= \sqrt{(0.02)^2 + (-0.01)^2} = 0.02\text{m}$

④ 공차

> 1등도선 $= M \times \frac{1}{100} \sqrt{n}$ cm 이하
> 2등도선 $= M \times \frac{1.5}{100} \sqrt{n}$ cm 이하
> 여기서, M : 축척분모
> n : 수평거리 합계을 100으로 나눈 수

1등도선 $= 1200 \times \frac{1}{100} \sqrt{\frac{132.65}{100}} = 13.82\text{cm} = 0.13\text{m}$

2등도선 $= 1200 \times \frac{1.5}{100} \sqrt{\frac{132.65}{100}} = 20.73\text{cm} = 0.20\text{m}$

> 공차계산시 소유자릿수 이하는 무조건 버린다.

7. 종선 및 횡선오차의 보정

1) 종선오차보정(종선오차는 측선장(수평거리)의 크기에 비례하여 배부)

$$c = -\frac{e}{L} \times l$$

여기서, c : 각측선의 종선 차에 배부할 cm단위의 보정값

e : 종선오차

L : 도선의 측선장의 합

l : 측선장

1측선(보12-1) $= -\frac{0.02}{132.65} \times 22.71 = -0.01$

2측선(1-2) $= -\frac{0.02}{132.65} \times 14.41 = 0$

3측선(2-3) $= -\frac{0.02}{132.65} \times 19.49 = 0$

4측선(3-4) $= -\frac{0.02}{132.65} \times 17.36 = 0$

5측선(4-5) $= -\frac{0.02}{132.65} \times 12.19 = 0$

6측선(5-6) $= -\frac{0.02}{132.65} \times 11.78 = 0$

7측선(6-7) $= -\frac{0.02}{132.65} \times 34.71 = -0.01$

합계 $= -0.02$

> 만약 종선에 대한 보정치의 합이 -0.10 되면 반올림수 중 제일 작은 값에서 가감한다.

2) 횡선오차보정(횡선오차는 측선장(수평거리)의 크기에 비례하여 배부)

$$c = -\frac{e}{L} \times l$$

여기서, c : 각측선의 횡선 차에 배부할 cm단위의 보정값

e : 횡선오차

L : 도선의 측선장의 합

l : 측선장

$$1측선(보12-1) = -\frac{-0.01}{132.65} \times 22.71 = 0$$

$$2측선(1-2) = -\frac{-0.01}{132.65} \times 14.41 = 0$$

$$3측선(2-3) = -\frac{-0.01}{132.65} \times 19.49 = 0$$

$$4측선(3-4) = -\frac{-0.01}{132.65} \times 17.36 = 0$$

$$5측선(4-5) = -\frac{-0.01}{132.65} \times 12.19 = 0$$

$$6측선(5-6) = -\frac{-0.01}{132.65} \times 11.78 = 0$$

$$7측선(6-7) = -\frac{-0.01}{132.65} \times 34.71 = -0.01$$

$$합계 = -0.01$$

> 횡선에 대한 보정치의 합이 차이가 나면 반올림수 중 제일 적은 값에 가감하여 보정한다.

8. 종·횡선 좌표계산

1) 종선좌표 = 출발기지점 좌표(앞 측점) + 종선차($\triangle X$) + 보정치

1 : 45 9046.85+(21.33)－0.01＝459068.17

2 : 459068.17+(－6.12)－0＝1459062.05

3 : 459062.05+(－8.27)－0＝459053.78

4 : 459053.78+(－9.97)－0＝459043.81

5 : 459043.81+(－6.33)－0＝459037.48

6 : 459037.48+(－9.33)－0＝459028.15

7 : 459028.15+(－34.36)－0.01＝458993.78

2) 횡선좌표 = 출발 기지점의 앞측점 좌표 + 횡선차 + 보정치

1 : 19 1701.25+(－7.79)+0＝191693.46

2 : 191693.46+(－13.05)+0＝191680.41

3 : 191680.41+(－17.65)+0＝191662.76

4 : 191662.76+14.21+0＝191676.97

5 : 191676.97+10.42+0＝191687.39

6 : 191687.39+(－7.18)+0＝191680.21

7 : 191680.21+(－4.95)－0.01＝191675.25

도근측량계산부(방위각법)

도선명 : ㄱ$\frac{1}{1,200}$

측 점	시준점	보정치 방 위 각	수평거리	개정방위각	종선차(ΔX) 보 정 치 종선좌표	횡선차(ΔY) 보 정 치 횡선좌표
보12	보13	150 28		150°28′	보정 459046.85	보정 191701.25
보12	1	+1 339 55	22.71	339°56′	+21.33 −0.01 9068.17	−7.79 0 1693.46
1	2	+1 244 51	14.41	244°52′	−6.12 0 9062.05	−13.05 0 1680.41
2	3	+2 244 52	19.49	244°54′	−8.27 0 9053.78	−17.65 0 1662.76
3	4	+2 125 02	17.36	125°04′	−9.97 0 9043.81	+14.21 0 1676.97
4	5	+3 121 14	12.19	121°17′	−6.33 0 9037.48	−10.42 0 1687.39
5	6	+3 217 32	11.78	217°35′	−9.33 0 9028.15	−7.18 0 1680.21
6	보8	+4 208 04	34.71	208°08′	−34.36 −0.01 45 8993.78	−4.95 −0.01 19 1675.25
보8	보10	+4 188 08	(132.65)	188°12′	$\Sigma\Delta X=-53.05$	$\Sigma\Delta Y=-25.99$
					기지=−53.07 $f_x=+0.02$	기지=−26.00 $f_y=+0.01$
n=8		오차=−4′ 공차=±4′			연결오차=0.02m 공차=0.20m	

QUESTION Q 예제

04 지적도근측량을 방위각법으로 실시하여 다음의 결과를 얻었다. 주어진 서식을 이용하여 지적도근점의 좌표를 계산하시오(단 도선명은 "ㄴ"이고, 축척은 1,200분의 1임)

[기지좌표 및 기지방위각]

점명	종선좌표(X)	횡선좌표(Y)
◎12	495527.66	196846.71
◎12	495527.66	196846.71

기지방위각	
출발기지방위각(◎12→◎13)	10°30′
출발기지방위각(◎12→◎13)	10°30′

[관측방위각 및 수평거리]

측 점	시준점	관측방위각	수평거리(m)
◎12	2	283°36′	46.50
2	3	19°55′	131.96
3	4	103°54′	33.44
4	5	198°35′	40.50
5	6	104°41′	114.99
6	7	193°47′	40.55
7	8	194°27′	50.65
8	◎12	284°58′	112.01
◎12	◎13	10°32′	

ANSWER & EXPLANATION

1. 각오차 계산

각오차=관측방위각-도착 기지 방위각

$=10°32'-10°30'=2'$

2. 공차

1등도선 : $\pm\sqrt{n}$ 분
2등도선 : $\pm 1.5\sqrt{n}$ 분(n : 폐색을 포함한 변수)

1등도선 : $\pm\sqrt{10}$ 분 $=\pm 3'$
2등도선 : $\pm 1.5\sqrt{9}$ 분 $=\pm 4'$

3. 각오차 배부

$$k_n = -\frac{e}{s}\times n$$

여기서, k_n : 각측선의 순서대로 배부할 분단위의 각도
e : 분단위의 오차
s : 폐색변을 포함한 변수
n : 각측선의 순서

1측선(보－1) : $-\frac{2}{9}\times 1 = 0.2 = 0'$

2측선(1－2) : $-\frac{2}{9}\times 2 = 0.4 = 0'$

3측선(2－3) : $-\frac{2}{9}\times 3 = 0.6 = -1'$

4측선(3－4) : $-\frac{2}{9}\times 4 = 0.8 = -1'$

5측선(4－5) : $-\frac{2}{9}\times 5 = -1'$

6측선(5－6) : $-\frac{2}{9}\times 6 = 1.3 = -1'$

7측선(6－7) : $-\frac{2}{9}\times 7 = 1.5 = -2'$

8측선(7－8) : $-\frac{2}{9}\times 8 = 1.6 = -2'$

9측선(8－보3) : $-\frac{2}{9}\times 9 = 1.8 = -2'$

4. 개정방위각 계산

측각오차의 보정치를 관측방위각에 보정한 후 개정방위각란에 기재한다.

1측선(보1－1) : $283° 36' + 0' = 283° 36'$
2측선(1－2) : $19° 55' + 0' = 19° 55'$
3측선(2－3) : $103° 54' - 1' = 103° 53'$
4측선(3－4) : $198° 35' - 1' = 198° 34'$
5측선(4－5) : $104° 41' - 1' = 104° 40'$
6측선(5－6) : $193° 47' - 1' = 193° 46'$
7측선(6－7) : $194° 27' - 2' = 194° 25'$
8측선(7－8) : $284° 58' - 2' = 284° 56'$
9측선(8－보3) : $10° 32' - 2' = 10° 30'$

5. 종·횡선차 계산

종선차(ΔX)＝수평거리 × cos 개정방위각
횡선차(ΔY)＝수평거리 × sin 개정방위각

1측선(보1−1) ($\Delta\chi$)＝46.50×cos 283°36'＝10.93
(Δy)＝46.50×sin 283°36'＝−45.20
2측선(1−2) ($\Delta\chi$)＝131.96×cos 19°55'＝124.07
(Δy)＝131.96×sin 19°55'＝44.95
3측선(2−3) ($\Delta\chi$)＝33.44×cos 103°53'＝−8.02
(Δy)＝33.44×sin 103°53'＝32.46
4측선(3−4) ($\Delta\chi$)＝40.50×cos 198°34'＝−38.39
(Δy)＝40.50×sin 198°34''＝−12.90
5측선(4−5) ($\Delta\chi$)＝114.99×cos 104°40'＝−29.11
(Δy)＝114.99×sin 104°40'＝111.24

6측선(5−6) $(\Delta\chi)=40.55\times\cos\ 193°46'=-39.39$

$(\Delta y)=40.55\times\sin\ 193°46'=-9.65$

7측선(6−7) $(\Delta\chi)=50.65\times\cos\ 194°25'=-49.06$

$(\Delta y)=50.65\times\sin\ 194°25'=-12.61$

8측선(7−8) $(\Delta\chi)=112.01\times\cos\ 284°56'=28.86$

$(\Delta y)=112.01\times\sin\ 284°56'=-108.23$

6. 종·횡선오차 계산

1) 종선오차

> 종선오차(f_x) = 종선차의 합($\Sigma\Delta x$)−기지종선차
> 횡선오차(f_y) = 횡선차의 합($\Sigma\Delta y$)−기지횡선차

① 종선차의 합($\Sigma\Delta x$)

10.93+124.07+(−8.02)+(−38.39)+(−29.11)+(−39.39)+(−49.06)+28.86=−0.11m

기지종선차=도착점의 X좌표−출발점의 X좌표

=49 5527.66−49 5527.66=0

종선오차=$\Sigma\Delta x$−기지종선차

=−0.11−0=−0.11m

② 횡선차의 합($\Sigma\Delta y$)

−45.20+44.95+32.46−12.90+111.24−9.65−12.61−108.23=0.06m

기지횡선 차=도착점의 Y좌표−출발점의 Y좌표

=19 6846.71−19 6846.71=0

횡선오차=$\Sigma\Delta y$−기지횡선차

=0.06−0=0.06m

③ 연결오차= $\sqrt{종선오차(fx)^2+횡선오차(\Delta y)^2}$

$=\sqrt{(-0.11)^2+(0.06)^2}=0.13\text{m}$

④ 공차

$$1\text{등도선} = M \times \frac{1}{100}\sqrt{n}\ \text{cm 이하}$$

$$2\text{등도선} = M \times \frac{1.5}{100}\sqrt{n}\ \text{cm 이하}$$

여기서, M : 축척분모

n : 수평거리 합격을 100으로 나눈 수

$$1\text{등도선} = 1200 \times \frac{1}{100}\sqrt{\frac{570.60}{100}} = 28.7\text{cm} = 0.28\text{m}$$

$$2\text{등도선} = 1200 \times \frac{1.5}{100}\sqrt{\frac{570.60}{100}} = 42.99\text{cm} = 0.42\text{m}$$

공차계산 시 소유자릿수 이하는 무조건 버린다.

7. 종선 및 횡선오차의 보정

1) 종선오차보정(종선오차는 측선장(수평거리)의 크기에 비례하여 배부)

$$c = -\frac{e}{L} \times l$$

여기서, c : 각측선의 종선 차에 배부할 cm단위의 보정값

e : 종선오차

L : 도선의 측선장의 합

l : 측선장

$$1\text{측선(보}1-1) = -\frac{-0.11}{570.60} \times 46.50 = 0.01$$

$$2\text{측선}(1-2) = -\frac{-0.11}{570.60} \times 131.96 = 0.02$$

$$3\text{측선}(2-3) = -\frac{-0.11}{570.60} \times 33.44 = 0.01$$

$$4\text{측선}(3-4) = -\frac{-0.11}{570.60} \times 40.50 = 0.01$$

$$5\text{측선}(4-5) = -\frac{-0.11}{570.60} \times 114.99 = 0.02$$

$$6\text{측선}(5-6) = -\frac{-0.11}{570.60} \times 40.55 = 0.01$$

$$7측선(6-7) = -\frac{-0.11}{570.60} \times 50.65 = 0.01$$

$$8측선(7-8) = -\frac{-0.11}{570.60} \times 112.01 = 0.02$$

$$합계 = 0.11$$

2) 횡선오차보정(횡선오차는 측선장(수평거리)의 크기에 비례하여 배부)

$$c = -\frac{e}{L} \times l$$

여기서, c: 각측선의 횡선 차에 배부할 cm단위의 보정값

e : 횡선오차

L : 도선의 측선장의 합

l : 측선장

$$1측선(보1-1) = -\frac{0.06}{570.60} \times 46.50 = -0.01$$

$$2측선(1-2) = -\frac{0.06}{570.60} \times 131.96 = -0.01$$

$$3측선(2-3) = -\frac{0.06}{570.60} \times 33.44 = 0$$

$$4측선(3-4) = -\frac{0.06}{570.60} \times 40.50 = 0$$

$$5측선(4-5) = -\frac{0.06}{570.60} \times 114.99 = -0.01$$

$$6측선(5-6) = -\frac{0.06}{570.60} \times 40.55 = -0.01$$

$$7측선(6-7) = -\frac{0.06}{570.60} \times 50.65 = -0.01$$

$$8측선(7-8) = -\frac{0.06}{570.60} \times 112.01 = -0.01$$

$$합계 = -0.06$$

횡선에 대한 보정치의 합이 차이가 나면 반올림수 중 제일 적은 값에 가감하여 보정한다.

8. 종·횡선 좌표계산

1) 종선좌표

출발기지점 좌표(앞 측점) + 종선차(ΔX) + 보정치

1 : 49 5527.66+10.93+0.01=495238.60

2 : 495238.60+124.07+0.02=495362.69

3 : 495362.69−8.02+0.01=495354.68

4 : 495354.68−38.39+0.01=495316.30

5 : 495316.30−29.11+0.02=495287.21

6 : 495287.21−39.39+0.01=495247.83

7 : 495247.83−49.06+0.01=495498.78

8 : 495498.78+28.86+0.02=495527.66

2) 횡선좌표

출발기지점의 앞측점 좌표 + 횡선차 + 보정치

1 : 196846.71−45.20−0.01=196801.50

2 : 196801.50+44.95−0.01=196846.44

3 : 196846.44+32.46+0=196878.9

4 : 196878.90−12.90+0=196866.00

5 : 196866.00+111.24−0.01=196977.23

6 : 196977.23−9.65−0.01=196967.57

7 : 196967.57−12.61−0.01=196954.95

8 : 196954.95−108.23−0.01=196846.71

도근측량계산부(방위각법)

도선명 : ㄴ $\frac{1}{1,200}$

측 점	시준점	보정치 방 위 각	수평거리	개정방위각	종선차(ΔX) 보 정 치 종선좌표	횡선차(ΔY) 보 정 치 횡선좌표
◎12	◎13	10 30		10°30′	495227.66	196846.71
◎12	2	0 283 36	46.50	283°36′	+10.93 +0.01 495238.60	−45.20 −0.01 196801.50
2	3	0 19 55	131.96	19°55′	+124.07 +0.02 495362.69	+44.95 −0.01 196846.44
3	4	−1 103 54	33.44	103°53′	−8.02 +0.01 495354.68	+32.46 0 196878.90
4	5	−1 198 35	40.50	198°34′	−38.39 +0.01 495316.30	−12.90 0 196866.00
5	6	−1 104 41	114.99	104°40′	−29.11 +0.02 495287.21	+111.24 −0.01 196977.23
6	7	−1 193 47	40.55	193°46′	−39.39 +0.01 495247.83	−9.65 −0.01 196967.57
7	8	−2 194 27	50.65	194°25′	−49.06 +0.01 495198.78	−12.61 −0.01 196954.95
8	◎12	−2 284 58	112.01	284°56′	+28.86 +0.02 495227.66	−108.23 −0.01 196846.71
◎12	◎13	−2 10 32	(570.60)	10°30′	$\sum \Delta X = -0.11$	$\sum \Delta Y = +0.06$
					기지=0.00 $f_x = -0.11$	기지=0.00 $f_y = +0.06$
n=9		오차=−2′ 공차=±4′			연결오차=0.13m 공차=0.42m	

3 배각법

(1) 개요

배각법에 의하여 지적도근측량을 시행하는 때에는 기지방위각에 의하여 기지측선과 다음 측선들을 순차적으로 각 측선의 교각을 측정하는데, 배각법의 측정은 주로 3배각으로 관측해서 평균하여 사용하게 된다. 따라서 각 측선의 방위각을 측정하는 방위각법에 비하여 정도가 높아, 시가지 지역에서 주로 사용하게 된다. 1등도선은 삼각점, 지적삼각점 및 지적삼각보조점의 상호간을 연결하고, 2등도선은 삼각점, 지적삼각점, 지적삼각보조점과 지적도근점 또는 지적도근점 상호간을 연결한 것을 말한다.

(2) 관측

1) 거리측정

도근점 간 거리측정은 광파기 및 전파기 거리측정기를 이용하여 측정한다. 전차기 및 광파측거기에 의할 때에는 5회 측정치의 교차가 $\frac{1}{100,000}$ 이내인 때에는 그 평균치를 취하도록 규정하고 있다. 물론, 이때의 실측거리는 2회 측정치의 평균거리가 사용되어야 한다. 이 보정거리는 고도가 없을 때에는 그대로 수평거리란에 기재하면 되지만 고도가 있을 때에는 경사거리를 측정한 것이므로 수평거리(때로는 평면거리)로 환산하여야 한다. 거리측정에 따른 관측부는 도선측정 방법에 따라 방위각법에 의할 때와 배각법에 의할 때의 서식이 별도로 있어 사용한다.

2) 배각관측

가. 배각법(반복법)

배각법은 단측법을 여러번 반복하면서 측정값을 누적시켜 평균값을 계산하는 방법으로 기계적인 오차, 즉 읽음오차 등을 합해서 평균하므로 오차를 줄이고 정밀측각을 하려는데 목적이 있다. 따라서 배각관측은 시가지 지역 및 경위의에 의한 측량법으로 수치세부측량을 하는 지역에서 관측 정도를 높이기 위하여 측정하는 방법이다.

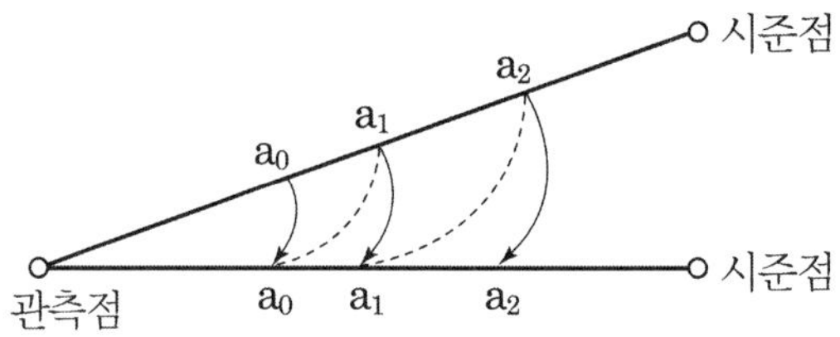

나. 3배각 관측방법

① 관측은 20초독 이상의 정밀경위의를 사용하여야 하며, 초단위까지 측정하고 3배각으로 관측한다.

② 그림과 같이 관측점(O)에 경위의의 구심과 기포가 정위치가 되도록 설치한 후, 관측을 시작한다.

③ 시준점(A)에 0°를 맞춘 후, 관측각(a_0)의 측정값을 배각관측 및 거리측정부에 기재한다.

④ 경위의의 상부고정나사를 풀어 시준점(B)를 시준한 후, 관측각란에 읽음값(a_1)을 배각관측 및 거리측정부에 기재한다.

⑤ 하부고정나사를 풀어 시준점(A)에 고정시키고 상부고정나사를 풀어 시준점(B)를 시준하여 관측한 각의 값(a_2)이 2배각이므로 배각관측 및 거리측정부에는 기재하지 않는다.

⑥ 하부고정나사를 풀어 시준점(A)에 시준한 후, 고정시키고 상부고정나사를 풀어 시준점(B)를 관측한 각의 값(a_3)이 3배각이므로 배각관측 및 거리측정부에 기재한다.

⑦ 관측오차의 한계는 3배각한 각의 값(a_3)을 3으로 나누어 평균한 값과 1배각과의 교차가 ±30″ 이내여야 한다.

⑧ 평균각은 3배각한 결과값을 3으로 나눈 값이다.

다. 연직각 관측방법

① 측점에서 기계고를 측정한 후, 시준점의 기계고와 같은 높이를 정·반으로 관측한다.

② 거리측정은 줄자나 광파측거기 등을 사용하여 2회 측정한 후 그 교차가 $\frac{1}{3,000}$m 이하인 때에는 그 평균치를 측정거리로 한다.

③ 경사거리는 다음과 같이 보정을 하여 수평거리로 계산한다.

$$수평거리 = 측정거리\ 평균 \times \sin\alpha$$

라. 배각관측 및 거리측정부의 기재요령

① '측점'란에는 기계를 설치한 측점의 명칭 및 번호를 기재한다.

② '시준점'란에는 기지점의 조표 및 미지점의 조표를 관측한 점의 명칭, 번호를 기재한다.

③ '배수'란에는 주로 지적측량에서 3배각을 하므로, "0, 1, 3"으로 기재한다.

④ '관측각'란에는 "0"배수에는 0°00′00″로 기재하고 "1"란에는 처음 관측한 각을 기재하며, "3"란에는 3배각으로 관측한 각도를 기재한다.

⑤ '관측각조정의 출발차'란에는 관측을 시작할 경우에 예시와 같이 0°00′06.0″로 기계적인 오차를 관측각에서 빼준 값을 기재한다. 그러나 최근에는 장비의 발달로 출발차 및 폐색차가 발생하지 않는다.

⑥ '관측각조정의 결과'란에는 관측각±출발차를 계산한 값을 기재한다.

⑦ '평균각'란에는 관측각 조정 결과값을 평균한 값이 3배각이므로 3으로 나눈 값을 기재한다.

⑧ '고도의 정·반'란에는 기계를 수평(90°)으로 하여 올려본 각을 정(正), 내려본 각을 반(反)란에 기재한다.

⑨ '고도의 평균'란에는 정·반으로 관측한 값을 평균하여 기재한다.

⑩ '측정거리'란에는 2회 관측하여 평균거리에 기재한다.

⑪ '수평거리'란에는 경사거리×cos 고도각의 평균값으로 계산한 값을 기재한다.

배각관측 및 거리측정부

측점	시준점	배수	관측각	평균각	고도 정반	고도 평균	측정거리(m)	수평거리(m)
보1	보2	0	0° 00′ 00″	169° 20′ 20″	05′ 20″	05′ 30″	153.71	153.71
		1	169° 20′ 18″					
	1	3	148° 01′ 00″		−05′ 40″			
1	보1	0	0° 00′ 00″	141° 49′ 06″	−10′ 40″	00′ 00″	92.85	92.85
		1	141° 49′ 06″					
	2	3	65° 27′ 18″		09′ 50″			
2	1	0	0° 00′ 00″	212° 52′ 12″	00′ 00″	00′ 00″	212.57	212.57
		1	212° 52′ 12″					
	3	3	278° 36′ 36″		00′ 00″			
3	2	0	0° 00′ 06″	196° 42′ 42″	00′ 00″	00′ 00″	174.12	174.12
		1	196° 42′ 54″					
	4	3	230° 08′ 36″		00′ 00″			
4	3	0	0° 00′ 00″	87° 29′ 30″	00′ 00″	00′ 00″	115.19	115.19
		1	87° 29′ 30″					
	5	3	262° 28′ 30″		00′ 00″			
5	4	0	0° 00′ 00″	131° 17′ 24″	00′ 00″	00′ 00″	129.12	129.12
		1	131° 17′ 24″					
	보3	3	33° 52′ 12″		00′ 00″			
보3	5	0	0° 00′ 00″	163° 42′ 37″				
		1	163° 42′ 37″					
	보4	3	131° 07′ 51″					
2010.10.1 관측				관측자 : 박지적	사용기계 :		날씨 : 맑음	풍력 : 연풍

(3) 배각법 계산과정

관측성과 기재

↓

폐색변을 포함한 변수(n) 계산

↓

관측각의 합계($\Sigma\alpha$) 계산

↓

측각오차 계산 →

① $T_1 > 180°$, $T_2 < 180°$: 각오차 = $\Sigma\alpha - 180(n+1) + T_1 - T_2$

② $T_1 < 180°$, $T_2 > 180°$: 각오차 = $\Sigma\alpha - 180(n-3) + T_1 - T_2$

③ $T_1 > 180°$, $T_2 > 180°$ / $T_1 < 180°$, $T_2 < 180°$: 각오차 = $\Sigma\alpha - 180(n+1) + T_1 - T_2$

↓

공차 계산 →

① 1등도선 = $\pm 20\sqrt{n}$ 초 이내

② 2등도선 = $\pm 30\sqrt{n}$ 초 이내

↓

각 측선의 반수 계산 →

반수 = $\dfrac{1{,}000}{\text{각측선장}(L)}$

↓

측각오차의 배부 →

$$K = -\frac{e}{R}n$$

K : 각 측선에 배부할 초 단위의 각도

e : 초단위 오차

n : 각측선장의 반수

R : 폐색변을 포함한 각측선장 반수의 총합계

↓

각 측선의 방위각 계산

↓

각 측점의 종·횡선차의 계산 →

종선차($\triangle X$) = 거리(s)×$\cos V$(방위각)

횡선차($\triangle Y$) = 거리(s)×$\sin V$(방위각)

↓

종·횡선오차의 계산 →

기지종·횡선의 차 = 도착 종·횡선좌표 − 출발 종·횡선차

종선오차(f_x) = 종선차의 합($\Sigma\triangle X$) − 기지종선차

횡선오차(f_y) = 횡선차의 합($\Sigma\triangle Y$) − 기지횡선차

↓

연결오차 계산 →

$\sqrt{(f_x)^2 + (f_y)^2}$

↓

공차 계산 →

① 1등도선 = $M \times \dfrac{1}{100}\sqrt{n}$ [cm] 이하

② 2등도선 = $M \times \dfrac{1.5}{100}\sqrt{n}$ [cm] 이하

n : 수평거리 합계를 100으로 나눈 수

↓

종·횡선오차의 배부 →

$$T = -\frac{e}{L} \times l$$

T : 각측선의 종·횡선차에 배부할 cm 단위의 수치

e : 종·횡선 Σ차

L : 종·횡선의 절대치의 합계

↓

각 측점의 좌표계산

1) 폐색변을 포함한 변수계산

출발점에서부터 폐색변까지의 변수를 계산한다.

2) 관측각의 합계계산

관측각을 합산하여 기입한다.

3) 측각오차 및 공차의 계산

① 측각오차의 계산

측각오차= $T_1 + \Sigma\alpha - 180(n-1) - T_2$

(T_1=출발기지방위각, $\Sigma\alpha$=관측각의 합, n=폐색변을 포함한 변수, T_2=도착기지방위각)

② 공차의 계산

1등도선=$\pm 20\sqrt{n}$초 이내

2등도선=$\pm 30\sqrt{n}$초 이내

4) 측각오차의 배부

방위각법에서는 측선 수에 비례하여 배부하였으나, 방위각법보다 정도를 높이기 위하여 배각법을 사용하였으므로 정밀도를 높이기 위하여 측각오차를 측선의 길이에 반비례하여 배부하여야 한다. 즉, 각의 측정에 있어서는 측선장이 길수록 관측오차가 작고 짧을수록 관측오차가 크다는 원리에 의한 것으로, 측각오차를 측선장에 반비례하여 배부하는 것은 매우 복잡하므로 계산의 번잡을 덜기 위하여 측선의 길이에 반비례한 변장반수를 사용하여 반수에 비례하게 배부한다.

가. 반수의 계산

반수= $\frac{1,000}{L}$ (여기서 L은 측선장)

① 반수는 소수점 이하 2, 3자리까지 구하여 계산하여도 측각오차 배부량에는 차이가 발생하지 않는다. 따라서 보통은 2자리까지 구하는 경우도 있으나, 지적법 규정에 의거하여 반수는 소수점 이하 2자리에서 사사오입하여 산출한다.

② 폐색변의 반수도 산출하는 것이 원칙이나, 폐색변의 길이가 길어 반수의 값이 아주 작은 경우에는 배부량이 없으므로 반수계산을 생략하여도 된다.

나. 측각오차의 배부

$$K_n = -\frac{e}{R} \times n$$

(e=초단위 오차, R=변장반수의 합계, n=각 측선장의 반수)

① 배부할 때에는 오차가 +이면 배부수는 −가 되며, 배부량의 합계가 측각오차와 ±1″ 정도의 차이가 있는 때에는 계산의 단수처리를 확인하여 0.5에 가장 가까운 수에서 가감하여 조정하여야 한다.

5) 방위각의 계산

배각법에 의하여 교각측정을 할 때, 우회각측정과 좌회각측정의 두 방법이 있다. 보통 우회각측정을 한다. 우회각측정의 경우 방위각계산은 첫 측점에서는 기지방위각에 관측각을 더하여야 하고, 다음 측점부터는 전 측선의 방위각에 ±180°를 하여 관측각을 더한다.

가. 우회각측정

우회각이라 함은 진행방향을 향하여 좌측의 각을 말한다. 방위각을 V, 출발점의 기지방위각을 W_a, 전측선과의 교각(보정관측각)을 α라고 하면 방위각은 다음 식으로 구할 수 있다.

$$V_1 = W_a + \alpha_1$$
$$V_2 = (V_1 \pm 180°) - \alpha_2$$
$$V_3 = (V_2 \pm 180°) - \alpha_3$$
$$\vdots$$
$$V_n = (V_n \pm 180°) - \alpha_n$$

나. 좌회각측정

① 좌회각을 측정할 때에는 출발점의 기지방위각에서 교각을 빼서 첫 측선의 방위각을 만들고, 둘째 측선부터는 전 측선의 방위각에 ±180°하여 교각을 감하면 된다.

$$V_1 = W_a - \alpha_1$$
$$V_2 = (V_1 \pm 180°) + \alpha_2$$
$$V_3 = (V_2 \pm 180°) + \alpha_3$$
$$\vdots$$
$$V_n = (V_n \pm 180°) + \alpha_n$$

② 방위각 계산에서 360°보다 큰 값이 나올 때는 360°를 감하여 방위각으로 하며, 전 측선의 방위각에 ±180°는 α각에 따라 계산이 편리하게 더하거나 빼서 계산하면 된다.

6) 종·횡선차의 계산

가. 각 측선의 종선차(ΔX) 및 횡선차(ΔY)

각 측선의 종선차(ΔX) 및 횡선차(ΔY)는 당해 측선의 수평거리(L)와 방위각(V)에 의하여 다음의 공식으로 계산한다.

① $\Delta X = L \times \cos V$

② $\Delta Y = L \times \sin V$(반드시 부호처리하여야 한다.)

나. 기지 종·횡선차 계산

각 측선의 종선차 및 횡선차의 합계는 관측 종·횡선차와 출발점과 도착점 간의 기지 종·횡선차가 일치되어야 하나, 각도 및 거리의 관측에서 발생한 오차로 인하여 오차가 발생하므로 기지종·횡선차의 계산은 다음과 같이 한다.

① 기지종선차=도착점의 X좌표−출발점의 X좌표

② 기지횡선차=도착점의 Y좌표−출발점의 Y좌표

다. 종·횡선오차의 공차계산

방위각법에서는 컴퍼스 법칙에 의하여 수평거리에 비례하여 배부하였으나, 배각법에서는 트랜싯 법칙에 의해 각 측선의 종·횡선차에 비례 배부하게 된다. 따라서 종선차 및 횡선차의 절대치 합계($\Sigma|\Delta X|$, $\Sigma|\Delta Y|$)와 일반합계($\Sigma\Delta X$, $\Sigma\Delta Y$)를 산출하고 기지 오차와 비교하여 종선오차(f_x)와 횡선오차(f_y)를 구한 후에 연결오차를 계산하여 공차 이내인가를 확인하여야 한다.

① 종·횡선오차의 계산

㉠ 종선오차(f_x)=종선차의 합($\Sigma\Delta X$)−기지종선차(도착종선좌표−출발종선좌표)

㉡ 횡선오차(f_y)=횡선차의 합($\Sigma\Delta Y$)−기지횡선차(도착횡선좌표−출발횡선좌표)

② 연결오차 및 공차의 계산

㉠ 연결오차= $\sqrt{f_x^2 + f_y^2}$

㉡ 공차 : 1등도선 ⇒ 축척분모 $\times \dfrac{1}{100}\sqrt{n}$ [cm] 이내

2등도선 ⇒ 축척분모 $\times \dfrac{1.5}{100}\sqrt{n}$ [cm] 이내

(여기서 n은 수평거리 합을 100으로 나눈 수)

7) 종·횡선오차의 배부

배각법(트랜싯 법칙)은 거리측정보다 각측정의 정밀도가 높다는 원리로 오차의 배부는 이 원리에 근거를 두고 배부하는 방법으로, 배각법에 의한 종선오차(f_x) 및 횡선오차(f_y)의 배부는 다음 식에 의한다.

지적도근측량에 의하여 계산된 연결오차가 허용범위 이내인 때에 다음의 산식에 따라 각 측선장에 비례하여 배분하며 종선 또는 횡선의 오차가 매우 작아 이를 배분하기 곤란한 때에는 배각법에서는 종선차 및 횡선차가 긴 것부터 배분하여 종선 및 횡선의 수치를 결정할 수 있다.

$$T = -\frac{e}{L} \times n$$

(여기서, T : 각 측선의 종·횡선차에 배부할 센티미터 단위의 수치
e : 종선오차 또는 횡선오차의 센티미터 단위
L : 종선차 또는 횡선차 절대치의 합계
n : 종선차 또는 횡선차(절대치)

8) 좌표계산

지적측량에서 사용하는 좌표는 평면직각좌표로 원점을 기준으로 한 좌표이다. 따라서 일반원점지역에서의 좌표는 부호가 모두 정(+)이 되도록 원점의 종선에 50만m(제주도는 55만m), 횡선에 20만m를 가산하여 사용한다. 그러나 기타 원점지역(11개 지역)에서는 원점 자체의 좌표가 종선(X)=0m, 횡선(Y)=0m로 하고 있기 때문에 좌표에 때로는 정(+), 부(−)의 부호가 붙을 수 있다.

종·횡선오차의 보정값 배부를 마치면, 출발점의 기지점좌표의 종선에는 종선차와 보정값을, 횡선에는 횡선차와 보정값을 각각 순차적으로 더하여 지적도근점의 좌표를 계산하고 폐합점인 기지점까지 진행하여 좌표가 일치하면 계산을 완료한다.

① 종선좌표 $= X_1 =$ 출발기지종선좌표 + 보정치 + ΔX_1

$X_2 = X_1 +$ 보정치 $+ \Delta X_2$

$\vdots$

$X_n = X_{n-1} +$ 보정치 $+ \Delta X_n$

② 횡선좌표 $= Y_1 =$ 출발기지횡선좌표 + 보정치 + ΔY_1

$Y_2 = Y_1 +$ 보정치 $+ \Delta Y_2$

$\vdots$

$Y_n = Y_{n-1} +$ 보정치 $+ \Delta Y_n$

(4) 실전문제

QUESTION Q 예제

01 다음 배각법에 의한 도근측량의 관측성과에 의하여 주어진 서식으로 각 점의 좌표를 계산하시오.(단, 도선명은 "나"이고, 축척은 1000분의 1임) (16점)

측점	시준점	관측각	수평거리(m)	방위각	X좌표(m)	Y좌표(m)
원10	원13			43°28′34″	461575.50	213624.17
원10	1	105°43′45″	219.79			
1	2	197°11′52″	79.76			
2	3	261°04′36″	89.45			
3	4	132°38′54″	72.19			
4	5	82°29′21″	61.32			
5	원15	237°09′15″	95.46		461104.24	213740.77
원15	원17	77°03′05″		56°49′37″		

ANSWER & EXPLANATION

1. 각오차의 계산

측각오차 계산

① $T_1 < 180°$, $T_2 > 180°$이면 각오차$= \sum\alpha - 180(n-3) + T_1 - T_2$

② $T_1 > 180°$, $T_2 > 180°$

$T_1 < 180°$, $T_2 < 180°$이면 각오차$= \sum\alpha - 180(n-1) + T_1 - T_2$

③ $T_1 > 180°$, $T_2 < 180°$이면 각오차$= \sum\alpha - 180(n+1) + T_1 - T_2$

1) 각오차$= T_1 + \sum\alpha - 180(n-1) = T_2' - T_2$

여기서, $\sum\alpha$: 관측각의 합

n : 폐색변을 포함한 변수

T_1: 출발기지방위각

T_2': 산출방위각$= T_1 + \sum\alpha - 180(n-1)$

T_2 : 도착기지방위각

산출방위각 $T_2{}' = 43°28'34'' + 1093°20'48'' - 180°(7-1) = 56°49'22''$

각오차 $= T_2' - T_2$

$= 56°49'22'' - 56°49'37'' = -0°0'15''$

(or)

각오차$= \sum \alpha - 180(n-1) + T_1 - T_2$

$= 1093°20'48'' - 180°(7-1) + 43°28'34'' - 56°49'37''$

$= -0°0'15''$

2. 공차

1등도선 … $\pm 20\sqrt{n}$ 초 이내
2등도선 … $\pm 30\sqrt{n}$ 초 이내

도선명 '나'는 1등도선이므로

1등도선$= \pm 20\sqrt{7}$ 초$= \pm 52''$

3. 반수

반수 $= \dfrac{1000}{\text{거리}}$

1측점간(원10−1) $= \dfrac{1000}{219.79} = 4.5$

2측점간(1−2) $= \dfrac{1000}{79.76} = 12.5$

3측점간(2−3) $= \dfrac{1000}{89.45} = 11.2$

4측점간(3−4) $= \dfrac{1000}{72.19} = 13.9$

5측점간(4−5) $= \dfrac{1000}{61.32} = 16.3$

6측점간(5−원15) $= \dfrac{1000}{95.46} = 10.5$

반수의 총합 $= 68.9$

4. 각오차의 배부

$$K = -\frac{e}{R}n$$

여기서, K : 각 측선에 배부할 초단위의 각도

e : 초단위의 오차

R : 폐색변을 포함한 각 측선장반수의 총 합계

n : 각 측선장의 반수

1측점간(원10−1) $= -\dfrac{-15}{68.9} \times 4.5 = 1''$

2측점간(1−2) $= -\dfrac{-15}{68.9} \times 12.5 = 3''$

3측짐간(2−3) $= -\dfrac{-15}{68.9} \times 11.2 = 2''$

4측점간(3−4) $= -\dfrac{-15}{68.9} \times 13.9 = 3''$

5측점간(4−5) $= -\dfrac{-15}{68.9} \times 16.3 = 4''$

6측점간(5−원15) $= -\dfrac{-15}{68.9} \times 10.5 = 2''$

5. 각 측선의 방위각 계산

$V_1 = T_1 + a_1$

$V_2 = (V_1 \pm 180) + a_2$

$V_3 = (V_2 \pm 180) + a_3$

$\vdots \quad \vdots$

여기서, V : 방위각

a : 관측각(보정치 조정각)

T_1: 출발기지 방위각

1측선의 방위각=출발기지방위각+a_1 ±보정치

$= 43°28'34'' + 105°43'45'' + 1'' = 149°12'20''$

2측선의 방위각=1측선의 방위각−180°+a_2 ±보정치

$= 149°12'20'' - 180° + 197°11'52'' + 3'' = 166°24'15''$

3측선의 방위각=2측선의 방위각−180°+a_3 ±보정치

$= 166°24'15'' - 180° + 261°4'36'' + 2'' = 247°28'53''$

4측선의 방위각=3측선의 방위각−180°+a_4±보정치

=247°28′53″−180°+132°38′54″+3″=200°7′50″

5측선의 방위각=4측선의 방위각−180°+a_5±보정치

=200°7′50″−180°+82°29′21″+4″=102°37′15″

6측선의 방위각=5측선의 방위각−180°+a_6±보정치

=102°37′15−180°+237°9′15″+2″=159°46′32″

> 오차배부에 있어 배부량을 합산하여 반대부호의 오차량의 수와 일치하여야 하나 간혹 1″ 정도의 차이가 날 수 있다. 이것은 단수처리에서 오는 경우인데 이때는 반수에 비례하여 배부한다는 원칙으로 소요자리 다음 수의 크기 여하에 따라 올리고 내리는 방법으로 처리한다.

6. 종선차, 횡선차의 계산

> 종선차(ΔX)= s × cos V
> 횡선차(ΔY)= s × sin V　　　여기서, s =거리, V=방위각

원10-1　ΔX=219.79×cos149°12'20''=−188.80

ΔY=219.79×sin149°12'20''=112.52

1-2　ΔX=79.76×cos166°24'15''=−77.52

ΔY=79.76×sin166°24'15''=18.75

2-3　ΔX=89.45×cos247°28'53''=−34.26

ΔY=89.45×sin247°28'53''=−82.63

3-4　ΔX=72.19×cos200°7'50''= −67.78

ΔY=72.19×sin200°7'50'=−24.84

4-5　ΔX=61.32×cos102°37'15''=−13.40

ΔY=61.32×sin102°37'15''=59.84

5-원15　ΔX=95.46×cos159°46'32''=−89.57

ΔY=95.46×sin159°46'32''=33.00

7. 종선 및 횡선오차 계산

> 종선오차(f_x)=종선차의 합($\sum \Delta X$)-기지 종선차
> 횡선오차(f_y)=횡선차의 합($\sum \Delta Y$)-기지 횡선차

1) 종선오차(f_x)

① 종선차의 합($\sum \Delta X$)

−188.80−77.52−34.26−67.78−13.40−89.57=−471.33

② 기지종선차

=도착종선좌표−출발종선좌표

=461104.24−461575.50=−471.26(원15−원10)

③ 종선오차

=($\sum \Delta X$)−기지 종선차

=−471.33−(−471.26)=−0.07=−7cm

2) 횡선오차(f_y)

① 횡선차의 합($\sum \Delta Y$)

=112.52+18.75−82.63−24.84+59.84+33.00=116.64

② 기지횡선차=도착횡선좌표−출발횡선좌표

=213740.77−213624.17=116.60(원15−원10)

③ 횡선오차

=($\sum \Delta Y$)−기지 횡선차

=116.64 − 116.60=0.04=4cm

3) 연결오차= $\sqrt{종선오차(f_x)^2 + 횡선오차(f_y)^2}$

$= \sqrt{0.07^2 + 0.04^2}$ =0.08m

4) 공차

> 1등도선 : $M \times \frac{1}{100}\sqrt{n}$ cm 이내
> 2등도선 : $M \times \frac{1.5}{100}\sqrt{n}$ cm 이내
> 여기서, n : 수평거리의 총합계를 100으로 나눈 수
> M : 축척분모

1등도선이므로

$1000 \times \frac{1}{100}\sqrt{6.1797} = 24.9\text{cm} = 0.24\text{m}$

8. 오차의 배부(트랜싯 법칙)

배각법에 의한 도근측량계산에서는 종, 횡선오차의 배부방법은 종선차, 횡선차의 절대치의 크기에 비례하여 배부한다.

1) 종선차 절대치의 합($\Sigma|\Delta X|$)(절대치는 부호 (+, −)는 생략)

$= 188.80 + 77.52 + 34.26 + 67.78 + 13.40 + 89.57 = 471.33$

2) 횡선차 절대치의 합($\Sigma|\Delta Y|$)

$= 112.52 + 18.75 + 82.63 + 24.84 + 59.84 + 33.00 = 331.58$

3) 종선오차의 배부(종선오차 0.07m=7cm)

$$T = -\frac{e}{L} \times l$$

여기서, T = 각 측선의 종·횡선차에 배부할 cm 단위의 수치
e = 종·횡선오차
L = 종·횡선차의 절대치 합계
l = 각 측선의 종·횡선차(절대치)

1측점 $= -\frac{-7}{471.33} \times 188.80 = 3\text{cm} = 0.03\text{m}$

2측점 $= -\frac{-7}{471.33} \times 77.52 = 1\text{cm} = 0.01\text{m}$

3측점 $= -\frac{-7}{471.33} \times 34.26 = 1\text{cm} = 0.01\text{m}$

4측점 $= -\frac{-7}{471.33} \times 67.78 = 1\text{cm} = 0.01\text{m}$

5측점 $= -\frac{-7}{471.33} \times 13.40 = 0\text{cm}$

6측점 $= -\frac{-7}{471.33} \times 89.57 = 1\text{cm} = 0.01\text{m}$

> 배부수 합이 오차보다 1" 차이가 날 때는 소요자리 다음 수의 크기에 따라 올리고 내리는 방법으로 처리(단위는 m 단위로 하면 서식에 바로 기재할 수 있다)

4) 횡선오차의 배부

1측점 $= -\dfrac{4}{331.58} \times 112.52 = -1\text{cm} = -0.01\text{m}$

2측점 $= -\dfrac{4}{331.58} \times 18.75 = 0\text{cm}$

3측점 $= -\dfrac{4}{331.58} \times 82.63 = -1\text{cm} = -0.01\text{m}$

4측점 $= -\dfrac{4}{331.58} \times 24.84 = 0\text{cm}$

5측점 $= -\dfrac{4}{331.58} \times 59.84 = -1\text{cm} = -0.01\text{m}$

6측점 $= -\dfrac{4}{331.58} \times 33.00 = -1\text{cm} = -0.01\text{m}$

9. 좌표의 결정

> 종선좌표 $= X_1 =$ 출발기지종선좌표+종선차(ΔX_1)+보정치
>
> $X_2 = X_1 + \Delta X_2 +$보정치
>
> $X_3 = X_2 + \Delta X_3 +$보정치
>
> ⋮ ⋮
>
> 횡선좌표 $= Y_1 =$ 출발기지횡선좌표+횡선차(ΔY_1)+보정치
>
> $Y_2 \ Y_1 + \Delta Y_2 +$보정치
>
> $Y_3 = Y_2 + \Delta Y_3 +$보정치

1) 종선좌표

$X_1 = 461575.50 - 188.80 + 0.03 = 461386.73$

$X_2 = 461386.73 - 77.52 + 0.01 = 461309.22$

$X_3 = 461309.22 - 34.26 + 0.01 = 461274.97$

$X_4 = 461274.97 - 67.78 + 0.01 = 461207.20$

$X_5 = 461207.20 - 13.40 + 0.00 = 461193.80$

$X_6 = 461193.80 - 89.57 + 0.01 = 461104.24$

2) 횡선좌표

Y_1 = 213624.17+112.52−0.01 = 213736.68

Y_2 = 213736.68+18.75+0.00 = 213755.43

Y_3 = 213755.43−82.63−0.01 = 213672.79

Y_4 = 213672.79−24.84+0.00 = 213647.95

Y_5 = 213647.95+59.84−0.01 = 213707.78

Y_6 = 213707.78+33.00−0.01 = 213740.77

도근측량계산부(배각법)

도선명: 나 　　　　　　　　　　　　　　　　　　　　　　　　　　　　　　　1: 1000

측 점	시준점	보정치 관측각	반 수 수평거리	방 위 각	종선차(ΔX) 보정치 종선좌표(X)	횡선차(ΔY) 보정치 횡선좌표(Y)
원10	원13	 0°00′00″	m .	43°28'34″	461575.50	213624.17
원10	1	1 105°43'45″	4.5 219.79	149°12'20″	−188.80 +0.03 461386.73	112.52 −0.01 213736.68
1	2	3 197°11'52″	12.5 79.76	166°24'15″	−77.52 +0.01 461309.22	+18.75 0.00 213755.43
2	3	2 261°04'36″	11.2 89.45	247°28'53″	−34.26 +0.01 461274.97	−82.63 −0.01 213672.79
3	4	3 132°38'54″	13.9 72.19	200°7'50″	−67.78 +0.01 461207.20	−24.84 0.00 213647.95
4	5	4 82°29'21″	16.3 61.32	102°37'15″	−13.40 0.00 461193.80	59.84 −0.01 213707.78
5	원15	2 237°09'15″	10.5 95.46	159°46'32″	−89.57 +0.01 461104.24	33.00 −0.01 213740.77
원15	원17	 77°03'05″	(68.9) (617.97)	56°49'37″		
  +	n=7 $\sum\alpha$= T_1=	 1093°20'48″ 43°28'34″			$\sum\|\Delta X\|$=+471.33 $\sum\Delta X$=−471.33 기 지=−471.26 $f_{(x)}$ = −0.07	$\sum\|\Delta Y\|$=+331.58 $\sum\Delta Y$=116.64 기 지=116.60 $f_{(y)}$ = +0.04
−180 −	(n−1)= T_2'= T_2=	1080 00 00 56°49′22″ 56°49'37″			연결오차 = 공차 =	0.08m 0.24m
	오차 = 공차 =	−15″ ±52″				

QUESTION Q 예제

02 지적도근측량을 배각법으로 실시하여 다음의 관측치를 얻었다. 도근측량계산부에 의하여 지적도근점의 좌표를 계산하시오.(단, 도선명은 "ㄱ"이고 축척은 1/1,200 지역이다)

1. 관측각 및 거리

측 점	시준점	관측각	수평거리
보5	보6	0° 00′ 00″	
보5	1	67° 18′ 53″	69.75
1	2	213° 13′ 57″	70.15
2	3	139° 35′ 43″	98.27
3	4	204° 26′ 07″	101.27
4	5	182° 27′ 48″	100.37
5	6	294° 50′ 57″	99.53
6	7	199° 40′ 03″	72.59
7	8	164° 05′ 03″	96.42
8	보7	250° 04′ 27″	94.08
보7	보8	38° 44′ 57″	

2. 기지점

점명	종선좌표	횡선좌표
보5	46 5985.77	19 3452.03
보7	46 5900.59	19 3684.15

3. 기지방위각

출발기지 방위각(보5→보6)	343°48′53″
도착기지 방위각(보7→보8)	118°17′24″

ANSWER & EXPLANATION

1. 각 오차의 계산

측각오차 계산
① $T_1 < 180°$, $T_2 > 180°$이면 각 오차$= \sum a - 180(n-3) + T_1 - T_2$
② $T_1 > 180°$, $T_2 > 180°$
$T_1 < 180°$, $T_2 < 180°$이면 각 오차$= \sum a - 180(n-1) + T_1 - T_2$
③ $T_1 > 180°$, $T_2 < 180°$이면 각 오차$= \sum a - 180(n+1) + T_1 - T_2$

1) 각 오차의$= T_1 + \sum a - 180(n+1) = T_2' - T_2$

여기서, $\sum a$: 관측각의 합
n : 폐색변을 포함한 변수
T_1: 출발기지방위각
T_2': 산출방위각$= T_1 + \sum a - 180(n+1)$
T_2 : 도착기지방위각

산출방위각 $T_2' = 343°48'53'' + 1754°27'55'' - 180°(10+1) = 118°16'48''$

각 오차$= T_2' - T_2$
$= 118°16'48'' - 118°17'24'' = -0°0'36''$

(or)

각 오차$= \sum a - 180(n+1) + T_1 - T_2$
$= 1754°27'55'' - 180°(10+1) + 343°48'53'' - 118°17'24''$
$= -0°0'36''$

2. 공차

1등도선 … $\pm 20\sqrt{n}$ 초 이내
2등도선 … $\pm 30\sqrt{n}$ 초 이내

도선명 'ㄱ'는 2등도선이므로
2등도선$= \pm 30\sqrt{10}$ 초$= \pm 94''$

3. 반수

$$반수 = \frac{1000}{거리}$$

1측점간(보5−1)$= \frac{1000}{69.75} = 14.3$

2측점간(1−2)$= \frac{1000}{70.15} = 14.3$

3측점간(2−3)$= \frac{1000}{98.27} = 10.2$

4측점간(3−4)$= \frac{1000}{40.50} = 9.9$

5측점간(4−5)$= \frac{1000}{101.27} = 10.0$

6측점간(5−6)$= \frac{1000}{100.37} = 10.0$

7측점간(6−7)$= \frac{1000}{99.53} = 13.8$

8측점간(7−8)$= \frac{1000}{72.59} = 10.4$

9측점간(8−보7)$= \frac{1000}{96.42} = 10.6$

반수의 총합 = 103.5

4. 각오차의 배부

$$K = -\frac{e}{R}n$$

여기서, K : 각측선에 배부할 초단위의 각도
e : 초단위의 오차
R : 폐색변을 포함한 각 측선장반수의 총 합계
n : 각 측선장의 반수

1측점간(보5−1)$= -\frac{-36}{103.5} \times 14.3 = 5''$

2측점간(1−2)$= -\frac{-36}{103.5} \times 14.3 = 5''$

3측점간(2-3)= $-\frac{-36}{103.5}\times 10.2 = 4''$

4측점간(3-4)= $-\frac{-36}{103.5}\times 9.9 = 3''$

5측점간(4-5)= $-\frac{-36}{103.5}\times 10.0 = 3''$

6측점간(5-6)= $-\frac{-36}{103.5}\times 10.0 = 3''$

7측점간(6-7)= $-\frac{-36}{103.5}\times 13.8 = 5''$

8측점간(7-8)= $-\frac{-36}{103.5}\times 10.4 = 4''$

9측점간(8-보7)= $-\frac{-36}{103.5}\times 10.6 = 4''$

5. 각측선의 방위각 계산

$V_1 = T_1 + a_1$

$V_2 = (V_1 \pm 180) + a_2$

$V_3 = (V_{21} 180) + a_3$

$\vdots \quad \vdots \quad \vdots$

여기서, V : 방위각

a : 관측각(보정치 조정각)

T_1: 출발기지 방위각

1측선의 방위각=출발기지방위각+a_1 ±보정치

343°48'53''+67°18'53''+5''=51°7'51''

2측선의 방위각=1측선의방위각−180°+a_2 ±보정치

51°7'51''−180°+213°13'57''+5''=84°21'53''

3측선의 방위각=2측선의방위각−180°+a_3 ±보정치

84°21'53''−180°+139°35'43''+4''=43°57'40''

4측선의 방위각=3측선의방위각−180°+a_4 ±보정치

43°57'40''−180°+204°26'7''+3''=68°23'50''

5측선의 방위각=4측선의방위각−180°+a_5 ±보정치

68°23'50''−180°+182°27'48''+3''=70°51'41''

6측선의 방위각=5측선의방위각−180°+a_6 ±보정치

70°51'41''−180°+294°50'57''+3''=185°42'41''

7측선의 방위각=6측선의방위각−180°+a_7±보정치

185°42'41"−180°+199°40'3"+5"= 205°22'49"

8측선의 방위각=7측선의방위각−180°+a_8±보정치

205°22'49"−180°+164°5'3"+4"=189°27'56"

9측선의 방위각=8측선의방위각−180°+a_9±보정치

189°27'56"−180°+250°4'27"+4"=259°32'27"

오차배부에 있어 배부량을 합산하여 반대부호의 오차량의 수와 일치하여야 하나 간혹 1" 정도의 차이가 날 수 있다. 이것은 단수처리에서 오는 경우인데 이때는 반수에 비례하여 배부한다는 원칙으로 소요자리 다음수의 크기 여하에 따라 올리고 내리는 방법으로 처리한다.

6. 종선차, 횡선차의 계산

종선차(ΔX) = $S \times \cos V$

횡선차(ΔY) = $S \times \sin V$ 　　　　여기서, S=거리, V=방위각

보5−1 △ X=69.75×cos51°7'51"=+43.77

△ Y=69.75×sin51°7'51"=+ 54.31

1−2 △ X=70.15×cos84°21'53"=+6.89

△ Y=70.15×sin84°21'53"=+69.81

2−3 △ X=98.27×cos43°57'40"=+70.74

△ Y=98.27×sin43°57'40"=+68.22

3−4 △ X=101.27×cos68°23'50"=+37.28

△ Y=101.27×sin68°23'50"=+94.16

4−5 △ X=100.37×cos70°51'41"=+32.91

△ Y=100.37×sin70°51'41"=+94.82

5−6 △ X=99.53×cos185°42'41"=−99.04

△ Y=99.53×sin185°42'41"=−9.90

6−7 △ X=72.59×cos205°22'49"=−65.58

△ Y=72.59×sin205°22'49"=−31.11

7−8 △ X=96.42×cos189°27'56"=−95.11

△ Y=96.42×sin189°27'56"=−15.86

8-보7 $\triangle X=94.08\times\cos259°32'27''=-17.08$

$\triangle Y=94.08\times\sin259°32'27''=-92.52$

7. 종선 및 횡선오차 계산

종선오차(f_x)=종선차의 합($\sum\triangle X$)-기지 종선차

횡선오차(f_y)=횡선차의 합($\sum\triangle Y$)-기지 횡선차

1) 종선오차(f_x)

① 종선차의 합($\sum\triangle X$)

43.77+6.89+70.74+37.28+32.91−99.04−65.58−95.11−17.08

=−85.22

② 기지종선차=도착종선좌표−출발종선좌표

=465900.59−465985.77=−85.18 (보7−보5)

③ 종선오차=($\sum\triangle X$)−기지 종선차

=−85.22−(−85.18)

=−0.04=−4cm

2) 횡선오차(f_y)

① 횡선차의 합($\sum\triangle Y$)

54.31+69.81+68.22+94.16+94.82−9.90−31.11−15.86−92.52

=231.93

② 기지횡선차=도착횡선좌표−출발횡선좌표

=193684.15−193452.03=232.12 (보7−보5)

③ 횡선차의 합=($\sum\triangle Y$)−기지 횡선차

=231.93−232.12=−0.19=−19cm

3) 연결오차= $\sqrt{\text{종선오차}(f_x)^2+\text{횡선오차}(f_y)^2}$

$=\sqrt{(-0.04)^2+(-0.19)^2}=0.19\text{m}$

4) 공차

1등도선 : $\text{M}\times\frac{1}{100}\sqrt{n}$ cm 이내

2등도선 : $\text{M}\times\frac{1.5}{100}\sqrt{n}$ cm 이내

여기서, n : 수평거리의 총합계를 100으로 나눈 수

M : 축척분모

2등도선이므로

$$1200 \times \frac{1.5}{100}\sqrt{8.0243} = 50.98\text{cm} = 0.50\text{m}$$

8. 오차의 배부

배각법에 의한 도근측량계산에서는 종 · 횡선 오차의 배부방법은 종선차, 횡선차의 절대치의 크기에 비례하여 배부한다.

1) 종선차 절대치의 합 ($\Sigma|\Delta X|$) (절대치는 부호(+, −)는 생략)

43.77+6.89+70.74+37.28+32.91+99.04+65.58+95.11+17.08

=468.40

2) 횡선차 절대치의 합($\Sigma|\Delta Y|$)

54.31+69.81+68.22+94.16+94.82+9.90+31.11+15.86+92.52=530.71

3) 종선오차의 배부(종선오차=−0.04m=−4cm)

$$T = -\frac{e}{L} \times l$$

여기서, T : 각측선의 종·횡선차에 배부할 cm 단위의 수치

e : 종·횡선 오차

L : 종·횡선차의 절대치 합계

l : 각측선의 종·횡선차(절대치)

$$1\text{측점} = -\frac{-4}{468.40} \times 43.77 = 0\text{cm}$$

$$2\text{측점} = -\frac{-4}{468.40} \times 6.89 = 0\text{cm}$$

$$3\text{측점} = -\frac{-4}{468.40} \times 70.74 = 1\text{cm}$$

$$4\text{측점} = -\frac{-4}{468.40} \times 37.28 = 0\text{cm}$$

$$5\text{측점} = -\frac{-4}{468.40} \times 32.91 = 0\text{cm}$$

$$6\text{측점} = -\frac{-4}{468.40} \times -99.04 = 1\text{cm}$$

$$7측점 = -\frac{-4}{468.40} \times -65.58 = 1cm$$

$$8측점 = -\frac{-4}{468.40} \times -95.11 = 1cm$$

$$9측점 = -\frac{-4}{468.40} \times -17.08 = 0cm$$

> 배부수 합이 오차보다 "1" 차이가 날 때는 소요자리 다음수의 크기에 따라 올리고 내리는 방법으로 처리

4) 횡선오차의 배부

$$1측점 = -\frac{-19}{530.71} \times 54.31 = 2cm$$

$$2측점 = -\frac{-19}{530.71} \times 69.81 = 3cm$$

$$3측점 = -\frac{-19}{530.71} \times 68.22 = 3cm$$

$$4측점 = -\frac{-19}{530.71} \times 94.16 = 3cm$$

$$5측점 = -\frac{-19}{530.71} \times 94.82 = 3cm$$

$$6측점 = -\frac{-19}{530.71} \times 9.90 = 0cm$$

$$7측점 = -\frac{-19}{530.71} \times 31.11 = 1cm$$

$$8측점 = -\frac{-19}{530.71} \times 15.86 = 1cm$$

$$9측점 = -\frac{-19}{530.71} \times 92.52 = 3cm$$

9. 좌표의 결정

$$종선좌표 = X_1 = 출발기지종선좌표 + 종선차(\Delta X_1) + 보정치$$
$$X_2 = X_1 + \Delta X_2 + 보정치$$
$$X_3 = X_2 + \Delta X_3 + 보정치$$
$$\vdots \qquad \vdots$$
$$횡선좌표 = Y_1 = 출발기지횡선좌표 + 횡선차(\Delta Y_1) + 보정치$$
$$Y_2 = Y_1 + \Delta Y_2 + 보정치$$
$$Y_3 = Y_2 + \Delta Y_3 + 보정치$$

1) 종선좌표

X_1＝465985.77+43.77+0.00＝466029.54

X_2＝466029.54+6.89+0.00＝466036.43

X_3＝466036.43+70.74+0.01＝466107.18

X_4＝466107.18+37.28+0.00＝466144.46

X_5＝466144.46+32.91+0.00＝466177.37

X_6＝466177.37−99.04+0.01＝466078.34

X_7＝466078.34−65.58+0.01＝466012.77

X_8＝466012.77−95.11+0.01＝465917.67

X_9＝465917.67−17.08+0.00＝465900.59

2) 횡선좌표

Y_1＝193452.03+54.31+0.02＝193506.36

Y_2＝193506.36+69.81+0.03＝193576.20

Y_3＝193576.20+68.22+0.03＝193644.45

Y_4＝193644.45+94.16+0.03＝193738.64

Y_5＝193738.64+94.82+0.03＝193833.49

Y_6＝193833.49−9.90+0.00＝193823.59

Y_7＝193823.59−31.11+0.01＝193792.49

Y_8＝193792.49−15.86+0.01＝193776.64

Y_9＝193776.64−92.52+0.03＝193684.15

도근측량계산부(배각법)

도선명 : 나$\frac{1}{1,200}$

측점	시준점	보정치 관측각	반수 수평거리	방 위 각	종선차(Δx) 보 정 치 종선좌표	횡선차(Δy) 보 정 치 횡선좌표
보5	보6			343° 48′ 53″	46 5985.88	19 3452.03
보5	1	+5 67° 18′ 53″	14.3 69.75	51° 07′ 51″	+43.77 0.00 6029.54	+54.31 +0.02 3506.36
1	2	+5 213° 13′ 57″	14.3 70.15	84° 21′ 53″	+6.89 0.00 6036.43	+69.81 +0.03 3576.20
2	3	+4 139° 35′ 43″	10.2 98.27	43° 57′ 40″	+70.74 +0.01 6107.18	+68.22 +0.03 3644.45
3	4	+3 204° 26′ 07″	9.9 101.27	68° 23′ 50″	+37.28 0.00 6144.46	+94.16 +0.03 3738.64
4	5	+3 182° 27′ 48″	10.0 100.37	70° 51′ 41″	+32.91 0.00 6177.37	+94.82 +0.03 3833.49
5	6	+3 294° 50′ 37″	10.0 99.53	185° 42′ 41″	−99.04 +0.01 6078.34	−9.90 0.00 3823.59
6	7	+5 199° 40′ 03″	13.8 72.59	205° 22′ 49″	−65.58 +0.01 6012.77	−31.11 +0.01 3792.49
7	8	+4 164° 05′ 03″	10.4 96.42	189° 27′ 56″	−95.11 +0.01 5917.67	−15.86 +0.01 3776.64
8	보7	+4 250° 04′ 27″	10.6 94.08	259° 32′ 27″	−17.08 0.00 46 5900.59	−92.52 +0.03 19 3684.15
보7	보8	 38° 44′ 57″	(103.5) (802.43)	118° 17′ 24″	보정 Σ|ΔX|=468.40	보정 Σ|ΔY|=530.71
  +	n=10 Σα= T₁=	 1754 27 55 343 48 53	(185.6)		ΣΔX=−85.22 기지=−85.18 f(x)=−0.04	ΣΔY=231.93 기지=232.12 f(x)=−0.19
 −180 −	(n+1)= T₂′= T₂=	1980 00 00 118 16 48 118 17 24			연결오차= 공차=	0.19m 0.50m
	오차= 공차=	−36″ ±94″				

QUESTION Q 예제

03 다음 배각법에 의한 도근측량의 관측성과에 의하여 주어진 서식으로 각 점의 좌표를 계산하시오.(단, 도선명은 "ㄴ"이고, 축척은 1000분의 1임)

1. 관측각 및 거리

측점	시준점	관측각	수평거리 (m)	방위각	X좌표 (m)	Y좌표 (m)
원10	원11			108°14'13"	7698.11	-1890.61
원10	1	55°27'10"	68.12			
1	2	161°18'14"	98.41			
2	3	230°56'32"	68.79			
3	4	104°18'14"	56.15			
4	5	174°04'55"	52.82			
5	6	171°57'36"	81.43			
6	7	271°12'11"	42.87			
7	8	103°28'31"	63.10			
8	9	193°14'08"	70.70			
9	원12	189°26'19"	38.03		7259.64	−1544.71
원12	원13	48°01'06"		11°39'56"		

ANSWER & EXPLANATION

1. 각 오차의 계산

측각오차 계산

① $T_1 < 180°$, $T_2 > 180°$이면 각 오차 $= \sum a - 180(n-3) + T_1 - T_2$

② $T_1 > 180°$, $T_2 > 180°$

$T_1 < 180°$, $T_2 < 180°$이면 각 오차 $= \sum a - 180(n-1) + T_1 - T_2$

③ $T_1 > 180°$, $T_2 < 180°$이면 각 오차 $= \sum a - 180(n+1) + T_1 - T_2$

1) 각 오차$= T_1 + \sum a - 180(n-1) = T_2' - T_2$

여기서, $\sum a$: 관측각의 합

n : 폐색변을 포함한 변수

T_1 : 출발기지방위각

$T_2{}'$: 산출방위각$= T_1 + \sum a - 180(n-1)$

T_2 : 도착기지방위각

산출방위각 $T_2{}' = 108°14'13'' + 1703°24'56'' - 180°(11-1)$

$= 11°39'9''$

각 오차$= T_2' - T_2$

$= 11°39'9'' - 11°39'56'' = -0°0'47''$

(or)

각 오차$= \sum a - 180(n-1) + T_1 - T_2$

$= 1703°24'56'' - 180°(11-1) + 108°14'13'' - 11°39'9''$

$= -0°0'47''$

2. 공차

> 1등도선 … $\pm 20\sqrt{n}$ 초 이내
> 2등도선 … $\pm 30\sqrt{n}$ 초 이내

도선명 'ㄴ'는 2등도선이므로

2등도선$= \pm 30\sqrt{11}$ 초$= \pm 99''$

3. 반수

> 반수 $= \dfrac{1000}{\text{거리}}$

1측점간(원10−1)$= \dfrac{1000}{68.12} = 14.7$

2측점간(1−2)$= \dfrac{1000}{98.41} = 10.2$

3측점간(2−3)$= \dfrac{1000}{68.79} = 14.5$

4측점간(3−4)$= \dfrac{1000}{56.15} = 17.8$

5측점간(4−5)$= \dfrac{1000}{52.82} = 18.9$

6측점간(5−6)$=\dfrac{1000}{81.43}=12.3$

7측점간(6−7)$=\dfrac{1000}{42.87}=23.3$

8측점간(7−8)$=\dfrac{1000}{63.10}=15.8$

9측점간(8−9)$=\dfrac{1000}{70.70}=14.1$

10측점간(9−원12)$=\dfrac{1000}{38.03}=26.3$

반수의 총합$=167.9$

4. 각오차의 배부

$$K=-\frac{e}{R}n$$

여기서, K : 각측선에 배부할 초단위의 각도

e : 초단위의 오차

R : 폐색변을 포함한 각 측선장반수의 총 합계

n : 각측선장의 반수

1측점간(원10−1)$=\dfrac{47}{167.9}\times 14.7=4'$

2측점간(1−2)$=\dfrac{47}{167.9}\times 10.2=3''$

3측점간(2−3)$=\dfrac{47}{167.9}\times 14.5=4'$

4측점간(3−4)$=\dfrac{47}{167.9}\times 17.8=5'$

5측점간(4−5)$=\dfrac{47}{167.9}\times 18.9=5'$

6측점간(5−6)$=\dfrac{47}{167.9}\times 12.3=4''$

7측점간(6−7)$=\dfrac{47}{167.9}\times 23.3=7'$

8측점간(7−8)$=\dfrac{47}{167.9}\times 15.8=4''$

9측점간(8−9)$=\dfrac{47}{167.9}\times 14.1=4''$

10측점간(9−원12)$=\dfrac{47}{167.9}\times 26.3=7''$

5. 각측선의 방위각 계산

$V_1 = T_1 + a_1$ 여기서, V : 방위각

$V_2 = (V_1 \pm 180) + a_2$ a : 관측각(보정치 조정각)

$V_3 = (V_{21} \pm 180) + a_3$ T_1 : 출발기지 방위각

⋮ ⋮ ⋮

1측선의 방위각=출발기지방위각+a_1 ±보정치

108°14'13''+55°27'10''+4''=163°41'27''

2측선의 방위각=1측선의방위각−180°+a_2 ±보정치

163°41'27''−180°+161°18'14''+3''=144°59'44''

3측선의 방위각=2측선의방위각−180°+a_3 ±보정치

144°59'44''−180°+230°56'32''+4''=195°56'20''

4측선의 방위각= 3측선의방위각−180°+a_4 ±보정치

195°56'20''−180°+104°18'14''+5''=120°14'39''

5측선의 방위각=4측선의방위각−180°+a_5 ±보정치

120°14'39''−180°+174°4'55''+5''=114°19'39''

6측선의 방위각=5측선의방위각−180°+a_6 ±보정치

114°19'39''−180°+171°57'36''+4''= 106°17'19''

7측선의 방위각=6측선의방위각−180°+a_7 ±보정치

106°17'19''−180°+271°12'11''+7''=197°29'37''

8측선의 방위각=7측선의방위각−180°+a_8 ±보정치

197°29'37''−180°+103°28'31''+4''=120°58'12''

9측선의 방위각=8측선의방위각−180°+a_9 ±보정치

120°58'12''−180°+193°14'8''+4''=134°12'24''

10측선의 방위각=9측선의방위각−180°+a_{10} ±보정치

134°12'24''−180°+189°26'19''+7''=143°38'50''

오차배부에 있어 배부량을 합산하여 반대부호의 오차량의 수와 일치하여야 하나 간혹 1'' 정도의 차이가 날 수 있다. 이것은 단수처리에서 오는 경우인데 이때는 반수에 비례하여 배부한다는 원칙으로 소요자리 다음수의 크기 여하에 따라 올리고 내리는 방법으로 처리한다.

6. 종선차, 횡선차의 계산

종선차 $(\triangle X) = S \times \cos V$
횡선차 $(\triangle Y) = S \times \sin V$ 　　여기서, S=거리, V=방위각

원10-1 $\triangle X = 68.12 \times \cos 163°41'27'' = -65.38$
$\triangle Y = 68.12 \times \sin 163°41'27'' = 19.13$

1-2 $\triangle X = 98.41 \times \cos 144°59'44'' = -80.61$
$\triangle Y = 98.41 \times \sin 144°59'44'' = 56.45$

2-3 $\triangle X = 68.79 \times \cos 195°56'20'' = -66.15$
$\triangle Y = 68.79 \times \sin 195°56'20'' = -18.89$

3-4 $\triangle X = 56.15 \times \cos 120°14'39'' = -28.28$
$\triangle Y = 56.15 \times \sin 120°14'39'' = 48.51$

4-5 $\triangle X = 52.82 \times \cos 114°19'39'' = -21.76$
$\triangle Y = 52.82 \times \sin 114°19'39'' = 48.13$

5-6 $\triangle X = 81.43 \times \cos 106°17'19'' = -22.84$
$\triangle Y = 81.43 \times \sin 106°17'19'' = 78.16$

6-7 $\triangle X = 42.87 \times \cos 197°29'37' = -40.89$
$\triangle Y = 42.87 \times \sin 197°29'37'' = -12.89$

7-8 $\triangle X = 63.10 \times \cos 120°58'12'' = -32.47$
$\triangle Y = 63.10 \times \sin 120°58'12'' = 54.10$

8-9 $\triangle X = 70.70 \times \cos 134°12'24'' = -49.30$
$\triangle Y = 70.70 \times \sin 134°12'24'' = 50.68$

9-원12 $\triangle X = 38.03 \times \cos 143°38'50'' = -30.63$
$\triangle Y = 38.03 \times \sin 143°38'50'' = 22.54$

7. 종선 및 횡선오차 계산

종선오차(f_x)=종선차의 합$(\Sigma \triangle X)$-기지 종선차
횡선오차(f_y)=횡선차의 합$(\Sigma \triangle Y)$-기지 횡선차

1) 종선오차(f_x)

① 종선차의 합$(\Sigma \triangle X)$

−65.38−80.61−66.15−28.28−21.76−22.84−40.89−32.47−49.30−30.63

$=-438.31$

② 기지종선차 = 도착종선좌표 − 출발종선좌표

$=7259.64-7698.11=-438.47$(원12−원10)

③ 종선오차 $=(\Sigma \Delta X)-$기지 종선차

$=-438.31-(-438.47)=0.16=16\text{cm}$

2) 횡선오차(f_y)

① 횡선차의 합($\Sigma \Delta Y$)

$19.13+56.45-18.89+48.51+48.13+78.16-12.89+54.10+50.68+22.54$

$=345.92$

② 기지횡선차 = 도착횡선좌표 − 출발횡선좌표

$=-1544.71-(-1890.61)=345.90$(원12−원10)

③ 횡선차의 합 $=(\Sigma \Delta Y)-$기지 횡선차

$=354.92-354.90=0.02=2\text{cm}$

3) 연결오차 $=\sqrt{\text{종선오차}(f_x)^2+\text{횡선오차}(f_y)^2}$

$=\sqrt{(0.16)^2+(0.02)^2}=0.16\text{m}$

4) 공차

> 1등도선 : $M \times \dfrac{1}{100}\sqrt{n}$ cm 이내
>
> 2등도선 : $M \times \dfrac{1.5}{100}\sqrt{n}$ cm 이내
>
> 여기서, n : 수평거리의 총합계를 100으로 나눈 값
>
> M : 축척분모

2등도선이므로

$1000 \times \dfrac{1.5}{100}\sqrt{6.4042}=37.9\text{cm}=0.37\text{m}$

8. 오차의 배부(트랜싯 법칙)

배각법에 의한 도근측량계산에서는 종·횡선오차의 배부방법은 종선차, 횡선차의 절대치의 크기에 비례하여 배부한다.

1) 종선차 절대치의 합($\Sigma|\Delta X|$) (절대치는 부호(+, −)는 생략)

$65.38+80.61+66.15+28.28+21.76+22.84+40.89+32.47+49.30+30.63$

$=438.31$

2) 횡선차 절대치의 합($\Sigma|\Delta Y|$)

19.13+56.45+18.89+48.51+48.13+78.16+12.89+54.10+50.68+22.54
=409.48

3) 종선오차의 배부(종선오차 0.16m=16cm)

$$T=-\frac{e}{L}\times l$$

여기서, T : 각측선의 종·횡선차에 배부할 cm 단위의 수치
e : 종·횡선오차
L : 종·횡선차의 절대치 합계
l : 각 측선의 종·횡선차(절대치)

1측점$=-\frac{16}{438.31}\times 65.38=-2$cm

2측점$=-\frac{16}{438.31}\times 80.61=-3$cm

3측점$=-\frac{16}{438.31}\times 66.15=-2$cm

4측점$=-\frac{16}{438.31}\times 28.28=-1$cm

5측점$=-\frac{16}{438.31}\times 21.76=-1$cm

6측점$=-\frac{16}{438.31}\times 22.84=-1$cm

7측점$=-\frac{16}{438.31}\times 40.89=-2$cm

8측점$=-\frac{16}{438.31}\times 32.47=-1$cm

9측점$=-\frac{16}{438.31}\times 49.30=-2$cm

10측점$=-\frac{16}{438.31}\times 30.63=-1$cm

배부수 합이 오차보다 "1" 차이가 나는 소요자리 다음수의 크기에 따라 올리고 내리는 방법으로 처리

4) 횡선오차의 배부

$$1측점 = -\frac{2}{409.48} \times 19.13 = 0cm$$

$$2측점 = -\frac{2}{409.48} \times 56.45 = -1cm$$

$$3측점 = -\frac{2}{409.48} \times 18.89 = 0cm$$

$$4측점 = -\frac{2}{409.48} \times 48.51 = 0cm$$

$$5측점 = -\frac{2}{409.48} \times 48.13 = 0cm$$

$$6측점 = -\frac{2}{409.48} \times 78.16 = -1cm$$

$$7측점 = -\frac{2}{409.48} \times 12.89 = 0cm$$

$$8측점 = -\frac{2}{409.48} \times 54.10 = 0cm$$

$$9측점 = -\frac{2}{409.48} \times 50.68 = 0cm$$

$$10측점 = -\frac{2}{409.48} \times 22.54 = 0cm$$

9. 좌표의 결정

종선좌표 $= X_1 =$ 출발기지종선좌표 + 종선차(ΔX_1) + 보정치

$X_2 = X_1 + \Delta X_2 +$ 보정치

$X_3 = X_2 + \Delta X_3 +$ 보정치

⋮ ⋮

횡선좌표 $= Y_1 =$ 출발기지횡선좌표 + 횡선차(ΔY_1) + 보정치

$Y_2 = Y_1 + \Delta Y_2 +$ 보정치

$Y_3 = Y_2 + \Delta Y_3 +$ 보정치

1) 종선좌표

$X_1 = 7698.11 - 65.38 - 0.02 = 7632.71$

$X_2 = 7632.71 - 80.61 - 0.03 = 7552.07$

$X_3 = 7552.07 - 66.15 - 0.02 = 7485.90$

$X_4 = 7485.90 - 28.28 - 0.01 = 7457.61$

$X_5 = 7457.61 - 21.76 - 0.01 = 7435.84$

$X_6 = 7435.84 - 22.84 - 0.01 = 7412.99$

$X_7 = 7412.99 - 40.89 - 0.02 = 7372.08$

$X_8 = 7372.08 - 32.47 - 0.01 = 7339.60$

$X_9 = 7339.60 - 49.30 - 0.02 = 7290.28$

$X_{10} = 7290.28 - 30.63 - 0.01 = 7259.64$

2) 횡선좌표

$Y_1 = -1890.61 + 19.13 + 0.00 = -1871.48$

$Y_2 = -1871.48 + 56.45 - 0.01 = -1815.04$

$Y_3 = -1815.04 - 18.89 + 0.00 = -1833.93$

$Y_4 = -1833.93 + 48.51 + 0.00 = -1785.42$

$Y_5 = -1785.42 + 48.13 + 0.00 = -1737.29$

$Y_6 = -1737.29 + 78.16 - 0.01 = -1659.14$

$Y_7 = -1659.14 - 12.89 + 0.00 = -1672.03$

$Y_8 = -1672.03 + 54.10 + 0.00 = -1617.93$

$Y_9 = -1617.93 + 50.68 + 0.00 = -1567.25$

$Y_{10} = -1567.25 + 22.54 + 0.00 = -1544.71$

도근측량계산부(배각법)

S : $\frac{1}{1,000}$ ㄴ도선

측 점	시준점	보정치 관측각	반 수 수평거리	방 위 각	종선차(Δx) 보 정 치 종선좌표	횡선차(Δy) 보 정 치 횡선좌표
원10	원11			108-14-13	7698.11	-1890.61
원10	1	4 55-27-10	14.7 68.12	163-41-27	-65.38 -0.02 7632.71	19.13 -0.00 -1871.48
1	2	3 161-18-14	10.2 98.41	144-59-44	-80.61 -0.03 7552.07	56.45 -0.01 -1815.04
2	3	4 230-56-32	14.5 68.79	195-56-20	-66.15 -0.02 7485.90	-18.89 -0.00 -1833.93
3	4	5 104-18-14	17.8 56.15	120-14-39	-28.28 -0.01 7457.61	48.51 -0.00 -1785.42
4	5	5 174-04-55	18.9 52.82	114-19-39	-21.76 -0.01 7435.84	48.13 -0.00 -1737.29
5	6	4 171-57-36	12.3 81.43	106-17-19	-22.84 -0.01 7412.99	78.16 -0.01 -1659.14
6	7	7 271-12-11	23.3 42.87	197-29-37	-40.89 -0.02 7372.08	-12.89 -0.00 -1672.03
7	8	4 103-28-31	15.8 63.10	120-58-12	-32.47 -0.01 7339.60	54.10 -0.00 -1617.93
8	9	4 193-14-08	14.1 70.70	134-12-24	-49.30 -0.02 7290.28	50.68 -0.00 -1567.25
9	원12	7 189-26-19	26.3 38.03	143-38-50	-30.63 -0.01 -7259.64	22.54 -0.00 -1544.71
원12	원13	0 48-01-06	(167.9) (640.42)	11-39-56		
	$n=$ $\sum\alpha=$ $T_1=$	11 1703-24-56 108-14-13			$\sum\|\Delta X\|=438.31$ $\sum\Delta X=-438.31$ 기지=-438.47 f(x)=0.16	$\sum\|\Delta Y\|=409.48$ $\sum\Delta Y=345.92$ 기지=345.90 f(y)=0.02
	$(n-1)=$ $T_2'=$ $T_2=$	1800 11-39-09 11-39-56	오차 = 공차 =	+47″ ±99″	연결오차= 공 차=	0.16m ±0.37m

QUESTION Q 예제

04 지적도근측량을 배각법에 의해 실시하여 다음과 같이 관측치를 얻었다. 주어진 서식에 의해 계산하시오.(단, 축척은 1/1000 지역이다. 1등도선)

1. 관측각 및 거리

측점	시준점	관측각	거리(cm)
보5	보8	0°00′00″	
보5	1	222 47 12	45.19
1	2	167 37 05	51.78
2	3	181 55 49	50.88
3	4	139 41 16	68.53
4	5	195 26 54	56.15
5	6	189 54 51	49.22
6	7	232 06 39	39.72
7	8	162 34 33	34.51
8	9	54 29 44	48.95
9	보1	159 43 52	245.27
보1	보3	299 15 27	979.75

변수 n=11(폐색변 포함)

2. 기지점

점명	종선좌표	횡선좌표
보5	448536.46	193354.75
보1	448395.16	193674.99

3. 기지방위각

출발기지 방위각	315°42′56″(보5－보8)
도착기지 방위각	161°15′44″(보1－보3)

ANSWER & EXPLANATION

1. 각오차의 계산

1) 각오차의= $T_1+\sum a-180(n+1)= T_2'-T_2$

여기서, $\sum a$: 관측각의 합

n : 폐색변을 포함한 변수

T_1: 출발기지방위각

T_2': 산출방위각= $T_1+\sum a-180(n+1)$

T_2 : 도착기지방위각

산출방위각=315°42'56"+2005°33'22"−180°(11+1)=161°16'18"

각오차 = $T_2'-T_2$ =161°16'18"−161°5'44"=0°0'34"

(or)

각오차 = $\sum a-180(n+1)+T_1-T_2$

=2005°33'22"−180°(11+1)+315°42'56"−161°15'44"

=0°0'34"

> 측각오차 계산
>
> ① $T_1<180°$, $T_2>180°$이면 각오차= $\sum$ a−180(n−3)+ T_1-T_2
>
> ② $T_1>180°$, $T_2>180°$
>
> $T_1<180°$, $T_2<180°$이면 각오차= $\sum a-180(n-1)+T_1-T_2$
>
> ③ $T_1>180°$, $T_2<180°$이면 각오차= $\sum a-180(n+1)+T_1-T_2$

2. 공차

> 1등도선 … $\pm 20\sqrt{n}$ 초 이내
>
> 2등도선 … $\pm 30\sqrt{n}$ 초 이내

여기서, 1등= $\pm 20\sqrt{11}$ 초= ±66″

3. 반수 = $\frac{1000}{거리}$

1측점간(보5−1)= $\frac{1000}{45.19}$ =22.1

2측점간(1−2)= $\frac{1000}{51.78}$ =19.3

3측점간(2−3)= $\frac{1000}{50.88}$ =19.7

4측점간(3−4)= $\frac{1000}{68.53}$ =14.6

5측점간(4−5)= $\frac{1000}{56.15}$ =17.8

6측점간(5−6)= $\frac{1000}{49.22}$ =20.3

7측점간(6−7)= $\frac{1000}{39.72}$ =25.2

8측점간(7−8)= $\frac{1000}{34.51}$ =29.00

9측점간(8−9)= $\frac{1000}{48.95}$ =20.4

10측점간(9−보1)= $\frac{1000}{245.27}$ =4.1

11측점간(보1−보3)= $\frac{1000}{979.75}$ =1.0

반수의 총합=193.5

4. 각오차의 배부

$$K = -\frac{e}{R}n$$

여기서, K : 각측선에 배부할 초 단위의 각도
e : 초 단위의 오차
R : 폐색변을 포함한 각 측선장반수의 총 합계
n : 각 측선장의 반수

1측점간(보5−1)= $\frac{-34}{193.5}\times 22.1 = -4''$

2측점간(1−2)= $\frac{-34}{193.5}\times 19.3 = -3''$

3측점간(2-3)$=\frac{-34}{193.5}\times 19.7=-3''$

4측점간(3-4)$=\frac{-34}{193.5}\times 14.6=-3''$

5측점간(4-5)$=\frac{-34}{193.5}\times 17.8=-3''$

6측점간(5-6)$=\frac{-34}{193.5}\times 20.3=-4''$

7측점간(6-7)$=\frac{-34}{193.5}\times 25.2=-4''$

8측점간(7-8)$=\frac{-34}{193.5}\times 29.0=-5'$

9측점간(8-9)$=\frac{-34}{193.5}\times 20.4=-4''$

10측점간(9-보1)$=\frac{-34}{193.5}\times 4.1=-1''$

11측점간(보1-보3)$=\frac{-34}{193.5}\times 1.0=0$

5. 각측선의 방위각 계산

$V_1 = T_1 + a_1$ 　　　　여기서, V : 방위각

$V_2 = (V_1 \pm 180) + a_2$ 　　　　a : 관측각(보정치 조정각)

$V_3 = (V_{21} \pm 180) + a_3$ 　　　　T_1 : 출발기지 방위각

⋮ 　⋮ 　⋮

1측선(보5-1)의 방위각=출발기지방위각+a_1

315°42'56"+ 222°47'08"=178°30'04"

2측선의 방위각=1측선의방위각-180°+a_2

178°30'04"-180°+167°37'02"=166°07'06"

3측선의 방위각=2측선의방위각-180°+a_3

166°07'06"-180°+181°55'46"=168°02'52"

4측선의 방위각=3측선의방위각-180°+a_4

168°02'52"-180°+139°41'13"=127°44'05"

5측선의 방위각=4측선의방위각 180°+a_5

127°44'05"-180°+195°26′51°=143°10'56"

6측선의 방위각=143°10'56''−180°+189°54'47'=153°05'43''

7측선의 방위각=153°05'43''−180°+ 232°06'35''=205°12'18''

8측선의 방위각=205°12'18''−180°+162°34'28''=187°46'46''

9측선의 방위각=187°46'46''−180°+54°29'40''=62°16'26''

10측선의 방위각=62°16'26''−180°+159°43'51''=42°00'17''

11측선의 방위각=42°00'17''−180°+ 299°15'27''=161°15'44''

(기지=161°15'44'')

오차배부에 있어 배부량을 합산하여 반대부호의 오차량의 수와 일치하여야 하나 간혹 1'' 정도의 차이가 날 수 있다. 이것은 단수처리에서 오는 경우인데 이때는 반수에 비례하여 배부한다는 원칙으로 소요자리 다음 수의 크기 여하에 따라 올리고 내리는 방법으로 처리한다.

6. 종선차, 횡선차의 계산

종선차 (ΔX)= $S \times \cos V$

횡선차 (ΔY)= $S \times \sin V$ 여기서, S=거리, V=방위각

보5−1 ΔX=45.19×cos178°30'04''=−45.17

ΔY=45.19×sin178°30'04''=+1.18

1−2 ΔX=51.78×cos166°07'06''=−50.27

ΔY=51.78×sin166°07'06''=+ 12.42

2−3 ΔX=50.88×cos168°02'52''=−49.78

ΔY=50.88×sin168°02'52''=+10.54

3−4 ΔX=68.53×cos127°44'05''=−41.94

ΔY=68.53×sin127°44'05''=+54.20

4−5 ΔX=56.15×cos143°10'56''=−44.95

ΔY=56.15×sin143°10'56''=+33.65

5−6 ΔX=49.22×cos153°05'43''=−43.89

ΔY=49.22×sin153°05'43''=+22.27

6−7 ΔX=39.72×cos205°12'18''=−35.94

ΔY=39.72×sin205°12'18''=−16.92

7−8 ΔX=34.51×cos187°46'46''=−34.19

ΔY=34.51×sin187°46'46''=−4.67

8-9 $\triangle X = 48.95 \times \cos 62°16'26'' = +22.77$

$\triangle Y = 48.95 \times \sin 62°16'26'' = +43.33$

9-보1 $\triangle X = 245.27 \times \cos 42°00'17'' = +182.26$

$\triangle Y = 245.27 \times \sin 42°00'17'' = +164.13$

7. 종선 및 횡선오차 계산

종선오차(f_x)=종선차의 합($\Sigma \triangle X$)-기지 종선차
횡선오차(f_y)=횡선차의 합($\Sigma \triangle Y$)-기지 횡선차

1) 종선오차(f_x)

① 종선차의 합($\Sigma \triangle X$)

−45,17−50.27−49.78−41.94−44.95−43.89−35.94−34.19+22.77+182.26

=−141.1

② 기지종선차=도착종선좌표−출발종선좌표

=448395.16−448536.46=−141.3(보1−보5)

③ 종선오차=($\Sigma \triangle X$)−기지 종선차

=−141.1−(−141.3)=+0.2m=20cm

2) 횡선오차(f_y)

① 횡선차의 합($\Sigma \triangle Y$)

+1.18+12.42+10.54+54.20+33.65+22.27−16.92−4.67+43.33+164.13

=+320.13

② 기지횡선차=도착횡선좌표−출발횡선좌표

=193674.99−193354.75=+320.24

③ 횡선차의 합=($\Sigma \triangle Y$)−기지 횡선차

=+320.13−320.24=−0.11m=−11cm

3) 연결오차 $= \sqrt{종선오차(f_x)^2 + 횡선오차(f_y)^2}$

$= \sqrt{0.20^2 + 0.11^2}$ =0.23m

4) 공차

1등도선 : $M \times \frac{1}{100}\sqrt{n}$ cm 이내

2등도선 : $M \times \frac{1.5}{100}\sqrt{n}$ cm 이내

여기서, n : 수평거리의 총합계를 100으로 나눈 수
M : 축척분모

1등 도선이므로

$$1000\times\frac{1}{100}\sqrt{6.902}=26\text{cm}=0.26\text{m}$$

8. 오차의 배부

배각법에 의한 도근측량계산에서는 종·횡선오차의 배부방법은 종선차, 횡선차의 절대치의 크기에 비례하여 배부한다.

1) 종선차 절대치의 합($\Sigma|\Delta X|$)(절대치는 부호(+, -)는 생략)

45.17+50.27+49.78+41.94+44.95+43.89+35.94+34.19+22.77+182.26
=551.16

2) 횡선차 절대치의 합($\Sigma|\Delta Y|$)

1.18+12.42+10.54+54.20+33.65+22.27+16.92+4.67+43.33+164.3
=363.31

$$T=-\frac{e}{L}\times l$$

여기서, T : 각측선의 종·횡선차에 배부할 cm 단위의 수치
e : 종·횡선오차
L : 종·횡선차의 절대치 합계
l : 각측선의 종·횡선차(절대치)

① 선오차의 배부(종선오차 0.2m=20cm)

1측점(보5-1) $=-\frac{20}{551.16}\times45.17=-2\text{cm}$

2측점(1-2) $=-\frac{20}{551.16}\times50.27=-2\text{cm}$

3측점(2-3) $=-\frac{20}{551.16}\times49.78=-2\text{cm}$

4측점(3- 4) $=-\frac{20}{551.16}\times41.94=-2\text{cm}$

5측점(4-5) $=-\frac{20}{551.16}\times44.95=-2\text{cm}$

6측점(5-6) $=-\frac{20}{551.16}\times43.89=-2\text{cm}$

$$7\text{측점}(6-7) = -\frac{20}{551.16} \times 35.94 = -1\text{cm}$$

$$8\text{측점}(7-8) = -\frac{20}{551.16} \times 34.19 = -1\text{cm}$$

$$9\text{측점}(8-9) = -\frac{20}{551.16} \times 22.77 = -1\text{cm}$$

$$10\text{측점}(9-\text{보}1) = -\frac{20}{551.16} \times 182.26 = -7\text{cm}$$

배부수 합이 오차보다 "1" 차이가 날 때는 소요자리 다음수의 크기에 따라 올리고 내리는 방법으로 처리

② 횡선오차의 배부

$$1\text{측점}(\text{보}5-1) = -\frac{(-11)}{363.31} \times 1.18 = 0$$

$$2\text{측점}(1-2) = -\frac{(-11)}{363.31} \times 12.42 = 0$$

$$3\text{측점}(2-3) = -\frac{(-11)}{363.31} \times 10.54 = 0$$

$$4\text{측점}(3-4) = -\frac{(-11)}{363.31} \times 54.20 = +2$$

$$5\text{측점}(4-5) = -\frac{(-11)}{363.31} \times 33.65 = +1$$

$$6\text{측점}(5-6) = -\frac{(-11)}{363.31} \times 22.27 = +1$$

$$7\text{측점}(6-7) = -\frac{(-11)}{363.31} \times 16.92 = +1$$

$$8\text{측점}(7-8) = -\frac{(-11)}{363.31} \times 4.67 = 0$$

$$9\text{측점}(8-9) = -\frac{(-11)}{363.31} \times 43.33 = +1$$

$$10\text{측점}(9-\text{보}1) = -\frac{(-11)}{363.31} \times 164.13 = +5$$

9. 좌표의 결정

$$\text{종선좌표} = X_1 = \text{출발기지종선좌표} + \text{종선차}(\triangle X_1) + \text{보정치}$$
$$X_2 = X_1 + \triangle X_2 + \text{보정치}$$
$$X_3 = X_2 + \triangle X_3 + \text{보정치}$$
$$\vdots \qquad \vdots$$
$$\text{횡선좌표} = Y_1 = \text{출발기지횡선좌표} + \text{횡선차}(\triangle Y_1) + \text{보정치}$$
$$Y_2 = Y_1 + \triangle Y_2 + \text{보정치}$$
$$Y_3 = Y_2 + \triangle Y_3 + \text{보정치}$$
$$\vdots \qquad \vdots$$

1) 종선좌표

X_1=448536.46−45.17−0.02=448491.27

X_2=448491.27−50.27−0.02=448440.98

X_3=448440.98−49.78−0.02=448391.18

X_4=448391.18−41.94−0.02=448349.22

X_5=448349.22−44.95−0.02=448304.25

X_6=448304.25−43.89−0.02=448260.34

X_7=448260.34−35.94−0.01=448224.39

X_8=448224.39−34.19−0.01=448190.19

X_9=448190.19+22.77−0.01=448212.95

X(보1)=448212.95+182.26−0.07=448395.14

2) 횡선좌표

Y_1=193354.75+1.18+0=193355.93

Y_2=193355.93+12.42+0=193368.35

Y_3=193368.35+10.54+0=193378.89

Y_4=193378.89+54.20+2=193433.11

Y_5=193433.11+33.65+1=193466.77

Y_6=193466.77+22.27+1=193489.05

Y_7=193489.05−16.92+1=193472.14

Y_8=193472.14−4.67+0=193467.47

Y_9=193467.47+43.33+1=193510.81

Y(보1)=193510.81+164.13+5=193674.99

도근측량계산부(배각법)

측점	시준점	보정치 관측각	반수 수평거리	방위각	종선차(ΔX) 보정치 종선좌표	횡선차(ΔY) 보정치 횡선좌표
보5	보8	 0° 00′ 00″	m .	315° 42′ 56″	448536.46	193354.75
보5	1	−4 222° 47′ 12″	22.1 45.19	178° 30′ 04″	−45.17 −0.02 8491.27	+1.18 0.00 3355.93
1	2	−3 167° 37′ 05″	19.3 51.78	166° 07′ 06″	−50.27 −0.02 8440.98	+12.42 0.00 3368.35
2	3	−3 181° 55′ 49″	19.7 50.88	168° 02′ 52″	−49.78 −0.02 8391.18	+10.54 0.00 3378.89
3	4	−3 139° 41′ 16″	14.6 68.53	127° 44′ 05″	−41.94 −0.02 8349.22	+54.20 +0.02 3433.11
4	5	−3 195° 26′ 54″	17.8 56.15	143° 10′ 56″	−44.95 −0.02 8304.25	+33.65 +0.01 3466.7
5	6	−4 189° 54′ 51″	20.3 49.22	153° 05′ 43″	−43.89 −0.02 8260.34 −0.01	+22.27 +0.01 3489.05
6	7	−4 232° 06′ 39″	25.2 39.72	205° 12′ 18″	−35.94 −0.01 8224.39	−16.92 +0.01 3472.11
7	8	-5 162° 34′ 33″	29.00 34.51	187° 46′ 46″	−34.19 −0.01 8190.19	−4.67 0.00 3467.47
8	9	−4 54° 29′ 44″	20.4 48.95	62° 16′ 26″	+22.77 −0.01 8212.95	+43.33 +0.01 3510.81
9	보1	−1 159° 43′ 52″	4.1 245.27	42° 00′ 17″	+82.26 −0.07 448395.16	+164.13 +0.05 193674.99
보1	보3	0 299° 15′ 27″	1.0 979.75	161° 15′ 44″		
	n= $\Sigma\alpha$= T_1=	11 2005°33'22" 315°42'56"			$\Sigma\lvert\Delta X\rvert$=551.16 $\Sigma\Delta X$=−141.1 기지=−141.3 f(x)=0.2	$\Sigma\lvert\Delta Y\rvert$=363.31 $\Sigma\Delta Y$=320.13 기지=+320.24 f(y)=0.11
	−180(n−1)= T_2'= T_2=	1800 161°16'18" 161°15'44"	오차= 공차=	34″ ±66″	연결오차= 공차=	0.23 ±0.26

4 교회법

(1) 개요

교회법이란 방향의 교회로서 미지점의 위치를 결정하는 방법으로 이를 교차법이라고도 한다. 교회법은 측량성과의 정확도 확보를 위하여 기초측량에서는 주로 전방교회법을 사용하고 있으며 3점 교회를 원칙으로 하고 있다. 교회법은 거리를 측정하지 않고 각 관측에 의하여 점의 위치를 결정하는 특징이 있으며 토지가 절단되어 있거나 장애물이 있어 거리의 측정이 곤란할 경우 주로 사용하는 편리한 방법이다.

(2) 관측

기초측량에서의 교회법은 지적삼각점 또는 지적삼각보조점, 지적도근점을 기지점으로 하여 구하고자 하는 소구점의 위치를 관측하는 방법으로, 기본적으로 3점 교회를 원칙으로 하므로 지적기준점 3점에서 소구점에 대하여 각관측을 하게 되며 A점에서 관측되는 각은 α, B점에서 관측되는 점은 β, β'이며, C점에서 관측되는 점은 α'이다. 나머지 교회법 계산에 필요한 값들은 주어진 지적기준점 등을 이용하여 계산에 의해서 값을 구한다.

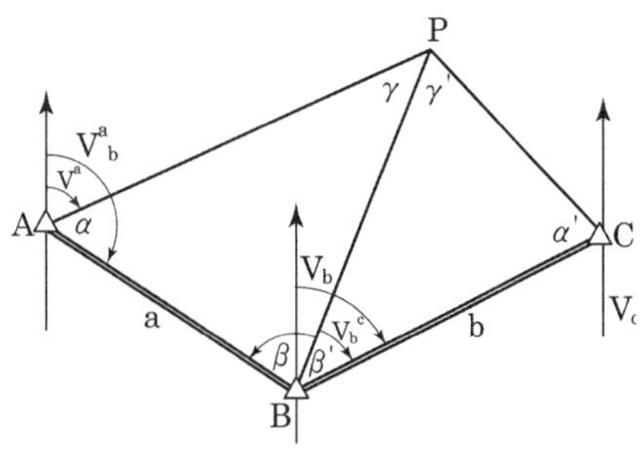

부 호	설 명
A, B, C	지적기준점
P	소구점 혹은 미지점(구하고자 하는 점)
V_a	$\overline{AP}$ 방위각(관측 또는 계산에 의하여 구한 값)
V_b	$\overline{BP}$ 방위각(관측 또는 계산에 의하여 구한 값)
V_c	$\overline{CP}$ 방위각(관측 또는 계산에 의하여 구한 값)

부 호	설 명
V_a^b	$\overline{AB}$ 방위각(A, B 좌표에 의하여 계산)
V_b^c	$\overline{BC}$ 방위각(A, B 좌표에 의하여 계산)
α	△ABP의 A점 내각(소구점을 향하여 좌측 삼각형의 A점 내각)
β	△ABP의 B점 내각(소구점을 향하여 좌측 삼각형의 B점 내각)
γ	△ABP의 P점 내각(소구점을 향하여 좌측 삼각형의 P점 내각)
α'	△BCP의 C점 내각(소구점을 향하여 우측 삼각형의 C점 내각)
β'	△BCP의 B점 내각(소구점을 향하여 우측 삼각형의 B점 내각)
γ'	△BCP의 P점 내각(소구점을 향하여 우측 삼각형의 P점 내각)
a	AB점 간의 거리(좌표에 의하여 계산)
b	BC점 간의 거리(좌표에 의하여 계산)

(3) 계산

관측성과 기재

↓

종·횡선차(ΔX, ΔY)의 계산 →

$A \rightarrow B$: $\Delta X = B_x - A_x$ $\quad \Delta Y = B_y - A_y$

$B \rightarrow C$: $\Delta X = C_x - B_x$ $\quad \Delta Y = C_y - B_y$

$A \rightarrow C$: $\Delta X = C_x - A_x$ $\quad \Delta Y = C_y - A_y$

↓

방위각 계산 → $\theta = \tan^{-1}\dfrac{\Delta Y}{\Delta X}$(? 상한)

↓

거리 계산 → 거리$(l) = \sqrt{\Delta x^2 + \Delta y^2}$

↓

삼각형 내각 계산

↓

$\overline{AP}$와 $\overline{CP}$의 거리 계산 → 사인법칙에 의해 계산

↓

소구점 종·횡선 좌표 계산 →

$A \rightarrow P : X_{P1} = A_X + \overline{AP} \times \cos V_a$

$Y_{P1} = A_Y + \overline{AP} \times \sin V_a$

$C \rightarrow P : X_{P2} = C_X + \overline{CP} \times \cos V_c$

$Y_{P2} = C_Y + \overline{CP} \times \sin V_c$

$\therefore$ P점 좌표 $P_X = \dfrac{X_{P1} + Y_{P2}}{2}$ $\quad P_Y = \dfrac{Y_{P1} + Y_{P2}}{2}$

↓

종·횡선 교차 계산 → 종선교차 $= X_{P1} - X_{P2}$
횡선교차 $= Y_{P1} - Y_{P2}$

↓

연결 교차 계산 → $\sqrt{(\text{종선교차})^2 + (\text{횡선교차})^2}$

1) 종·횡선차($\triangle X, \triangle Y$)의 계산

A → B의 ΔX=B점의 종선좌표－A점의 종선좌표

ΔY=B점의 횡선좌표－A점의 횡선좌표

B → C의 ΔX=C점의 종선좌표－B점의 종선좌표

ΔY=C점의 횡선좌표－B점의 횡선좌표

A → C의 ΔX=C점의 종선좌표－A점의 종선좌표

ΔY=C점의 횡선좌표－A점의 횡선좌표

계산의 편의상 만단위 이상은 생략하여도 무방하다.

2) 방위각(V_a^b, V_b^c)의 계산

$\triangle x$, $\triangle y$에 의하여 θ각을 산출하고 θ각 계산은 절대치로 계산하여 상한에 따라 방위각 계산한다.

$$\tan\theta = \frac{\triangle y}{\triangle x}$$

$$\theta = \tan^{-1}\frac{\triangle y}{\triangle x}$$

θ가 구해지면 방위각을 구하고자 하는 점간의 $\triangle x$, $\triangle y$의 부호에 의하여 상한을 결정하고 상한에 의하여 방위각을 구한다.

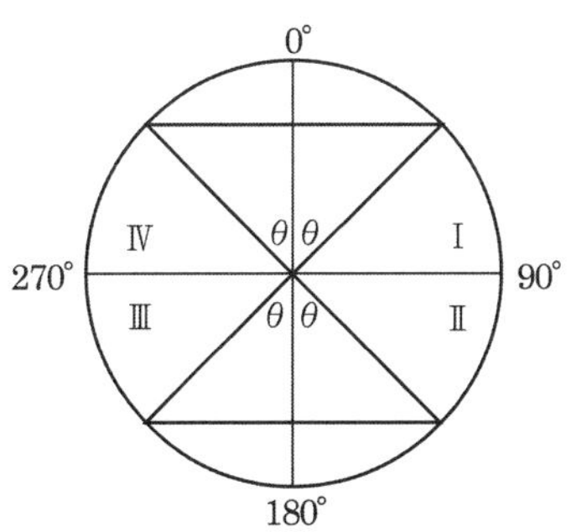

상한	종·횡선차 부호		방위각 계산
	$\triangle x$	$\triangle y$	
1상한	+	+	V=θ
2상한	−	+	V=180−θ
3상한	−	−	V=θ+180
4상한	+	−	V=360−θ

[예1] $\theta = 30°09'57''$이고 Δx가 (−), Δy가 (−)인 경우

3상한이므로 방위각(V)=30°09'57''+180°=210°09'57''

[예2] $\theta = 22°34'14''$이고 Δx가 (−), Δy가 (+)인 경우

2상한이므로 방위각(V)=180°−22°34'14''=157°25'46''

3) 거리계산

$$a = \sqrt{\Delta x^2 + \Delta y^2}$$

$$b = \sqrt{\Delta x^2 + \Delta y^2}$$

4) 삼각형내각 계산

△ABP의 경우	△BCP의 경우
$\alpha = V_a^b - V_a$ $\beta = V_b - (V_a^b \pm 180°)$ $\gamma = V_a - V_b$	$\alpha = V_c - (V_b^c \pm 180°)$ $\beta = V_b^c - V_b$ $\gamma = V_b - V_c$

5) 종·횡선차 계산

$$\Delta X_1 = \frac{a \times \sin\beta}{\sin\gamma} \times \cos V_a$$

$$\Delta Y_1 = \frac{a \times \sin\beta}{\sin\gamma} \times \sin V_a$$

$$\Delta X_3 = \frac{b \times \sin\beta'}{\sin\gamma'} \times \cos V_c$$

$$\Delta Y_3 = \frac{b \times \sin\beta'}{\sin\gamma'} \times \sin V_c$$

6) 종·횡선 좌표계산

$$X_{P1} = X_A + \Delta X_1$$

$$X_{P2} = X_C + \Delta X_2$$

소구점 $X = (X_{P1} + X_{P2}) \div 2$

$$Y_{P1} = Y_A + \Delta Y_1$$

$$Y_{P2} = Y_C + \Delta Y_2$$

소구점 $Y = (Y_{P1} + Y_{P2}) \div 2$

7) 교차 및 공차의 계산

가. 교차

종선교차 $= X_{P1} - X_{P2}$

횡선교차 $= Y_{P1} - Y_{P2}$

$$연결교차 = \sqrt{종선교차^2 + 횡선교차^2}$$

※ 부호는 의미없음

나. 공차

0.30m

위와 같이 2개의 삼각형으로부터 소구점의 좌표를 구한 후 두 점간의 연결오차를 계산하여 0.30m 이내일 경우에는 평균치를 P점의 좌표로 한다.

(4) 실전문제

QUESTION Q 예제

01 교회법에 의하여 지적측량기준점을 설치하기 위하여 다음과 같은 관측값을 얻었다. 주어진 서식을 이용하여 소구점 P의 좌표를 계산하시오.

1. 기지점

점명	X좌표(m)	Y좌표(m)
A (보4)	226236.30	118931.51
B (보5)	226019.67	118723.98
C (보6)	225792.74	118913.38

2. 소구방위각

$V_a = 147°46'40''$

$V_b = 102°05'24''$

$V_c = 55°46'57''$

3. 약도

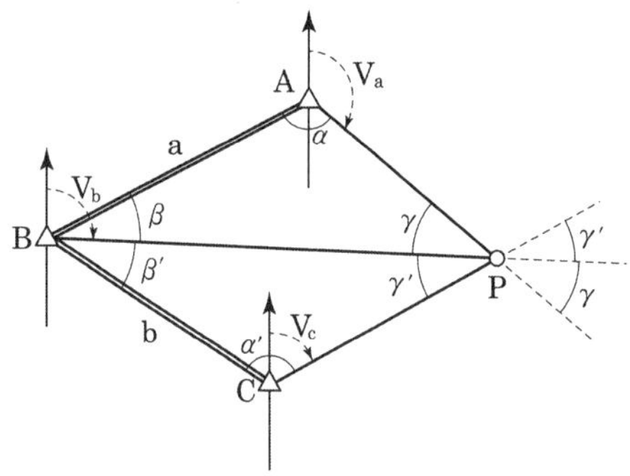

ANSWER & EXPLANATION

1. 종·횡선차 계산

① A → B방향이므로, B점 좌표에서 A점의 좌표를 뺀다.

$\Delta X = 226019.67 - 226236.30 = -216.63\text{m}$

$\Delta Y = 118723.98 - 118931.51 = -207.53\text{m}$

② B→C방향이므로, C점 좌표에서 B점의 좌표를 뺀다.

ΔX=225792.74−226019.67=−226.93m

ΔY=118913.38−118723.98=+189.40m

③ A→C방향이므로, C점 좌표에서 A점의 좌표를 뺀다.

ΔX=225792.74−226236.30=−443.56m

ΔY=118913.38−118931.15=−18.13m

2. 방위각 계산

① V_a^b의 계산

$$\theta = \tan^{-1}\frac{\Delta Y}{\Delta X} = \tan^{-1}\frac{-207.53}{-216.63} = 43°46'15''$$

$\overline{AB}$ 방향이 (ΔX : −) (ΔY : −)이므로 Ⅲ상한에 해당하며 방위각을 구하면

$$V_a^b = \theta + 180° = 43°46'15'' + 180° = 223°46'15''$$

② V_b^c의 계산

$$\theta = \tan^{-1}\frac{\Delta Y}{\Delta X} = \tan^{-1}\frac{+189.40}{-226.93} = 39°50'56''$$

$\overline{BC}$ 방향이 (ΔX : −) (ΔY : +)이므로 Ⅱ상한에 해당하며 방위각을 구하면

$$V_b^c = 180° - \theta = 180° - 39°50'56'' = 140°09'04''$$

3. 거리 계산

$a = \sqrt{(-216.63)^2 + (-207.53)^2} = 300.00\text{m}$

$b = \sqrt{(226.93)^2 + (189.40)^2} = 295.58$(※ 종·횡선의 부호는 생략해도 됨)

4. 삼각형 내각 계산

① △ABP에서

$\alpha = V_a^b - V_a = 223°46'15'' - 147°46'40'' = 75°59'35''$

$\beta = V_b - (V_a^b \pm 180°) = 102°05'24'' - (223°46'15'' \pm 180°) = 58°19'09''$

$\gamma = V_a - V_b = 147°46'40'' - 102°05'24'' = 45°41'16''$

or $\gamma = (\alpha + \beta) - 180° = (75°59'35'' + 58°19'09'') - 180° = 45°41'16''$

② △BCP에서

$\alpha' = V_c - (V_b^c \pm 180°) = 55°46'57'' - (140°09'04'' \pm 180°) = 95°37'53''$

(−값) $55°46'57'' - (39°50'56'') = 95°37'53''$

(+값) $55°46'57'' - 320°9'4'' = 264°22'7'' + 360° = 95°34'53''$

$\beta' = V_b^c - V_b = 140°09'04'' - 102°05'24'' = 38°03'40''$

$\gamma' = V_b - V_c = 102°05'24'' - 55°46'57'' = 46°18'27''$

5. 소구점 종·횡선차 계산

$$소구변 = \frac{소구변의\ 대각\ \sin}{기지변의\ 대각\ \sin} \times 기지변장$$

① 종선차 계산

$$\Delta X_1 = \frac{a \times \sin\beta}{\sin\gamma} \times \cos V_a$$

$$= \frac{300 \times \sin 58°19'09''}{\sin 45°41'16''} \times \cos 147°46'40'' = -301.84\text{m}$$

$$\Delta X_2 = \frac{b \times \sin\beta'}{\sin\gamma'} \times \cos V_c$$

$$= \frac{295.58 \times \sin 38°03'40''}{\sin 46°18'27''} \times \cos 55°46'57'' = +141.72$$

② 횡선차 계산

$$\Delta Y_1 = \frac{a \times \sin\beta}{\sin\gamma} \times \sin V_a$$

$$= \frac{300 \times \sin 58°19'09''}{\sin 45°41'16''} \times \sin 147°46'40'' = +190.24\text{m}$$

$$\Delta Y_2 = \frac{b \times \sin\beta'}{\sin\gamma'} \times \sin V_c$$

$$= \frac{295.58 \times \sin 38°03'40''}{\sin 46°18'27''} \times \sin 55°46'57'' = +208.40\text{m}$$

6. 종·횡선 좌표계산

① 종선좌표 계산

$X_{P1} = X_A + \Delta X_1 = 226236.30 + (-301.84) = 225934.46\text{m}$

$X_{P2} = X_C + \Delta X_2 = 225792.74 + 141.72 = 225934.46\text{m}$

② 횡선좌표 계산

$Y_{P1} = Y_A + \Delta Y_1 = 118931.51 + 190.24 = 119121.75\text{m}$

$Y_{P2} = Y_C + \Delta Y_2 = 118913.38 + 208.40 = 119121.78\text{m}$

7. 좌표결정(오사오입 적용)

① P점의 X좌표$= \dfrac{X_{P1} + X_{P2}}{2} = \dfrac{225934.46 + 225934.46}{2} = 225934.46$

② P점의 Y좌표$= \dfrac{Y_{P1} + Y_{P2}}{2} = \dfrac{119121.75 + 119121.78}{2} = 119121.76\text{m}$

8. 교차 및 공차의 계산

① 종선교차$= X_{P1} - X_{P2} = 225934.46 - 225934.46 = 0.00\text{m}$

② 횡선교차$= Y_{P1} - Y_{P2} = 119121.75 - 119121.78 = -0.03\text{m}$

③ 연결교차$= \sqrt{\text{종선교차}^2 + \text{횡선교차}^2} = \sqrt{(0.00)^2 + (-0.03)^2} = 0.03\text{m}$

④ 공차$= 0.30\text{m}$

오사오입(五死五入)의 원칙

구하고자 하는 자리수의 다음 숫자가 5를 초과하거나 5 미만인 경우에는 해당되지 않으며, 구하고자 하는 자리의 다음 숫자가 5인 경우에는 바로 앞의 숫자가 0 또는 짝수인 경우에는 버리고, 바로 앞의 숫자가 홀수인 경우에는 올린다. 다만, 전산에 의해 처리할 경우에는 가능한 끝자리 숫자를 모두 적용하며 이러한 경우에는 오사오입을 적용하지 않는다.

(예) 소수점 한 자리(0.1)까지 구할 경우

24.2501 → 24.3 : 오사오입에 해당 안 됨

24.351 → 24.4 : 오사오입에 해당 안 됨

24.25 → 24.2 : 오사오입에 해당됨

24.35 → 24.4 : 오사오입에 해당됨

[문제 풀이 시 주의사항]

☞ 문제의 풀이과정을 연필로 작성한 것은 무효 처리되므로 반드시 볼펜 등으로 작성하여야 한다.

☞ 문제에는 주어진 사항이 있을 경우에는 반드시 그 지시에 따르되 주어진 사항이 없을 경우에는 지적법규의 규정에 의한다.

☞ 계산결과 단위를 옳게 결정하여야 하며 단위를 결정하지 않으면 계산을 하였더라도 채점에서 제외될 수 있다.

(예) 축척 1,200분의 1 도해지역의 면적계산시 123m^2(○), 123.0m^2(×)

축척 500분의 1 수치지역의 면적계산시 123.3m^2(○), 123.263m^2(×)

교 회 점 계 산 부

약 도

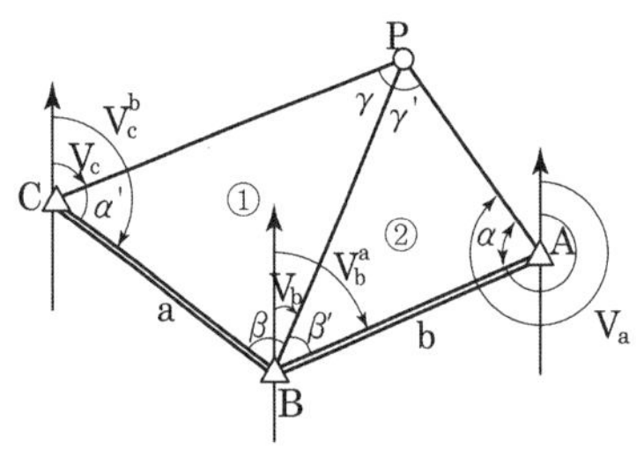

공 식

1. 방위(θ)계산 : $\tan\theta = \dfrac{\Delta y}{\Delta x}$
2. 방위각(V)계산
   I 상한 : θ II 상한 : $180^\circ - \theta$
   III상한 : $180^\circ + \theta$ IV상한 : $360^\circ - \theta$
3. 거리(a 또는 b)계산 : $\sqrt{\Delta x^2 + \Delta y^2}$
4. 삼각형내각계산
   $\alpha = V_a^b - V_a$ $\alpha' = V_c - (V_b^c \pm 180)$
   $\beta = V_b - (V_a^b \pm 180)$ $\beta' = V_b^c - V_b$
   $\gamma = V_a - V_b$ $\gamma' = V_b - V_c$

V_a	V_b	V_c
147° 46′ 40″	102° 05′ 24″	55° 46′ 57″

점 명		X(m)	Y(m)	방 향	Δx	Δy
A	보4	226236.30	118931.51	A → B	−216.63	−207.53
B	보5	226019.67	118723.98	B → C	−226.93	+189.40
C	보6	225792.74	118913.38	A → C	−443.56	−18.13

방 위 각 계 산

방 향	보4 → 보5	방 향	보4 → 보5
$\theta = \tan^{-1}\dfrac{\Delta y_a^b}{\Delta x_a^b}$	43° 46′ 15″	$\theta = \tan^{-1}\dfrac{\Delta y_b^c}{\Delta x_b^c}$	39° 50′ 56″
V_a^b	223° 46′ 15″	V_b^c	140° 09′ 04″

거 리 계 산

a = $\sqrt{\Delta x^2 + \Delta y^2}$	300.00m	b = $\sqrt{\Delta x^2 + \Delta y^2}$	295.58m

삼 각 형 내 각 계 산

각		내 각	각		내 각
①	α	75° 59′ 35″	②	α′	95° 37′ 53″
	β	58° 19′ 09″		β′	38° 03′ 40″
	γ	45° 41′ 16″		γ′	46° 18′ 27″
	합 계	180 00 00		합 계	180 00 00

소 구 점 종 횡 선 계 산

①	X_a	226236.30m	①	Y_a	118931.51m
	$\Delta x_1 = \dfrac{a \cdot \sin\beta}{\sin\gamma}\cos V_a$	−301.84		$\Delta y_1 = \dfrac{a \cdot \sin\beta}{\sin\gamma}\sin V_a$	+190.24
	X_{p1}	225934.46		Y_{p1}	119121.75
②	X_c	225792.74	②	Y_c	118913.38
	$\Delta x_2 = \dfrac{b \cdot \sin\beta'}{\sin\gamma'}\cos V_c$	+141.72		$\Delta y_2 = \dfrac{b \cdot \sin\beta'}{\sin\gamma'}\sin V_c$	+208.40
	X_{p2}	225934.46		Y_{p2}	119121.78
소 구 점 X		225934.46	소 구 점 Y		119121.76

종선교차=0.00 m, 횡선교차=−0.03 m, 연결교차=0.03 m, 공차=0.30 m

계 산 자 :	검 사 자 :

QUESTION Q 예제

02 다음 일반원점 지역의 교회점 관측결과에 의하여 주어진 서식으로 소구점(P)의 좌표를 계산하시오.

1. 기지점

점 명	종선좌표	횡선좌표
보11(A)	6234.50m	3878.75m
보12(B)	6100.50m	3754.33m
보13(C)	6239.38m	3530.57m

2. 소구방위각

$V_a = 316°17'30''$

$V_b = 2°03'05''$

$V_c = 63°34'22''$

3. 약도

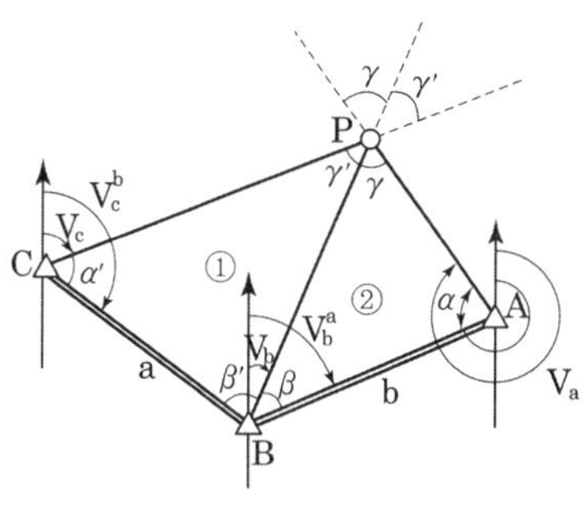

ANSWER & EXPLANATION

1. 종·횡선차 계산

1) A → B 방향이므로, B점 좌표에서 A점의 좌표를 뺀다.

$\Delta X = 6100.50 - 6234.50 = -134\text{m}$

$\Delta Y = 3754.33 - 3878.75 = -124.42\text{m}$

2) B → C 방향이므로, C점 좌표에서 B점의 좌표를 뺀다.

$\Delta X = 6239.38 - 6100.50 = 138.88\text{m}$

$\Delta Y = 3530.57 - 3754.33 = -223.76\text{m}$

3) A → C 방향이므로, C점 좌표에서 A점의 좌표를 뺀다.

$\Delta X = 6239.38 - 6234.50 = 4.88\text{m}$

$\Delta Y = 3530.57 - 3878.75 = -348.18\text{m}$

2. 방위각 계산

① V_a^b의 계산

$$\theta = \tan^{-1}\frac{\Delta Y}{\Delta X} = \tan^{-1}\frac{-124.42}{-134} = 42°52'37''$$

$\overline{AB}$방향이 (ΔX : −) (ΔY : −)이므로 Ⅲ상한에 해당하며 방위각을 구하면

$$V_a^b = 180° + \theta = 180° + 42°52'37'' = 222°52'37''$$

② V_b^c의 계산

$$\theta = \tan^{-1}\frac{\Delta Y}{\Delta X} = \tan^{-1}\frac{-223.76}{138.88} = 58°10'25''$$

$\overline{BC}$방향이 (ΔX : +) (ΔY : −)이므로 Ⅳ상한에 해당하며 방위각을 구하면

$$V_b^c = 360° - \theta = 360° - 58°10'25'' = 301°49'35''$$

3. 거리계산

$a = \sqrt{(-134)^2 + (-124.42)^2} = 182.86\text{m}$

$b = \sqrt{(138.88)^2 + (-223.76)^2} = 263.36\text{m}$(※ 종·횡선의 부호는 생략해도 됨)

4. 삼각형 내각 계산

1) △ABP에서

$\alpha = V_a - V_a^b = 316°17'30'' - 222°52'37'' = 93°24'53''$

$\beta = (V_a^b \pm 180°) - Vb = 222°52'37'' \pm 180° - 2°3'5'' = 40°49'32''$

$\gamma = V_b - V_a = 2°3'5'' - 316°17'30'' = 45°45'35''$

2) △BCP에서

$\alpha' = (V_b^c \pm 180°) - V_c = 301°49'\ 35'' \pm 180° - 63°34'22'' = 58°15'13''$

$\beta' = V_b - V_b^c = 2°3'5'' - 301°49'35'' = 60°13'30''$

$\gamma' = V_c - V_b = 63°34'22'' - 2°3'5'' = 61°31'17''$

5. 소구점 종·횡선차 계산

$$\text{소구변장} = \frac{\sin \text{ 소구변 대각}}{\sin \text{ 기지변 대각}} \times \text{기지변장}$$

1) 종선차 계산

$$\Delta X_1 = \frac{a \times \sin\beta}{\sin\gamma} \times \cos V_a$$

$$= \frac{182.86 \times \sin 40°49'32''}{\sin 45°45'35''} \times \cos 316°17'30'' = 120.62\,\text{m}$$

$$\Delta X_2 = \frac{b \times \sin\beta'}{\sin\gamma'} \times \cos V_c$$

$$= \frac{263.36 \times \sin 60°13'30''}{\sin 61°31'17''} \times \cos 63°34'22'' = 115.74\,\text{m}$$

2) 횡선차 계산

$$\Delta Y_1 = \frac{a \times \sin\beta}{\sin\gamma} \times \sin V_a$$

$$= \frac{182.86 \times \sin 40°49'32''}{\sin 45°45'35''} \times \sin 316°17'30'' = -115.30\,\text{m}$$

$$\Delta Y_2 = \frac{b \times \sin\beta'}{\sin\gamma'} \times \sin V_c$$

$$= \frac{263.36 \times \sin 60°13'30''}{\sin 61°31'17''} \times \sin 63°34'22'' = 232.88\,\text{m}$$

6. 종·횡선 좌표계산

1) 종선좌표 계산

$XP_1 = X_A + \Delta X_1 = 6234.50 + 120.62 = 6355.12\text{m}$

$XP_2 = X_C + \Delta X_2 = 6239.38 + 115.74 = 6355.12\text{m}$

2) 횡선좌표 계산

$YP_1 = Y_A + \Delta Y_1 = 3878.75 + (-115.30) = 3763.45\text{m}$

$YP_2 = Y_C + \Delta Y_2 = 3530.57 + 232.88 = 3763.45\text{m}$

7. 좌표결정

1) P점의 X 좌표$= \dfrac{XP_1 + XP_2}{2} = \dfrac{6355.12 + 6355.12}{2} = 6355.12\text{m}$

2) P점의 Y 좌표$= \dfrac{YP_1 + YP_2}{2} = \dfrac{3763.45 + 3763.45}{2} = 3763.45\text{m}$

8. 교차 및 공차의 계산

1) 종선교차$= XP_1 - XP_2 = 6355.12 - 6355.12 = 0.00\text{m}$

2) 횡선교차$= YP_1 - YP_2 = 3763.45 - 3763.45 = 0.00\text{m}$

3) 연결교차$= \sqrt{\text{종선교차}^2 + \text{횡선교차}^2} = \sqrt{(0.00)^2 + (0.00)^2} = 0.00\text{m}$

4) 공차$= 0.30\text{m}$

교 회 점 계 산 부

약 도

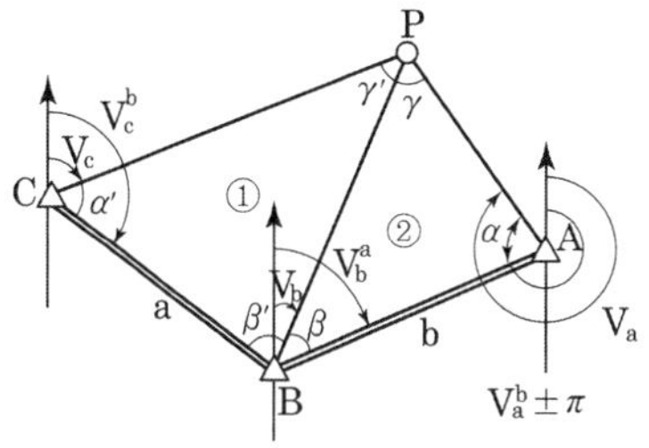

공 식

1. 방위(θ)계산 : $\tan\theta = \frac{\Delta y}{\Delta x}$
2. 방위각(V)계산
   I 상한 : θ　　II 상한 : 180°−θ
   III상한 : 180°+θ　　IV상한 : 360°−θ
3. 거리(a 또는 b)계산
   $\sqrt{\Delta x^2 + \Delta y^2}$
4. 삼각형내각계산
   $\alpha = V_a^b - V_a$　　$\alpha' = V_c - (V_b^c \pm 180)$
   $\beta = V_b - (V_a^b \pm 180)$　　$\beta' = V_b^c - V_b$
   $\gamma = V_a - V_b$　　$\gamma' = V_b - V_c$

V_a	V_b	V_c
316°17′30″	2°03′05″	63°34′22″

점 명		X (m)	Y (m)	방 향	Δx	Δy
A	보11(A)	6234.50	3878.75	A → B	-134.00	−124.42
B	보12(B)	6100.50	3754.33	B → C	138.88	−223.76
C	보13(C)	6239.38	3530.57	A → C	4.88	−348.18

방 위 각 계 산

방 향	A → B	방 향	B → C
$\theta = \tan^{-1}\frac{\Delta y_a^b}{\Delta x_a^b}$	42° 52′ 37″	$\theta = \tan^{-1}\frac{\Delta y_b^c}{\Delta x_b^c}$	58° 10′ 25″
V_a^b	222° 52′ 37″	V_b^c	301° 49′ 35″

거 리 계 산

$a = \sqrt{\Delta x^2 + \Delta y^2}$	182.86 m	$b = \sqrt{\Delta x^2 + \Delta y^2}$	263.36 m

삼 각 형 내 각 계 산

각		내 각	각		내 각
①	α	93° 24′ 53″	②	α'	58° 15′ 13″
	β	40° 49′ 32″		β'	60° 13′ 30″
	γ	45° 45′ 35″		γ'	61° 31′ 17″
	합 계	180 00 00		합 계	180 00 00

소 구 점 종 횡 선 계 산

①	Xa	6234.50 m	①	Ya	3878.75 m
	$\Delta x_1 = \frac{a \cdot \sin\beta}{\sin\gamma}\cos V_a$	120.62		$\Delta y_1 = \frac{a \cdot \sin\beta}{\sin\gamma}\sin V_a$	−115.30
	Xp1	6355.12		Yp1	3763.45
②	Xc	6239.38	②	Yc	3530.57
	$\Delta x_2 = \frac{b \cdot \sin\beta'}{\sin\gamma'}\cos V_c$	115.74		$\Delta y_2 = \frac{b \cdot \sin\beta'}{\sin\gamma'}\sin V_c$	232.88
	Xp2	6355.12		Yp2	3763.45
소 구 점 X		6355.12	소 구 점 Y		3763.45

종선교차 = −0.00m,　횡선교차 = −0.00m,　연결교차 = 0.00m,　공차 = 0.30 m

계 산 자 :	검 사 자 :

QUESTION Q 예제

03 다음 일반원점 지역의 교회점 관측결과에 의하여 주어진 서식으로 소구점(P)의 좌표를 계산하시오. (14점)

1. 기지점

점 명	종선좌표	횡선좌표
보1(A)	4829.71	5656.58
보2(B)	7645.72	4418.95
보3(C)	5579.28	2163.87

2. 관측내각

$\alpha = 75°58'34''$

$\beta = 37°34'58''$

$\alpha' = 79°04'13''$

$\beta' = 33°38'31''$

3. 약도

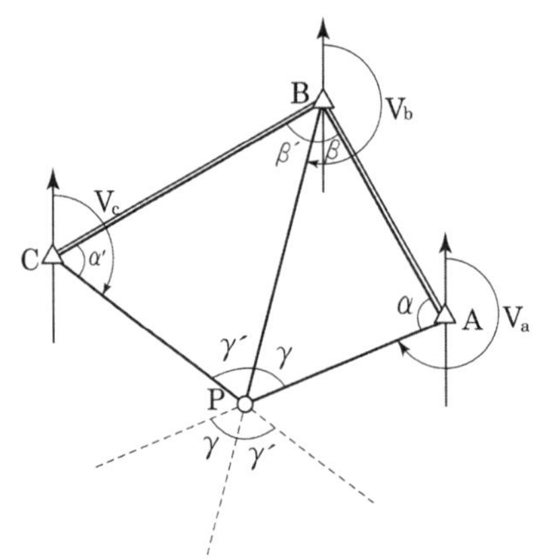

ANSWER & EXPLANATION

1. 종·횡선차 계산

1) A → B 방향이므로, B점 좌표에서 A점의 좌표를 뺀다.

$\Delta X = 7645.72 - 4829.71 = 2816.01\text{m}$

$\Delta Y = 4418.95 - 5656.58 = -1237.63\text{m}$

2) B → C 방향이므로, C점 좌표에서 B점의 좌표를 뺀다.

$\Delta X = 5579.28 - 7645.72 = -2066.44\text{m}$

$\Delta Y = 2163.87 - 4418.95 = -2255.08\text{m}$

3) A → C 방향이므로, C점 좌표에서 A점의 좌표를 뺀다.

$\Delta X = 5579.28 - 4829.71 = 749.57\text{m}$

$\Delta Y = 2163.87 - 5656.58 = -3492.71\text{m}$

2. 방위각 계산

1) V_a^b의 계산

$$\theta = \tan^{-1}\frac{\Delta Y}{\Delta X} = \tan^{-1}\frac{-1237.63}{2816.01} = 23°43'31''$$

$\overline{AB}$방향이 (ΔX : +) (ΔY : −)이므로 Ⅳ상한에 해당하며 방위각을 구하면

$V_a^b = 360° - \theta = 336°16'29''$

2) V_b^c의 계산

$$\theta = \tan^{-1}\frac{\Delta Y}{\Delta X} = \tan^{-1}\frac{-2255.08}{-2066.44} = 47°29'58''$$

$\overline{AB}$방향이 (ΔX : −) (ΔY : −)이므로 Ⅲ상한에 해당하며 방위각을 구하면

$V_b^c = 180° + \theta = 180° + 47°29'58'' = 227°29'58''$

3. 거리계산

$a = \sqrt{(2816.01)^2 + (-1237.63)^2} = 3075.98\text{m}$

$b = \sqrt{(-2066.44)^2 + (-2255.08)^2} = 3058.69\text{m}$

(※ 종·횡선의 부호는 생략해도 됨)

4. 삼각형 내각 계산 및 V_a, V_b, V_c 계산

1) △ABP에서

$\alpha = 75°58'34''$(기지내각)

$\beta = 37°34'58''$(기지내각)

$\gamma = 180° - (\alpha + \beta) = 66°26'28''$

2) △BCP에서

$\alpha' = 79°4'13''$(기지내각)

$\beta' = 33°38'31''$(기지내각)

$\gamma' = 180° - (\alpha + \beta) = 67°17'16''$

3) V_a, V_b, V_c 계산

$V_a = V_a^b - \alpha = 336°16'29'' - 75°58'34'' = 260°17'55''$

$V_b = V_a - \gamma = 260°17'55'' - 66°26'28'' = 193°51'27''$

$V_c = (V_b^c \pm 180°) + \alpha' = 227°29'58'' \pm 180° + 79°4'13'' = 126°34'11''$

or $V_c = V_b - \gamma' = 193°51'27'' - 67°17'16'' = 126°34'11''$

5. 소구점 종·횡선차 계산

$$소구변장 = \frac{\sin 소구변\ 대각}{\sin 기지변\ 대각} \times 기지변장$$

1) 종선차 계산

$$\Delta X_1 = \frac{a \times \sin\beta}{\sin\gamma} \times \cos V_a$$

$$= \frac{3075.98 \times \sin 37°34'58''}{\sin 66°26'28''} \times \cos 260°17'55'' = -344.89\text{m}$$

$$\Delta X_2 = \frac{b \times \sin\beta'}{\sin\gamma'} \times \cos V_c$$

$$= \frac{3058.69 \times \sin 33°38'31''}{\sin 67°17'16''} \times \cos 126°34'11'' = -1094.46\text{m}$$

2) 횡선차 계산

$$\Delta Y_1 = \frac{a \times \sin\beta}{\sin\gamma} \times \sin V_a$$

$$= \frac{3075.98 \times \sin 37°34'58''}{\sin 66°26'28''} \times \sin 260°17'55'' = -2017.38\text{m}$$

$$\Delta Y_2 = \frac{b \times \sin\beta'}{\sin\gamma'} \times \sin V_c$$

$$= \frac{3058.69 \times \sin 33°38'31''}{\sin 67°17'16''} \times \sin 126°34'11'' = 1475.33\text{m}$$

6. 종·횡선 좌표계산

1) 종선좌표 계산

$XP_1 = X_A + \Delta X_1 = 4829.71 + (-344.89) = 4484.82\text{m}$

$XP_2 = X_C + \Delta X_2 = 5579.28 + (-1094.46) = 4484.82\text{m}$

2) 횡선좌표 계산

$YP_1 = Y_A + \Delta Y_1 = 5656.58 + (-2017.38) = 3639.20\text{m}$

$YP_2 = Y_C + \Delta Y_2 = 2163.87 + 1475.33 = 3639.20\text{m}$

7. 좌표결정

1) P점의 X좌표$= \dfrac{XP_1 + XP_2}{2} = \dfrac{4484.82 + 4484.82}{2} = 4484.82\text{m}$

2) P점의 Y좌표$= \dfrac{YP_1 + YP_2}{2} = \dfrac{3639.20 + 3639.20}{2} = 3639.20\text{m}$

8. 교차 및 공차의 계산

1) 종선교차 $= XP_1 - XP_2 = 4484.82 - 4484.82 = 0.00\text{m}$

2) 횡선교차 $= YP_1 - YP_2 = 3639.20 - 3639.20 = 0.00\text{m}$

3) 연결교차 $= \sqrt{\text{종선교차}^2 + \text{횡선교차}^2} = \sqrt{(0.00)^2 + (0.00)^2} = 0.00\text{m}$

4) 공차 $= 0.30\text{m}$

교 회 점 계 산 부

약 도

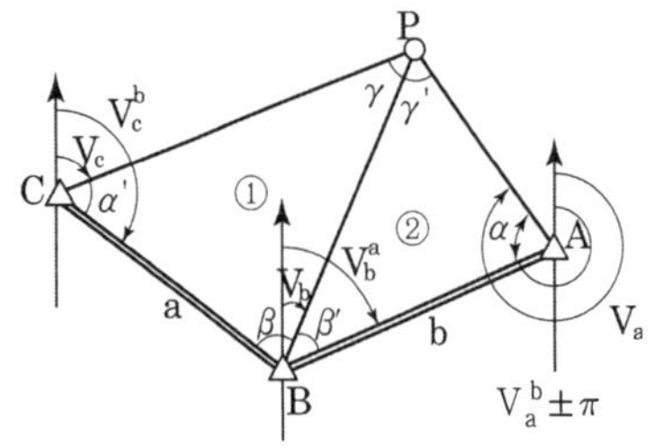

V_a	V_b	V_c
260°17′55″	193°51′27″	126°34′11″

공 식

1. 방위(θ) 계산
   $\tan\theta = \dfrac{\Delta y}{\Delta x}$
2. 방위각(V) 계산
   Ⅰ상한 : θ Ⅱ상한 : $180° - \theta$
   Ⅲ상한 : $180° + \theta$ Ⅳ상한 : $360° - \theta$
3. 거리(a 또는 b) 계산
   $\sqrt{\Delta x^2 + \Delta y^2}$
4. 삼각형내각계산
   $\alpha = V_a^b - V_a$ $\alpha' = V_c - (V_b^c \pm 180)$
   $\beta = V_b - (V_a^b \pm 180)$ $\beta' = V_b^c - V_b$
   $\gamma = V_a - V_b$ $\gamma' = V_b - V_c$

점	명	X (m)	Y (m)
A	보1	4829.71	5656.58
B	보2	7645.72	4418.95
C	보3	5579.28	2163.87

방 향	Δx	Δy
A → B	2816.01	-1237.63
B → C	-2066.44	-2255.08
A → C	749.57	-3492.71

방 위 각 계 산

방 향	보1 → 보2	방 향	보2 → 보3
$\theta = \tan^{-1}\dfrac{\Delta y_a^b}{\Delta x_a^b}$	23° 43′31″	$\theta = \tan^{-1}\dfrac{\Delta y_b^c}{\Delta x_b^c}$	47° 29′58″
V_a^b	336° 16′ 29″	V_b^c	227° 29′58″

거 리 계 산

a $= \sqrt{\Delta x^2 + \Delta y^2}$	3075.98 m	b $= \sqrt{\Delta x^2 + \Delta y^2}$	3058.69 m

삼 각 형 내 각 계 산

각		내 각	각		내 각
①	α	75° 58′34″	②	α'	79° 04′13″
	β	37° 34′58″		β'	33° 38′31″
	γ	66° 26′28″		γ'	67° 17′16″
	합 계	180 00 00		합 계	180 00 00

소 구 점 종 횡 선 계 산

①	Xa	4829.71 m	①	Ya	5656.58 m
	$\Delta x_1 = \dfrac{a \cdot \sin\beta}{\sin\gamma}\cos V_a$	−344.89		$\Delta y_1 = \dfrac{a \cdot \sin\beta}{\sin\gamma}\sin V_a$	−2017.38
	Xp1	4484.82		Yp1	3639.20
②	Xc	5579.28	②	Yc	2163.87
	$\Delta x_2 = \dfrac{b \cdot \sin\beta'}{\sin\gamma'}\cos V_c$	−1094.46		$\Delta y_2 = \dfrac{b \cdot \sin\beta'}{\sin\gamma'}\sin V_c$	1475.33
	Xp2	4484.82		Yp2	3639.20
소 구 점 X		4484.82	소 구 점 Y		3639.20

종선교차 = 0.00m, 횡선교차 = 0.00m, 연결교차 = 0.00m, 공차 = 0.30 m

계 산 자 :	검 사 자 :

QUESTION Q 예제

04 다음 교회점의 관측결과에 의하여 주어진 서식으로 소구점(P)의 좌표를 계산하시오.

1. 기지점

점명		종선좌표(m)	횡선좌표(m)
강원 6	A	5010.64	2643.32
강원 7	B	5010.64	5382.80
강원 8	C	4006.06	4054.41

2. 관측내각

$\alpha = 34°56'11''$

$\gamma = 100°11'52''$

$\gamma' = 50°27'51''$

3. 약도

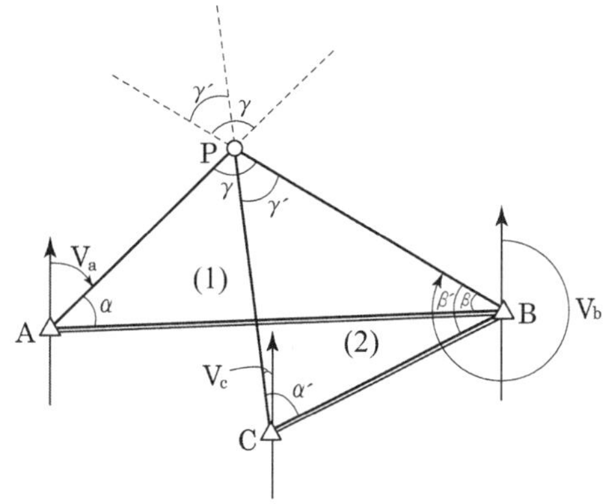

ANSWER & EXPLANATION

1. 종·횡선차 계산

1) A → B 방향이므로, B점 좌표에서 A점의 좌표를 뺀다.

$\Delta X = 5010.64 - 5010.64 = 0\text{m}$

$\Delta Y = 5382.80 - 2643.32 = 2739.48\text{m}$

2) B → C 방향이므로, C점 좌표에서 B점의 좌표를 뺀다.

$\Delta X = 4006.06 - 5010.64 = -1004.58\text{m}$

$\Delta Y = 4054.41 - 5382.80 = -1328.39\text{m}$

3) A → C 방향이므로, C점 좌표에서 A점의 좌표를 뺀다.

$\Delta X = 4006.06 - 5010.64 = -1004.58\text{m}$

$\Delta Y = 4054.41 - 2643.32 = 1411.09\text{m}$

2. 방위각 계산

1) V_a^b의 계산

$$\theta = \tan^{-1}\frac{\Delta Y}{\Delta X} = \tan^{-1}\frac{2739.48}{0} = 90°0'0''$$

$\overline{AB}$방향이 (ΔX : +) (ΔY : +)이므로 Ⅰ상한에 해당하며 방위각을 구하면

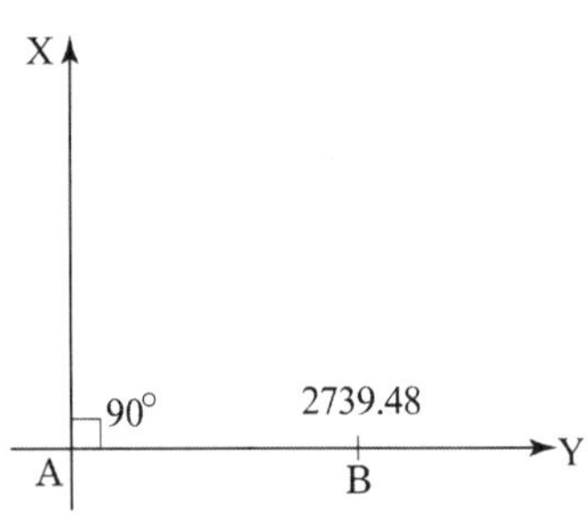

$V_a^b = \theta = 90°0'0''$

2) V_b^c의 계산

$$\theta = \tan^{-1}\frac{\Delta Y}{\Delta X} = \tan^{-1}\frac{-1328.39}{-1004.58} = 52°54'7''$$

$\overline{BC}$방향이 (ΔX : −) (ΔY : −)이므로 Ⅲ상한에 해당하며 방위각을 구하면

$V_b^c = 180° + \theta = 180° + 52°54'7'' = 232°54'7''$

3. 거리계산

$$a = \sqrt{(0)^2 + (2739.48)^2} = 2739.48\,\text{m}$$

$$b = \sqrt{(-1004.58)^2 + (-1328.39)^2} = 1665.47\,\text{m}$$

(※ 종·횡선의 부호는 생략해도 됨)

4. 삼각형 내각 계산 및 V_a, V_b, V_c 계산

1) △ABP에서

α=34°56'11''(기지내각)

β=180°−(α +γ)=44°51'57''

γ=100°11'52''(기지내각)

2) V_a, V_b, V_c 계산

$V_a = V_a^b - \alpha$=90°0'0''−34°56'11''=55°3'49''

$V_b = (V_a^b \pm 180°) + \beta$=90°0'0''± 180°+44°51'57''=314°51'57''

$V_c = V_a - (\gamma - \gamma')$=55°3'49''− (100°11'52''−50°27'51'')=5°19'48''

3) △BCP에서

$\alpha' = (V_b^c \pm 180°) - V_c$=232°54'7''± 180°−5°19'48''=47°34'19''

$\beta' = V_b - V_b^c$=314°51'57''− 232°54'7''=81°57'50''

γ'=50°27'51''(기지내각)

5. 소구점 종·횡선차 계산

$$\text{소구변장} = \frac{\sin \text{ 소구변 대각}}{\sin \text{ 기지변 대각}} \times \text{기지변장}$$

1) 종선차 계산

$$\Delta X_1 = \frac{a \times \sin\beta}{\sin\gamma} \times \cos V_a$$

$$= \frac{2739.48 \times \sin 44°51'57''}{\sin 100°11'52''} \times \cos 55°3'49'' = 1124.48\,\text{m}$$

$$\Delta X_2 = \frac{b \times \sin\beta'}{\sin\gamma'} \times \cos V_c$$

$$= \frac{1665.47 \times \sin 81°57'50''}{\sin 50°27'51''} \times \cos 5°19'48'' = 2129.06\,\text{m}$$

2) 횡선차 계산

$$\Delta Y_1 = \frac{a \times \sin\beta}{\sin\gamma} \times \sin V_a$$

$$= \frac{2739.48 \times \sin 44°51'57''}{\sin 100°11'52''} \times \sin 55°3'49'' = 1609.72\,\text{m}$$

$$\Delta Y_2 = \frac{b \times \sin\beta'}{\sin\gamma'} \times \sin V_c$$

$$= \frac{1665.47 \times \sin 81°57'50''}{\sin 50°27'51''} \times \sin 5°19'48'' = 198.63\,\text{m}$$

6. 종·횡선 좌표계산

1) 종선좌표 계산

$XP_1 = X_A + \Delta X_1 = 5010.64 + 1124.48 = 6135.12\text{m}$

$XP_2 = X_C + \Delta X_2 = 4006.06 + 2129.06 = 6135.12\text{m}$

2) 횡선좌표 계산

$YP_1 = Y_A + \Delta Y_1 = 2643.32 + 1609.72 = 4253.04\text{m}$

$YP_2 = Y_C + \Delta Y_2 = 4054.41 + 198.63 = 4253.04\text{m}$

7. 좌표결정

1) P점의 X 좌표$= \dfrac{XP_1 + XP_2}{2} = \dfrac{6135.12 + 6135.12}{2} = 6135.12\,\text{m}$

2) P점의 Y 좌표$= \dfrac{YP_1 + YP_2}{2} = \dfrac{4253.04 + 4253.04}{2} = 4253.04\,\text{m}$

8. 교차 및 공차의 계산

1) 종선교차 $= XP_1 - XP_2 = 6135.12 - 6135.12 = 0.00\text{m}$

2) 횡선교차 $= YP_1 - YP_2 = 4253.04 - 4253.04 = 0.00\text{m}$

3) 연결교차 $= \sqrt{\text{종선교차}^2 + \text{횡선교차}^2} = \sqrt{(0.00)^2 + (0.00)^2} = 0.00\text{m}$

4) 공차 $= 0.30\text{m}$

교 회 점 계 산 부

약 도

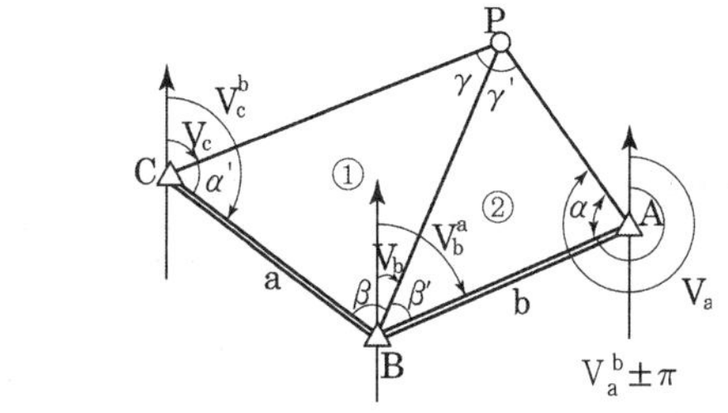

공 식

1. 방위(θ)계산

$$\tan\theta = \frac{\Delta y}{\Delta x}$$

2. 방위각(V)계산

Ⅰ상한 : θ　　Ⅱ상한 : $180° - \theta$

Ⅲ상한 : $180° + \theta$　　Ⅳ상한 : $360° - \theta$

3. 거리(a 또는 b)계산

$$\sqrt{\Delta x^2 + \Delta y^2}$$

4. 삼각형내각계산

$\alpha = V_a^b - V_a$　　$\alpha' = V_c - (V_b^c \pm 180)$

$\beta = V_b - (V_a^b \pm 180)$　　$\beta' = V_b^c - V_b$

$\gamma = V_a - V_b$　　$\gamma' = V_b - V_c$

V_a	V_b	V_c
55°03′49″	314°51′57″	5°19′48″

점 명		X (m)	Y (m)	방 향	Δx	Δy
A	여6	5010.64	2643.32	A → B	0.00	2739.48
B	여7	5010.64	5382.80	B → C	−1004.58	−1328.39
C	양3	4006.06	4054.41	A → C	−1004.58	1411.09

방 위 각 계 산

방 향	A → B	방 향	B → C
$\theta = \tan^{-1}\frac{\Delta y_a^b}{\Delta x_a^b}$	90° 00′ 00″	$\theta = \tan^{-1}\frac{\Delta y_b^c}{\Delta x_b^c}$	52° 54′ 07″
V_a^b	90° 00′ 00″	V_b^c	232° 54′ 07″

거 리 계 산

a= $\sqrt{\Delta x^2 + \Delta y^2}$	2739. 48 m	b= $\sqrt{\Delta x^2 + \Delta y^2}$	1665. 47 m

삼 각 형 내 각 계 산

각		내 각	각		내 각
①	α	34° 56′ 11″	②	α'	47° 34′ 19″
	β	44° 51′ 57″		β'	81° 57′ 50″
	γ	100° 11′ 52″		γ'	50° 27′ 51″
	합 계	180 00 00		합 계	180 00 00

소 구 점 종 횡 선 계 산

①	Xa	5010.64 m	①	Ya	2643.32 m
	$\Delta x_1 = \frac{a \cdot \sin\beta}{\sin\gamma}\cos V_a$	1124.48		$\Delta y_1 = \frac{a \cdot \sin\beta}{\sin\gamma}\sin V_a$	1609.72
	Xp1	6135.12		Yp1	4253.04
②	Xc	4006.06	②	Yc	4054.41
	$\Delta x_2 = \frac{b\sin\beta'}{\sin\gamma'}\cos V_c$	2129.06		$\Delta y_2 = \frac{b\sin\beta'}{\sin\gamma'}\sin V_c$	198.63
	Xp2	6135.12		Yp2	4253.04
소 구 점 X		6135.12	소 구 점 Y		4253.04

종선교차 = 0 m,　횡선교차 = 0 m,　연결교차 = 0 m,　공차 = 0.30 m

계 산 자 :	검 사 자 :

QUESTION Q 예제

05 지적도근측량을 교회법으로 실시하여 다음과 같은 관측방위각을 얻었다. 소구점 P의 좌표를 서식에 의하여 계산하시오.

1. 기지점

점 명	X좌표	Y좌표
A(서영5)	452900.78	189183.25
B(서영7)	455691.83	189183.25
C(서영9)	455691.83	192028.51

2. 소구방위각

V_a=71°52'12''

V_b=134°11'45''

V_c=198°28'59''

3. 약도

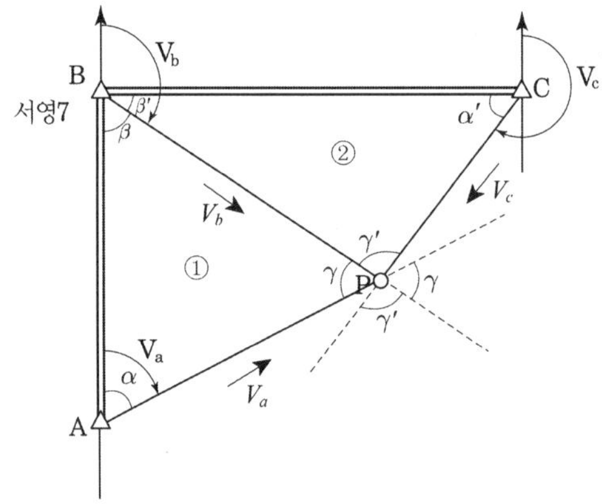

ANSWER & EXPLANATION

1. 기지점역계산

1) 종·횡선차계산

① A−B 방향

$\Delta x = 455691.83 - 452900.78 = 2791.05$

$\Delta y = 0$

② B−C 방향

$\Delta x = 0$

$\Delta y = 192028.51 - 189183.25 = 2845.26$

2. 소구방위각계산

1) V_a^b의 계산

$\theta = \tan^{-1}\frac{0}{2791.05}$ 인데 이 식은 부당하여 도형에서 방위각을 알아야 한다.

$V_a^b = 0°$이다.

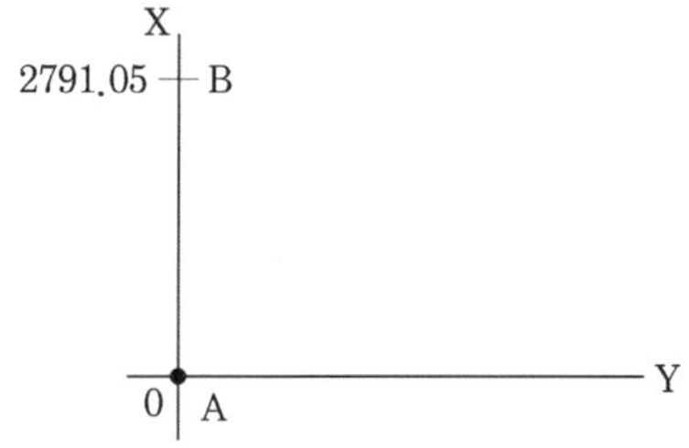

2) V_b^c의 계산

$\theta = \tan^{-1}\frac{2845.26}{0}$ 인데 수식으로는 부적당하여 도형에서 알아야 한다.

$V_b^c = 90°$

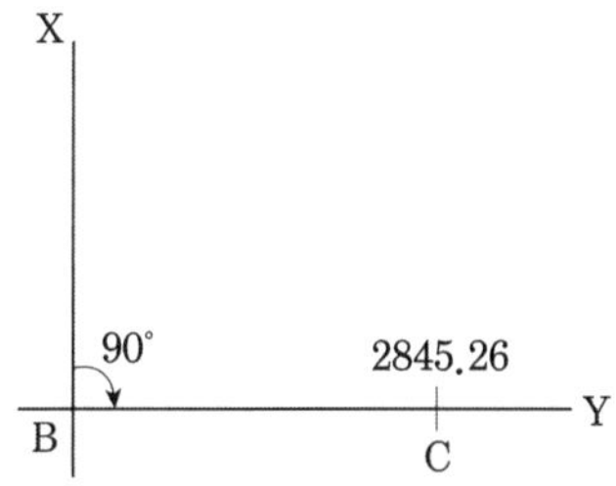

3) 거리계산

a= $\sqrt{\Delta x^2 + \Delta y^2} = \sqrt{2791.05^2 + 0^2} = 2791.05$

b= $\sqrt{0^2 + 2845.26^2} = 2845.26$

종·횡선차에 어느 항이 "0"이면 다음과 같다.

종선차	횡선차	방위각
+수	0	0°00'00"
−수	0	180°00'00"
0	+수	90°00'00"
0	−수	270°00'00"

3. 내각계산

$\alpha = V_a - V_a^b$　　$\alpha' = V_b^c \pm 180 - V_c$

$\beta = V_a^b \pm 180 - V_b$　　$\beta' = V_b - V_b^c$

$\gamma = V_b - V_a$　　$\gamma' = V_c - V_b$

1) ①번 삼각형

$\alpha = V_a - V_a^b = 71°52'12'' - 0 = 71°52'12''$

$\beta = V_a^b \pm 180 - V_b = 0 + 180 - 134°11'45'' = 45°48'15''$

$\gamma = V_b - V_a = 134°11'45'' - 71°52'12'' = 62°19'33''$

합계 : $\alpha + \beta + \gamma = 180°$

2) ②번 삼각형

$\alpha' = V_b^c \pm 180 - V_c = 90° + 180 - 198°28'59'' = 71°31'01''$

$\beta' = V_b - V_b^c = 134°11'45'' - 90° = 44°11'45''$

$\gamma' = V_c - V_b = 198°28'59'' - 134°11'45'' = 64°17'14''$

합계 : $\alpha' + \beta' + \gamma' = 180°$

일반도형에서의 내각

$a = V_a^b - V_a$　　$a' = V_c - V_b^c \pm 180$

$\beta = V_b - V_a^b \pm 180$　　$\beta' = V_b^c - V_b$

$\gamma = V_a - V_b$　　$\gamma' = V_b - V_c$

[주의]　정상도형(일반)이 아닐 때는 내각계산에서 부호가 반대가 된다.

4. 소구점 종·횡선 계산

$$소구변장 = \frac{\sin\ 소구변\ 대각}{\sin\ 기지변\ 대각} \times 기지변장$$

1) 변장 계산

$$AP = \frac{\sin B}{\sin r} \times a = \frac{\sin 45°48'15''}{\sin 62°19'33''} \times 2791.05 = 2259.56$$

$$CP = \frac{\sin B'}{\sin r'} \times b = \frac{\sin 44°11'45''}{\sin 64°17'14''} \times 2845.26 = 2201.46$$

2) 종·횡선차 계산

① A점에서

$\Delta x = AP \cdot \cos V_a = 2259.56 \times \cos 71°52'12'' = 703.12$

$\Delta y = AP \cdot \sin V_a = 2259.56 \times \sin 71°52'12'' = 2147.38$

② C점에서

$\Delta x = CP \cdot \cos V_c = 2201.46 \times \cos 198°28'59'' = -2087.90$

$\Delta y = CP \cdot \sin V_c = 2201.46 \times \sin 198°28'59'' = -697.92$

3) P점의 좌표

① A-P

$P_x = 452900.78 + 703.12 = 453603.90$

$P_y = 189183.25 + 2147.38 = 191330.63$

② C-P

$P_x = 455691.83 + (-2087.90) = 453603.93$

$P_y = 192028.51 + (-697.92) = 191330.59$

4) 두 점의 오차

① 종·횡선차

$\Delta x = 3.90 - 3.93 = -0.03$　　　$\Delta y = 0.63 - 0.59 = 0.04$

② 연결오차

$\sqrt{\Delta x^2 + \Delta y^2} = \sqrt{0.03^2 + 0.04^2} = 0.05$

공차 0.30이내이므로

5) P점 좌표

$$P_x = \frac{453603.90 + 453603.93}{2} = 453603.92$$

$$P_y = \frac{191330.63 + 191330.59}{2} = 191330.62$$

교 회 점 계 산 부

약 도

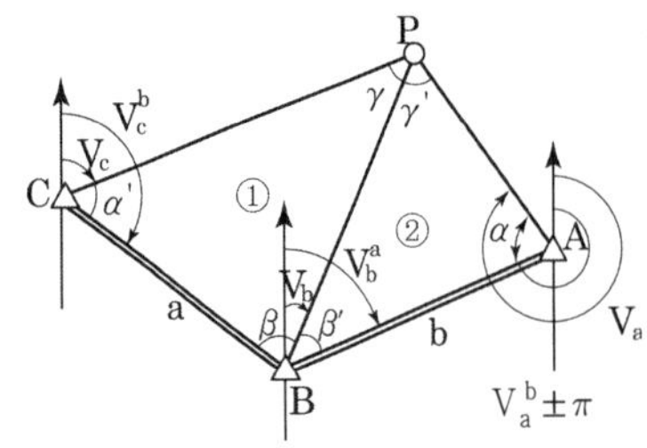

공 식

1. 방위(θ) 계산

$$\tan\theta = \frac{\Delta y}{\Delta x}$$

2. 방위각(V) 계산

Ⅰ상한 : θ　　Ⅱ상한 : $180° - \theta$

Ⅲ상한 : $180° + \theta$　　Ⅳ상한 : $360° - \theta$

3. 거리(a 또는 b) 계산

$$\sqrt{\Delta x^2 + \Delta y^2}$$

4. 삼각형 내각 계산

$\alpha = V_a^b - V_a$　　$\alpha' = V_c - (V_b^c \pm 180)$

$\beta = V_b - (V_a^b \pm 180)$　　$\beta' = V_b^c - V_b$

$\gamma = V_a - V_b$　　$\gamma' = V_b - V_c$

V_a	V_b	V_c
71° 52' 12"	134° 11' 45"	198° 28' 59"

점 명		X (m)	Y (m)
A	서영5	452900.78	189183.25
B	서영9	455691.83	189183.25
C	서영8	455691.83	192028.51

방 향	Δx	Δy
A → B	2791.05m	0.00m
B → C	0.00	2845.26
A → C	2791.05	2845.26

방 위 각 계 산

방 향	서영5 → 서영9	방 향	서영9 → 서영8
$\theta = \tan^{-1}\frac{\Delta y_a^b}{\Delta x_a^b}$	0° 00′ 00″	$\theta = \tan^{-1}\frac{\Delta y_b^c}{\Delta x_b^c}$	90° 00′ 00″
V_a^b	0° 00′ 00″	V_b^c	90° 00′ 00″

거 리 계 산

$a = \sqrt{\Delta x^2 + \Delta y^2}$	2791.05m	$b = \sqrt{\Delta x^2 + \Delta y^2}$	2845.20m

삼 각 형 내 각 계 산

각		내 각	각		내 각
①	α	71° 52′ 12″	②	α'	71° 31′ 01″
	β	45° 48′ 15″		β'	44° 11′ 45″
	γ	62° 19′ 33″		γ'	64° 17′ 14″
	합 계	180 00 00		합 계	180 00 00

소 구 점 종 횡 선 계 산

①	Xa	452900.78m	①	Ya	189183.25m
	$\Delta x_1 = \frac{a \cdot \sin\beta}{\sin\gamma}\cos V_a$	703.12		$\Delta y_1 = \frac{a \cdot \sin\beta}{\sin\gamma}\sin V_a$	2147.38
	Xp	453603.90		Yp1	191330.63
②	Xc	455691.83	②	Yc	192028.51
	$\Delta x_2 = \frac{b \cdot \sin\beta'}{\sin\gamma'}\cos V_c$	−2087.90		$\Delta y_2 = \frac{b \cdot \sin\beta'}{\sin\gamma'}\sin V_c$	−697.91
	Xp2	453603.93		Yp2	191330.00
소 구 점 X		453603.92	소 구 점 Y		191330.62

종선교차 = 0.03m,　횡선교차 = 0.03m,　연결교차 = 0.04m,　공차 = 0.30 m

계 산 자 :	검 사 자 :

5 다각망도선법

(1) 개요

동일한 지역 내에서 지적도근점들은 같은 정밀도를 유지하는 것이 가장 합리적이다. 따라서 이와 같은 조건을 충족시키기 위해서는 도근측량에서도 주변 기지점을 될수록 많이 포함시켜 이들에 맞는 지적도근점의 성과를 얻을 필요가 있다. 다각망도선은 현재 X형, Y형, A형, H형을 표준으로 하여 작업을 시행하도록 규정하고 있으나, 이들 망을 살펴볼 때, X형과 Y형은 교점이 한 개, A형과 H형은 교점이 두 개만 처리된다. 그러나 교점이 3개 이상인 망에 대하여는 이러한 형태의 망을 계속적으로 구성하여 작업을 시행한다는 것은 매우 어려운 일이므로 별도의 합리적인 방법이 요구되며, 이러한 미비점을 보완하여 망의 형태에 구애받지 않고 작업을 시행하는 방법이 복합형인 다각망도선법으로, 이를 교점다각망이라고도 한다.

(2) 관측

1) 망의 구성

기존 도선법에서는 하나의 도선으로 결합도선을 만들어 오차발생의 조건식이 하나만 있어, 이 하나만을 간단히 없애는 계산으로 끝냈으나, 여러 개의 도선이 교차하는 형태로 만들 때는 오차발생의 조건식을 여러 개 만들 수 있으며, 이 여러 개의 오차를 함께 없애는 조정계산을 하여야 한다. 이러한 망을 구성할 때에는 3점 이상의 기지점을 포함한 결합다각방식에 의하고, 1도선(기지점과 교점, 교점과 교점 간)의 점의 수는 20점 이하로 한다. 그리고 측선장(점간거리)은 50m를 기준으로 하며 500m 이하로 한다.

망의 유형	오차 방정식	비 고
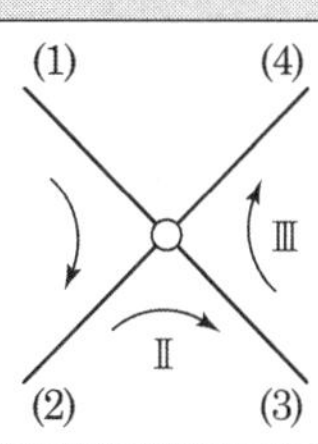	O=(1)−(2)+W1 O=(2)−(3)+W_2 O=(3)−(4)+W_3 O=−(1)+(4)+W_4	원형에 가까운 지구의 망구성에 적합한 형태로 조건식 수는 3개만 만족시키면 된다. (r=4−1=3)

망의 유형	오차 방정식	비 고
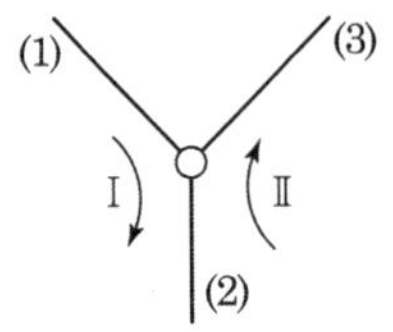	O=(1)−(2)+W_1 O=(2)−(3)+W_2 O=−(1)+(3)+W_3	가장 단순한 망으로 최대조건식 수는 3개이지만 조건식 수는 2개만 만족시키면 된다. (r=3−1=2)
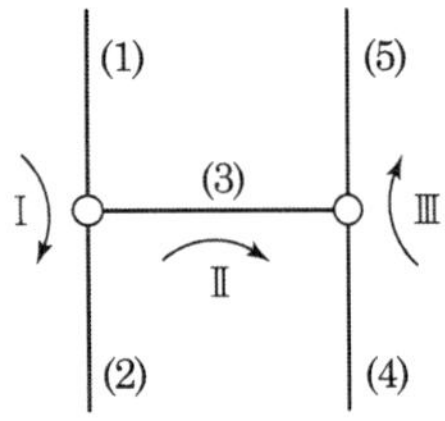 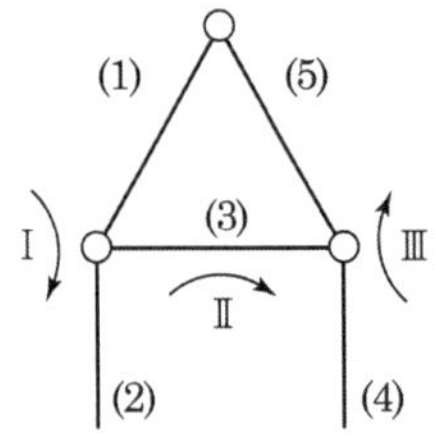	O=(1)−(2)+W_1 O=(2)+(3)−(4)+W_2 O=(4)−(5)+W_3 O=(1)−(3)+(5)+W_4	H, A망형의 경우, 최대조건식수는 4개이지만, 3개만 만족시키면 된다. (r=5−2=3)

2) 다각망의 관측

도선별 각관측은 배각법에 의하여 3배각으로 관측을 실시하며, 교점은 각 노선에서 공통으로 관측할 수 있는 임의의 점을 선택한다. O는 방향표로, 망형별로 각 도선의 공통시준점으로 뚜렷하고 적당한 거리에 있는 점이라야 관측오차를 줄일 수 있다. 관측방법은 기지점에서 출발하여 교점에 이르러 방향표 O점에 폐합시켜야 하고, 정밀도를 높이기 위하여 배각법으로 교각을 관측한다. 기지점 A에서 출발하여 (1)도선을 따라 교점에 도착하여 O점에 폐합시킨 관측방위각에서 기지점 B에서 출발하여 (2)도선을 따라 교점에 도착하여 O점에 폐합시킨 관측방위각을 빼면 작지만 차가 생기기 마련이다.

오차 W_1=(1)도선을 거쳐 관측한 방위각 −(2)도선을 거쳐 관측한 방위각

또, (2)도선과 (3)도선의 경우도 마찬가지로 W_2를 얻게 되는데 최소조건식 수(3−1=2)를 만족시키면 나머지 조건식은 충족하므로 Y망형에서는 조건식 중 W_1, W_2를 산출하여 조정계산을 한다.

이때의 측각오차, 즉 도선별 평균방위각과 관측방위각에 대한 폐색차와의 허용공차는 1등도선의 경우 $\pm 20\sqrt{n}$초 이내, 2등도선은 $\pm 30\sqrt{n}$초 이내로 n은 변수를 말한다.

또한 각 도선으로부터 계산된 교점의 종·횡선좌표의 연결오차에 대한 공차는 1등도선은 $M \times \frac{1}{100}\sqrt{n}\,\text{cm}$ 이하, 2등도선은 $M \times \frac{1.5}{100}\sqrt{n}\,\text{cm}$ 이내로 여기서 n은 거리의 합을 100으로 나눈 수를 말한다.

(3) 계산

1) 조건식 수의 계산

망형태	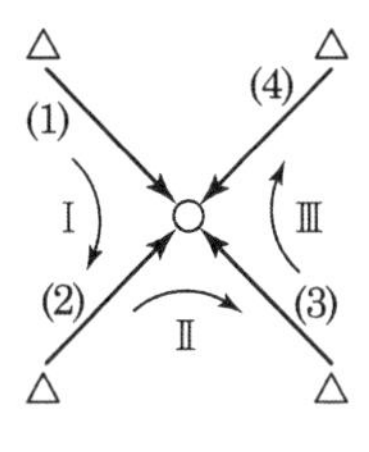 X형	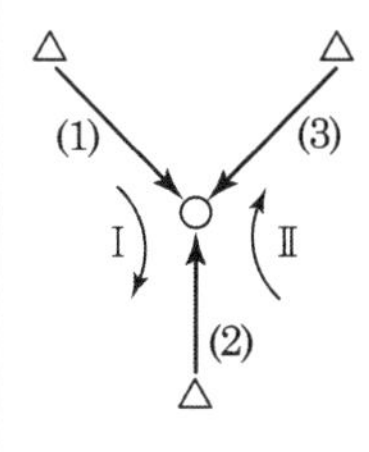 Y형	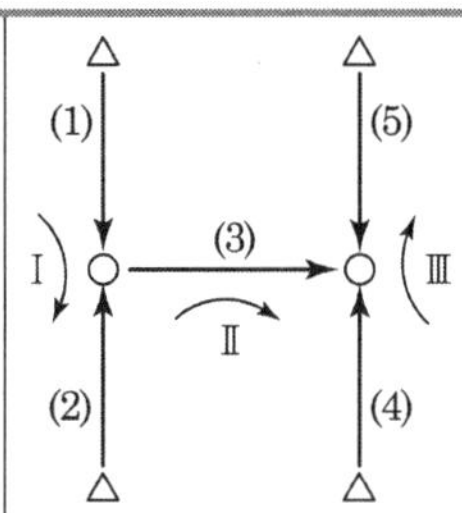 H형	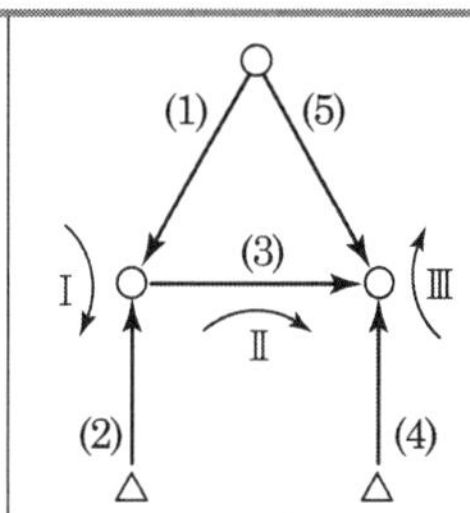 A형
조건식	$(1)-(2)+W_1=0$ $(2)-(3)+W_2=0$ $(3)-(4)+W_3=0$	$(1)-(2)+W_1=0$ $(2)-(3)+W_2=0$	$(1)-(2)+W_1=0$ $(2)+(3)-(4)+W_2=0$ $(4)-(5)+W_3=0$	
최소 조건식 수(r)=도선 수(n)−교점 수(μ)				

2) 평균방위각의 계산

$$\text{평균방위각} = \frac{\left[\dfrac{\sum \alpha}{\sum N}\right]}{\left[\dfrac{1}{\sum N}\right]}$$

여기서, $\sum N$: 도선별 측점 수의 합

$\sum \alpha$: 도선별 관측방위각의 합

계산 시(방위각) 도, 분단위를 같게 하고 초단위만을 사용

3) 평균방위각 보정

평균방위각 − 관측방위각

4) 종·횡선좌표의 평균계산

$$\text{종선좌표의 평균값} = \frac{\dfrac{\sum X}{\sum S}}{\dfrac{1}{\sum S}}$$

$$횡선좌표의\ 평균값 = \frac{\frac{\sum Y}{\sum S}}{\frac{1}{\sum S}}$$

여기서, $\sum S$: 도선별 측점 간 거리의 합

$\sum X$: 도선별로 계산된 교점의 종선좌표 합

$\sum Y$: 도선별로 계산된 교점의 횡선좌표 합

m 단위까지 같게 하고 cm 단위만 사용하여 계산

5) 평균 종·횡선좌표의 보정

평균좌표－관측좌표

(4) 실전문제

QUESTION Q 예제

01 지적도근측량을 Y형의 교점다각망으로 구성하여 다음과 같이 교점에서 방향 Q에 대한 관측방위각과 교점에 대한 계산 종·횡선좌표를 산출하였다. 주어진 서식에 의하여 평균방위각과 평균 종·횡선좌표를 구하시오.

도선	측점수	도선거리	관측방위각	계산종선좌표	계산횡선좌표
(1)	7	45.2	281°10′20″	4567.89	3456.45
(2)	9	53.5	281°10′32″	4567.75	3456.37
(3)	6	40.5	281°10′15″	4567.85	3456.52

ANSWER & EXPLANATION

① Y망 약도에 기지점명과 교점명을 쓰고,

② 경중률 칸에는 측각오차에 대한 경중률로 폐색변을 포함한 변수로 하고, (1)도선은 7변, (2)도선은 9변, (3)도선은 6변을 ΣN란에 도선별로 기록한다.

③ ΣS는 종·횡선오차의 조정을 하기 위한 것으로 도선별 측선의 합(Σ)으로 하고, (1)도선은 45.2m, (2)도선은 53.5m, (3)도선은 40.5m를 쓰거나, 계산단위를 편리하게 $\frac{1}{10}$ 또는 $\frac{1}{100}$로 하여 경중률로 하고 각 도선에 기록한다. (예제 5-1 풀이에서는 $\frac{1}{10}$로 하였음)

④ 방위각에서 순서 「Ⅰ」은 (1)−(2)= W_1으로 (1)도선에 의하여 교점에서 Q점에 대한 방위각(280°10′20″)을 기록하고, 아래에 (2)도선의 방위각(281°10′32″)을 쓴 다음, (1)−(2)에서 교차(−12″)를 W_1란에 쓴다.

⑤ 「Ⅱ」에는 (2)도선의 방위각(281°10′32″)을 쓰고, 아래에 (3)도선의 방위각(281°10′15″)을 쓴 다음, (2)−(3)의 교차(+17″)를 W_2란에 쓴다.

⑥ 평균방위각은 조정 계산 조건식이 간단하므로 다음 식을 사용하여 평균한다. 계산에 있어 281°10′는 동일하고, 초단위만 틀리므로 초단위만을 이용하여 평균을 구한다.

$$평균방위각 = \frac{\left[\frac{\Sigma\alpha}{\Sigma N}\right]}{\left[\frac{1}{\Sigma N}\right]} = \frac{\frac{20}{7}+\frac{32}{9}+\frac{15}{6}}{\frac{1}{7}+\frac{1}{9}+\frac{1}{6}} = \frac{3,369}{378}\times\frac{378}{159} = 21''$$

평균값 21″, 즉 281°10′21″를 각 도선의 평균란에 쓴다. 이것은 도선별 도근측량 계산부 도착점(교점) 기지각란에 쓴다.

⑦ 보정란에는 각 도선에 평균값과 관측값과의 차를 계산하여 쓴다. 이 보정값은 각 도선의 도근측량계산부의 측각 오차로 관측값을 보정하는 배부수의 합으로 한다. 다시 말하면 평균값은 교점(도착점)에서 Q방향을 기지방위각으로 생각하고 그 차를 오차로 보아 각 측선에 배부하게 된다.

그래서 +1″는 (1)도선의 측각오차, −11″는 (2)도선의 측각오차, +6″는 (3)도선의 측각오차인 셈이다.

⑧ 측정방법에 따라 오차 배부공식에 의하여 배부하고 방위각을 계산하여 쓴다.

⑨ 다음은 각 도선의 종선차(ΔX), 횡선차(ΔY)를 계산하여 출발점의 종횡선좌표에 종·횡선차의 합을 더하여 교점의 좌표를 각각 계산한다.

(1)도선의 교점좌표는 $X_1 = 4567.89$m, $Y_1 = 3456.46$m, (2)도선 $X_2 = 4567.75$m, $Y_2 = 3456.37$m, (3)도선 $X_3 = 4567.85$m, $Y_3 = 3456.52$m이다.

이와 같이 교점의 좌표는 각 도선별로 관측계산 한 것이 3개가 생긴다.

⑩ 위의 종·횡선좌표를 해당란에 쓰고 오차를 계산하여 쓴다. 종·횡선좌표의 평균값은 각 도선의 길이에 의한 경중률을 적용하여 계산한다.(단, 여기서는 m 미만의 수치만 사용하여 계산하였음)

$$종선좌표의\ 평균값 = \frac{\left[\frac{\Sigma X}{\Sigma S}\right]}{\left[\frac{1}{\Sigma S}\right]} = \frac{\frac{0.89}{45.2}+\frac{0.75}{53.5}+\frac{0.85}{40.5}}{\frac{1}{45.2}+\frac{1}{53.5}+\frac{1}{40.5}} = 0.83\,\text{m}$$

$$횡선좌표의\ 평균값 = \frac{\left[\frac{\Sigma Y}{\Sigma S}\right]}{\left[\frac{1}{\Sigma S}\right]} = \frac{\frac{0.46}{45.2}+\frac{0.37}{53.5}+\frac{0.52}{40.5}}{\frac{1}{45.2}+\frac{1}{53.5}+\frac{1}{40.5}} = 0.46\,\text{m}$$

교점다각망계산부(X·Y형)

약 도

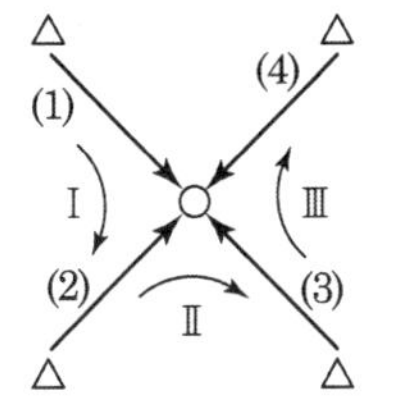

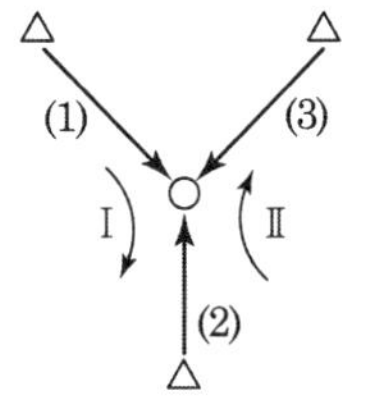

조건식			조건식		
조	I	$(1)-(2)+W_1=0$	조	I	$(1)-(2)+W_1=0$
건	Ⅱ	$(2)-(3)+W_2=0$	건	Ⅱ	$(2)-(3)+W_2=0$
식	Ⅲ	$(3)-(4)+W_3=0$	식		

경중율		ΣN	ΣS	경중률		ΣN	ΣS
경	(1)			경	(1)	7	45.20
중	(2)			중	(2)	9	53.50
율	(3)			률	(3)	6	40.50
	(4)						

1. 방위각

순서	도선	관 측	보정	평 균
I	(1)	281°10′20.0″	+1.0	281°10′21.0″
	(2)	281° 10′32.0″	-11.0	281°10′21.0″
	W_1	-12.0		
Ⅱ	(2)	281° 10′32.0″	-11.0	281°10′21.0″
	(3)	281° 10′15.0″	+6.0	281°10′21.0″
	W_2	+17.0		
Ⅲ	(3)			
	(4)			
	W_3			

2. 종선좌표

순서	도선	관 측	보정	평 균
I	(1)	4567.89	-0.06	4567.83
	(2)	4567.75	+0.08	4567.83
	W_1	+0.14		
Ⅱ	(2)	4567.75	+0.08	4567.83
	(3)	4567.85	-0.02	4567.83
	W_2	-0.10		
Ⅲ	(3)	.		.
	(4)	.		.
	W_3	.		.

3. 횡선좌표

순서	도선	관 측	보정	평 균
I	(1)	3456.46	0	3456.46
	(2)	3456.37	+0.09	3456.46
	W_1	+0.09		
Ⅱ	(2)	3456.37	+0.09	3456.46
	(3)	3456.52	-0.06	3456.46
	W_2	-0.15		
Ⅲ	(3)	.		.
	(4)	.		.
	W_3	.		.

4. 계 산

1) 방위각 $= \dfrac{[\dfrac{\Sigma\alpha}{\Sigma N}]}{[\dfrac{1}{\Sigma N}]} = \dfrac{\dfrac{20}{7}+\dfrac{32}{9}+\dfrac{15}{6}}{\dfrac{1}{7}+\dfrac{1}{9}+\dfrac{1}{6}} = 21''$

2) 종선좌표 $= \dfrac{[\dfrac{\Sigma X}{\Sigma S}]}{[\dfrac{1}{\Sigma S}]} = \dfrac{\dfrac{0.89}{45.2}+\dfrac{0.75}{53.5}+\dfrac{0.85}{40.5}}{\dfrac{1}{45.2}+\dfrac{1}{53.5}+\dfrac{1}{40.5}} = 0.83\text{m}$

3) 횡선좌표 $= \dfrac{[\dfrac{\Sigma Y}{\Sigma S}]}{[\dfrac{1}{\Sigma S}]} = \dfrac{\dfrac{0.46}{45.2}+\dfrac{0.37}{53.5}+\dfrac{0.52}{40.5}}{\dfrac{1}{45.2}+\dfrac{1}{53.5}+\dfrac{1}{40.5}} = 0.46\text{m}$

W=오차, N=도선별점수, S=측점간거리, α=관측방위각

QUESTION Q 예제

02 지적도근량을 X형의 교점다각망으로 구성하여 다음과 같이 교점에서 방향표(Q)에 대한 관측방위각과 교점에 대한 계산좌표를 산출하였다. 교점의 평균방위각과 평균좌표를 구하시오.

경중률	ΣN	ΣS	관측방위각	계산종선좌표	계산횡선좌표
(1)	19	3.84	(1) 185°16'46"	(1) 5584.89	(1) 7895.37
(2)	15	3.00	(2) 185°17'13"	(2) 5585.08	(2) 7895.49
(3)	20	4.18	(3) 185°17'05"	(3) 5584.90	(3) 7895.40
(4)	11	2.29	(4) 185°16'55"	(4) 5585.10	(4) 7895.39

ANSWER & EXPLANATION

1. Y형 망 조건식

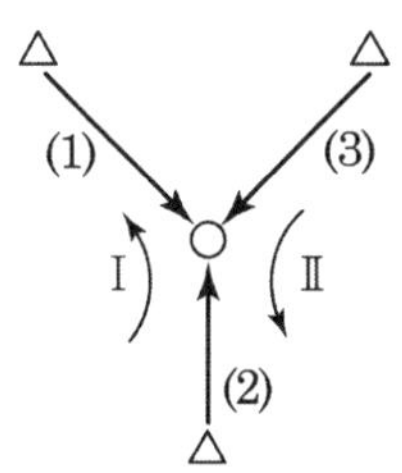

$$\text{I} : (1)-(2)+W_1=0$$

$$\text{II} : (2)-(3)+W_2=0$$

최소 조건식 수(r)=도선수(n)−(μ)

X망형 : $r=4-1=3$

Y망형 : $r=3-1=2$

A.H : $r=5-2=3$

여기서, ΣN : 도선별 폐색변을 포함한 변수

ΣS : 도선별 측점 간 거리의 합을 km 단위로 기록

$\Sigma\alpha$: 도선별 관측방위각

도선별 관측방위각은 도, 분은 같도록 하고 초단위 각도만을 대입하여 계산이 간단하도록 한다.

2. 조건식

I : (1)−(2)+ W_1 = 0

II : (2)−(3)+ W_2 = 0

III : (3)−(4)+ W_3 = 0

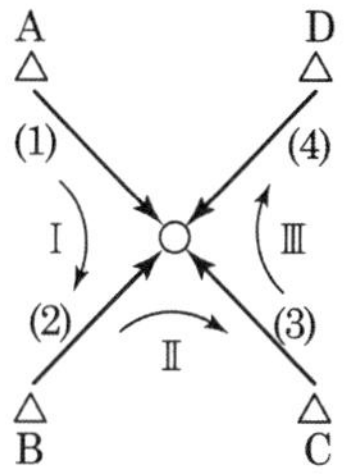

3. 방위각의 평균계산

$$\text{방위각} = \frac{\left|\frac{\sum a}{\sum N}\right|}{\left|\frac{1}{\sum N}\right|} = \frac{\frac{46}{19}+\frac{73}{15}+\frac{65}{20}+\frac{55}{11}}{\frac{1}{19}+\frac{1}{15}+\frac{1}{20}+\frac{1}{11}} = \frac{15.5377193}{0.260207336} = 59.7 = 60''$$

여기서, 도, 분 단위의 공통수(185°16')를 제외하고 초단위만 사용하였다. 그러므로 평균방위각은 185°17'00"이다.

4. 종·횡선좌표의 평균계산

$$\text{종선좌표} = \frac{\left[\frac{\sum X}{\sum S}\right]}{\left[\frac{1}{\sum S}\right]}$$

$$\text{횡선좌표} = \frac{\left[\frac{\sum Y}{\sum S}\right]}{\left[\frac{1}{\sum S}\right]}$$

여기서, ΣS : 도선별 측점 간 거리의 합

ΣX : 도선별로 계산된 교점의 종선좌표 합

ΣY : 도선별로 계산된 교점의 횡선좌표 합

1) 종선좌표 $= \dfrac{\dfrac{0.89}{3.84}+\dfrac{1.08}{3.00}+\dfrac{0.90}{4.18}+\dfrac{1.10}{2.29}}{\dfrac{1}{3.84}+\dfrac{1}{3.00}+\dfrac{1}{4.18}+\dfrac{1}{2.29}}$

$= \dfrac{1.287431183}{1.269665672} = 1.01\text{m}\,(101\text{cm})$

여기서, m 단위까지의 공통수(5584.00)를 제외하고 cm 단위만 사용.
그러므로 교점의 평균종선좌표는 5585.01m이다.

2) 횡선좌표 $= \dfrac{\dfrac{0.37}{3.84}+\dfrac{0.49}{3.00}+\dfrac{0.40}{4.18}+\dfrac{0.39}{2.29}}{\dfrac{1}{3.84}+\dfrac{1}{3.00}+\dfrac{1}{4.18}+\dfrac{1}{2.29}}$

$= \dfrac{0.525686956}{1.269665672} = 0.41\text{m}\,(41\text{cm})$

평균횡선좌표는 7895.41m

교점다각망계산부(X·Y형)

약 도

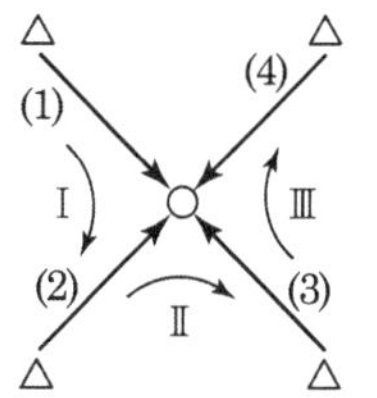

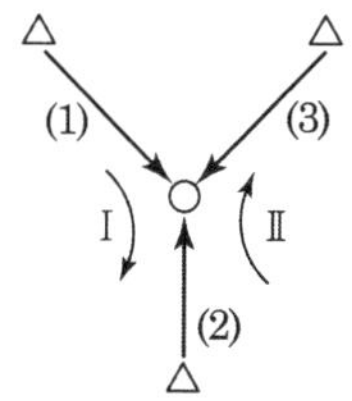

조건식	Ⅰ	$(1)-(2)+W_1=0$		조건식	Ⅰ	$(1)-(2)+W_1=0$	
	Ⅱ	$(2)-(3)+W_2=0$			Ⅱ	$(2)-(3)+W_2=0$	
	Ⅲ	$(3)-(4)+W_3=0$					
경중률		ΣN	ΣS	경중률		ΣN	ΣS
	(1)	19	3.84		(1)		
	(2)	15	3.00		(2)		
	(3)	20	4.18		(3)		
	(4)	11	2.29				

1. 방위각

순서	도선	관 측	보정	평 균
Ⅰ	(1)	185° 16′ 46″	+14	185° 17′ 00″
	(2)	185 17 13	−13	185 17 00
	W_1	−27		
Ⅱ	(2)	185 17 13	−13	185 17 00
	(3)	185 17 05	−5	185 17 00
	W_2	+8		
Ⅲ	(3)	185 17 05	−5	185 17 00
	(4)	185 16 55	+5	185 17 00
	W_3	+10		

2. 종선좌표

순서	도선	관 측	보정	평 균
Ⅰ	(1)	5584.89	+0.12	5585.01
	(2)	5585.08	−0.07	5585.01
	W_1	−0.19		
Ⅱ	(2)	5585.08	−0.07	5585.01
	(3)	5584.90	+0.11	5585.01
	W_2	+0.18		
Ⅲ	(3)	5584.90	+0.11	5585.01
	(4)	5585.10	−0.09	5585.01
	W_3	−0.2		

3. 횡선좌표

순서	도선	관 측	보정	평 균
Ⅰ	(1)	7895.37	+0.04	7895.41
	(2)	7895.49	−0.08	7895.41
	W_1	−0.12		
Ⅱ	(2)	7895.49	−0.08	7895.41
	(3)	7895.40	+0.01	7895.41
	W_2	−0.09		
Ⅲ	(3)	7895.40	+0.01	7895.41
	(4)	7895.39	+0.02	7895.41
	W_3	−0.01		

4. 계 산

1) 방위각 $=\dfrac{\left[\dfrac{\Sigma\alpha}{\Sigma N}\right]}{\left[\dfrac{1}{\Sigma N}\right]}=\dfrac{\dfrac{46}{19}+\dfrac{73}{15}+\dfrac{65}{20}+\dfrac{55}{11}}{\dfrac{1}{19}+\dfrac{1}{15}+\dfrac{1}{20}+\dfrac{1}{11}}=60''$

2) 종선좌표 $=\dfrac{\left[\dfrac{\Sigma X}{\Sigma S}\right]}{\left[\dfrac{1}{\Sigma S}\right]}=\dfrac{\dfrac{0.89}{3.84}+\dfrac{1.08}{3.00}+\dfrac{0.90}{4.18}+\dfrac{1.10}{2.29}}{\dfrac{1}{3.84}+\dfrac{1}{3.00}+\dfrac{1}{4.18}+\dfrac{1}{2.29}}=1.01\text{m}(101\text{cm})$

3) 횡선좌표 $=\dfrac{\left[\dfrac{\Sigma Y}{\Sigma S}\right]}{\left[\dfrac{1}{\Sigma S}\right]}=\dfrac{\dfrac{0.37}{3.84}+\dfrac{0.49}{3.00}+\dfrac{0.40}{4.18}+\dfrac{0.39}{2.29}}{\dfrac{1}{3.84}+\dfrac{1}{3.00}+\dfrac{1}{4.18}+\dfrac{1}{2.29}}=0.41\text{m}(41\text{cm})$

W=오차, N=도선별점수, S=측점간거리, α=관측방위각

QUESTION Q 예제

03 Y망의 관측결과에 의하여 평균방위각과 평균좌표를 계산하시오.

도선	측점수	도선거리	관측방위각	계산종선좌표	계산횡선좌표
(1)	4	2.37	251°20′01″	1795.93	6535.68
(2)	5	2.96	251°20′08″	1795.83	6535.70
(3)	3	2.00	251°20′28″	1795.95	6535.74

ANSWER & EXPLANATION

교점다각망계산부(X·Y형)

약 도

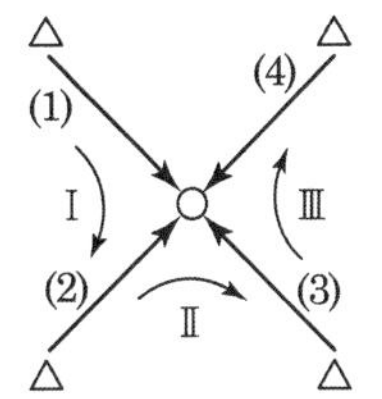

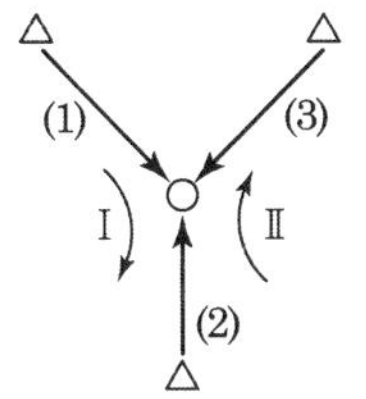

조건식			조건식		
I	(1)-(2)+W_1=0		I	(1)-(2)+W_1=0	
Ⅱ	(2)-(3)+W_2=0		Ⅱ	(2)-(3)+W_2=0	
Ⅲ	(3)-(4)+W_3=0				

경중률	ΣN	ΣS	경중률	ΣN	ΣS
(1)			(1)	4	2.37
(2)			(2)	5	2.96
(3)			(3)	3	2.00
(4)					

1. 방위각

순서	도선	관 측	보정	평 균
I	(1)	251° 20′01″	+13	251° 20′14″
	(2)	251 20 08	+6	251° 20′14″
	W_1	-07″		
Ⅱ	(2)	251 20 08	+06	251° 20′14″
	(3)	251 20 28	-14	251° 20′14″
	W_2	-20″		
Ⅲ	(3)			
	(4)			
	W_3			

2. 종선좌표

순서	도선	관 측	보정	평 균
I	(1)	1795.93	-0.01	1795.92
	(2)	1795.83	+0.09	1795.92
	W_1	-0.10		
Ⅱ	(2)	1795.83	+0.09	1795.92
	(3)	1795.95	-0.03	1795.92
	W_2	-0.12		
Ⅲ	(3)			
	(4)			
	W_3			

3. 횡선좌표

순서	도선	관 측	보정	평 균
I	(1)	6535.68	+0.03	6535.71
	(2)	6535.70	+0.01	6535.71
	W_1	-0.02		
Ⅱ	(2)	6535.70	+0.01	6535.71
	(3)	6535.74	-0.03	6535.71
	W_2	-0.04		
Ⅲ	(3)			
	(4)			
	W_3			

4. 계 산

1) 방위각 $= \dfrac{[\frac{\Sigma\alpha}{\Sigma N}]}{[\frac{1}{\Sigma N}]} = \dfrac{\frac{1}{4}+\frac{8}{5}+\frac{28}{3}}{\frac{1}{4}+\frac{1}{5}+\frac{1}{3}} = \dfrac{11.183}{0.78} = 14''$ (평균방위각 251°20′14″)

2) 종선좌표 $= \dfrac{[\frac{\Sigma X}{\Sigma S}]}{[\frac{1}{\Sigma S}]} = \dfrac{\frac{0.93}{2.37}+\frac{0.83}{2.96}+\frac{0.95}{2.00}}{\frac{1}{2.37}+\frac{1}{2.96}+\frac{1}{2.00}} = \dfrac{1.1478}{1.2598} = 0.92$(1795.92)

3) 횡선좌표 $= \dfrac{[\frac{\Sigma Y}{\Sigma S}]}{[\frac{1}{\Sigma S}]} = \dfrac{\frac{0.68}{2.37}+\frac{0.70}{2.96}+\frac{0.74}{2.00}}{\frac{1}{2.37}+\frac{1}{2.96}+\frac{1}{2.00}} = \dfrac{0.8934}{1.2548} = 0.71$(6535.71)

W=오차, N=도선별 점수, S=측점 간 거리, α=관측방위각

QUESTION Q 예제

04 지적도근측량을 A형의 교점다각망으로 구성하여 관측한 교점의 1차 계산결과에 의하여 평균방위각과 평균 종·횡선좌표를 계산하시오.

도선	측점수(ΣN)	도선거리(ΣS)	관측방위각	계산종선좌표	계산횡선좌표
(1)	2	1.00	276 06 01	5704.20	6369.55
(2)	4	2.02	276 05 48	5704.24	6369.56
(3)	4	1.91	246 57 58	7565.96	6475.99
(4)	5	2.48	246 57 56	7565.95	6475.97
(5)	3	1.49	246 58 15	7565.91	6475.97

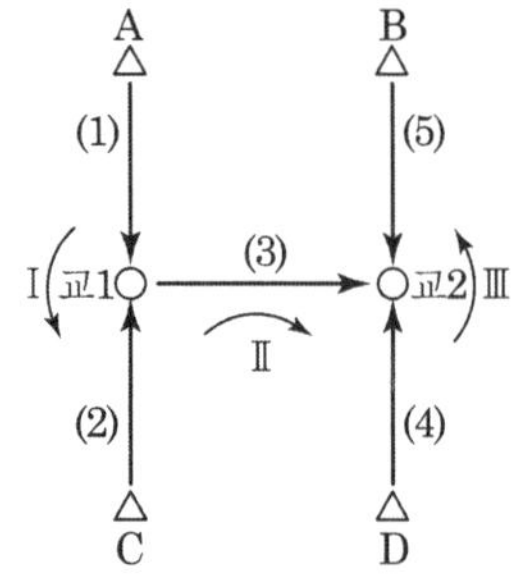

H형 망

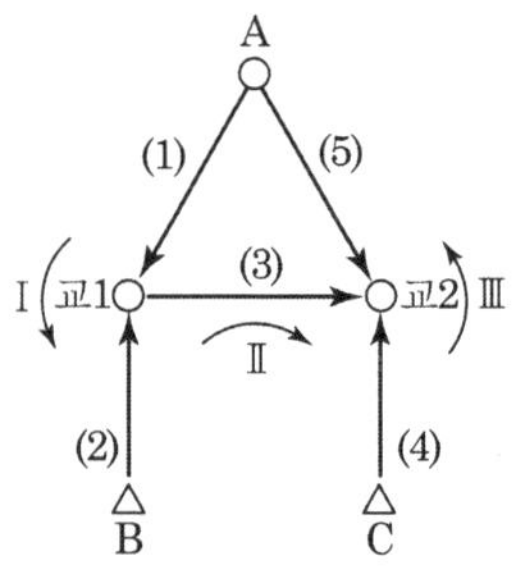

A형 망

[H·A망의 조건식]

I : (1)−(2)+W_1 = 0

II : (2)+(3)−(4)+W_2 = 0

III : (4)−(5)+W_3 = 0

IV : (5)−(3)−(1)+W_4 = 0

여기서, W_1, W_2, W_3, W_4 : 교점에서의 방위각 오차 또는 종·횡선오차 계산은 3개의 조건식 사용

ANSWER & EXPLANATION

1. 조건방정식

최소조건식 수=도선 수−교점 수(5−2=3)

H, A형의 조건식

Ⅰ : (1)−(2)+W_1=0

Ⅱ : (2)+(3)−(4)+W_2=0

Ⅲ : (4)−(5)+W_3=0

Ⅳ : (5)−(3)−(1)+W_4=0

1) 방위각

Ⅰ : (1)−(2)+13″

Ⅱ : (2)+(3)−(4)+2″=0

Ⅲ : (4)−(5)−19=0

2) 종선좌표

Ⅰ : (1)−(2)−0.04=0

Ⅱ : (2)+(3)−(4)+0.02=0

Ⅲ : (4)−(5)+0.04=0

3) 횡선좌표

Ⅰ: (1)−(2)−0.01=0

Ⅱ: (2)+(3)−(4)+0.02=0

Ⅲ: (4)−(5)+0=0

2. W_1, W_2, W_3(교점에서의 방위각 및 종·횡선 좌표) 계산(오차의 계산(교차))

1) 방위각

W_1=276°06′01″−276°05′48″=+13″

W_2=246°57′58″−246°57′56″=+2″

W_3=246°57′56″−246°58′15″=−19″

2) 종선좌표

W_1=5704.20−5704.24=−0.04m

W_2=7565.96−7565.95=+0.01m

W_3=7565.95−7565.91=+0.04m

3) 횡선좌표

W_1=6396.55−6369.56=−0.01m

$W_2 = 6475.99 - 6475.97 = +0.02m$

$W_3 = 6475.97 - 6475.97 = 0$

3. 상관방정식

1) 계산의 편리를 위해 ΣN(각 도선의 측점의 합계)을 동일하게 10으로 나눈다.
2) ΣS(각 도선의 거리의 합계)를 동일하게 1000으로 나눈다. 이것을 경중률로 할 수 있다.(여기서는 1로 나누어 그대로 사용)
3) 조건방정식의 도선명(부호)에 동일하게 1씩의 경중률을 주었다.
4) 상관방정식

순서	P_n	P_s	I (1)−(2)	II (2)+(3)−(4)	III (4)−(5)
(1)	2	1.00	+1		
(2)	4	2.02	−1	+1	
(3)	4	1.91		+1	
(4)	5	2.48		−1	+1
(5)	3	1.49			−1

5) 오차방정식의 부호 사용
① 도선의 수만큼 아래로(행), 방정식의 수만큼 옆으로(열) 격자망을 형성하고
② 각각의 방정식에 도선의 번호를 맞추어 아래로 계수를 기재한다.
③ 계수는 1을 일컫는 것이며 부호는 오차방정식과 같이 한다.

4. 표준방정식

표준방정식의 수는 조건방정식의 수와 동일하다. 상관방정식을 조건방정식에 대입하여 정열하고, 경중률(P)은 Ⅰ=a, Ⅱ=b, Ⅲ=c라 한다.

1) (표준방정식) 방위각

$$[Paa]K_1+[Pab]K_2+[Pac]K_3+W_1=0$$

$$[Pab]K_1+[Pbb]K_2+[Pbc]K_3+W_2=0$$

$$[Pac]K_1+[Pcb]K_2+[Pcc]K_3+W_3=0$$

식에 의하는 것이다. 그러나 다음 이 연립방정식을 풀기 위하여는 가우스의 이체계산법을 사용하는데 그렇게 하려면 둘째 식의 [Pab]는 첫째 식에 있고, 셋째 식의 [Pcb]와 [Pcc]는 둘째 식과 셋째 식에 있기 때문에

중복되는 둘째 식과 셋째 식에서 없애면 위 식은 다음과 같이 된다.

$[Paa]K_1+[Pab]K_2+[Pac]K_3+W_1=0$ ······················· ①식

$[Pbb]K_2+[Pbc]K_3+W_2=0$ ······················· ②식

$[Pcc]K_3+W_3=0$ ······················· ③식

이 식에 의하여 각각의 수를 대입하면

①식에서

[Paa]에서 $(+1^2\times2)+(-1)^2\times4=+6$

[Pab]에서 $(-1)\times(+1)\times4=-4$

[Pac]에서 $(0)\times(0)=0$

②식에서

[Pbb]에서 $(+1)^2\times4+(+1)^2\times4\ +(-1)^2\times5=+13$

[Pbc]에서 $(-1)\times(+1)\times5=-5$

③식에서

[Pcc]에서 $(+1^2\times5)+(-1^2\times3)=+8$

종·횡선에서 Ⅰ, Ⅱ, Ⅲ은 동일하다.
W_x : 종선좌표
W_y : 횡선좌표

여기서, $(Paa)=Pa_1^2+Pa_2^2+$ ·················· $+Pa_m^2$

$(Pab)=Pa_1b_1+Pa_2b_2+$ ·················· $+Pa_nb_n$

$(Pac)=Pa_1c_1+Pa_2c_2+$ ·················· $+Pa_mc_m$

① 식에 의하여 표준 방정식의 값을 구하면, 상관 방정식의 Ⅰ, Ⅱ, Ⅲ열의 계수들을 제곱하여 각 도선의 경중률과 곱한 후 표준방정식의 1행 1열, 2행 2열, 3행 3열을 구한다.

1행 1열$(Paa)=(1^2\times2)+(-1^2\times4)=+6$

2행 2열$(Pab)=(1^2\times4)+(1^2\times4)+(-1^2\times5)=+13$

3행 3열$(Pac)=(1^2\times5)+(-1^2\times3)=+8$

상관방정식에서 Ⅰ, Ⅱ열과 Ⅱ, Ⅲ열이 서로 만나는 계수들끼리 곱하고 경중률을 곱하여 표준방정식 1행 2열의 값을 구한다.
만나는 계수를 생각하고 -1, +1 경중률을 생각해라.

1행 2열$(pab)=(-1)\times(+1)\times4=-4$

2행 3열$(pbc)=(-1)\times(+1)\times5=-5$

상관방정식에서 Ⅰ열과 Ⅲ열이 서로 만나는 계수들 끼리 곱하고 해당 도선의 경중률을 곱하여 표준 방정식의 1행 3열의 값을 구한다.

1행 3열(Pac)=0

	Ⅰ	Ⅱ	Ⅲ	W_a	Σ
Ⅰ	+6	−4	0	+13	+15
Ⅱ		+13	−5	+2	+6
Ⅲ			+8	−19	−16

W_a는 오차이므로 앞서 산출된 오차(교차)를 이기한다.

Σ 계산은

Ⅰ : +6−4+0+13=+15

Ⅱ : +13−5+2−4=+6

Ⅲ : 0−5+8−19=−16

표준방정식을 쉽게 푸는 방법

Ⅰ행Ⅰ열 : 2+4=+6

Ⅱ행Ⅱ열 : 4+4+5=13

Ⅲ행Ⅲ열 : 5+3=8

ΣN=도선별 폐색변을 포함한 변수

ΣS=도선별 측점간 거리의 합(km 단위, 소수점 둘째자리까지)

2) 표준방정식(종·횡선 좌표)

①식에서

[Paa]에서 $(+1^2 \times 1.00)+(-1^2 \times 2.02)=+3.02$

[Pab]에서 $(-1)\times(+1)\times 2.02=-2.02$

[Pac]에서 0

②식에서

[Pbb]에서 $(+1^2 \times 2.02)+(+1^2 \times 1.91)+(-1^2 \times 2.48)=+6.41$

[Pbc]에서 $(-1)\times(+1)\times 2.48=-2.48$

③식에서

[Pcc]에서 $(+1^2 \times 2.48)+(-1^2 \times 1.49)=+3.97$

Ⅰ	Ⅱ	Ⅲ	W_x	Σ
+3.02	−2.02	0	−0.04	+0.96
	+6.41	−2.48	+0.01	+1.92
		+3.97	+0.04	+1.53

W_x는 오차이므로 앞서 산출된 오차(교차)를 이기한다.

Σ

Ⅰ : 3.02−2.02−0.04=+0.96

Ⅱ : −2.02+6.41−2.48+0.01=+1.92

Ⅲ : −2.48+3.97+0.04=+1.53

3) 표준방정식(횡선좌표)

Ⅰ	Ⅱ	Ⅲ	W_y	Σ
+3.02	−2.02	0	−0.01	+0.99
	+6.41	−2.48	+0.02	+1.93
		+3.97	0	+1.49

Ⅰ, Ⅱ, Ⅲ은 종·횡선 좌표 계산값

W_y는 오차이므로 앞서 산출된 오차(교차)를 이기한다.

Σ의 계산은

Ⅰ : 3.02−2.02−0.01=+0.99

Ⅱ : −2.02+6.41−2.48+0.02=+1.93

Ⅲ : −2.48+3.97=+1.49

① 방위각 평균

$$(\text{Ⅰ})\ \frac{\left(\dfrac{\Sigma\alpha}{\Sigma N}\right)}{\left(\dfrac{1}{\Sigma N}\right)}=\frac{\dfrac{61''}{2}+\dfrac{48''}{4}}{\dfrac{1}{2}+\dfrac{1}{4}}=57''$$

$$(\text{Ⅱ})\ \frac{\dfrac{58}{8}+\dfrac{56}{5}+\dfrac{75}{3}}{\dfrac{1}{8}+\dfrac{1}{5}+\dfrac{1}{3}}=66''=1'6''$$

② 종선좌표

(Ⅰ) $$\frac{\left(\frac{\sum X}{\sum N}\right)}{\left(\frac{1}{\sum S}\right)} = \frac{\frac{0.20}{1.00}+\frac{0.24}{2.02}}{\frac{1}{1.00}+\frac{1}{2.02}} = 0.21$$

(Ⅱ) $$\frac{\frac{0.96}{3.93}+\frac{0.95}{2.48}+\frac{0.91}{1.49}}{\frac{1}{3.93}+\frac{1}{2.48}+\frac{1}{1.49}} = 0.93$$

③ 횡선좌표

(Ⅰ) $$\frac{\frac{0.55}{1.00}+\frac{0.56}{2.02}}{\frac{1}{1.00}+\frac{1}{2.02}} = 0.55$$

(Ⅱ) $$\frac{\frac{0.99}{3.93}+\frac{0.97}{2.48}+\frac{0.97}{1.49}}{\frac{1}{3.93}+\frac{1}{2.48}+\frac{1}{1.49}} = 0.97$$

교점다각망계산부(H·A형)

약 도

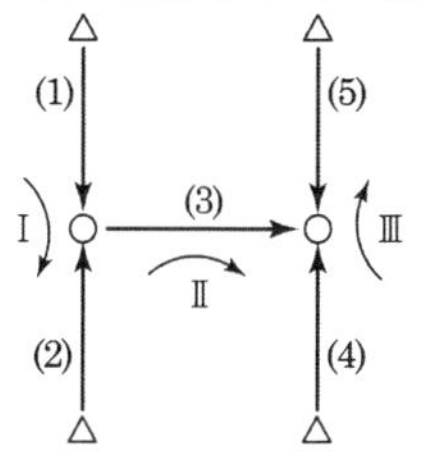

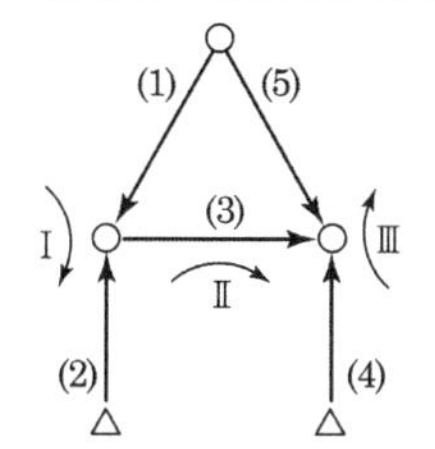

조건식	
I	(1)−(2)+W_1=0
II	(2)+(3)−(4)+W_2=0
III	(4)−(5)+W_3=0

경중률	ΣN	ΣS
(1)	2	1.00
(2)	4	2.02
(3)	4	1.91
(4)	5	2.48
(5)	3	1.49

1. 방위각

순서	도선	관 측	보정	평 균
I	(1)	276° 06′01′′	−4	276° 05′57′′
	(2)	276 05 48	+9	276 05 57
	W_1	+13		
II	(2)+(3)	246 57 58	+8	246 58 06
	(4)	246 57 56	+10	246 58 06
	W_2	+02		
III	(4)	246 57 56	+10	246 58 06
	(5)	246 58 15	−9	246 58 06
	W_3	−19		

2. 종선좌표

순서	도선	관 측	보정	평 균
I	(1)	5707.20	0.01	5704.21
	(2)	5704.24	−0.03	5704.21
	W_1	−0.04		
II	(2)+(3)	7565.96	−0.03	7565.93
	(4)	7565.95	−0.02	7565.93
	W_2	+0.01		
III	(4)	7565.95	−0.02	7565.93
	(5)	7565.91	0.02	7565.93
	W_3	+0.04		

3. 횡선좌표

순서	도선	관 측	보정	평 균
I	(1)	6369.55	0.00	6369.55
	(2)	6369.56	−0.01	6369.55
	W_1	−0.01		
II	(2)+(3)	6475.99	−0.02	6475.97
	(4)	6475.97	0.00	6475.97
	W_2	+0.02		
III	(4)	6475.97	0.00	6475.97
	(5)	6475.97	0.00	6475.97
	W_3	0.00		

4. 계 산

1) 상관방정식

순서	ΣN	ΣS	I	II	III
(1)	2	1.00	+1		
(2)	4	2.02	−1	+1	
(3)	4	1.91		+1	
(4)	5	2.48		−1	+1
(5)	3	1.49			−1

2) 표준방정식(방위각)

I	II	III	W_a	Σ
+6	−4	0	+13	+15
	+13	−5	+2	+6
		+8	−19	−16

+6−4+13=+15
−4+13−5+2=+6
−5+8−19==16

3) 표준방정식(종 · 횡선좌표)

I	II	III	W_x	Σ	W_y	Σ
+3.02	−2.02	0	−0.04	+0.96	−0.01	+0.99
	+6.41	−2.48	+0.01	+1.92	+0.02	+1.93
		+3.97	+0.04	+1.53	0	+1.49

3장 수치(좌표)측량

1 교차점 계산

(1) 4점에 의한 교차점 계산

경계점좌표등록부 시행지역에서 분할측량 또는 확정측량할 때에 주로 직선교차로점의 위치를 결정할 경우에 교차점 계산을 활용하는 데 4개의 점 A, C와 B, D에서 AC 직선과 BD 직선이 만나는 점을 P라고 할 때 P점의 좌표 계산

A점에서

1) $\Delta X_1 = C_x - A_x$

$\Delta Y_1 = C_y - A_y$

$\alpha = \tan^{-1}\dfrac{\Delta Y_1}{\Delta X_1}$

2) $P_x = A_x + S_1 \cos a_1$

$P_y = A_y + S_1 \sin a_1$

3) $S_1 = \dfrac{\Delta Y \cos\beta - \Delta X \sin\beta}{\sin(\alpha - \beta)}$

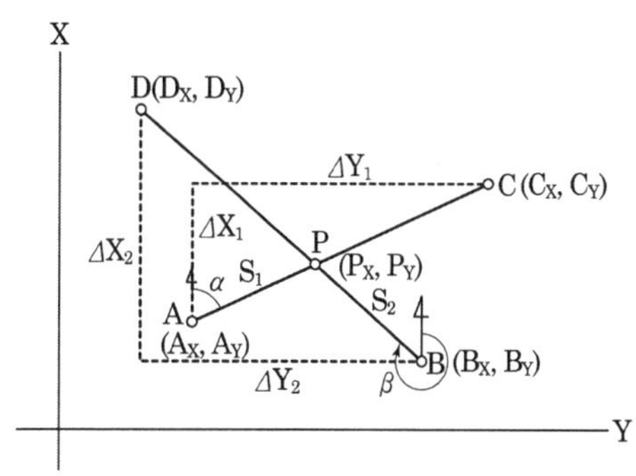

4점에 의한 교차점 계산

B점에서

1) $\Delta X_2 = D_x - B_x$

$\Delta Y_2 = D_y - B_y$

$\beta = \tan^{-1}\dfrac{\Delta Y_2}{\Delta X_2}$

2) $P_x = B_x + S_2 \cos\beta$

$P_y = B_y + S_2 \sin\beta$

3) $S_2 = \dfrac{\triangle Y\cos\alpha - \triangle X\sin\alpha}{\sin(\alpha-\beta)}$

$A_x + S_1 \cdot \cos\alpha = B_x + S_2 \cdot \cos\beta$

$A_y + S_1 \cdot \sin\alpha = B_y + S_2 \cdot \sin\beta$에서

$\underline{\triangle X} = B_x - A_x = S_1 \cdot \cos\alpha - S_2 \cdot \cos\beta$

$\triangle Y = B_y - A_y = S_1 \cdot \sin\alpha - S_2 \cdot \sin\beta$

연립방정식으로 구하면 $\sin\beta$ 또는 $\cos\beta$를 곱한다.

$S_1 \cdot \cos\alpha \cdot \sin\beta - S_2 \cdot \cos\beta \cdot \sin\beta = \triangle X \cdot \sin\beta$

$S_1 \cdot \sin\alpha \cdot \cos\beta - S_2 \cdot \sin\beta \cdot \cos\beta = \triangle Y \cdot \cos\beta$

$S_1(\cos\alpha \cdot \sin\beta - \sin\alpha \cdot \cos\beta) = \triangle X \cdot \sin\beta - \triangle Y \cdot \cos\beta$

$$S_1 = \frac{\triangle X \cdot \sin\beta - \triangle Y \cdot \cos\beta}{\cos\alpha \cdot \sin\beta - \sin\alpha \cdot \cos\beta}$$

삼각함수 덧셈공식(가법공식) 이용

$\sin(A-B) = \sin A \cdot \cos B - \cos A \cdot \sin B$

$$\therefore\ S_1 = \frac{\triangle Y \cdot \cos\beta - \triangle X \cdot \sin\beta}{\sin(\alpha-\beta)}$$

$$S_2 = \frac{\triangle Y \cdot \cos\alpha - \triangle X \cdot \sin\alpha}{\sin(\alpha-\beta)}$$

QUESTION 예제

01 4점에 의한 교차점 계산

그림에서 4점 교차에 의한 실례에서와 같이 4개의 점의 좌표를 갖는 AC 직선과 BD 직선이 교차하는 P점의 좌표를 구하시오.

(단, $A_X=2,\ C_X=10,\ B_X=3,\ D_X=7,\ A_Y=3,\ C_Y=15,\ B_Y=18,\ D_Y=6$)

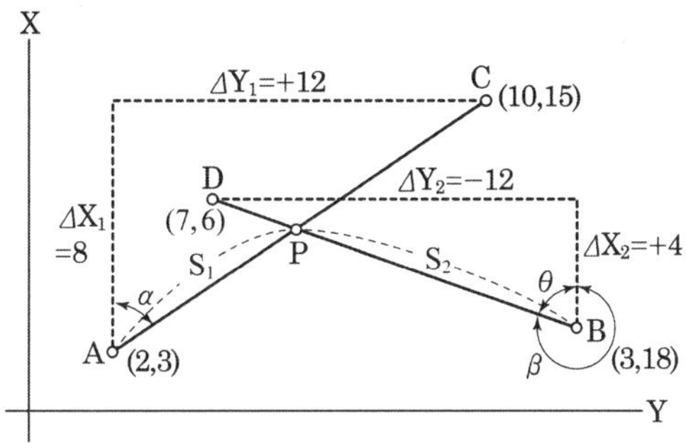

4점 교차의 실례

ANSWER & EXPLANATION

$A \to C$에서

① $\Delta X_1 = 10-2 = +8$

$\Delta Y_1 = 15-3 = +12$

$V_A^C(\alpha) = \tan^{-1}\dfrac{12}{8} = 56°18'36''$

$B \to D$에서

② $\Delta X_2 = 7-3 = +4$

$\Delta Y_2 = 6-18 = -12$

$\theta = \tan^{-1}\dfrac{12}{4} = 71°33'54''$

$V_B^D(\beta) = 360° - \theta = 360° - 71°33'54'' = 288°26'06''$

$A \to B$에서

③ $\Delta X = 3-2 = +1$

$\Delta Y = 18-3 = +15$

④ $S_1 = \dfrac{\Delta Y \cdot \cos\beta - \Delta \times \sin\beta}{\sin(\alpha - \beta)}$

$= \dfrac{15 \cdot \cos 288°26'06'' - 1 \cdot \sin 288°26'06''}{\sin(56°18'36'' - 288°26'06'')} = 7.211\text{m}$

⑤ $P_x = A_x + S_1 \cdot \cos\alpha = 2 + 7.211 \cdot \cos 56°18'36'' = 6\text{m}$

$P_y = A_y + S_1 \cdot \sin\alpha = 3 + 7.211 \cdot \sin 56°18'36'' = 9\text{m}$

⑥ $S_2 = \dfrac{\Delta Y \cdot \cos\alpha - \Delta X \cdot \sin\alpha}{\sin(\alpha - \beta)} = \dfrac{15 \times \cos 56'18'36'' - 1 \times \sin 56°18'36''}{\sin(56°18'36'' - 288°26'06'')}$

$= 9.49\text{m}$

⑦ $P_x = B_x + S_2 \cdot \cos\beta = 3 + 9.49 \times \cos 288°26'06'' = 6\text{m}$

$P_y = B_y + S_2 \cdot \sin\beta = 18 + 949 \times \sin 288°26'06'' = 9\text{m}$

QUESTION Q 예제

02 다음 그림에서 점 4(A)와 점 3(C)을 잇는 직선과 점 2(B)와 점 1(D)을 잇는 직선이 교차되는 점 5의 좌표를 구하시오.

[점의 종·횡선 좌표]

부호	점명	종선좌표	횡선좌표
A	(1)	$4362^{m}_{,}57$	$2512^{m}_{,}67$
B	(2)	4308.12	2689.38
C	(3)	4366.91	2675.44
D	(4)	4311.76	2525.88

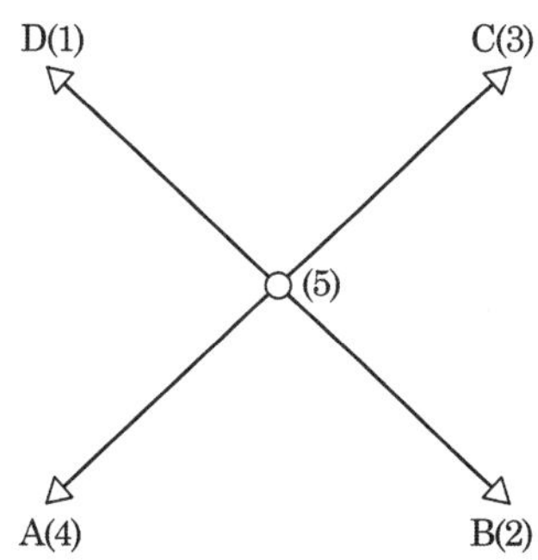

ANSWER & EXPLANATION

교차점 계산 순서

교차점을 계산하는 데 필요한 기본 여건은 두 기지점(A, B)의 좌표와 이 기지점으로부터 구하려는 소구점까지에 대한 방위각(α, β)이다. 그러나 때로는 A와 C, B와 D의 좌표를 알고 이들의 교차되는 점을 계산하는 경우가 있는데 이 또한 A점과 B점에서 C와 D에 대한 방위각(α, β) 계산을 거쳐야 알 수 있으므로 기본 여건과 같은 결과라 할 수 있다.

A, B, C, D의 4점의 좌표를 알고 이들의 직선과 이루는 교점을 계산하는 절차에 대하여 예를 들어 본다.

1. 역계산(방위각)

1) A와 B에 대하여

$$\triangle X_a^b = 4308.12 - 4311.76 = -3^{m}_{,}64$$

$$\triangle Y_a^b = 2689.38 - 2525.88 = +163^{m}_{,}50$$

$$V_a^b = \tan^{-1}\frac{163.50}{-3.64} - 180 = 91°16'31''(\text{2상환})$$

2) B와 D에 대하여

$$\triangle X_b^d = 4362.57 - 4308.12 = +54^{m}_{,}45$$

$$\triangle Y_b^d = 2512.67 - 2689.38 = -176^{m}_{,}71$$

$$(\beta)\ V_b^d = \tan^{-1}\frac{176.71}{54.45} - 360° = 287°07'33''(\text{4상환})$$

3) A와 C에 대하여

$$\triangle X_a^c = 4366.91 - 4311.76 = +55^{m}_{.}15$$

$$\triangle Y_a^c = 2675.44 - 2525.88 = +149^{m}_{.}56$$

$$(\alpha)\ V_a^c = \tan^{-1}\left(\frac{149.56}{55.15}\right) = 69°45'31''(\text{1상환})$$

2. $(\alpha - \beta)$에 대하여

$$(\alpha - \beta) = 69°45'31'' - 287°07'33'' = 142°37'58''$$

3. A점 (4)에서 소구점(5)의 좌표 계산

1) S_1에 대한 공식

$$S_1 = \frac{\triangle Y_a^b \cdot \cos\beta - \triangle X_a^b \cdot \sin\beta}{\sin(\alpha - \beta)} \text{ 또는}$$

$$S_1 = (\triangle Y_a^b \cdot \cos\beta - \triangle X_a^b \cdot \sin\beta)\operatorname{cosec}(\alpha - \beta)$$

$$S_1 = \frac{163.50 \times \cos 287°07'33'' + 3.64 \times \sin 287°07'33''}{\sin 142°37'58''}$$

$$= 73^{m}_{.}5968$$

2) 종선차($\triangle X$), 횡선차($\triangle Y$) 공식

$\triangle X = S_1 \cdot \cos\alpha = 73.5968 \times \cos 69°45'31'' = +25^m_{,}46$

$\triangle Y = S_1 \cdot \sin\alpha = 73.5968 \times \sin 69°45'31'' = +69^m_{,}05$

3) 좌표계산 공식

$X = X_a + \triangle X, \quad Y = Y_a + \triangle Y$

$X = 4311.76 + 25.46 = 4337^m_{,}22$

$Y = 2525.88 + 69.05 = 2594^m_{,}93$

4. B점 (2)에서 소구점 (5)의 좌표 계산

1) S_2에 대한 공식

$$S_2 = \frac{\triangle Y_a^b \cdot \cos\alpha - \triangle X_a^b \cdot \sin\alpha}{\sin(\alpha - \beta)} \text{ 또는}$$

$$S_2 = (\triangle Y_a^b \cdot \cos\alpha - \triangle X_a^b \cdot \sin\alpha)\operatorname{cosec}(\alpha - \beta)$$

$$S_2 : \frac{163.50 \times \cos 69°45'31'' + 3.64 \times \sin 69°45'31''}{\sin 142°37'58''} = 98^m_{,}8304$$

2) 종선차($\triangle X$), 횡선차($\triangle Y$) 공식

$\triangle X = S_2 \cdot \cos\beta = 98.8304 \times \cos 287°07'33'' = +29^m_{,}10$

$\triangle Y = S_2 \cdot \sin\beta = 98.8304 \times \sin 287°07'33'' = -94^m_{,}45$

3) 좌표계산 공식 : $X = X_b + \triangle X, \quad Y = Y_b + \triangle Y$

$X = 4308.12 + 29.10 = 4337^m_{,}22$

$Y = 2689.38 - 94.45 = 2594^m_{,}93$

5. 점의 좌표 결정(평균)

$X = 4337^m_{,}22$

$Y = 2594^m_{,}93$

[주] α, β를 미리 알 때에는 1.에서 2), 3)이 생략된다.

교 차 점 계 산 부

(별지 제3-5-2호 서식)

소구점

5

공 식

$$S_1 = \frac{\Delta y_a^b \cos\beta - \Delta x_a^b \sin\beta}{\sin(\alpha-\beta)}$$

$$S_2 = \frac{\Delta y_a^b \cos\alpha - \Delta x_a^b \sin\alpha}{\sin(\alpha-\beta)}$$

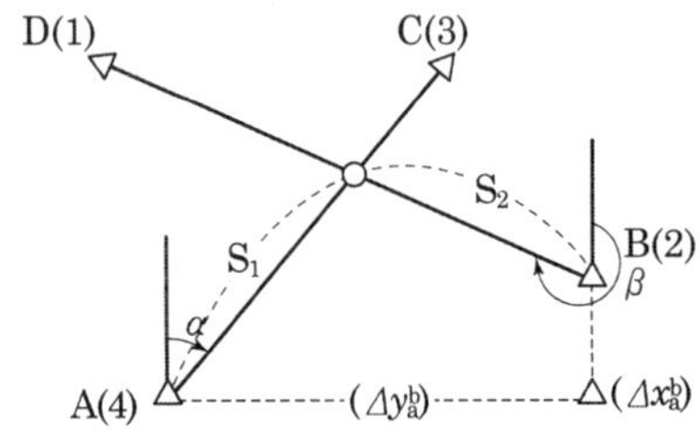

점	x	y		종 횡 선 차	
D(1)	4362.57	2512.67		Δy_b^d	−176.71
B(2)	4308.12	2689.38		Δx_b^d	+54.45
C(3)	4366.91	2675.44		Δy_a^c	+149.56
A(4)	4311.76	2525.88		Δx_a^c	ㅍ55.15
Δx_a^b	−3.64	Δy_a^b	+163.50	V_a^b	91°16′31″
α	69°45′31″	V_a^c		69°45′31″	
β	287°07′33″	V_b^d		287°07′33″	
$\alpha-\beta$	142°37′58″				

$(\Delta y_a^b \cdot \cos\beta - \Delta x_a^b \cdot \sin\beta)/\sin(\alpha-\beta) = S_1$			73.5968
$S_1 \cdot \cos\alpha$	+25.46	$S_1 \cdot \sin\alpha$	+69.05
x_a	+)4311.76	y_a	+)2525.88
x	4337.22	y	2594.93

$(\Delta y_a^b \cdot \cos\alpha - \Delta x_a^b \cdot \sin\alpha)/\sin(\alpha-\beta) = S_2$			98.8304
$S_2 \cdot \cos\beta$	+29.10	$S_2 \cdot \sin\beta$	-94.45
x_b	+)4308.12	y_b	+)2689.38
x	4337.22	y	2594.93

X	4337.22	Y	2594.93

QUESTION Q 예제

03 경계선 $\overline{AB}$와 $\overline{BD}$가 교차하는 P점 위치의 좌표를 구하고 「교차점 계산부」를 완성하시오. (단, 계산은 반올림하여 각도는 0.1 단위까지, ①,②의 빈칸은 소수 4자리까지, 기타의 거리 및 좌표는 cm 단위까지 계산하시오.)

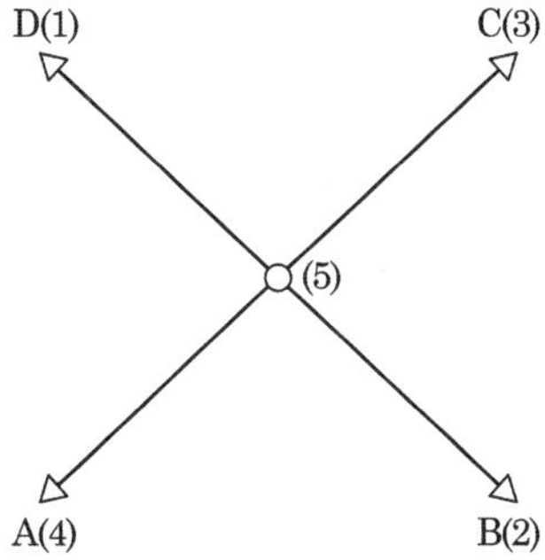

점명	부호	종선좌표(x)	횡선좌표(y)
1	D	6584.79	4734.89
2	B	6530.34	4911.60
3	C	6589.13	4897.66
4	A	6533.98	4748.10

ANSWER & EXPLANATION

1. 역계산

1) A와 B에 대하여

$\triangle X_a^b = 6530.34 - 6533.98 = -3.64$

$\triangle Y_a^b = 4911.60 - 4748.10 = 163.50$

$\theta = \tan^{-1}\dfrac{\triangle Y}{\triangle X} = \tan^{-1}\dfrac{163.50}{3.64} = 88°43'28.69''$ (2상한)

$V_a^b = 180 - 88°43'28.69'' = 91°16'31.3''$

2) A와 C에서

$\triangle X_a^c = 6589.13 - 6533.98 = 55.15$

$\triangle Y_a^c = 4897.66 - 4748.10 = 149.56$

$\theta = \tan^{-1}\dfrac{\triangle Y}{\triangle X} = \tan^{-1}\dfrac{149.56}{55.15} = 69°45'31.07''$ (1상한)

$V_a^c = 69°45'31.1''$

3) B와 D에서

$\triangle X_B^D = 6584.79 - 6530.34 = 54.45$

$\triangle Y_B^D = 4734.89 - 4911.60 = -176.71$

$$\theta = \tan^{-1}\frac{\Delta Y}{\Delta X} = \tan^{-1}\frac{-176.71}{54.45} = 72°52'27.34'' \text{ (4상한)}$$

$$V_B^D = 360° - 72°52'27.34'' = 287°7'32.7''$$

2. 거리계산

1) A에서(5)

$$S_1 = \frac{\Delta Y_a^b \cdot \cos\beta - \Delta X_a^b \cdot \sin\beta}{\sin(\alpha - \beta)}$$

$$= \frac{163.5 \times \cos 287°7'32.7'' - (-3.64) \times \sin 287°7'32.7''}{\sin(69°45'31.1'' - 287°7'32.7'')}$$

$$= 73.5966$$

2) B에서 (5)

$$S_2 = \frac{\Delta Y_a^b \cdot \cos\alpha - \Delta X_a^b \cdot \sin\alpha}{\sin(\alpha - \beta)}$$

$$= \frac{163.5 \times \cos 69°45'31.1'' - (-3.64) \times \sin 69°45'31.1''}{\sin(69°45'31.1'' - 287°7'32.7'')}$$

$$= 98.8306$$

3. 좌표계산

1) A에서

$$P_x = A_x + S_1 \cdot \cos\alpha = 6533.98 + 73.5966 \times \cos 69°45'31.1'' = 6559.441$$

$$P_y = A_y + S_1 \cdot \sin\alpha = 4748.10 + 73.5966 \times \sin 69°45'31.1'' = 4817.15$$

2) B에서

$$P_x = B_x + S_2 \cdot \cos\alpha = 6530.34 + 98.8306 \times \cos 287°7'32.7'' = 6559.44$$

$$P_y = B_y + S_2 \cdot \sin\alpha = 4911.60 + 98.8306 \times \sin 287°7'32.7'' = 4817.15$$

3) P점의 좌표

$$P_x = 4559.44$$

$$P_y = 4817.15$$

$$S_1 = \frac{\Delta y_a^b \cos\beta - \Delta x_a^b \sin\beta}{\sin(\alpha-\beta)}$$

$$S_2 = \frac{\Delta y_a^b \cos\alpha - \Delta x_a^b \sin\alpha}{\sin(\alpha-\beta)}$$

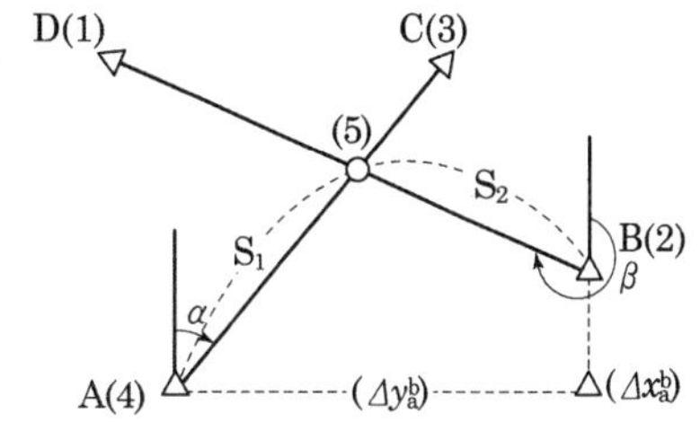

점	X	Y		종·횡선차	
D(1)	6584.79	4734.89		Δy_b^d	-176.71
B(2)	6530.34	4911.60		Δx_b^d	54.45
C(3)	6589.13	4897.66		Δy_a^c	149.56
A(4)	6533.98	4748.10		Δx_a^c	55.15
Δx_a^b	-3.64	Δy_a^b	163.50	V_a^b	91°16′31.3″
α	69°45′31.1″	V_a^c		69° 45′ 31.1″	
β	287°07′ 32.7″	V_b^d		287°07′ 32.7″	
$\alpha-\beta$	142°37′58.4″				

$\frac{\Delta y_a^b \cdot \cos\beta - \Delta x_a^b \cdot \sin\beta}{\sin(\alpha-\beta)} = S_1$			73.5966
$S_1 \cdot \cos\alpha$	25.46	$S_1 \cdot \sin\alpha$	69.05
x_a	+) 6533.98	y_a	+) 4748.10
X	6559.44	Y	4817.15

$\frac{\Delta y_a^b \cdot \cos\alpha - \Delta x_a^b \cdot \sin\alpha}{\sin(\alpha-\beta)} = S_2$			98.8306
$S_2 \cdot \cos\beta$	29.10	$S_2 \cdot \sin\beta$	-94.45
x_b	+) 6530.34	y_b	+) 4911.60
X	6559.44	Y	4817.15

X	6559.44	Y	4817.15

QUESTION Q 예제

04 기지점 1, 4, 5, 6점의 좌표가 다음과 같다. P점의 좌표를 구하시오.

부호	점	x	y	부호	점	x	y
C	1	5040.^{m}73	6275.^{m}26	D	5	5026.^{m}10	6278.^{m}61
A	4	5011.97	6280.63	B	6	5030.42	6301.78

ANSWER & EXPLANATION

1. 역계산

1) A→B

$\triangle X_a^b = 5030.42 - 5011.97 = 18.45$

$\triangle Y_a^b = 6301.78 - 6280.63 = 21.15$

$\theta = \tan^{-1}\dfrac{\triangle Y}{\triangle X} = \tan^{-1}\dfrac{21.15}{18.45} = 45°54'01.8''$ (1상한)

$V_a^b = 48°54'01.8''$

2) B→D

$\triangle X_B^D = 5026.10 - 5030.42 = -4.32$

$\triangle Y_B^D = 6278.61 - 6301.78 = -23.17$

$\theta = \tan^{-1}\dfrac{\triangle Y}{\triangle X} = \tan^{-1}\dfrac{23.17}{432} = 79°26'18.9''$ (3상한)

$V_B^D = 180° + 79°26'18.9'' = 259°26'18.9''$

3) A→C

$\triangle X_a^c = 5040.73 - 5011.97 = 28.76$

$\triangle Y_a^c = 6275.26 - 6280.63 = -5.37$

$\theta = \tan^{-1}\dfrac{\triangle Y}{\triangle X} = \tan^{-1}\dfrac{5.37}{28.76} = 10°34'34.85''$ (4상한)

$V_a^c = 360° - 10°34'34.85'' = 349°25'25.1''$

2. 거리계산

1) A에서 (5)

$$S_1 = \frac{\triangle Y_a^b \cdot \cos\beta - \triangle X_a^b \cdot \sin\beta}{\sin(\alpha-\beta)}$$

$$= \frac{21.15 \times \cos 259°26'18.9'' - 18.45 \times \sin 259°26'18.9''}{\sin(349°25'25.1'' - 259°26'18.9'')}$$

$$= 14.261$$

2) B에서 (5)

$$S_2 = \frac{\triangle Y_a^b \cdot \cos\alpha - \triangle X_a^b \cdot \sin\alpha}{\sin(\alpha-\beta)}$$

$$= \frac{21.15 \times \cos 349°25'25.1'' - 18.45 \times \sin 349°26'18.9''}{\sin(349°25'25.1'' - 259°26'18.9'')}$$

$$= 24.177$$

3. 좌표계산

1) A에서(5)

$$P_X = A_X + S_1 \cdot \cos\alpha = 5011.97 + 14.261 \times \cos 349°25'25.1''$$

$$= 5025.989$$

$$P_Y = A_Y + S_1 \cdot \sin\alpha = 6280.63 + 14.261 \times \sin 349°25'25.1''$$

$$= 6278.012$$

2) B에서 (5)

$$P_X = B_X + S_2 \cdot \cos\beta = 5030.42 + 24.177 \times \cos 259°26'18.9'' = 5025.989$$

$$P_Y = B_Y + S_2 \cdot \sin\beta = 6301.78 + 24.177 \times \sin 259°26'18.9'' = 6278.013$$

3) P점의 좌표

$$P_X = 5025.989$$

$$P_Y = 6278.013$$

별지 제3-5-2호 서식에 의하여 교차점계산부에 3.13식과 3.14식을 적용 계산한다.

$$S_1 = \frac{\Delta y_a^b \cos\beta - \Delta x_a^b \sin\beta}{\sin(\alpha - \beta)}$$

$$S_2 = \frac{\Delta y_a^b \cos\alpha - \Delta x_a^b \sin\alpha}{\sin(\alpha - \beta)}$$

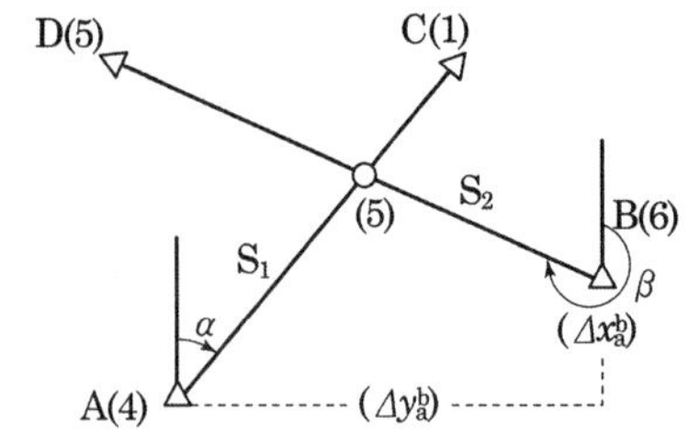

점	X	Y	종·횡선차	
D(5)	$5026.^m10$	$6278.^m61$	Δy_b^d	$-23.^m17$
B(6)	5030.42	6301.78	Δx_b^d	-4.32
C(1)	5040.73	6275.26	Δy_a^c	-5.37
A(4)	5011.97	6280.63	Δx_a^c	+28.76
Δx_a^b	18.45	Δy_a^b 21.15	V_a^b	48°54′01.8″
α	349°25′25.2″	V_a^c = 349°25′25.2″		
β	259°26′18.9″	V_b^d = 259°26′18.9″		
$\alpha - \beta$	89°59′06.3″			

$(\Delta y_a^b \cos\beta - \Delta x \sin\beta)/\sin(\alpha-\beta) = S_1$			$14.^m261$
$S_1 \cdot \cos\alpha$	$14.^m018$	$S_1 \cdot \sin\alpha$	$-2.^m617$
x_a	5011.970	y_a	6280.630
x	5025.988	y	6278.013

$(\Delta y_a^b \cos\alpha - \Delta x_a^b \sin\alpha)/\sin(\alpha-\beta) = S_2$			$24.^m177$
$S_2 \cdot \cos\beta$	$-4.^m431$	$S_2 \cdot \sin\beta$	$-23.^m767$
x_b	5030.420	yb	6301.780
x	5025.989	y	6278.013

X	5025.989	y	6278.013

(2) 원과 직선의 교차점 계산

원곡선과 직선도로가 교차되는 부분에 중심점을 설치하기 위해 원과 직선의 교차점 계산을 필요로 한다.

방법 1)

OP 측선	$\Delta x = P_x - O_x$ $\Delta y = P_y - O_y$
수선장(E)	$E = \Delta y \cdot \cos\alpha - \Delta x \cdot \sin\alpha$
γ 계산	$\gamma = \sin^{-1}\left(\frac{E}{R}\right)$
V_o^q 계산	$V_O^Q = V_p^q \pm \gamma$ 원의 중심 O가 직선 $\overline{PQ}$의 좌측은 (+) 우측에 있으면 (−)가 된다.
Q점 좌표	$Q_x = O_x + R \cdot \cos V_o^q$ $Q_y = O_y + R \cdot \sin V_o^q$

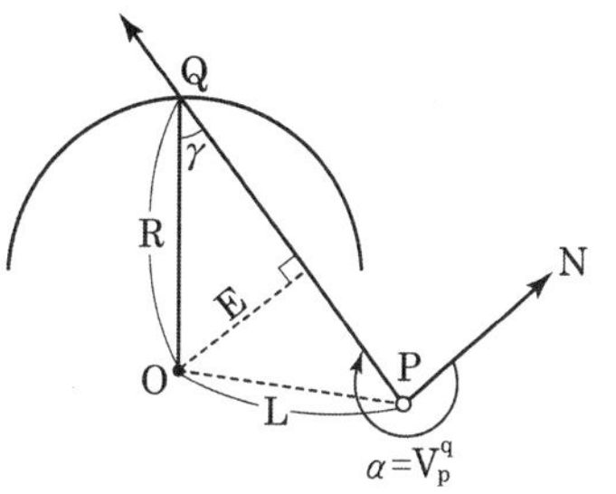

방법 2)

AB측선	$\Delta x = x_b - x_a$ $\Delta y = y_b - y_a$
AB방위각	$V_a^b = \tan^{-1}\frac{y_b - y_a}{x_b - x_a}$
∅각 계산	$\phi = \sin^{-1}\left(\frac{\Delta y \cdot \cos V_a^b - \Delta x \cdot \sin V_a^b}{r}\right)$ $\Delta x = x_0 - x_a$ $\Delta y = y_0 - y_a$
P_1점 좌표	$X_{P1} = x_0 + r \cdot \cos(V_a^b + \phi + 180°)$ $Y_{P1} = y_0 + r \cdot \sin(V_a^b + \phi + 180°)$
P_2점 좌표	$X_{P2} = x_0 + r \cdot \cos(V_a^b - \phi)$ $Y_{P2} = y_0 + r \cdot \sin(V_a^b - \phi)$

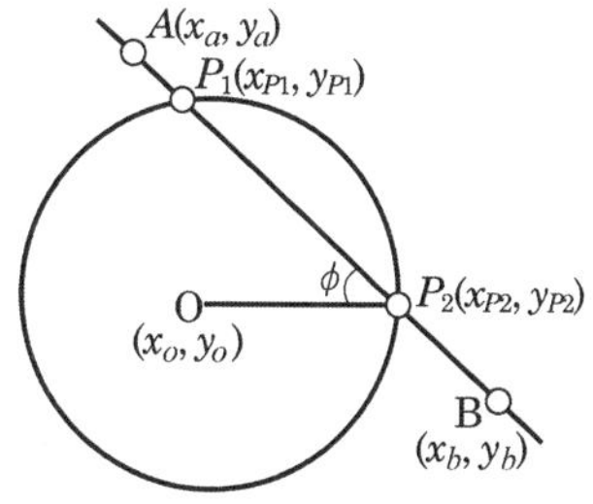

QUESTION Q 예제

01 다음 원과 직선의 교차점 Q의 좌표를 계산하시오.

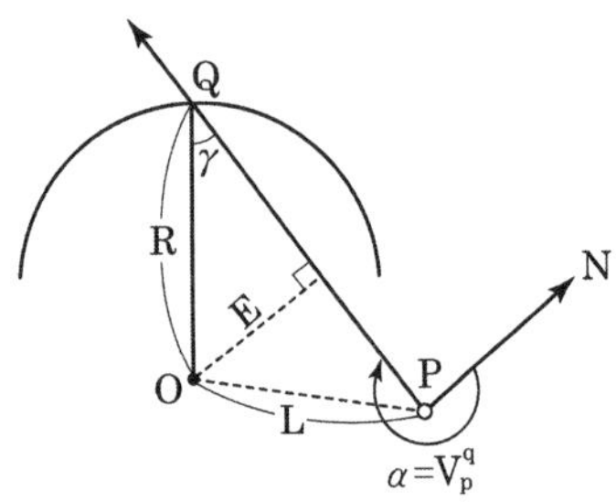

$O\begin{cases}x = 4567^m_,89 \\ y = 3456.78\end{cases}$ $P\begin{cases}x = 4588.69 \\ y = 3499.84\end{cases}$

$V_p^q = \alpha = 288°43'56''$ R=$80^m_,77$

ANSWER & EXPLANATION

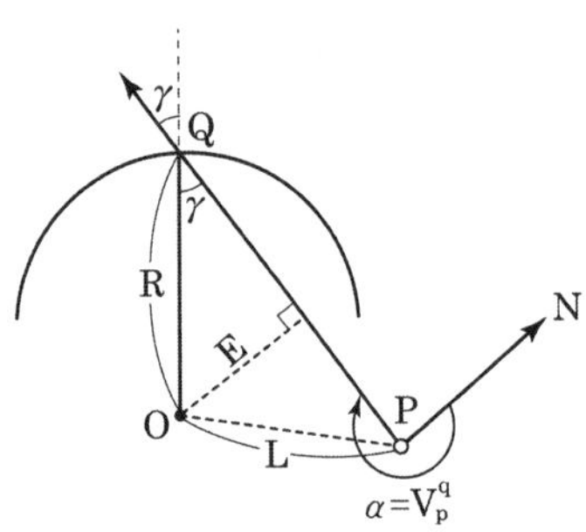

원과 직선의 교차점 좌표 계산

1. OP의 $\Delta X, \Delta Y$의 계산

ΔX=4588.69−4567.89=+20.80

ΔY=3499.84−3456.78=−43.06

2. E의 계산

$E = \Delta Y \cdot \cos\alpha - \Delta X \cdot \sin\alpha$

$= 43.06 \times \cos 288''43'56'' - 20.80 \times \sin 288°43'56''$

$= 33^m_,52675$

3. γ의 계산

$$\gamma = \sin^{-1}\left(\frac{E}{R}\right) = \sin^{-1}\left(\frac{33.52675}{80.77}\right) = 24°31'30''$$

4. V_o^q의 계산

$V_o^q = V_p^q + \gamma = 88°43'56''+24°31'30'' = 313°15'26''$

위 계산에서 2.의 E 계산값의 부호가 (−)이면 γ의 값도 (−)가 된다. 그러므로 V_o^q 계산은 $V_o^q(\alpha)$에서 γ각만큼 (−)하게 된다.

5. Q의 좌표 계산

$X_Q = O_x + R\cdot\cos V_o^q = 4567.89+80.77\times\cos313°15'26'' = 4223^m_,24$

$Y_Q = O_y + R\cdot\sin V_o^q = 3456.78+80.77\times\sin313°15'26'' = 3397^m_,96$

별법

1) OP에 대한 방위각 및 거리 산출

$\theta = \tan^{-1}\dfrac{(3499.84-3456.78)}{(4588.69-4567.89)} = 64°13'02''$……1상한이므로

$V_o^p = 64°13'02''$

$L = \sqrt{(4588.69-4567.89)^2+(3499.84-3456.78)^2} = 47^m_,82054$

2) ∠OPQ의 계산

$\angle OPQ = V_p^q - V_p^o = 288°43'56'' - 244°13'02'' = 44°30'54''$

3) γ의 계산

$$\gamma = \frac{L}{\sin\gamma} = \frac{R}{\sin\angle OPQ} = \sin^{-1}\left(\frac{L\cdot\sin\angle OPQ}{R}\right)$$

$$= \sin^{-1}\left(\frac{47.82054\times\sin44°30'54''}{80.77}\right) = 24°31'29''$$

4) V_o^q의 계산

$V_o^q = \alpha + \gamma = 288°43'56'' + 24°31'29'' = 313°15'25''$

5) Q의 좌표 계산

$X_Q = O_x + R\cdot\cos V_o^q = 4567.89 + 80.77\times\cos313°15'25'' = 4623^m_,24$

$Y_Q = O_y + R\cdot\sin V_o^q = 3456.78 + 80.77\times\sin313°15'25'' = 3397^m_,96$

※ PQ에서 계산한 방위각과 주어진 값($a - V_P^Q$)이 다르면 검산에서 맞지 않는다.

QUESTION Q 예제

02 그림과 보기를 이용하여 원과 직선의 교차점(Q)의 좌표를 계산하시오.

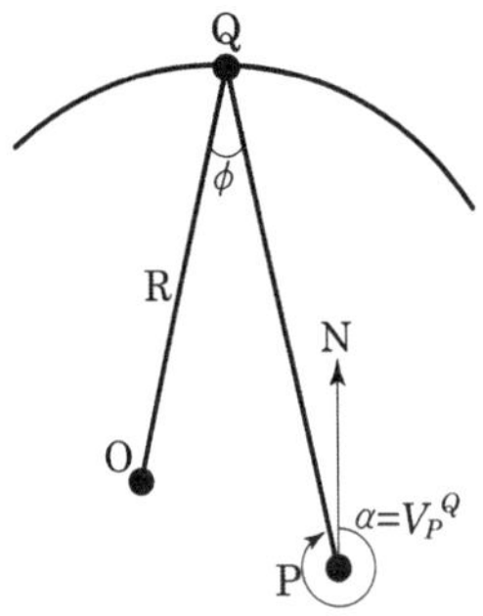

X_O	4681.33m	Y_O	6379.56m
X_P	4635.10m	Y_P	6427.85m
R	100.00m	$\alpha(V_P^Q)$	346°31′54″

ANSWER & EXPLANATION

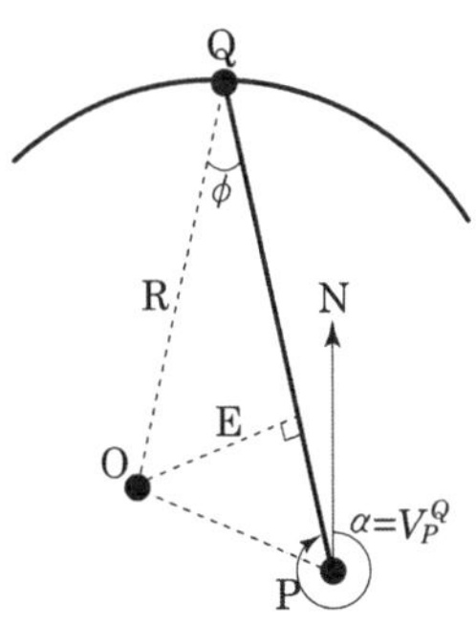

1. OP의 종선차(Δx)와 횡선차(Δy)의 계산

$\Delta x = X_P - X_O = 4635.10 - 4681.33 = -46.23\text{m}$

$\Delta y = Y_P - Y_O = 6427.85 - 6379.56 = +48.29\text{m}$

2. 수선장(E) 계산

$E = \Delta y \cos\alpha - \Delta x \sin\alpha$

$= (48.29 \times \cos 346°31'54'') - (-46.23 \times \sin 346°31'54'')$

$= 36.1946\text{m}$

3. ϕ값의 계산

$$\phi = \sin^{-1}\left(\frac{E}{R}\right) = \sin^{-1}\left(\frac{36.1946}{100}\right) = 21°13'11''$$

4. 방위각의 계산

$$V_O^Q = \alpha + \phi = 346°31'54'' + 21°13'11'' = 7°45'05''$$

※ E값의 계산 부호가 '-'이면 ϕ값도 '-'가 된다.

그러므로 V_o^q 계산은 V_p^q에 ϕ값만큼 '-'한다.

5. Q의 좌표계산

$$X_Q = X_O + R \cdot \cos V_O^Q = 4681.33 + (100.00 \times \cos 7°45'05'') = 4780.42\text{m}$$

$$Y_Q = Y_O + R \cdot \sin V_O^Q = 6379.56 + (100.00 \times \sin 7°45'05'') = 6393.05\text{m}$$

6. 검산

$$\triangle X_P^Q = 4780.42 - 4635.10 = 145.32$$

$$\triangle Y_P^Q = 6393.05 - 6427.85 = -34.80$$

(거리) $S = \dfrac{\triangle X_P^Q}{\cos\alpha} = \dfrac{145.32}{\cos 346°31'54''} = 149.43$

혹은 $\overline{PQ} = (S) = \sqrt{\triangle X^2 + \triangle Y^2} = \sqrt{145.32^2 + 34.80^2} = 149.43$

$$\triangle X_Q = X_P + S \times \cos\alpha = 4635.10 + 149.43 \times \cos 346°31'54'' = 4780.42$$

$$\triangle Y_Q = Y_P + S \times \sin\alpha = 6427.85 + 149.43 \times \sin 346°31'54'' = 6393.05$$

QUESTION Q 예제

03 원과 직선이 그림과 같이 $R = 100\text{m}$, $\alpha = 125°53'18''$로 교차할 때 교차점 A점의 좌표를 결정하시오.

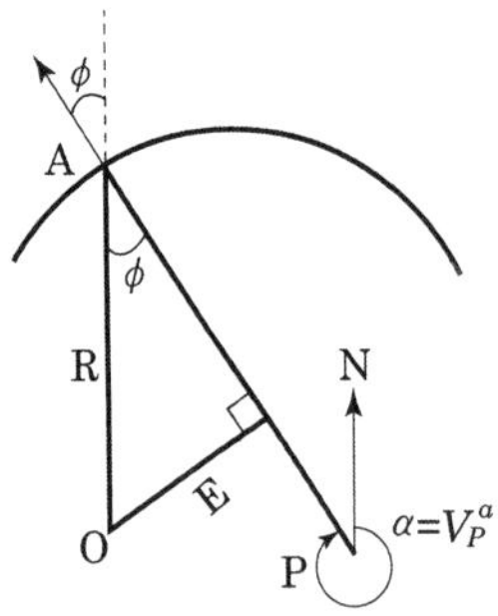

점명	X좌표	Y좌표
O	6499.00m	3545.50m
P	6509.08m	3542.64m

ANSWER & EXPLANATION

1. OP의 종선차(Δx)와 횡선차(Δy)의 계산

$$\Delta x = X_P - X_O = 6509.08 - 6499.00 = +10.08\text{m}$$

$$\Delta y = Y_P - Y_O = 3542.64 - 3545.50 = -2.86\text{m}$$

2. 수선장(E) 계산

$$E = \Delta y \cdot \cos\alpha - \Delta x \cdot \sin\alpha$$
$$= (-2.86 \times \cos 125°53'18'') - (10.08 \times \sin 125°53'18'')$$
$$= 1.6766 - 8.1664 = -6.4898\text{m}$$

3. ϕ값의 계산

$$\phi = \sin^{-1}\left(\frac{E}{R}\right) = \sin^{-1}\left(\frac{-6.4898}{100}\right) = -3°43'16''$$

4. 방위각의 계산

$$V_O^A = \alpha + \phi = 125°53'18'' - 3°43'16'' = 122°10'02''$$

※ E값의 계산 부호가 '−'이면 ϕ값도 '−'가 된다.
그러므로 V_o^a 계산은 V_p^a에 ϕ값만큼 '−'한다.

5. A점의 좌표계산

$$X_A = X_O + R \cdot \cos V_O^A = 6499.00 + (100.00 \times \cos 122°10'02'') = 6445.76\text{m}$$

$$Y_A = Y_O + R \cdot \sin V_O^A = 3545.50 + (100.00 \times \sin 122°10'02'') = 3630.15\text{m}$$

6. 검산

$$\Delta x = X_A - X_P = 6445.76 - 6509.08 = -63.32\text{m}$$

$$\Delta y = Y_A - Y_P = 3630.15 - 3542.64 = +87.51\text{m}$$

$$\theta = \tan^{-1}\frac{\Delta y}{\Delta x} = \frac{87.51}{-63.32} = 54°06'41''$$

$$V_P^A = 180° - 54°06'41'' = 125°53'19''$$

QUESTION Q 예제

04 직선과 원이 그림과 같이 교차할 때 직선상의 A, B 2점의 X,Y좌표와 원의 중심좌표 및 곡선반경(R)=50m가 각각 다음과 같이 주어졌다고 했을 때 교점 P_1, P_2의 좌표를 계산하시오.

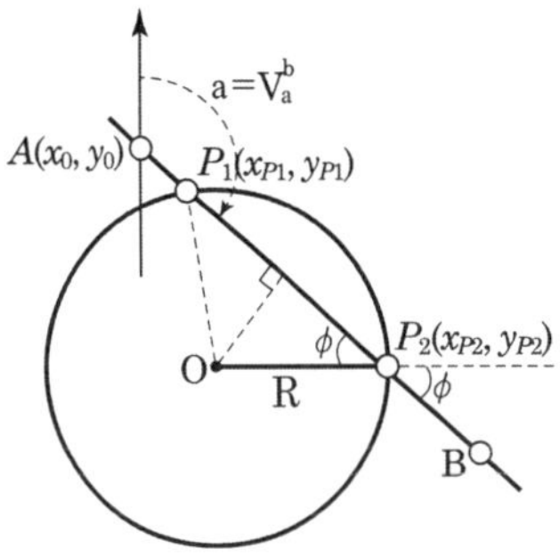

점명	X좌표	Y좌표
A	225.862m	105.729m
B	95.726m	193.692m
O	128.693m	140.763m

ANSWER & EXPLANATION

1. AB의 방위각계산

$$\Delta x = X_B - X_A = 95.726 - 225.862 = -130.136\text{m}$$

$$\Delta y = Y_B - Y_A = 193.692 - 105.729 = +87.96\text{m}$$

$$\theta = \tan^{-1}\frac{\Delta y}{\Delta x} = \frac{87.963}{-130.136} = 34°03'22''(2\text{ 상환})$$

$$V_a^b = 180° - 34°03'22'' = 145°56'38''$$

2. OA의 방위각계산

$$\Delta x = X_O - X_A = 128.693 - 225.862 = -97.169\text{m}$$

$$\Delta y = Y_O - Y_A = 140.763 - 105.729 = +35.034\text{m}$$

$$V_O^A = \tan^{-1}\frac{\Delta y}{\Delta x} = \frac{35.034}{-97.169} = 19°49'36'' - 180° = 160°10'24''$$

$$\phi = \sin^{-1}\left(\frac{\Delta y \cdot \cos\alpha - \Delta x \cdot \sin\alpha}{R}\right) = \sin^{-1}\frac{E}{R}$$

$$= \sin^{-1}\frac{(35.034 \times \cos 145°56'38'') - (-97.169 \times \sin 145°56'38'')}{50}$$

$$= 30°31'02''$$

or

$$E = \Delta Y \cdot \cos\alpha - \Delta X \cdot \sin\alpha$$
$$= 35.034 \times \cos 45°56'38'' - (-97.169 \times \sin 145°56'38'')$$
$$= -29.0253 - (-54.4151)$$
$$= 25.3898$$

$$\phi = \sin^{-1}\frac{E}{R} = \sin^{-1}\frac{25.3898}{50} = 30°31'02''$$

3. 좌표계산

$$X_{P1} = X_O + R \cdot \cos(V_a^b + \phi + 180°)$$
$$= 128.693 + 50 \times \cos(145°56'38'' + 30°31'02'' + 180°)$$
$$= 178.598 = 178.60\text{m}$$

$$Y_{P1} = Y_O + R \cdot \sin(V_a + \phi + 180°)$$
$$= 140.763 + 50 \times \sin(145°56'38'' + 30°31'02'' + 180°)$$
$$= 137.677 = 137.68\text{m}$$

$$X_{P2} = X_O + R \cdot \cos(V_a^b - \phi)$$
$$= 128.693 + 50 \times \cos(145°56'38'' - 30°31'02'')$$
$$= 107.225 = 107.22\text{m}$$

$$Y_{P2} = Y_O + R \cdot \sin(V_a^b - \phi)$$
$$= 140.763 + 50 \times \sin(145°56'38'' - 30°31'02'')$$
$$= 185.920 = 185.92\text{m}$$

2 가구점 계산

(1) 가구 계산

가로 교차부에 있어서 교차로 유통의 원활함을 위해서는 시야확보가 필요한 데, 가구정점부분을 잘라 도로로 편입하는데 여기서 가구정점, 교각, 우절장, 전제장을 이용하여 가구점을 계산한다.

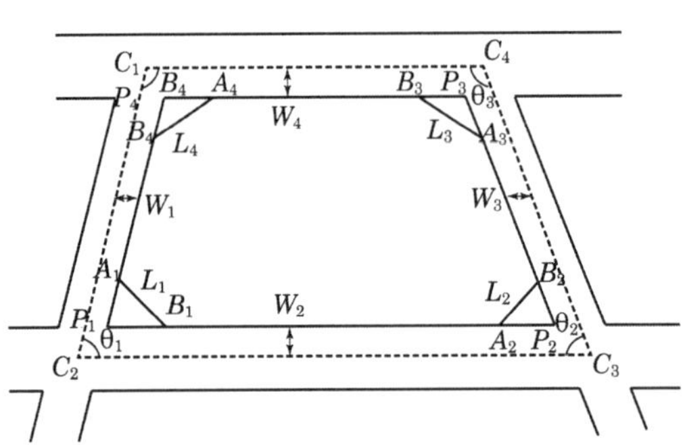

가로중심점 : C_1, C_2, C_3, C_4
가로의 반폭 : W_1, W_2, W_3, W_4
가구정점 : P_1, P_2, P_3, P_4
교각(협각) : θ_1, θ_2, θ_3, θ_4
전제장 : PA, PB
가구점 : A, B
가구변장(우절장) : $\overline{A_2B_2}$
가구정점간 거리 : $\overline{P_1P_2}$
중심점간 거리 : $\overline{C_1C_2}$

(2) 가구점 계산 및 전제장과 전제 면적

1) 가구점 계산

(교각) θ계산	$\theta = V_C^E - V_C^D$
(P점의 가구정점) $CM(PN)$	$\sin\theta = \dfrac{L_2}{CM}$ $\therefore CM = \dfrac{L_2}{\sin\theta}$
(P점의 가구정점) MM'	$\tan\theta = \dfrac{L_1}{MM'}$ $\therefore MM' = \dfrac{L_1}{\tan\theta}$
(P점의 가구정점) CM'	$CM' = CM + MM'$
(거리) S	$S = \sqrt{L_1^2 + (CM')^2}$
(방위각) V_C^P	$V_C^P = V_C^D + \angle DCP = V_C^D + \sin^{-1}\left(\dfrac{L_1}{S}\right)$ $\angle DCP = \sin^{-1}\dfrac{L_1}{S} = \tan^{-1}\dfrac{L_1}{AM'}$

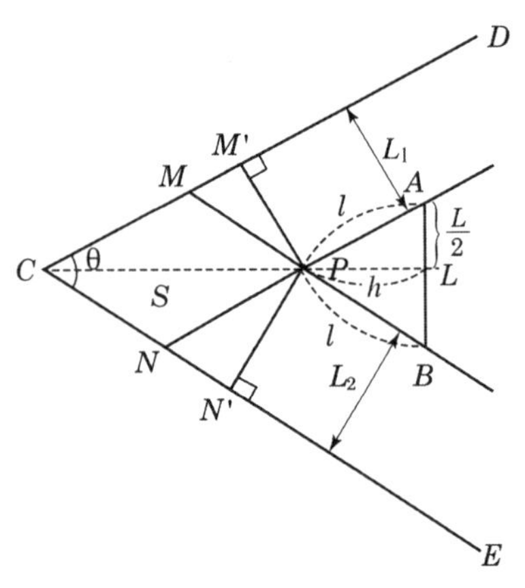

(가구정점) P점	$P_x = C_x + S \cdot \cos V_C^P$ $P_y = C_y + S \cdot \sin V_C^P$
(가구점) A점	$A_x = P_x + l \cdot \cos V_C^D$ $A_y = P_y + l \cdot \sin V_C^D$
(가구점) B점	$B_x = P_x + l \cdot \cos V_C^E$ $B_y = P_y + l \cdot \sin V_C^E$

2) 전제장과 전제면적

전제장(L)	$\sin\frac{\theta}{2} = \frac{\frac{L}{2}}{l}$ 에서, $L = 2l\sin\frac{\theta}{2}$ $\therefore\ l = \frac{L}{2 \cdot \sin\frac{\theta}{2}} = \frac{L}{2}\operatorname{cosec}\frac{\theta}{2}$
전제 면적 (A)	$\tan\frac{\theta}{2} = \frac{\frac{L}{2}}{h}$ $h = \frac{\frac{L}{2}}{\tan\frac{\theta}{2}} = \frac{L}{2} \cdot \cot\frac{\theta}{2}$ $A = \frac{1}{2} \times L \times h = \frac{1}{2} \times L \times \frac{L}{2} \times \cot\frac{\theta}{2}$ $= \left(\frac{L}{2}\right)^2 \cdot \cot\frac{\theta}{2}$

(3) 풀이과정

ANSWER & EXPLANATION

수치측량에서 기초적인 가구제원계산에 필요한 서식이 따로 작성된 것은 없으나 다음 요령으로 산식을 수립하여 진행하는 것이 편리하다.

1. A점에서 O점의 좌표를 어떻게 구할 것인가부터 생각한다. 그러기 위하여

O점에서 AC선상에 수선을 긋는다.(M')

↓

O점에서 AB선과 나란히 AC선상에 긋는다.

↓

$\theta = \angle CAB$를 산출한다.

↓

MM' 길이를 산출한다.

↓

O점에서 AB선상에 수선을 긋는다.(N')

↓

O점에서 AC선과 나란히 AB선상에 긋는다.(N)

↓

ON의 길이를 산출한다.

↓

$AM' = AM + MM'$를 산출한다.

↓

$A = OS$를 산출한다.

↓

A점에서 O점에 대한 방위각을 산출한다. → $\angle OAM = \sin^{-1}\left(\frac{L_1}{S}\right)$, $V_a^o = V_a^c + \angle OAM$

↓

O점의 좌표를 구한다. → $X_o = X_A + S \cdot \cos V_a^o$, $Y_o = Y_A + S \cdot \sin V_a^o$

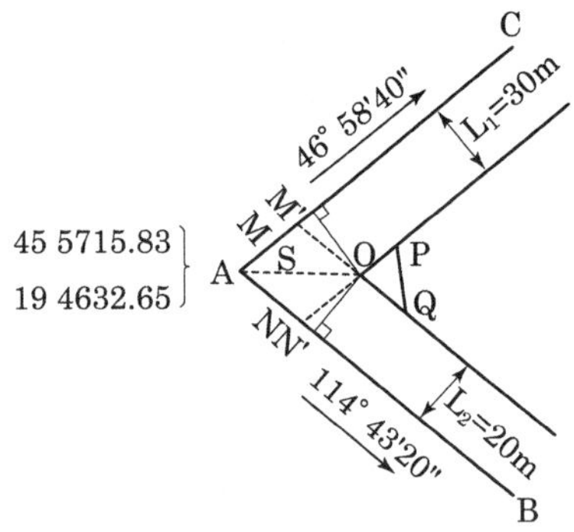

2. O점에서부터 P, Q점에 대한 좌표를 구한다.

1) $OP = OQ$의 길이 계산 → $OP = OQ = \frac{PQ}{2} = \text{cosec}\frac{\theta}{2}$

↓

2) P점의 좌표를 구한다. → $X_p = X_o + OP \cdot \cos V_a^c$, $Y_p = Y_o + OP \cdot \sin V_a^c$

↓

3) Q점의 좌표를 구한다. → $X_Q = X_o + OQ \cdot \cos V_a^b$, $Y_Q = Yo + OQ \cdot \sin V_a^b$

QUESTION Q 예제

01 다음 도형에서 A, B, C점은 중심점들이다. 주어진 여건에서 S의 길이와, P, Q점의 좌표를 구하시오. (단, 수식을 수립하되 각도는 초위, 거리는 소수점 4자리로 하고 좌표는 cm위까지로 한다.)

1. A점의 좌표 : $\begin{cases} x = 455715.^{m}83 \\ y = 194632.65 \end{cases}$ 2. AB 방위각(V_a^b)=114°43′20″ 3. AC 방위각(V_a^c)=46°58′40″ 4. 노폭 : L_1=30m L_2=20m 5. PQ의 길이=15m	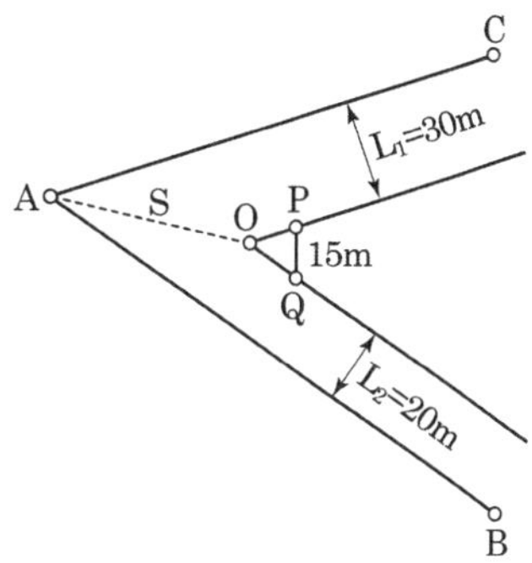

ANSWER & EXPLANATION

1. 계산

1) $\theta = \angle CAB$의 산출

$$\theta = V_A^B - V_A^C = 114°43'20'' - 46°58'40'' = 67°44'40''$$

2) OP=OQ의 계산

$$\sin\frac{\theta}{2} = \frac{\frac{PQ}{2}}{OP}$$

$$OP = OQ = \frac{7.5}{\sin\left(\frac{67°44'40''}{2}\right)} = 13.4567\text{m}$$

3) AM(ON)의 길이

$$\sin\theta = \frac{L_2}{ON}$$

$$AM = \frac{20}{\sin 67°44'40''} = 21.6099\text{m}$$

4) MM'의 길이

$$\tan\theta = \frac{L_1}{MM'}$$

$$MM' = \frac{30}{\tan 67°44'40''} = 12.2767\text{m}$$

5) AM'의 길이 산출

$$AM' = AM + MM' = 21.6099 + 12.2767 = 33.8866\text{m}$$

6) S의 길이 산출

$$S = \sqrt{4^2 + (AM')^2} = \sqrt{30^2 + 33.8866^2} = 45.2582\text{m}$$

7) AO의 방위각 산출

$$\sin\angle M'AO = \frac{L'}{S}$$

$$\angle M'AO = \sin^{-1}\left(\frac{30}{45.2582}\right) = 41°31'07''$$

$$V_a^o = V_a^c + \angle M'AO = 46°58'40'' + 41°31'07'' = 88°29'47''$$

8) O점에 대한 좌표를 구한다.

$$X_O = X_A + S \cdot \cos V_a^o$$

$$= 455715.83 + 45.2582 \times \cos 88°29'47'' = 455717.02\text{m}$$

$$Y_O = Y_A + S \cdot \sin V_a^o$$

$$= 194632.65 + 45.2582 \times \sin 88°29'47'' = 194677.89\text{m}$$

9) P점에 대한 좌표를 구한다.

$$X_P = X_o + OP \cdot \cos V_a^c$$

$$= 5717.02 + 13.4567 \times \cos 46°58'40'' = 455726.20\text{m}$$

$$Y_P = Y_o + OP \cdot \sin V_a^c$$

$$= 4677.89 + 13.4567 \times \sin 46°58'40'' = 194687.73\text{m}$$

10) Q점에 대한 좌표를 구한다.

$$X_Q = X_o + \overline{OQ} \times \cos V_a^b$$

$$= 455717.02 + 13.4567 \times \cos 114°43'20'' = 455711.39\text{m}$$

$$Y_Q = Y_o + \overline{OQ} \times \sin V_a^b$$

$$= 194677.89 + 13.4567 \times \sin 114°43'20'' = 194690.11\text{m}$$

11) 검산

$$\overline{PQ} = \sqrt{(P_x - Q_x)^2 + (P_y - Q_y)^2}$$

$$= \sqrt{(455726.20 - 455711.39)^2 + (194687.73 - 194690.11)^2} = 15\text{m}$$

……($PQ = 15$m)

QUESTION Q 예제

02 아래 그림에서 협각 $\theta = 88°37'20''$ 이고 우절장 $L = 10.00\text{m}$ 일 때 전제장과 전제면적을 구하라.

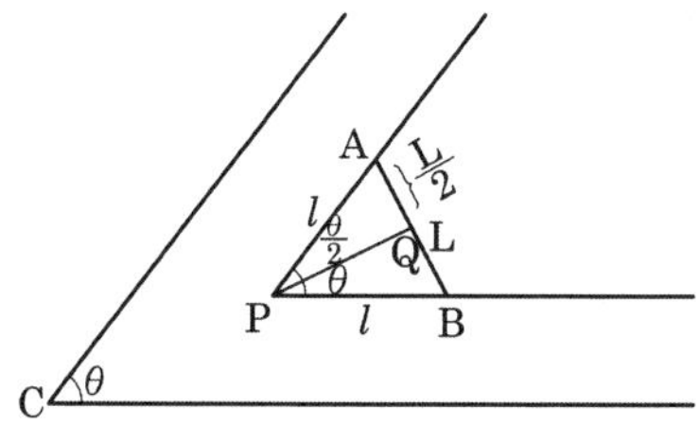

ANSWER & EXPLANATION

전제장 $l = \frac{L}{2} \times \text{cosec}\frac{\theta}{2}$ 에서

$$= \frac{10}{2} \times \text{cosec}\frac{88°37'20''}{2}$$

$$= 5 \times \text{cosec}\,44°18'40''$$

$$= \frac{5}{\sin 44°18'40''}$$

$$= 7.158\text{m}$$

전체면적 $A = \left(\frac{L}{2}\right)^2 \cdot \cot\frac{\theta}{2}$ 에서

$$= \left(\frac{10}{2}\right)^2 \times \cot\frac{88°37'20''}{2}$$

$$= 25 \times \cot 44°18'40''$$

$$= \frac{25}{\tan 44°18'40''}$$

$$= 25.609\text{m}^2$$

별해)

$\sin\frac{\theta}{2} = \frac{\frac{L}{2}}{l}$ 에서

전제장$(l) = \frac{\frac{L}{2}}{\sin\frac{\theta}{2}} = \frac{5}{\sin\frac{88°37'20''}{2}} = 7.158$

$$\tan\frac{\theta}{2}=\frac{\frac{L}{2}}{h}$$ 에서

$$높이(h)=\frac{\frac{L}{2}}{\tan\frac{\theta}{2}}=\frac{L}{2}\times\cot\frac{\theta}{2}$$

$$면적(A)=\frac{1}{2}\times L\times h$$

$$=\frac{L}{2}\times\frac{L}{2}\times\cot\frac{\theta}{2}=\left(\frac{L}{2}\right)^2\times\cot\frac{\theta}{2}$$

$$=\left(\frac{10}{2}\right)^2\times\cot\frac{88°37'20''}{2}$$

$$=\frac{25}{\tan 44°18'40''}=25.609\,\text{m}^2$$

QUESTION Q 예제

03 우절협각이 100° 37'20'' 우절변장이 10.00m일 때 우절전제장 및 우절 전제면적을 구하시오.

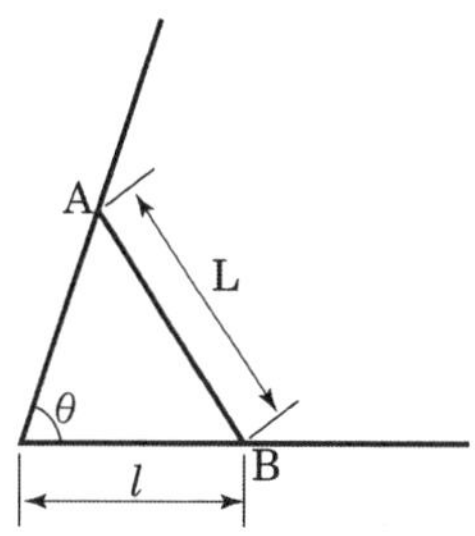

ANSWER & EXPLANATION

1. 우절전제장

$$l = \frac{L}{2} \times \text{cosec}\frac{\theta}{2}$$

$$= \frac{10}{2} \times \text{cosec}\frac{100°37'20''}{2}$$

$$= 5 \times \text{cosec}50°18'40''$$

$$= \frac{5}{\sin 50°18'40''}$$

$$= 6.498\text{m}$$

별해)

$$\sin\frac{\theta}{2} = \frac{\frac{L}{2}}{l} \text{ 에서}$$

$$l = \frac{\frac{L}{2}}{\sin\frac{\theta}{2}} = \frac{5}{\sin 50°18'40''} = 6.498\text{m}$$

2. 전제면적

$$A = \left(\frac{L}{2}\right)^2 \times \cot\frac{\theta}{2} = \left(\frac{10}{2}\right)^2 \times \cot\frac{100°37'20''}{2}$$

$$= 25 \times \cot 50°18'40''$$

$$= \frac{25}{\tan 50°18'40''} = 20.747\text{m}^2$$

QUESTION Q 예제

04 다음 그림은 가구(街區)의 일부분이다. 가구점 P의 좌표를 계산하시오. (단, C, D, E는 중심점이고 단위는 m이며, 소수 3자리까지 계산하여 소수 2자리까지 구할 것)

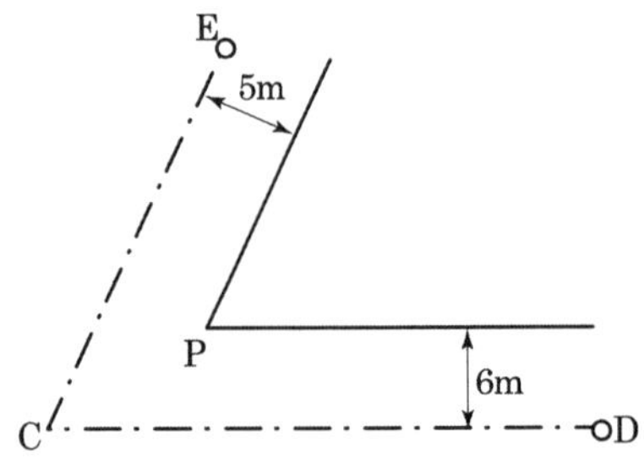

(1) C점 좌표

X	465715.46m
Y	198811.84m

(2) $V_C^E = 5°43'20''$ (3) $V_C^D = 91°25'40''$

ANSWER & EXPLANATION

1. 교각 계산

$\theta = V_C{}^D - V_C{}^E = 91°25'40'' - 5°43'20''$

$\theta = 85°42'20''$

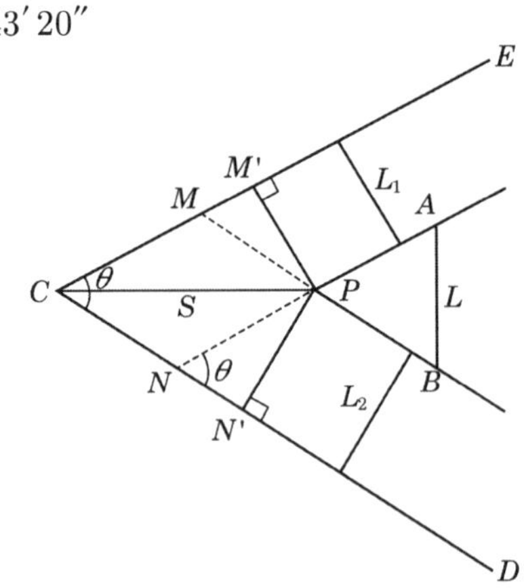

2. 거리(S) 계산

$\overline{CM}$ 계산 $\sin\theta = \dfrac{6}{NP}$

① $\overline{NP}(\overline{CM}) = 6 \times \dfrac{1}{\sin\theta}$

$= 6 \times \dfrac{1}{\sin 85°42'20''}$

$= 6.017\text{m}$

② $\overline{MM'} = 5 \times \dfrac{1}{\tan 85°42'20''}$

$= 0.375\text{m}$

$\overline{CM'} = 6.017 + 0.375 = 6.392\text{m}$

S 계산 $= \sqrt{6.392^2 + 5^2} = 8.115\text{m}$

or

S 계산 $= \dfrac{L_1}{\sin \angle ECP} = \dfrac{5}{\sin 38°2'0.62''} = 8.115\text{m}$

3. V_C^P 방위각 계산

$V_C^P = V_C^E + \angle ECP$

$\angle ECP = \tan^{-1}\left(\dfrac{5}{6.392}\right)$

$= 38°2'0.62''$

$V_C^P = 5°43'20'' + 38°2'0.62''$

$= 43°45'20.62''$

4. 가구정점 계산

$P_X = C_X + S \cdot \cos V_C{}^P$

$P_Y = C_Y + S \cdot \sin V_C{}^P$

$P_X = 465715.46 + (8.115 \times \cos 43°45'20.62'') = 465,721.32\text{m}$

$P_Y = 198811.84 + (8.115 \times \sin 43°45'20.62'') = 198,817.45\text{m}$

QUESTION Q 예제

05 다음 그림에서 C_1, C_2, C_3점은 도로의 중심점이다. 주어진 조건으로 P점과 가구전제점 A, B점의 좌표를 구하시오. (단, $\overline{C_1C_2}$와 $\overline{PA}$, $\overline{C_1C_3}$와 $\overline{PB}$는 서로 평행하고, $\overline{PA}$와 $\overline{PB}$의 길이는 같으며, 계산은 반올림하여 각도는 초(")단위, 거리는 소수점 이하 4자리로 계산하여 좌표를 소수점 이하 2자리까지 계산하시오.)

1. 조건

<table>
<tr>
<td>C_1좌표 $X = 466501.47\text{m}$, $Y = 193753.33\text{m}$
C_3좌표 $X = 466431.31\text{m}$, $Y = 193895.57\text{m}$
방위각 $V_{C_1}^{C_2} = 48°36'47''$
전제장$(L) = 5\text{m}$
노폭 : $L_1 = 4\text{m}$, $L_2 = 3\text{m}$</td>
<td>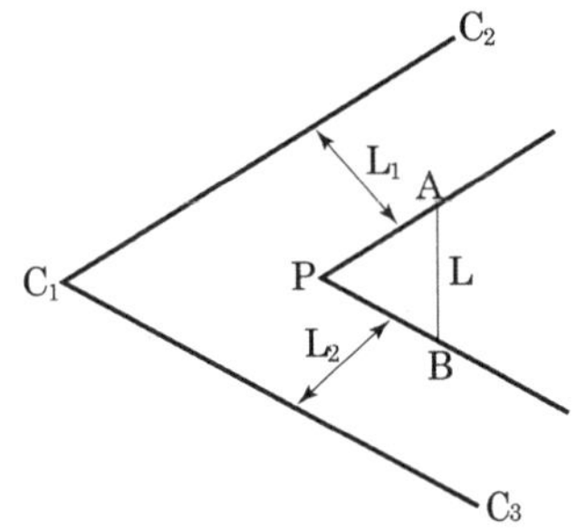</td>
</tr>
</table>

가. P점의 좌표 [단위:m]
나. A,B점의 좌표 [단위:m]

ANSWER & EXPLANATION

1. 교각(θ) 계산

V_{C1}^{C3} 계산

$\Delta x = 6431.31 - 6501.47 = -70.16$

$\Delta y = 3895.57 - 3753.33 = 142.24$

$\theta = \tan^{-1}\dfrac{142.24}{70.16} = 63°44'42.51''$ (2상한)

$V_{C1}^{C3} = 180° - 63°44'42.51'' = 116°15'17''$

$\theta = V_{C_1}^{C_3} - V_{C_1}^{C_2} = 116°15'17'' - 48°36'47'' = 67°38'30''$

2. 거리(S) 계산

$\overline{C_1M}$ 계산 $\sin\theta = \dfrac{L_2}{NP}$

$$\overline{NP}\left(\overline{C_1M}\right) = L_2 \times \frac{1}{\sin\theta}$$

$$= 3 \times \frac{1}{\sin 67°38'30''}$$

$$= 3.2439\text{m}$$

$$\overline{MM'} = L_1 \times \frac{1}{\tan\theta}$$

$$= 4 \times \frac{1}{\tan 67°38'30''}$$

$$= 1.6453\text{m}$$

$$\overline{C_1M'} = \overline{C_1M} + \overline{MM'}$$

$$= 3.2439 + 1.6453$$

$$= 4.8892\text{m}$$

$$S = \sqrt{4.8892^2 + 4^2} = 6.3170\text{m}$$

3. V_{C1}^{P} 방위각 계산

$$V_{C1}^{P} = V_{C1}^{C2} + \angle C_2C_1P$$

$$= 48°36'47'' + \angle C_2C_1P$$

$$\tan\angle C_2C_1P = \frac{L_1}{C_1M'}$$

$$\angle C_2C_1P = \tan^{-1}\left(\frac{4}{4.8892}\right)$$

$$\angle C_2C_1P = 39°17'15''$$

$$V_{C_1}^{P} = 48°36'47'' + 39°17'15'' = 87°54'2''$$

4. 가구정점 계산

$$P_X = C_{1X} + S \cdot \cos V_{C_1}^{P}$$

$$= 466501.47 + (6.3170 \times \cos 87°54'2'') = 466{,}501.70\text{m}$$

$$P_Y = C_{1Y} + S \cdot \sin V_{C_1}^{P}$$

$$= 193753.33 + (6.3170 \times \sin 87°54'2'') = 193{,}759.64\text{m}$$

3 면적지정분할

분할측정은 토지나 임야가 지적공부에 등록된 일필지의 토지에 토지분할사유가 발생하였을 때 토지를 2필지 이상으로 나누어 지적공부에 등록하기위한 측량이다. 분할에는 토지의 이용상 불합리한 지상경계를 시정하려는 때, 1필지의 일부가 소유자가 다를 때나 1필지의 일부가 지목이 다를 때 하는 일반적인 분할과 소유자 요구에 의해 면적을 지정하여 요구하는 면적지정분할이 있다. 면적지정분할은 아래와 같이 AD와 BC가 평행한 경우와 평행하지 않을 경우로 나눌 수 있다.

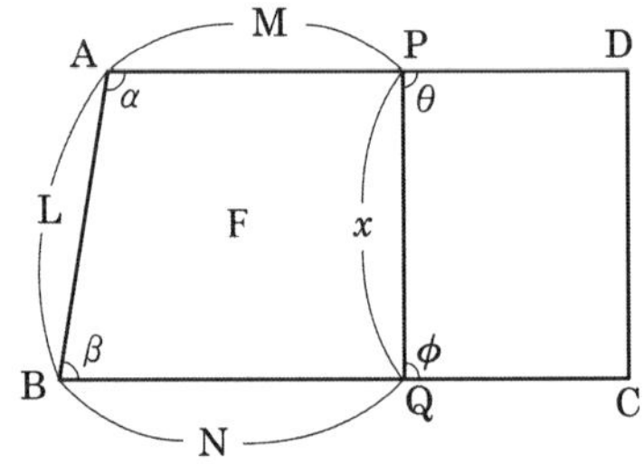

(1) AD와 BC가 평행할 경우

1) AD//BC이며 ∠PQC$=\phi$일 경우	$F=\frac{1}{2}(M+N)\mathrm{L}\cdot\sin\beta$ $M=\frac{F}{L\cdot\sin\beta}-\frac{L\cdot\cos\beta-X\cdot\cos\phi}{2}$ $N=\frac{F}{L\cdot\sin\beta}+\frac{L\cdot\cos\beta-X\cdot\cos\phi}{2}$ $x=\frac{L\cdot s\beta}{s\phi}$
2) AD//BC이며 ∠PQC$=90°$일 경우	$F=\frac{2}{1}L\cdot\cos\beta\cdot h+M\cdot h$ $h=L\cdot\sin\beta$ $\cos 90°=0,\ \sin 90°=1$ $M=\frac{F}{L\cdot\sin\beta}-\frac{L\cdot\cos\beta}{2}$ $N=\frac{F}{L\cdot\sin\beta}+\frac{L\cdot\cos\beta}{2}$

3) AD//BC이며 AB//PQ일 경우	$M=N$이 되므로 $\angle\beta=\angle\phi,\ L=x$ $M=N=\dfrac{F}{L\cdot\sin\beta}$ $F=N\cdot S\sin\beta$
4) AD//BC이며 AP의 거리 M을 지정했을 경우	$F=\dfrac{1}{2}(M+N)L\cdot\sin\beta$ $M+N=\dfrac{2F}{L\cdot\sin\beta}$ $N=\dfrac{2F}{L\cdot\sin\beta}-M$
5) AD//BC이며 AP의 거리 N을 지정했을 경우	$F=\dfrac{1}{2}(M+N)L\cdot\sin\beta$ $M+N=\dfrac{2F}{L\cdot\sin\beta}$ $M=\dfrac{2F}{L\cdot\sin\beta}-N$

(2) AD와 BC가 평행하지 않을 경우

1) AD≠BC이며 ∠PQB=ϕ일 경우	$2F=\dfrac{L^2}{\cot\alpha+\cot\beta}-\dfrac{x^2}{\cot\phi+\cot\theta}$ $2F=M\cdot L\cdot\sin\alpha+N\cdot x\cdot\sin\phi$ $M=\dfrac{L\cdot\sin\beta-x\cdot\sin\phi}{\sin(\alpha+\beta)}$ $=(L\cdot\sin\beta-x\sin\phi)\cdot\text{cosec}(\alpha+\beta)$ $N=\dfrac{L\cdot\sin\alpha-x\cdot\sin\theta}{\sin(\alpha+\beta)}$ $=(L\cdot\sin\alpha-x\sin\theta)\cdot\text{cosec}(\alpha-\beta)$ $x=\sqrt{\left(\dfrac{L^2}{\cot\alpha+\cot\beta}-2F\right)(\cot\theta+\cot\phi)}$
2) AD≠BC이며 ∠PQB=ϕ=90°일 경우	$\tan 90°=0,\ \sin 90°=1$이다. $2F=M\cdot L\cdot\sin\alpha+N\cdot x$ $M=\dfrac{L\cdot\sin\beta-x}{\sin(\alpha+\beta)}$ $N=\dfrac{L\cdot\sin\alpha+x\cdot\sin\theta}{\sin(\alpha+\beta)}$ $x=\sqrt{\left(2F-\dfrac{L^2}{\cot\alpha+\cot\beta}\right)\tan(\alpha+\beta)}$

3) AD≠BC이며 AB//PQ일 경우	$2F = M \cdot L \cdot \sin\alpha + N \cdot x \cdot \sin\beta$ $M = \dfrac{(L-x) \cdot \sin\beta}{\sin(\alpha+\beta)}$ $= (L-x) \cdot \sin\beta \cdot \cos(\alpha+\beta)$ $N = \dfrac{(L-x) \cdot \sin\alpha}{\sin(\alpha+\beta)}$ $= (L-x) \cdot \sin\alpha \cdot \mathrm{cosec}(\alpha+\beta)$ $x = \sqrt{L^2 - 2F(\cot\alpha + \cot\beta)}$
4) AD≠BC이며 AP의 거리 M을 지정하였을 경우	$N = \dfrac{2F - M \cdot L \cdot \sin\alpha}{L \cdot \sin\beta - M \cdot \sin(\alpha+\beta)}$ $X_P = X_A + M \cdot \cos V_a^p$ $Y_P = Y_A + M \cdot \sin V_a^q$
5) AD≠BC이며 AP의 거리 N을 지정했을 경우	$2F = N \cdot L \cdot \sin\beta + M \cdot x \cdot \sin\theta$ $M = \dfrac{2F - N \cdot L \cdot \sin\beta}{L \cdot \sin\alpha - N \cdot \sin(\alpha+\beta)}$ $X_Q = X_B + N \cdot \cos V_b^q$ $Y_Q = Y_B + N \cdot \sin V_b^q$

QUESTION Q 예제

01 다음 필계점 1, 2, 3, 4, 5로 이루어진 서울 영등포구 여의도동 74-5의 지목대를 2점으로부터 3점을 향하여 $39^{m}.66$만큼 떨어진 점 6에서 점 3, 4방향과 나란하게 분할하려고 한다. 교차점 7의 좌표를 구하고 74-5의 면적과 경계점간거리를 구하시오.

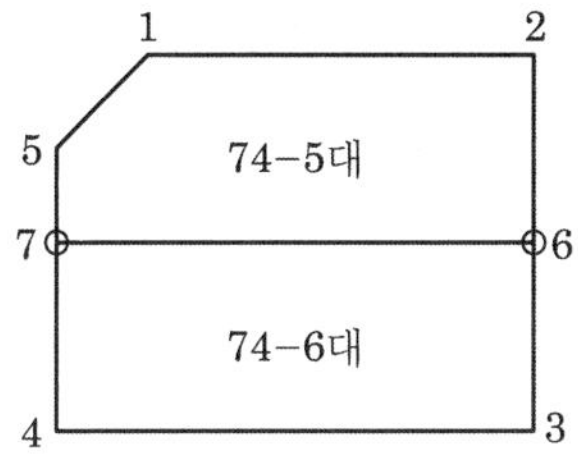

필계점	종선좌표	횡선좌표
1	$4629^{m}.78$	$2192^{m}.34$
2	4666.19	2229.11
3	4617.77	2277.06
4	4583.79	2227.09
5	4617.50	2192.28

계산은 주어진 서식(교차점계산부, 좌표면적 및 경계점간 거리계산부)을 사용하여야 한다.

ANSWER & EXPLANATION

수치종합문제 예에 대한 계산순서…(② 교차점계산부, ③ 좌표면적계산, ① 역계산)
주어진 문제의 성격으로 보아 3, 4//6,7 2,6=$39^{m}.66$이기 때문에

1) (2-3, 3-4, 4-5)점에 대한 방위각을 산출하고
2) 6점의 좌표를 구한다.
3) 방위각 $V_4^5(\alpha)$와 방위각 $V_6^7 = V_3^4(\beta)$에 의하여 소구점의 좌표를 구한다.
4) 1, 2, 6, 7, 5점의 좌표에 의하여 면적을 산출한다.

는 순으로 계산을 실시하면 된다.

1. 방위각 계산

$$2-3: \tan^{-1}\left(\frac{2277.06-2229.11}{4617.77-4666.19}\right) = -44°43'14'' + 180° = 135°16'46''\text{(2상한)}$$

$$3-4: \tan^{-1}\left(\frac{2227.09-2277.06}{4583.79-4617.77}\right) = 55°47'02'' + 180° = 235°47'02''\text{(3상한)}$$

$$4-5: \tan^{-1}\left(\frac{2192.28-2227.09}{4617.50-4583.79}\right) = -45°55'11'' + 360° = 314°04'49''\text{(4상한)}$$

2. 6점의 좌표 계산

종선좌표$= \overline{2.6} \times \cos V_2^3 + 2x$

$= 39.66 \times \cos 135°16'46'' + 4666.19 = 4638\overset{m}{.}01$

횡선좌표 $= \overline{2.6} \times \sin V_2^3 + 2y$

$= 39.66 \times \sin 135°16'46'' + 2229.11 = 2257\overset{m}{.}02$

3. 교차점 7 계산(서식)

1) 기지점 역계산 : 종선차$(\Delta X_4^6) = 4638.01 - 4583.79 = +54\overset{m}{.}22$

횡선차$(\Delta Y_4^6) = 2257.02 - 2227.09 = +29\overset{m}{.}93$

2) S_1, S_2의 계산

$$S_1 = \frac{\Delta Y_4^6 \cos\beta - \Delta X_4^6 \sin\beta}{\sin(\alpha - \beta)}$$

$(\alpha - \beta) = 78°17'47''$

$$S_1 = \frac{29.93 \times \cos 235°47'02'' - 54.22 \times \sin 235°47'02''}{\sin 78°17'47''} = 28\overset{m}{.}6002$$

$$S_2 = \frac{\Delta Y_4^6 \cos\alpha - \Delta X_4^6 \sin\alpha}{\sin(\alpha - \beta)}$$

$$S_2 = \frac{29.93 \times \cos 314°04'49'' - 54.22 \times \sin 314°04'49''}{\sin 78°17'47''} = 61\overset{m}{.}0401$$

3) 교차점 계산(소구점 7)

4점에서 종선좌표 $28.6002 \times \cos 314°04'49'' + 4583.79 = 4603\overset{m}{.}6862$

횡선좌표 $28.6002 \times \sin 314°04'49'' + 2227.09 = 2206\overset{m}{.}5446$

6점에서 종선좌표 $61.0401 \times \cos 235°47'02'' + 4638.01 = 4603\overset{m}{.}6862$

횡선좌표 $61.0401 \times \sin 235°47'02'' + 2257.02 = 2206\overset{m}{.}5446$

4) 소구점 7의 평균좌표

종선좌표 $= \frac{4603.6862 + 4603.6862}{2} = 4603.6862 = 4603\overset{m}{.}69$

횡선좌표 $= \frac{2206.5446 + 2206.5446}{2} = 2206.5446 = 2206\overset{m}{.}54$

4. 좌표면적 및 경계점 간 거리 계산(서식)

1) 각 점의 좌표에서 1000단위는 같으므로 빼고 X_n, Y_n를 다음과 같이 기재한다.

좌표면적 및 경계점 간 거리 계산부

(제3-5-1호 서식)

동면	지번	지목	면적(m^2)	약 도	측점번호	부호	X_n	Y_n
여의도동	74-5	대		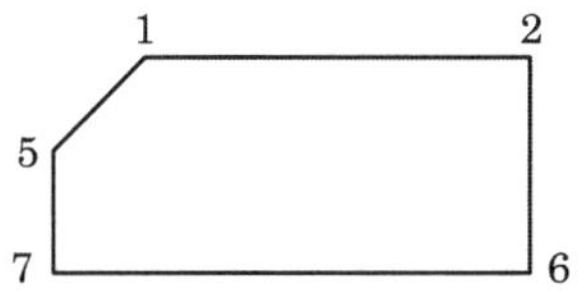	1	1	m 629.78	m 192.34
					2	2	666.19	229.11
					6	3	638.01	257.02
					7	4	603.69	206.54
					5	5	617.50	192.28

2) 차인계산 $(X_{n+1}-X_{n-1})$, $(Y_{n+1}-Y_{n-1})$

$(X_{n+1}-X_{n-1})$에서 2−5=666.19−617.50=+48.69

6−1=638.01−629.78=+8.23

7−2=603.69−666.19=−62.50

5−6=617.50−638.01=−20.51

1−7=629.78−603.69=+26.09

합계=0

$(Y_{n+1}-Y_{n-1})$에서 2−5=229.11−192.28=+36.83

6−1=257.02−192.34=+64.68

7−2=206.54−229.11=−22.57

5−6=192.28−257.02=−64.74

1−7=192.34−206.54=−14.20

합계=0(합계가 0이 되는가 확인한다.)

좌표면적 및 경계점 간 거리 계산부

동면	지번	지목	면적 (m^2)	약도	측점번호	부호	X_n	Y_n	면적계산 $X_{n+1}-X_{n-1}$	면적계산 $Y_{n+1}-Y_{n-1}$
여의도동	74-5	대		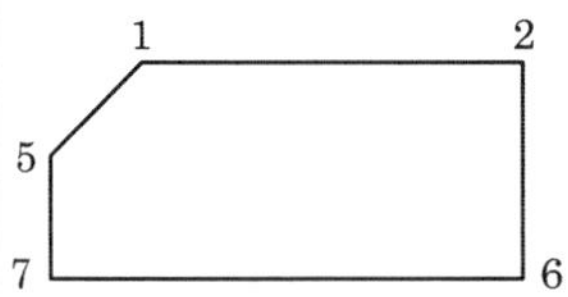	1	1	m 629.78	m 192.34	m +48.69	m +36.83
					2	2	666.19	229.11	+ 8.23	+64.68
					6	3	638.01	257.02	-62.50	-22.57
					7	4	603.69	206.54	-20.51	-64.74
					5	5	617.50	192.28	+26.09	-14.20
									0	0

3) $X_n(Y_{n+1}-Y_{n-1})$의 계산

측점번호 1에서 629.78×(+36.83)=+23194.7974

측점번호 2에서 666.19×(+64.68)=+43089.1692

측점번호 6에서 638.01×(−22.57)=−14399.8857

측점번호 7에서 603.69×(−64.74)=−39082.8906

측점번호 5에서 617.50×(−14.20)=−8768.5000

합계=+4032.6903

좌표면적 및 경계점 간 거리 계산부

약도	측점번호	부호	X_n	Y_n	면적계산 $X_{n+1}-X_{n-1}$	면적계산 $Y_{n+1}-Y_{n-1}$	면적계산 $X_n(Y_{n+1}-Y_{n-1})$
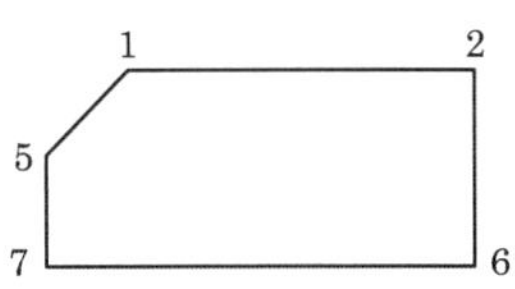	1	1	m 629.78	m 192.34	m +48.69	m +36.83	m^2 +23194.7974
	2	2	666.19	229.11	+ 8.23	+64.68	+43089.1692
	6	3	638.01	257.02	-62.50	-22.57	+14399.8857
	7	4	603.69	206.54	-20.51	-64.74	-39082.8906
	5	5	617.50	192.28	+26.09	-14.20	- 8768.5000
					0	0	+ 4032.6903

4) $Y_n(X_{n+1} - X_{n-1})$의 계산 및 면적결정

측점번호 1에서 192.34×(+48.69)=+9365.0346

측점번호 2에서 229.11×(+8.23)=+1885.5753

측점번호 6에서 257.02×(−62.50)=−16063.7500

측점번호 7에서 206.54×(−20.51)=−4236.1354

측점번호 5에서 192.28×(+26.09)=+5016.5852

합계=−4032.6903

3)과 4)에서 산출된 면적은 배면적이므로 2로 나누어야 한다. 또 3)과 4)에서 배면적이 절대치수로 같게 나온 것은 당연한 것으로서 계산에 잘못이 없도록 확인하기 위한 것이다. 어느 한 쪽만의 계산으로도 배면적은 산출될 수 있는 것이다.

4032.6903÷2=2016.345㎡

법에 규정하는 바로는 산출면적은 1/1000㎡까지 산출하여 1/10㎡ 단위로 결정하도록 되어 있다. 그러므로 결정면적은 면적란에 2016.3㎡라고 적는다.

좌표면적 및 경계점 간 거리 계산부

측점 번호	부호	X_n	Y_n	면 적 계 산			
				$X_{n+1}-X_{n-1}$	$Y_{n+1}-Y_{n-1}$	$X_n(Y_{n+1}-Y_{n-1})$	$Y_n(X_{n+1}-X_{n-1})$
		m	m	m	m	m^2	m^2
1	1	629.78	192.34	+48.69	+36.83	+23194.7974	+9365.0346
2	2	666.19	229.11	+ 8.23	+64.68	+43089.1692	+1885.5753
6	3	638.01	257.02	−62.50	−22.57	−14399.8857	−16063.7500
7	4	603.69	206.54	−20.51	−64.74	−39082.8906	−4236.1354
5	5	617.50	192.28	+26.09	−14.20	− 8768.5000	+5016.5852
				0	0	+ 4032.6903	−4032.6903
						4032.6903 ÷ 2 = 16.345 A = 2016.3m^2	

5) 거리 계산

거리의 계산은 두 측점의 좌표로 종선차(ΔX), 횡선차(ΔY)를 산출하여 다음 식으로 계산한다.

$$거리 = \sqrt{종선차(\Delta X)^2 + 횡선차(\Delta Y)^2}$$

1점에서 2점 : ΔX=666.19−629.78=+36.41

ΔY=229.11−192.34=+36.77

$\therefore \sqrt{36.41^2 + 36.77^2} = 51^{m}.75$

2점에서 6점 : ΔX=638.01−666.19=−28.18

ΔY=257.02−229.11=+27.91

$\therefore \sqrt{28.18^2 + 27.91^2} = 39^{m}.66$

6점에서 7점 : ΔX=603.69−638.01=−34.32

ΔY=206.54−257.02=−50.48

$\therefore \sqrt{34.32^2 + 50.48^2} = 61^{m}.04$

7점에서 5점 : ΔX=617.50−603.69=+13.81

ΔY=192.28−206.54=−14.26

$\therefore \sqrt{13.81^2 + 14.26^2} = 19^{m}.85$

5점에서 1점 : ΔX=629.78−617.50=+12.28

ΔY=192.34−192.28=+0.06

$\therefore \sqrt{12.28^2 + 0.06^2} = 12^{m}.28$

좌표면적 및 경계점 간 거리 계산부

면 적 계 산			거 리 계 산			비고
$Y_{n+1} - Y_{n-1}$	$X_n(Y_{n+1} - Y_{n-1})$	$Y_n(X_{n+1} - X_{n-1})$	ΔX	ΔY	거리	
m +36.83	m^2 +23194.7974	m^2 +9365.0346	m +36.41	m +36.77	m 51.75	
+64.68	−43089.1692	+1885.5753	−28.18	+27.91	39.66	
−22.57	−14399.8857	−16063.7500	−34.32	−50.48	61.04	
−64.74	−39082.8906	−4236.1354	+13.81	−14.26	19.85	
−14.20	−8768.5000	+5016.5852	+12.28	+ 0.06	12.28	
0	+ 4032.6903	−4032.6903				
	4032.6903÷2=2016.345 A=2016.3m^2					

교 차 점 계 산 부

(별지 제3-5-2호 서식)

소구점
7

공 식

$$S_1 = \frac{\Delta y_a^b \cos\beta - \Delta x_a^b \sin\beta}{\sin(\alpha - \beta)}$$

$$S_2 = \frac{\Delta y_a^b \cos\alpha - \Delta x_a^b \sin\alpha}{\sin(\alpha - \beta)}$$

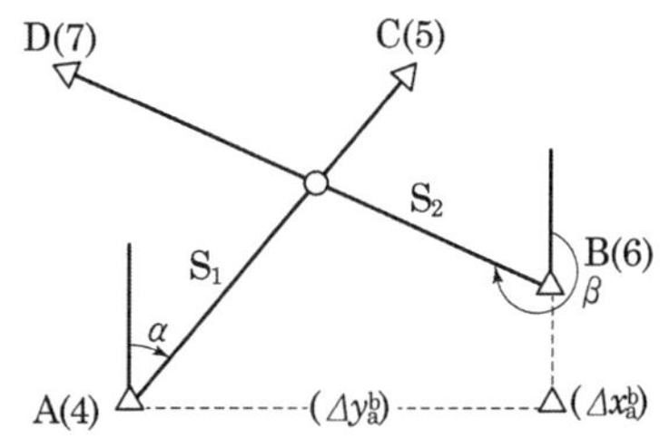

점	x	y	종 횡 선 차	
D(1)	4603.69	2206.54	Δy_b^d	
B(2)	4638.01	2257.02	Δx_b^d	
C(3)	4617.50	2192.28	Δy_a^c	− 34.81
A(4)	4583.79	2227.09	Δx_a^c	+ 33.71
Δx_a^b	+ 54.22	Δy_a^b + 29.93	V_a^b	28°53′57″
α	314°04′49″	V_a^c	° ′ ″	
β	235°47′02″	V_b^d	° ′ ″	
$\alpha-\beta$	78°17′47″			

$(\Delta y_a^b \cdot \cos\beta - \Delta x_a^b \cdot \sin\beta)/\sin(\alpha-\beta) = S_1$			28.6002
$S_1 \cdot \cos\alpha$	+19.8962	$S_1 \cdot \sin\alpha$	−20.5454
x_a	+) 4583.79	y_a	+) 2227.09
x	4603.6862	y	2206.5446

$(\Delta y_a^b \cdot \cos\alpha - \Delta x_a^b \cdot \sin\alpha)/\sin(\alpha-\beta) = S_2$			61.0401
$S_2 \cdot \cos\beta$	−34.3238	$S_2 \cdot \sin\beta$	−50.4754
x_b	+) 4638.01	y_b	+) 2257.02
x	4603.6862	y	2206.5446

X	4603.6862	Y	2206.5446

좌표면적 및 경계점 간 거리 계산부

동면	지번	지목	면적 (m^2)	약도	측점번호	부호	X_n	Y_n	면적계산 $X_{n+1}-X_{n-1}$	$Y_{n+1}-Y_{n-1}$
여의도동	74-5	대		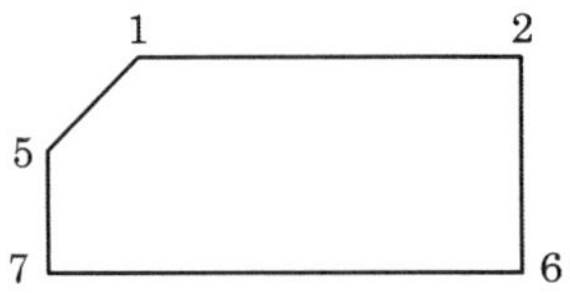	1		m 629.78	m 192.34	m -48.69	m +36.83
					2		666.19	229.11	+ 8.23	+64.68
					6		638.01	257.02	-62.50	-22.57
					7		603.69	206.54	-20.51	-64.74
					5		617.50	192.28	+26.09	-14.20
									0	0

좌표면적 및 경계점 간 거리 계산부

면적계산 $X_n(Y_{n+1}-Y_{n-1})$	$Y_n(X_{n+1}-X_{n-1})$	거리계산 ΔX	ΔY	거리	비고
m^2 +23194.7974	m^2 +9365.0346	m +36.41	m +36.77	m 51.75	
+43089.1692	+1885.5753	-28.18	+29.91	39.66	
+14399.8857	-16063.7500	-34.32	-50.48	61.04	
-39082.8906	-4236.1354	+13.81	-14.26	19.85	
- 8768.5000	+5016.5852	+12.28	+ 0.06	12.28	
+ 4032.6903	-4032.6903				
4032.6903÷2=2016.345 A=2016.3m^2					

QUESTION Q 예제

02 다음 조건에 의하면 면적을 지정하여 분할하려고 한다. 점 P,Q의 좌표를 구하시요. 단, 수식을 수립하여 답을 구하시오. (계산시 각도는 초위, 거리는 0.1mm 위까지 사용한다.)

AD ≠ BC

지정면적(F) = 600m²

A점의 좌표 : x = 6771.34m, y = 2965.15

B점의 좌표 : x = 6738.86m, y = 2966.47

$\alpha = 98°15'26''$, $\theta = 78°51'43''$

$\beta = 77°44'53''$, $\phi = 97°08'36''$

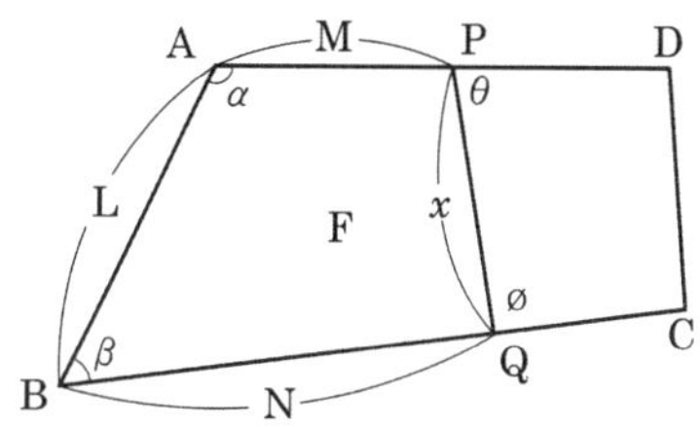

ANSWER & EXPLANATION

수치에 의한 분할측량에는 표시된 경계표지를 측량하여 결정짓는 방법과 면적을 지정하여 분할하는 경우로 구분할 수가 있다. 표시된 경계표지를 측량할 때에는 기 등록선에 교차시키는 교차점 계산으로 좌표를 구하면 되지만 면적을 지정하여 분할하는 경우에는 몇 가지 조건이 있게 마련이다.

1. 두 점의 좌표와 분할되는 선으로 이루어지는 각을 포함하여 4각을 알고 면적을 지정분할하는 경우. AP≠BQ, α, β, θ, ϕ(또는 $\phi = 90°$), F(면적)

$$x = \sqrt{\left(\frac{L^2}{\cot\alpha + \cot\beta} - 2F\right)(\cot\theta + \cot\phi)}$$

$$M = (L \cdot \sin\beta - x \cdot \sin\phi)\operatorname{cosec}(\alpha + \beta)$$

$$N = (L \cdot \sin\alpha - x \cdot \sin\theta)\operatorname{cosec}(\alpha + \beta)$$

$$X_P = X_A + M \cdot \cos V_a^p$$

$$Y_P = Y_A + M \cdot \sin V_a^p$$

$$X_Q = X_B + N \cdot \cos V_b^q$$

$$Y_Q = Y_B + N \cdot \sin V_b^q$$

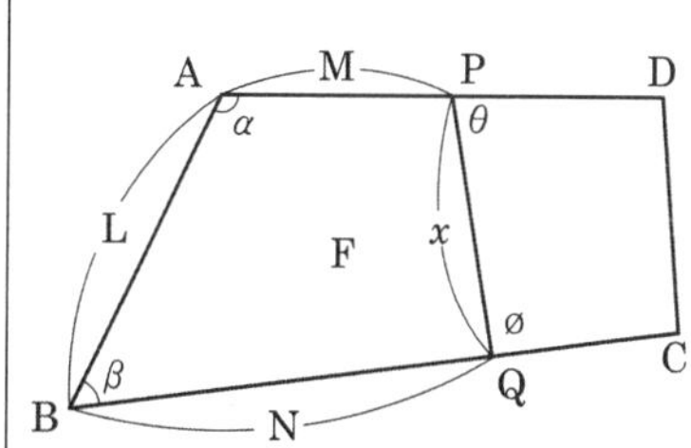

2. 두 점의 좌표와 낀 각, 그리고 AP(M)의 길이를 알고 면적을 지정분할하는 경우, AP≠BQ, M은 지정(일정), F, α, β

$$N=\frac{2F-M\cdot L\cdot \sin\alpha}{L\cdot \sin\beta-M\cdot \sin(\alpha+\beta)}$$

$$X_P=X_A+M\cdot \cos V_a^p$$

$$Y_P=Y_A+M\cdot \sin V_a^p$$

$$X_Q=X_B+N\cdot \cos V_b^q$$

$$Y_Q=Y_B+N\cdot \sin V_b^q$$

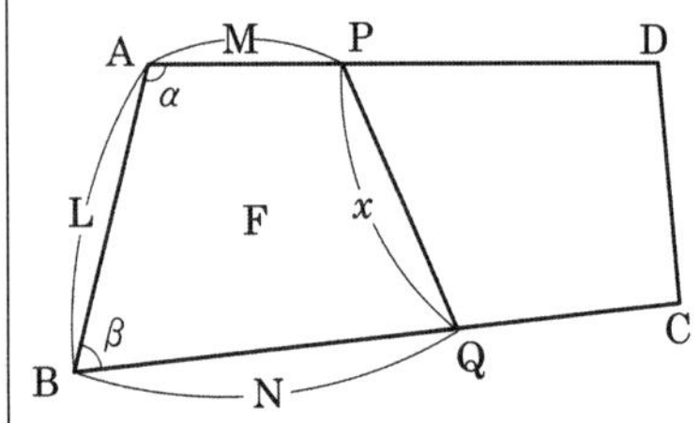

3. 두 점의 좌표와 낀 각을 알고 기지선에 평행되도록 면적을 지정분할하는 경우, AD≠BC, AB≠PQ, α, β, F

$$x=\sqrt{L^2-2F(\cot\alpha+\cot\beta)}$$

$$M=(L-x)\sin\beta\cdot \mathrm{cosec}(\alpha+\beta)$$

$$N=(L-x)\sin\alpha\cdot \mathrm{cosec}(\alpha+\beta)$$

$$X_P=X_A+M\cdot \cos V_a^p$$

$$Y_P=Y_A+M\cdot \sin V_a^p$$

$$X_Q=X_B+N\cdot \cos V_b^q$$

$$Y_Q=Y_B+N\cdot \sin V_b^q$$

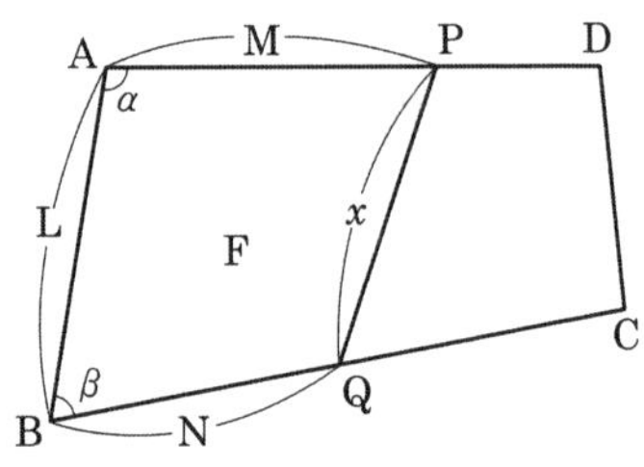

4. 두 점의 좌표와 평행사변형일 때에 기지변에 평행되게 면적을 지정분할하는 경우 AD = BC, AB = PQ, F, α

$$M=\frac{F}{L\cdot \sin\beta}$$

$$X_P=X_A+M\cdot \cos V_a^p$$

$$Y_P=Y_A+M\cdot \sin V_a^p$$

$$X_Q=X_B+N\cdot \cos V_b^q$$

$$Y_Q=Y_B+N\cdot \sin V_b^q$$

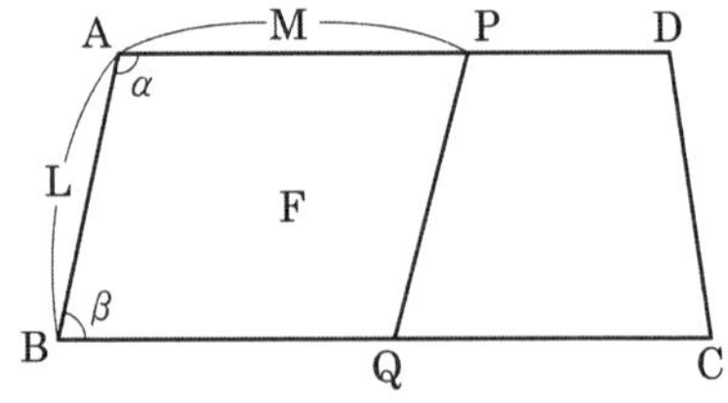

ANSWER & EXPLANATION

(AD≠BC, α, β, θ, ϕ, F인 경우)

1. AB에 대한 방위각과 거리를 산출한다.(역계산)

$$\theta = \tan^{-1}\left(\frac{2966.47 - 2965.15}{6738.86 - 6771.34}\right) = 2°19'38'' \cdots\cdots 2\text{상한이므로}$$

$$V_a^b = 180° - 2°19'38'' = 177°40'22''$$

$$\text{거리}(L) = \sqrt{(6771.34 - 6738.86)^2 + (2965.15 - 2966.47)^2} = 32^m_{\circ}5068$$

2. V_a^d와 V_b^c를 산출한다.

$$V_a^d = V_a^b - \alpha = 177°40'22'' - 98°15'26'' = 79°24'56''$$

$$V_b^c = V_a^b + 180 + \beta = 357°40'22'' + 77°44'53'' = 75°25'15''$$

$$(\alpha + \beta) = 98°15'26'' + 77°44'53'' = 176°00'19''$$

3. x를 산출한다.

$$x = \sqrt{\left(\frac{L^2}{\cot\alpha + \cot\beta} - 2F\right)(\cot\theta + \cot\phi)}$$

$$= \sqrt{\left(\frac{32.5068^2}{\cot 98°15'26'' + \cot 77°44'53''} - 1200\right)(\cot 78°51'43'' + \cot 97°08'36'')}$$

$$= 31^m_{\circ}0454$$

4. M의 계산

$$M = \frac{L\cdot\sin\beta - x\cdot\sin\phi}{\sin(\alpha+\beta)} = (L\cdot\sin\beta - x\cdot\sin\phi)\cdot\text{cosec}(\alpha-\beta)$$

$$= (32.5068 \times \sin 77°44'53'' - 31.0454 \times \sin 97°08'36'') \times \text{cosec}176°00'19''$$

$$= 13^m_{\circ}8089$$

5. N의 계산

$$N = \frac{L\cdot\sin\alpha - x\cdot\sin\theta}{\sin(\alpha+\beta)} = (L\cdot\sin\alpha - x\cdot\sin\theta)\cdot\text{cosec}(\alpha-\beta)$$

$$= (32.5068 \times \sin 98°15'26'' - 31.0454 \times \sin 78°51'43'') \times \text{cosec}176°00'19''$$

$$= 24^m_{\circ}5342$$

6. P의 좌표 계산

$X_P = X_A + M \times \cos V_a^d$

$= 6771.34 + 13.8089 \times \cos 79°24'56'' = 6773\overset{m}{.}88$

$Y_P = Y_A + M \times \sin V_a^d$

$= 2965.15 + 13.8089 \times \sin 79°24'56'' = 2978\overset{m}{.}72$

7. Q의 좌표계산

$X_Q = X_B + N \times \cos V_b^c$

$= 6738.86 + 24.5342 \times \cos 75°25'15'' = 6745\overset{m}{.}04$

$Y_Q = Y_B + N \times \sin V_b^c$

$= 2966.47 + 24.5342 \times \sin 75°25'15'' = 2990\overset{m}{.}21$

QUESTION Q 예제

03 다음 조건에 의하여 면적을 지정하여 분할하려고 한다. 점 P, Q의 좌표를 구하시오. 계산 시 각도는 초위, 거리는 0.1mm위까지 사용한다. 단, 수식을 수립하여 답을 구하시오.

AD≠BC, PQ⊥BC
A점의 좌표 : x=6771.34, y=2965.15
B점의 좌표 : x=6738.86, y=2966.47
$\alpha=98°15'26''$, $\beta=77°44'53''$
지정면적(F)=600m²

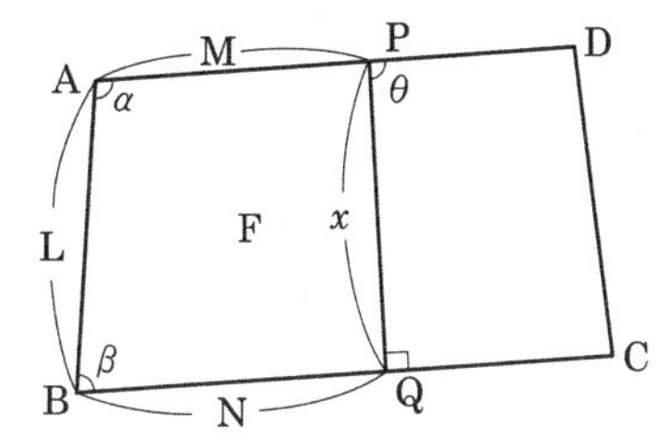

ANSWER & EXPLANATION

(AD≠BC, PQ⊥BC, α, β, F)

1. AB에 대한 방위각과 거리를 산출한다.(역계산)

$$\theta=\tan^{-1}\left(\frac{2966.47-2965.15}{6738.86-6771.34}\right)=2°19'38''\cdots\cdots 2\text{상한이므로}$$

$$V_a^b=180°-2°19'38''=177°40'22''$$

$$\text{거리}(L)=\sqrt{(6771.34-6738.86)^2+(2965.15-2966.47)^2}=32.5068\text{m}$$

2. V_a^d와 V_b^c를 산출한다.

$$V_a^d=V_a^b-\alpha=177°40'22''-98°15'26''=79°24'56''$$

$$V_b^c=V_a^b+180+\beta=357°40'22''+77°44'53''=75°25'15''$$

3. θ, $(\alpha+\beta)$의 산출

$$(\alpha+\beta)=98°15'26''+77°44'53''=176°00'19''$$

$$\theta=180°-(360°-176°00'19''-90°)=86°00'19''$$

4. x의 계산

$$x=\sqrt{\left(\frac{L^2}{\cot\alpha+\cot\beta}-2F\right)(\cot\theta+\cot\phi)}$$

$$=\sqrt{\left(\frac{32.5068^2}{\cot 98°15'26''+\cot 77°44'53''}-1200\right)(\cot 86°00'19'')}=30.6693\text{m}$$

5. N의 계산

$$N = (L \cdot \sin\alpha - x \cdot \sin\theta) \cdot \mathrm{cosec}(\alpha+\beta)$$

$$= (32.5068 \times \sin 98°15'26'' - 30.6693 \times \sin 86°00'19'') \times \mathrm{cosec}176°00'19''$$

$$= 22\overset{m}{.}6087$$

6. M의 계산

$$M = (L \cdot \sin\beta - x \cdot \sin\phi) \cdot \mathrm{cosec}(\alpha+\beta)$$

$$= (32.5068 \times \sin 77°44'53'' - 30.6693) \times \mathrm{cosec}176°00'19'' = 15\overset{m}{.}7486$$

7. P의 좌표 계산

$$X_P = A_x + M \times \cos V_a^d$$

$$= 6771.34 + 15.7486 \times \cos 79°24'56'' = 6774\overset{m}{.}23$$

$$Y_P = A_y + M \times \sin V_a^d$$

$$= 2965.15 + 15.7486 \times \sin 79°24'56'' = 2980\overset{m}{.}63$$

8. Q의 좌표 계산

$$X_Q = B_x + N \times \cos V_b^c$$

$$= 6738.86 + 22.6087 \times \cos 75°25'15'' = 6744\overset{m}{.}55$$

$$Y_Q = B_y + N \times \sin V_b^c$$

$$= 2966.47 + 22.6087 \times \sin 75°25'15'' = 2988\overset{m}{.}35$$

QUESTION Q 예제

04 다음 도형에서 지시된 조건에 의하여 면적을 지정하여 분할하려고 한다. 점 P, Q의 좌표를 구하시오. 계산 시 각도는 초위, 거리는 0.1mm위까지 사용하고 필히 산식을 수립하여 답을 구하시오.

AD≠BC M= $13^m_{\circ}96$ 지정면적(F)=600m² A점의 좌표 : x=6771ᵐ34, y=2965.15 B점의 좌표 : x=6738ᵐ86, y=2966.47 $\alpha=98°15'26''$, $\beta=77°44'53''$	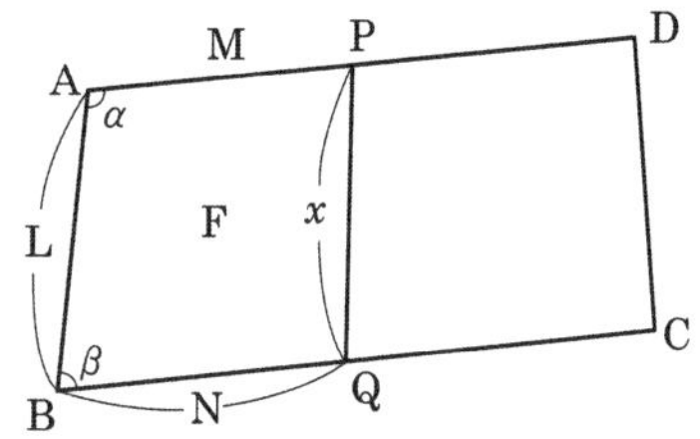

ANSWER & EXPLANATION

AD≠BC, AP(M), α, β, F

1. AB에 대한 방위각 및 거리 계산(역계산)

$$\theta=\tan^{-1}\left(\frac{2966.47-2965.15}{6738.86-6771.34}\right)=2°19'38'' \cdots\cdots \text{2상한이므로}$$

$$V_a^b=180°-2°19'38''=177°40'22''$$

$$\text{거리}(L)=\sqrt{(6771.34-6738.86)^2+(2965.15-2966.47)^2}=32^m_{\circ}5068$$

2. V_a^d와 V_b^c의 산출

$$V_a^d=V_a^b-\alpha=177°40'22''-98°15'26''=79°24'56''$$

$$V_b^c=V_a^b+180+\beta=357°40'22''+77°44'53''=75°25'15''$$

3. $(\alpha+\beta)$의 산출

$$(\alpha+\beta)=98°15'26''+77°44'53''=176°00'19''$$

4. N의 계산

$$N = \frac{2F - M \cdot L \cdot \sin\alpha}{L \cdot \sin\beta - M \cdot \sin(\alpha + \beta)}$$

$$= \frac{1200 - 13.96 \times 32.5068 \times \sin 98°15'26''}{32.5068 \times \sin 77°44'53'' - 13.96 \times \sin 176°00'19''} = 24\overset{m}{.}3850$$

5. P의 좌표 계산

$$X_P = A_x + M \times \cos V_a^d$$

$$= 6771.34 + 13.96 \times \cos 79°24'56'' = 6773\overset{m}{.}90$$

$$Y_P = A_y + M \times \sin V_a^d$$

$$= 2965.15 + 13.96 \times \sin 79°24'56'' = 2978\overset{m}{.}87$$

6. Q의 좌표계산

$$X_Q = B_x + N \times \cos V_b^c$$

$$= 6738.96 + 24.3850 \times \cos 75°25'15'' = 6745\overset{m}{.}00$$

$$Y_Q = B_y + N \times \sin V_b^c$$

$$= 2966.47 + 24.3850 \times \sin 75°25'15'' = 2990\overset{m}{.}07$$

[참고] 공식 $N = \dfrac{2F - M \cdot L \cdot \sin\alpha}{L \cdot \sin\beta - M \cdot \sin(\alpha + \beta)}$

QUESTION Q 예제

05 다음 도형에서 지시된 조건에 의하여 면적을 분할하려고 한다. 점 P, Q의 좌표를 구하시오. 계산 시 각은 초위, 거리는 0.1mm 위까지 사용하고 산식을 수립하여 답을 구한다.

AD≠BC, AB//PQ

지정면적(F)=600㎡

A점의 좌표 : x=6771.34, y=2965.15

B점의 좌표 : x=6738.86, y=2966.47

$\alpha = 98°15'26''$, $\beta = 77°44'53''$

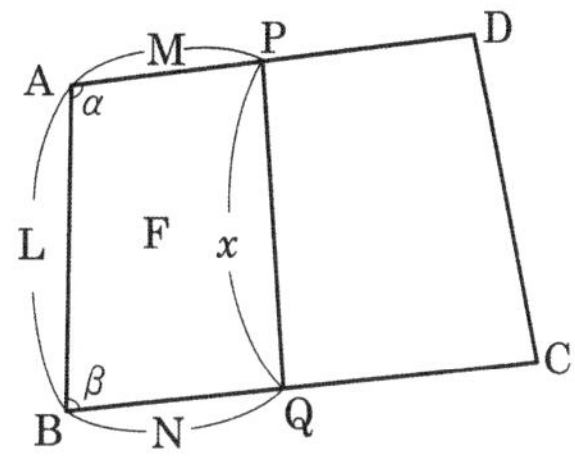

ANSWER & EXPLANATION

AD≠BC, AB//PQ, α, β, F

1. AB에 대한 방위각 및 거리 계산(역계산)

$$\theta = \tan^{-1}\frac{(2966.47-2965.15)}{(6738.86-6771.34)} = 2°19'38'' \cdots\cdots 2\text{상한이므로}$$

$$V_a^b = 180° - 2°19'38'' = 177°40'22''$$

$$L = \sqrt{(6738.86-6771.34)^2 + (2966.47-2965.15)^2} = 32.5068\text{m}$$

2. V_a^d, V_b^c의 산출

$$V_a^d = V_a^b - \alpha = 177°40'22'' - 98°15'26'' = 79°24'56''$$

$$V_b^c = V_a^b + 180 + \beta = 357°40'22'' + 77°44'53'' = 75°25'15''$$

3. $(\alpha+\beta)$의 산출

$$(\alpha+\beta) = 98°15'26'' + 77°44'53'' = 176°00'19''$$

4. x의 계산

$$x = L^2 - 2F(\cot\alpha + \cot\beta)$$

$$= \sqrt{32.5068^2 - 1200(\cot 98°15'26'' + \cot 77°44'53'')} = 31.^m1488$$

5. M의 계산

$$M = (L - x)\sin\beta \cdot \text{cosec}(\alpha + \beta)$$

$$= (32.5068 - 31.1488)\sin 77°44'53'' \times \text{cosec}176°00'19'' = 19.^m0494$$

6. N의 계산

$$N = (L - x)\sin\alpha \cdot \text{cosec}(\alpha + \beta)$$

$$= (32.5068 - 31.1488)\sin 98°15'26 \times \text{cosec}176°00'19'' = 19.^m2913$$

7. P의 좌표 계산

$$X_P = A_x + M \times \cos V_a^d$$

$$= 6771.34 + 19.0494 \times \cos 79°24'56'' = 6774.^m84$$

$$Y_P = A_y + M \times \sin V_a^d$$

$$= 2965.15 + 19.0494 \times \sin 79°24'56'' = 2983.^m88$$

8. Q의 좌표 계산

$$X_Q = B_x + N \times \cos V_b^c$$

$$= 6738.86 + 19.2913 \times \cos 75°25'15'' = 6743.^m72$$

$$Y_Q = B_y + N \times \sin V_b^c$$

$$= 2966.47 + 19.2913 \times \sin 75°25'15'' = 2985.^m14$$

[참고] 공식 $x = \sqrt{L^2 - 2F(\cot\alpha + \cot\beta)}$

$M = (L - x)\sin\beta\,\text{cosec}(\alpha + \beta)$

$N = (L - x)\sin\alpha\,\text{cosec}(\alpha + \beta)$

QUESTION Q 예제

06 다음 조건에 의하여 면적을 지정하여 분할하려고 한다. 점 P, Q의 좌표를 구하시오. 계산 시 각은 초위, 거리는 0.1mm위까지 사용하되 산식을 수립하여 답을 구하시오.

AD//BC, AB//PQ

지정면적(F)=600m²

A점의 좌표 : $\begin{cases} x = 6771.^{m}34 \\ y = 2965.15 \end{cases}$

B점의 좌표 : $\begin{cases} x = 6738.86 \\ y = 2966.47 \end{cases}$

$\alpha = 98°15'26''$

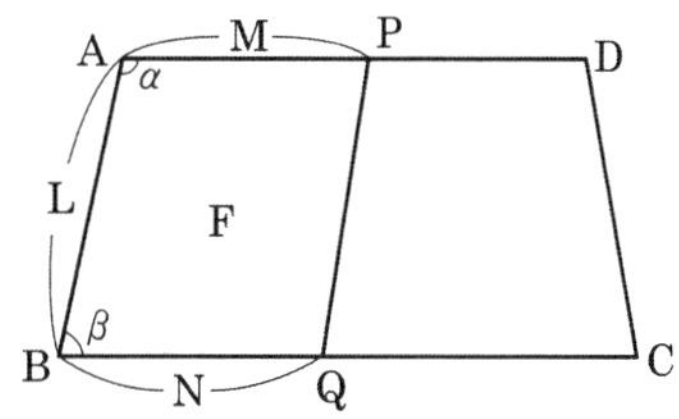

ANSWER & EXPLANATION

AD//BC, AB//PQ, α, F

1. AB에 대한 방위각 및 거리 계산

$$\theta = \tan^{-1}\frac{(2966.47-2965.15)}{(6738.86-6771.34)} = 2°19'38'' \cdots\cdots 2\text{상한이므로}$$

$$V_a^b = 180° - 2°19'38'' = 177°40'22''$$

$$L = \sqrt{(6738.86-6771.34)^2 + (2966.47-2965.15)^2} = 32.^{m}5068$$

2. V_a^d, V_b^c, β의 산출

$$V_a^d = V_b^c = V_a^b - \alpha = 177°40'22'' - 98°15'26'' = 79°24'56''$$

$$\beta = 180° - 98°15'26'' = 81°44'34''$$

3. M(=N)의 길이 산출

$$M = N = \frac{F}{L \cdot \sin\beta}$$

$$= \frac{600}{32.5068 \times \sin 81°44'34''} = 18.^{m}6510$$

4. P의 좌표 계산

$X_P = A_x + M \times \cos V_a^d$

$= 6771.34 + 18.651 \times \cos 79°24'56'' = 6774\overset{m}{.}77$

$Y_P = A_y + M \times \sin V_a^d$

$= 2965.15 + 18.651 \times \sin 79°24'56'' = 2983\overset{m}{.}48$

5. Q의 좌표 계산

$X_Q = B_x + N \times \cos V_b^c$

$= 6738.86 + 18.651 \times \cos 79°24'56'' = 6742\overset{m}{.}29$

$Y_Q = B_y + N \times \sin V_b^c$

$= 2966.47 + 18.651 \times \sin 79°24'56'' = 2984\overset{m}{.}80$

[참고] 공식 $AD//BC,\ AV//PQ$

$L \cdot \sin\beta \times (M+N) \div 2 = F$

$\frac{1}{2} \cdot 2M \cdot L \cdot \sin\beta = F$

$M \cdot L \cdot \sin\beta = F \rightarrow M = \frac{F}{L \cdot \sin\beta}$

4 경계정정

지적공부에 착오 또는 실수 등으로 잘못 등록된 경계를 바르게 정정하여 등록하기 위하여 실시하는 측량을 말한다. 즉, 현지의 경계는 변동이 없는데 지적공부에 등록된 토지의 경계가 잘못 등록되어 있을 경우 또는 수치지적부에 등록된 좌표에 오류가 있을 때 현지의 경계대로 도면 또는 좌표를 정정하기 위하여 실시하는 측량을 말한다.

경계정정은 크게 AD//BC인 경우, AD∦BC인 경우의 2가지 조건으로 분류할 수 있다.

AD//BC인 경우	AD∦BC인 경우
1. $\overline{AD}$상의 점 P를 고정	1. $\overline{AD}$상의 점 P를 고정
2. $\angle PQB=\phi$일 때	2. $\angle PQB=\phi$일 때
3. $\angle PQB=90°$일 때	3. $\angle PQB=90°$일 때
4. PQ//DC 조건	4. PQ//DC 조건

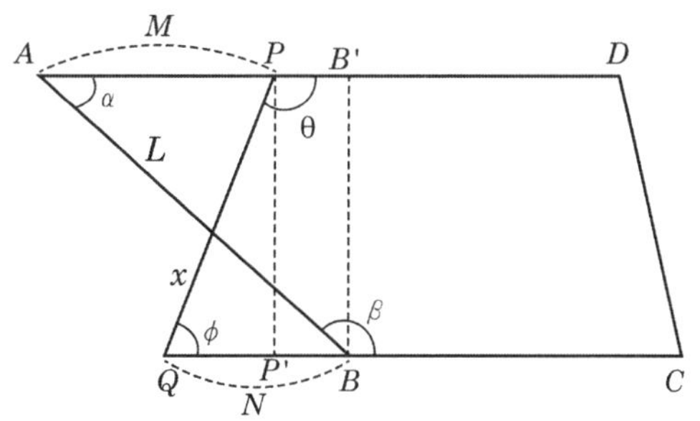

(1) AD//BC 조건

$\overline{AD}$상의 점 P를 고정할 때	$\triangle ABB'$면적 $=\square PQBB'$면적 $\dfrac{AB'}{2}\times BB'=\dfrac{1}{2}(QB+PB')\times BB'$ 위 식의 양변에 2를 곱하고 BB'으로 나누면 $AB'=QB+PB'$ $L\cos\alpha=N+(L\cos\alpha-M)$ $\therefore N=M$ 즉 $N=M$이 되도록 Q점을 계산 ($AD//BC$ 조건에서는 $M=N$이다.)	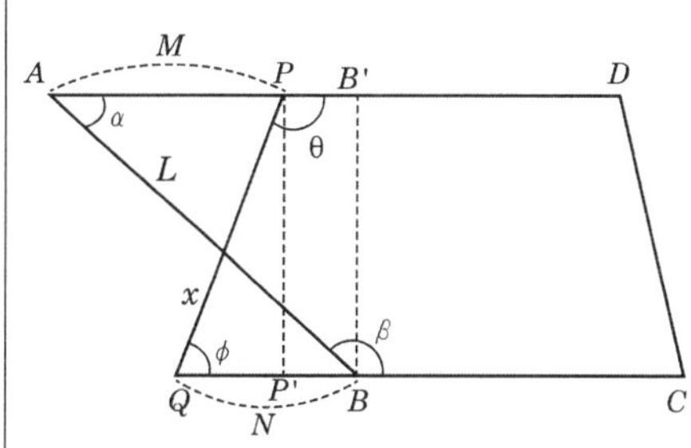

$\angle PQB=\phi$	$M=N$이며 $M=\dfrac{L}{2}(\sin\alpha\cot\phi+\cos\alpha)$, $x=\sqrt{L^2+4M(M-L\cdot\cos\alpha)}$ 으로 P, Q를 구하면 된다.	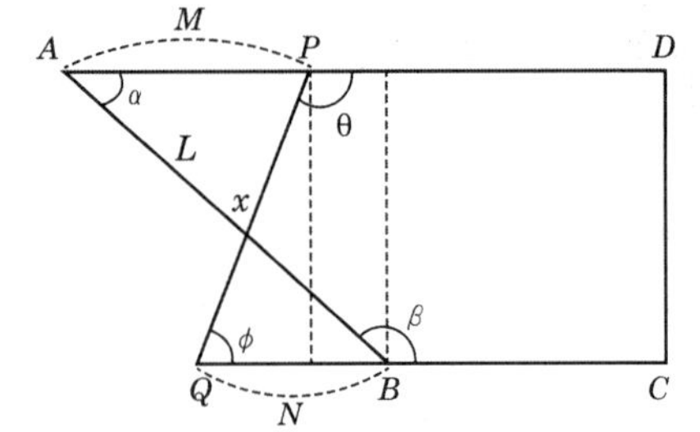
$\phi=90^\circ$	$\cot 90^\circ=0$이므로 $M=N=\dfrac{L}{2}\cos\alpha$ 으로 P, Q를 계산한다.	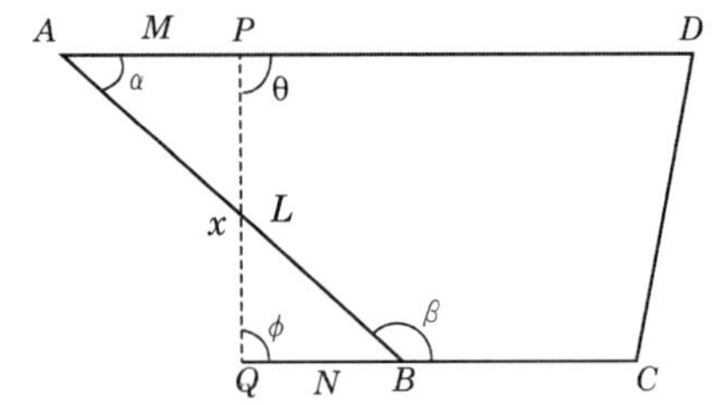
$PQ//DC$	$ABCD$의 면적을 F라 하면 $M=N=\dfrac{F}{x\cdot\sin\phi}$ 으로 P, Q를 구한다.	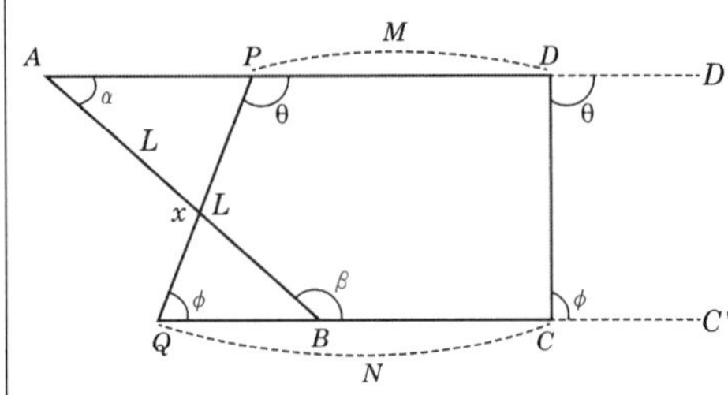

(2) AD∦BC 조건

$M=\dfrac{(L\cdot\sin\beta-x\cdot\sin\phi)}{\sin(\alpha+\beta)}$ $N=\dfrac{(x\cdot\sin\theta-L\cdot\sin\alpha)}{\sin(\alpha+\beta)}$ $x=L\sqrt{\dfrac{\sin\alpha\cdot\sin\beta}{\sin\theta\cdot\sin\phi}}$	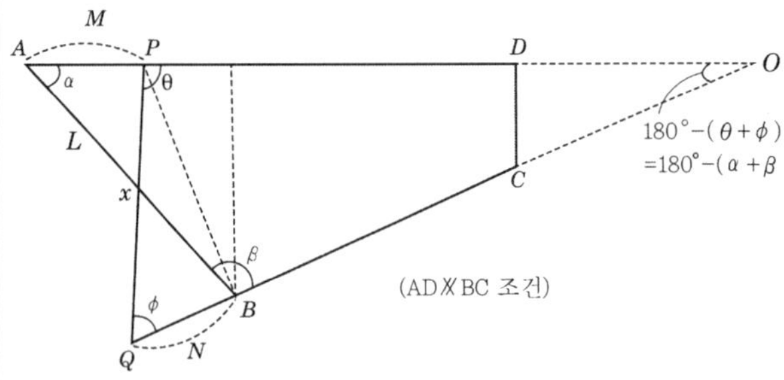

QUESTION Q 예제

01 그림과 같은 필지를 아래 조건과 같이 인접필지와 경계정정을 하고자 한다. P, Q점의 좌표를 계산하시오(단, 계산과정에서 거리는 소수점 4자리 이상을 사용하고, 좌표는 소수점 이하 2자리까지 구하시오).

(1) 조건

① 면적의 증감이 없도록 함

② 경계점 BC의 연장선상에 Q점이 있게 하고 BC와 PQ가 직각이 되도록 함

③ 경계점 AD선상에 P점이 있어야 함

(2) 경계점 좌표

점 명	종선좌표(m)	횡선좌표(m)
A	811.58	352.98
B	778.33	375.85
C	784.94	425.40
D	807.52	425.84

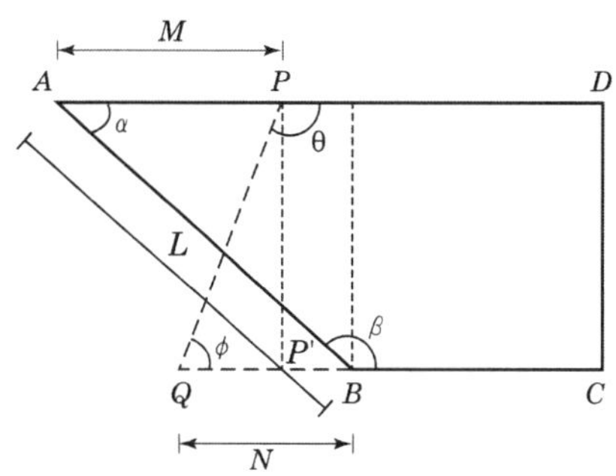

ANSWER & EXPLANATION

1. 방위각 계산

$$V_A^B = \tan^{-1}\frac{\Delta y}{\Delta x}$$

$$= \tan^{-1}\frac{375.85 - 352.98}{778.33 - 811.58}$$

$$= \tan^{-1}\frac{22.87}{-33.25} = 30°31'15.43''(\text{2상한})$$

$$= 180° - 34°31'15.43'' = 145°28'44.5''$$

$$V_A^D = \tan^{-1}\frac{\Delta y}{\Delta x}$$

$$= \tan^{-1}\frac{425.84 - 352.98}{807.52 - 811.58}$$

$$= \tan^{-1}\frac{72.86}{-4.06} = 86°48'38.12''(\text{2상한})$$

$$= 180° - 86°48'38.12'' = 93°11'21.88''$$

$$V_B^C = \tan^{-1}\frac{\Delta y}{\Delta x}$$

$$= \tan^{-1}\frac{425.40 - 375.85}{784.94 - 778.33}$$

$$= \tan\frac{49.55}{6.61} = 82°24'5.65''$$

$$V_C^D = \tan^{-1}\frac{\Delta y}{\Delta x}$$

$$= \tan^{-1}\frac{425.84 - 425.40}{807.52 - 784.94}$$

$$= \tan\frac{0.44}{22.58} = 1°06'58.82''$$

2. 내각계산

$$\alpha = V_A^B - V_A^D$$

$$= 145°28'44.5'' - 93°11'21.88'' = 52°17'22.62''$$

$$\beta = V_B^C - V_B^A = V_B^C - (V_A^B + 180°)$$

$$= 82°24'5.65'' - (145°28'44.5'' + 180°) = 116°55'21.1''$$

$$\theta = V_D^C - V_A^D = (V_C^D + 180°) - V_a^d$$

$$= (1°06'58.82'' + 180°) - 93°11'21.88'' = 87°55'36.94''$$

$$\phi = V_B^C - V_C^D$$

$$= 82°24'5.65'' - 1°0.6'58.82'' = 81°17'6.83''$$

3. 거리계산

$$AB(L) = \sqrt{\Delta x^2 + \Delta y^2}$$

$$= \sqrt{(-33.25)^2 + (-22.87)^2} = 40.3559$$

$$PQ(X) = L \times \sqrt{\frac{\sin\alpha \cdot \sin\beta}{\sin\theta \cdot \sin\phi}}$$

$$= 40.3559 \times \sqrt{\frac{\sin 52°17'22.62'' \times \sin 116°55'21.1''}{\sin 87°55'36.94'' \times \sin 81°17'6.83''}}$$

$$= 34.1020\text{m}$$

$$AP(M) = \frac{(L \cdot \sin\beta - x \cdot \sin\phi)}{\sin(\alpha+\beta)}$$

$$= \frac{(40.3559 \times \sin 116°55'21.1'' - 34.1020 \times \sin 81°17'6.83'')}{\sin(52°17'22.62'' + 116°55'21.1'')}$$

$$= 12.1482\,\mathrm{m}$$

$$BQ(N) = \frac{(x \cdot \sin\theta - L \cdot \sin\alpha)}{\sin(\alpha+\beta)}$$

$$= \frac{(34.1020 \times \sin 87°55'36.94'' - 40.3559 \times \sin 52°17'22.62'')}{\sin(52°17'22.62'' + 116°55'21.1'')}$$

$$= 11.5060\,\mathrm{m}$$

4. 좌표계산

$$X_P = X_A + M \cdot \cos V_A^D$$

$$= 811.58 + (12.1482 \times \cos 93°11'21.88'') = 810.90\mathrm{m}$$

$$Y_P = Y_A + M \cdot \sin V_A^D$$

$$= 352.98 + (12.1482 \times \sin 93°11'21.88'') = 365.11\mathrm{m}$$

$$X_Q = X_B + N \cdot \cos V_C^B$$

$$= 778.33 + (11.5060 \times \cos 262°24'5.65'') = 776.81\mathrm{m}$$

$$Y_Q = Y_B + N \cdot \sin V_C^B$$

$$= 375.85 + (11.5060 \times \sin 262°24'5.65'') = 364.45\mathrm{m}$$

QUESTION Q 예제

02 아래 A, B, C, D의 좌표가 다음과 같을 때 경계선 AB를 면적증감 없이 CD에 평행한 PQ로 정정하려고 한다. PQ, AP 및 BQ의 거리와 PQ의 좌표를 소수 4째자리까지 구하시오.(단, 계산과정에서 각도는 0.1초, 거리는 소수점 이하 4자리 이상을 사용하여 계산하시오.)

(1) 경계점 좌표

점 명	종선좌표(m)	횡선좌표(m)
A	1,638.73	1,431.28
B	1,627.21	1,446.39
C	1,644.20	1,469.27
D	1,655.57	1,454.52

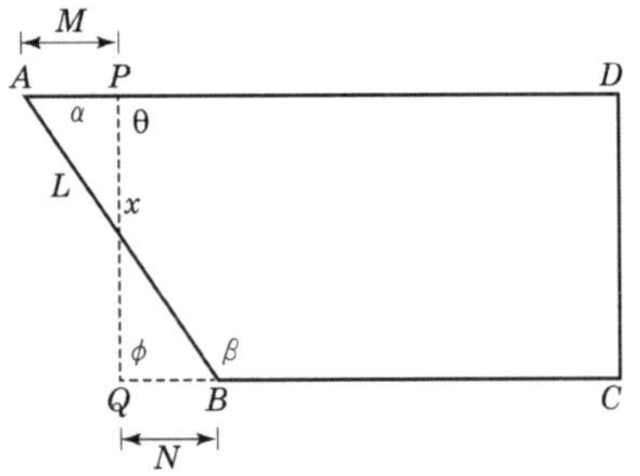

ANSWER & EXPLANATION

1. 방위각계산

$$V_A^B = \tan^{-1}\frac{\Delta y}{\Delta x}$$

$$= \tan^{-1}\frac{1446.39 - 1431.28}{1627.21 - 1638.73} = \tan^{-1}\frac{+15.11}{-11.52} = 52°\,40'40''\text{(2상한)}$$

$$= 180° - 52°\,40'40'' = 127°\,19'20.0''$$

$$V_A^D = \tan^{-1}\frac{\Delta y}{\Delta x}$$

$$= \tan^{-1}\frac{1454.52 - 1431.28}{1655.57 - 1638.73} = \tan^{-1}\frac{+23.24}{+16.84} = 54°\,04'20.8''$$

$$V_B^C = \tan^{-1}\frac{\Delta y}{\Delta x}$$

$$= \tan^{-1}\frac{1469.27 - 1446.39}{1644.20 - 1627.21} = \tan^{-1}\frac{+22.88}{+16.99} = 53°\,24'12.7''$$

$$V_C^D = \tan^{-1}\frac{\Delta y}{\Delta x}$$

$$= \tan^{-1}\frac{1454.52 - 1469.27}{1655.57 - 1644.20} = \tan^{-1}\frac{-14.75}{+11.37} = 52°\,22'23.73''\text{(4상한)}$$

$$= 360° - 52°\,22'23.73'' = 307°\,37'36.2''$$

2. 내각계산

$\alpha = V_A^B - V_A^D = 127°19'20.0'' - 54°04'20.8'' = 73°14'59.2''$

$\beta = V_B^C - V_B^A = V_B^C + (V_A^B + 180°)$

$= 53°24'12.7'' - 307°19'20.0'' = 106°04'52.7''$

$\theta = V_D^C - V_A^D = (V_C^D + 180°) - V_A^D$

$= 127°37'36.3'' - 54°04'20.8'' = 73°33'15.5''$

$\phi = V_B^C - V_C^D = 53°24'12.7'' - 307°37'36.3'' = 105°46'36.4''$

$(\alpha + \beta) = 73°14'59.2'' + 106°04'52.7'' = 179°19'51.9''$

3. 거리계산

$AB(L) = \sqrt{\Delta x^2 + \Delta y^2} = \sqrt{(-11.52)^2 + (+15.11)^2} = 19.0006$

$$PQ(X) = L \times \sqrt{\frac{\sin\alpha \times \sin\beta}{\sin\theta \times \sin\phi}}$$

$$= 19.0006 \times \sqrt{\frac{\sin 73°14'59.2'' \times \sin 106°04'52.7''}{\sin 73°33'15.5'' \times \sin 105°46'36.4''}} = 18.9712\text{m}$$

$$AP(M) = \frac{(L \cdot \sin\beta - X \cdot \sin\phi)}{\sin(\alpha + \beta)}$$

$$= \frac{(19.0006 \times \sin 106°04'52.7'' - 18.9712 \times \sin 105°46'36.4''}{\sin 179°19'51.9''}$$

$= 0.0494\text{m}$

$$BQ(N) = \frac{(X \cdot \sin\theta - L \cdot \sin\alpha)}{\sin(\alpha + \beta)}$$

$$= \frac{(18.9712 \times \sin 73°33'15.5'' - 19.0006 \times \sin 73°14'59.2''}{\sin 179°19'51.9''}$$

$= 0.0557\text{m}$

4. 좌표계산

$P_X = A_X + M \times \cos V_A^D$

$= 1638.73 + (0.0494 \times \cos 54°04'20.8'') = 1{,}638.76\text{m}$

$P_Y = A_Y + M \times \sin V_A^D$

$= 1431.28 + (0.0494 \times \sin 54°04'20.8'') = 1{,}431.32\text{m}$

$Q_X = B_X + N \times \cos V_B^C$

$= 1627.21 + (0.0557 \times \cos 53°24'12.7'') = 1{,}627.24\text{m}$

$Q_Y = B_Y + N \times \sin V_B^C$

$= 1446.39 + (0.0557 \times \sin 53°24'12.7'') = 1{,}446.43\text{m}$

4장 세부측량

1 도곽구획

지적도와 임야도의 도곽은 평면직각 좌표를 이용하여 축척별로 1도엽의 종선, 횡선의 지상거리로 나누어 구획한 선으로 보통 도곽구획을 할 때에는 일반 원점지역과 구소삼각지역 도곽구획으로 구분할 수 있다. 일반 원점지역이란 서부, 중부, 동부, 동해원점으로 종선에 50만, 횡선 20만을 더하여 계산된 좌표지역이며 기타 원점지역이란 구소삼각지역을 말하며 원점의 종·횡선 좌표가 (0, 0)으로 계산되었기 때문에 정(+), 부(−) 부호가 나타날 수 있다.

(1) 축척별 도곽선 크기

축척별 도곽선의 비교

축척별	규 격	도상거리(cm)	지상거리(m)	포용면적(m^2)	원점지역
1/500	30cm×40cm	30×40	150×200m	30,000	통일원점
1/600	1.1자×1.375자	33.3×41.7	200×250	50,000	
1/1,000	30cm×40cm	30×40	300×400	120,000	
1/1,200	1.1자×1.375자	33.3×41.7	400×500	200,000	
1/2,400	··	33.3×41.7	800×1,000	800,000	
1/3,000	40cm×50cm	40×50	1,200×1,500	1,800,000	
1/6,000	40cm×50cm	40×50	2,400×3,000	7,200,000	
1/600	1자×1.1자		100×125(간)	41,332.3140	구소삼각원점
1/1,200	··		200×250	165,289.26	
1/2,400	··		400×500	661,157.02	
1/3,000	1.1자×1.5자		600×750	1478,603.3	
1/6,000	··		1,200×1,500	5,950,413.2	

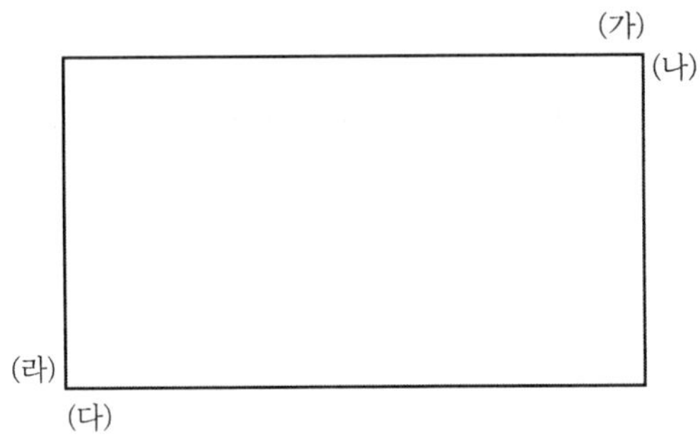

가 : 상단 종선좌표
다 : 하단 종선좌표
나 : 우측 횡선좌표
라 : 좌측 횡선좌표

(2) 일반 원점지역에 종선좌표 50만, 횡선 20만 가상수치를 부여했을 경우

종선좌표 결정	종선 좌표에서 500,000을 빼준다	원점에서 종선까지 떨어진 거리
	떨어진 거리를 도곽선 종선의 길이로 나눈다	종선의 길이로 나누어 몇 개인가 확인(정수)
	도곽선 종선길이로 나눈 정수를 곱한다.	원점에서의 거리
	원점에서의 거리에다 500,000를 더한다.	종선의 상부좌표(가)
	종선의 상부좌표에서 도곽선 종선길이를 빼준다.	종선의 하부좌표(다)
횡선좌표 결정	횡선좌표에서 200,000을 빼준다.	원점에서 횡선까지 떨어진 거리
	떨어진 거리를 도곽선 횡선의 길이로 나눈다.	횡선의 길이로 나누어 몇 개인가 확인(정수)
	도곽선 횡선길이로 나눈 정수를 도곽선 횡선길이로 곱한다.	원점에서의 거리
	원점에서의 거리에다 200,000을 더한다.	횡선좌표가 200,000을 기준으로 넘었을 때는 좌측 횡선좌표(라) 200,000 이하일 때는 우측 횡선좌표(나)
	결정된 좌측, 우측 횡선좌표에 따라 도곽길이 구한다.	
특징	횡선길이가 200,000을 기준으로 넘을 때에는 좌측 횡선좌표가 먼저 나오고 200,000보다 적을 때에는 우측 횡선좌표가 먼저 나온다는 것에 주의해야 한다.	

(3) 일반 원점지역에 종선, 횡선 가상수치를 하지 않았을 경우

일반 원점지역	종선·횡선 좌표는 도곽선 길이로 나눈다.	종선·횡선 길이로 나누어 몇 개인가 확인(정수)
	도곽선 종·횡선 길이로 나눈 정수를 도곽선 길이로 곱한다.	원점에서의 길이
	원점에서의 길이에다 종선 500,000이나 횡선 200,000을 더한다.	종선좌표가 -이면 상부 종선좌표(가), +이면 하부 종선좌표(다)가 결정되며, 횡선좌표가 +이면 좌측 횡선좌표(라), 횡선좌표가 -이면 우측 횡선좌표(나)가 결정된다.
	결정된 도곽좌표에 따라 도곽길이를 구한다.	
특징	• 문제에서 종선좌표가 (+)이면 하부 종선좌표가 결정되고, (−)이면 상부 종선좌표가 먼저 결정되며, 횡선좌표가 (+)이면 먼저 좌측 횡선좌표가 결정되고 (−)이면 오른쪽 횡선좌표가 먼저 결정된다는 사실에 유의해야 한다.	

(4) 기타 원점(구소삼각지역) 도곽구획(원점이 X=0, Y=0 기준으로 구획)

기타 원점	종선좌표, 횡선좌표에 도곽선 길이로 나눈다.	종선·횡선 길이로 나누어 몇 개인가 확인(정수)
	도곽선 종·횡선 길이로 나눈 정수를 곱한다.	종·횡선 좌표가 결정
	결정된 도곽좌표에 따라 도곽길이를 구한다.	
특징	• 문제에서 기타 원점지역은 종선에 500,000이나 횡선에 200,000 가상수치를 부여하지 않고 X=0, Y=0을 기준으로 했기 때문에 종선좌표가 (+)이면 하부종선좌표가 나오고, (−)이면 상부 종선좌표가 먼저 결정된다. 마찬가지로 횡선좌표가 (+)이면 좌측 횡선좌표가 결정되고, (−)이면 우측 횡선좌표가 먼저 결정된다는 사실에 유의해야 한다.	

QUESTION Q 예제

01 **축척 1/1200(400×500m) 지역에서 지적도의 도곽선을 새로이 구획하려고 한다. 다음 기초점이 전개될 도곽선 종·횡선 수치를 구하시오.**

기초점좌표 : 종선좌표(X)=466,299.28

횡선좌표(Y)=193,777.39

ANSWER & EXPLANATION

우선 X선에서

466,299.28÷400=1,165.7482

(1,165.7482−1,165)×400=299.28 ············ (나머지)

1,165×400=466,000 ············ (도곽의 아랫변의 X선)

또, Y선에서

193,777.39÷500=387.55478

(387.55478−387)×500=277.39 ············ (나머지)

387×500=193,500 ············ (도곽의 좌측변의 Y선)

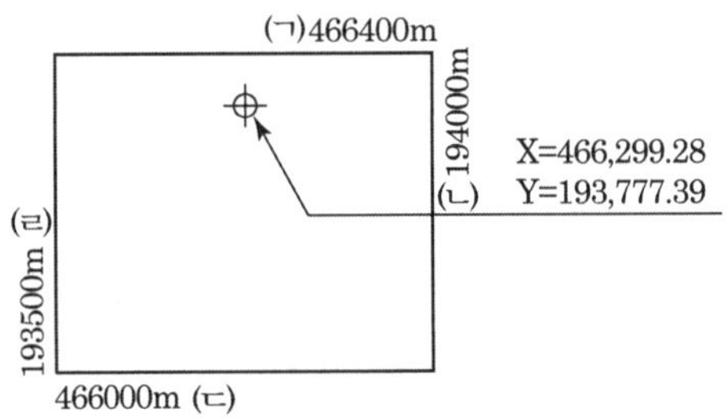

도곽선의 수치(a)

별해)

1. 종선좌표 결정

1) 종선좌표에서 500,000을 빼준다.

X=466,299.28−500,000=−33,700.72m

2) 떨어진 거리를 도곽선 종선길이로 나눈다.

−33,700.72÷400=−84.2518

3) 도곽선 종선길이로 나눈 정수를 곱한다.

$-84 \times 400 = -33,600$m

4) 원점에서의 거리에다 500,000을 더한다.

$-33,600 + 500,000 = 466,400$m(종선의 상부좌표(ㄱ))

5) 종선의 상부좌표에서 도곽선 종선길이를 빼준다.

$466,400 - 400 = 466,000$m(종선의 하부좌표(ㄷ))

2. 횡선좌표 결정

1) 횡선좌표에서 200,000을 빼준다.

$193,777.39 - 200,000 = -6,222.61$m

2) 떨어진 거리를 도곽선 횡선길이로 나눈다.

$-6,222.61 \div 500 = -12.445$

3) 도곽선 횡선길이로 나눈 정수를 곱한다.

$-12 \times 500 = -6,000$

4) 원점에서의 거리에다 200,000을 더한다.

$-6,000 + 200,000 = 194,000$m(우측횡선좌표(ㄴ))

(단, 횡선좌표가 200,000을 넘으면 좌측횡선좌표, 200,000 이하이면 우측횡선좌표)

5) 횡선의 우측좌표에서 도곽선 횡선길이를 빼준다.

$194,000 - 500 = 193,500$m(좌측횡선좌표)

QUESTION Q 예제

02 축척 1/500(150×200m) 지역에서 지적도의 도곽선을 새로이 구획하려고 한다. 다음 기초점이 전개될 도곽선 종·횡선 수치를 구하시오.

기초점좌표 : 종선좌표(X)=466,299.28

횡선좌표(Y)=193,777.39

ANSWER & EXPLANATION

(500,000−466,299.28)÷150=224.6714667

224×150=33,600

0.6714667×150=100.72

500,000−33,600=466,400 ……상 도곽선 X

466,400−150=466,250 …………하 도곽선 X

193,777.39÷200=968.88695

968×200=193,600…………좌 도곽선 Y

193,600+200=193,800 ……우 도곽선 Y

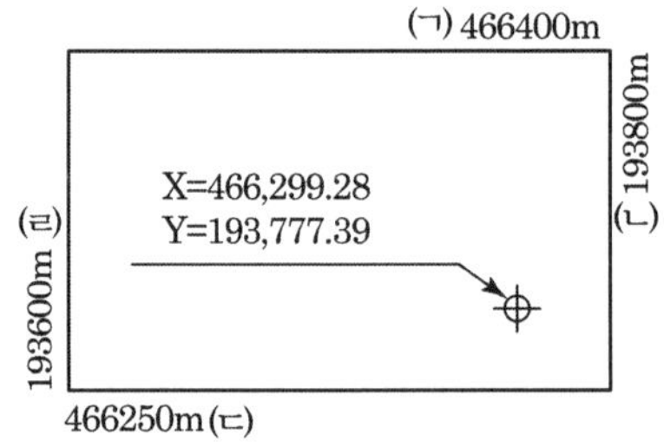

도곽선의 수치(b)

1. 종선좌표 결정

1) 종선좌표에서 500,000을 빼준다.

X=466,299.28−500,000=−33,700.72m

2) 떨어진 거리를 도곽선 종선길이로 나눈다.

−33,700.72÷150=−224.6714

3) 도곽선 종선길이로 나눈 정수를 곱한다.

−224×150=−33,600m

4) 원점에서의 거리에다 500,000을 더한다.

−33,600+500,000=466,400m(종선의 상부좌표(ㄱ))

5) 종선의 상부좌표에서 도곽선 종선길이를 빼준다.

466,400−150=466,250m(종선의 하부좌표(ㄷ))

2. 횡선좌표 결정

1) 횡선좌표에서 200,000을 빼준다.

193,777.39−200,000=−6,222.61m

2) 떨어진 거리를 도곽선 횡선길이로 나눈다.

−6,222.61÷200=−31.11305

3) 도곽선 횡선길이로 나눈 정수를 곱한다.

−31×200=−6,200

4) 원점에서의 거리에다 200,000을 더한다.

−6,200+200,000=193,800m(우측횡선좌표(ㄴ))

(단, 횡선좌표가 200,000을 넘으면 좌측횡선좌표, 200,000 이하이면 우측횡선좌표)

5) 횡선의 우측좌표에서 도곽선 횡선길이를 빼준다.

193,800−200=193,600m(좌측횡선좌표)

QUESTION Q 예제

03 **축척 1/500 지역에서 지적도의 도곽선을 새로이 구획하려고 한다. 다음 기초점이 전개될 도곽선 종·횡선 수치를 구하시오.**

기초점좌표 : 종선좌표＝445416ᵐ.86

횡선좌표＝203247ᵐ.93

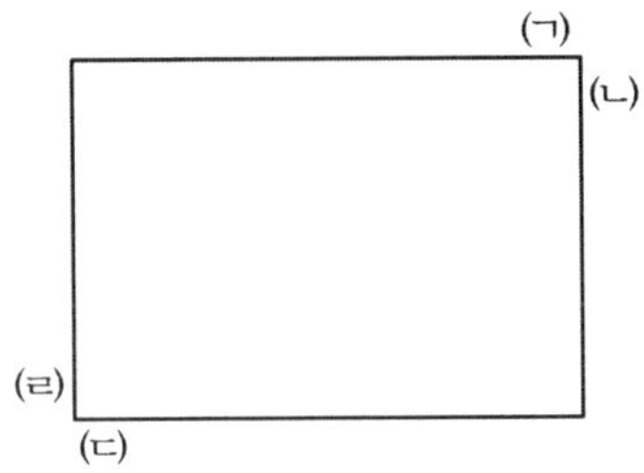

ANSWER & EXPLANATION

새로이 도곽을 구획할 때에는 원점으로부터 기산하여 구획하도록 규정되어 있다. 그러나 지적좌표는 원점에서의 종선좌표에 500,000m의 가상수치를, 횡선좌표에 200,000m의 가상수치를 부여하였다는 점을 알아야 한다.

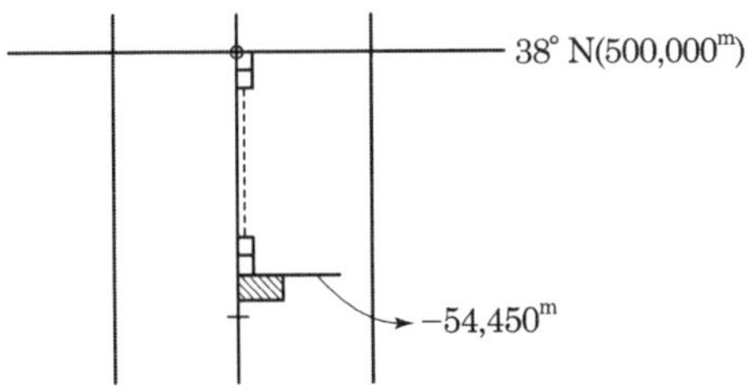

그러므로 도곽 내에 전개될 기초점의 지적좌표를 알고 도곽선을 구획하게 되므로

1. 원점에서 얼마나 종선에서 떨어져 있는가?
2. 떨어져 있는 거리를 도곽선 종선의 길이로 나누어 몇 개가 되는가?(정수부분)
3. 도곽선 종선길이로 나눈 정수를 곱하여 원점에서의 길이를 산출한다.
4. 500,000m에서 산출된 길이를 뺀다.(종선 위쪽 좌표)
5. 종선의 위쪽 좌표에서 도곽선 종선길이를 빼서 도곽선 종선 아래쪽 좌표를 결정한다.
6. 횡선좌표를 도곽선의 횡선길이로 나눈다.

7. 나눈 정수에 도곽선 횡선길이를 곱하여 왼쪽 횡선좌표를 결정한다.
8. 왼쪽 횡선좌표에서 도곽선 횡선길이를 더하여 오른쪽 횡선좌표를 결정한다.

종선좌표에서

1) 445416.86−500,000=−54583.14
2) −54583.14÷150=−363.8876개
3) −363×150=−54450 …… 원점에서의 거리
4) −54450+500,000=445550 …… 종선의 상부좌표(ㄱ)
5) 445550−150=445400 …… 종선의 하부좌표(ㄷ)

횡선좌표에서

6) 203247.93÷200=1016.23965
7) 1016×200=203200 …… 횡선의 왼쪽 좌표(ㄹ)
8) 203200+200=203400 …… 횡선의 오른쪽 좌표(ㄴ)

[주] 도곽선 종선의 길이

1/500… 150m

1/1000… 300m

500,000÷150=3333.333333

500,000÷300=166.666667

로 하여 단수가 발생한다는 것은 원점에서 일치되지 않기 때문에 원점에서부터 150m, 300m씩 구획하기 위하여 위 식을 이용해야 한다.

1. 종선좌표 결정

1) 종선좌표에서 500,000을 빼준다.
   X=445,416.86−500,000=−54,583.14m
2) 떨어진 거리를 도곽선 종선길이로 나눈다.
   −54,583.14÷150=−363.8876개
3) 도곽선 종선길이로 나눈 정수를 곱한다.
   −363×150=−54,450m
4) 원점에서의 거리에다 500,000을 더한다.
   −54,450+500,000=445,550m(종선의 상부좌표(ㄱ))
5) 종선의 상부좌표에서 도곽선 종선길이를 빼준다.
   445,550−150=445,400m(종선의 하부좌표(ㄷ))

2. 횡선좌표 결정

1) 횡선좌표에서 200,000을 빼준다.

203,247.93−200,000=3,247.93m

2) 떨어진 거리를 도곽선 횡선길이로 나눈다.

3,247.93÷200=16.23965

3) 도곽선 횡선길이로 나눈 정수를 곱한다.

16×200=3,200

4) 원점에서의 거리에다 200,000을 더한다.

3,200+200,000=203,200(좌측횡선좌표(ㄹ))

(단, 횡선좌표가 200,000을 넘으면 좌측횡선좌표, 200,000 이하이면 우측횡선좌표)

5) 횡선의 좌측좌표에 도곽선 횡선길이를 더해준다.

203,200+200=203,400m(우측횡선좌표(ㄴ))

QUESTION Q 예제

04 축척 1/1000 지역에서 지적도의 도곽선을 새로이 구획하려고 한다.

다음 일반원점지역에서 원점으로부터의 기초점 좌표가 전개될 도곽선 종·횡선 수치를 구하시오.

기초점좌표 : 종선좌표$= -42170^{m}84$

횡선좌표$= +5016^{m}65$

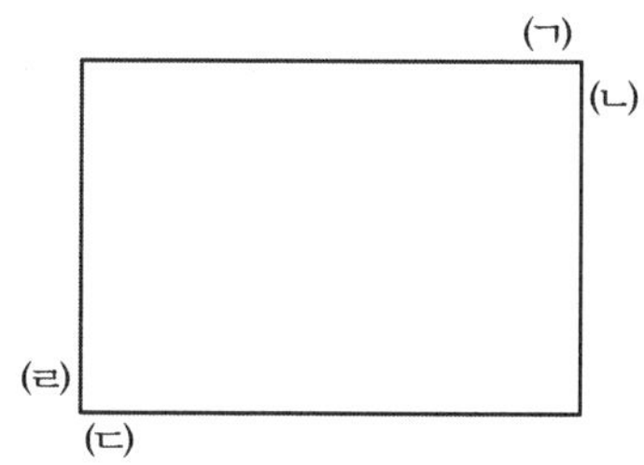

ANSWER & EXPLANATION

이 문제는 일반원점지역의 원점으로부터 산정된(결정) 좌표란 점에 주의할 필요가 있다. 다시 말해서 원점 좌표를 x=0, y=0에서부터 계산하였기 때문에 종선에 500,000m(제주도 550,000m)를, 횡선에 200.000m를 가산하지 않았다는 것이다. 이때의 도곽선의 구획으로 종·횡선 좌표를 결정하는 것은 다음 순서에 의한다.

1. 종선좌표 결정
   1) 종선좌표를 도곽선 길이로 나눈다.
      −42,170.84÷300=−140.5694667
   2) 도곽선 종선길이로 나눈 정수에 도곽선 길이를 곱한다.
      −140×300=−42,000m
   3) 원점에서의 길이에 500,000을 더한다.
      −42,000+500,000=458,000m(종선의 상부좌표(ㄱ))
      (단, 종선좌표가 −이면 상부종선좌표(ㄱ), +이면 하부종선좌표(ㄷ)가 결정되며 횡선좌표가 +이면 좌측횡선좌표(ㄹ), 횡선좌표가 −이면 우측횡선좌표(ㄴ)가 결정된다)

4) 종선의 상부좌표에서 도곽선 종선길이를 빼준다.
458,000－300＝457,700m(종선의 하부좌표(ㄷ))

2. 횡선좌표 결정

1) 횡선좌표를 도곽선 길이로 나눈다.
5,016.65÷400＝12.541625
2) 도곽선 횡선길이로 나눈 정수에 도곽선 길이를 곱한다.
12×400＝4,800m
3) 원점에서의 거리에다 200,000을 더한다.
4,800＋200,000＝204,800(좌측횡선좌표(ㄹ))
(단, 종선좌표가 －이면 상부종선좌표, ＋이면 하부종선좌표(ㄷ)가 결정되며 횡선좌표가 ＋이면 좌측횡선좌표(ㄹ), 횡선좌표가 －이면 우측횡선좌표(ㄴ)가 결정된다)
4) 횡선의 좌측좌표에 도곽선 횡선길이를 더해준다.
204,800＋400＝205,200m(우측횡선좌표(ㄴ))

QUESTION Q 예제

05 **구소삼각 원점지역에서 도근점의 좌표가 X=3412.50m, Y=−1531.42m이다. 이를 포용하는 지적도의 도곽선을 축척 500분의 1로 작성하시오.**

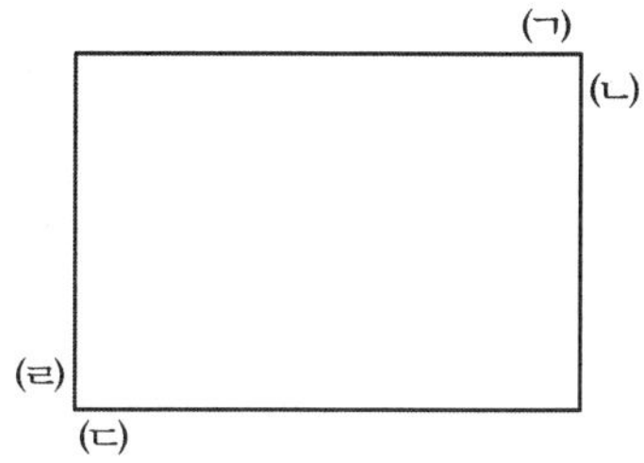

ANSWER & EXPLANATION

1. 종선좌표 결정
   1) 종선좌표를 도곽선 길이로 나눈다.
      X=3412.50÷150=22.75
   2) 도곽선 종선길이로 나눈 정수에 도곽선 길이를 곱한다.
      22×150=3,300m(종선의 하부좌표(ㄷ))

   (기타원점지역은 X=0, Y=0을 기준으로 했기 때문에 종선좌표가 +이면 하부종선좌표, −이면 상부종선좌표가 먼저 결정되고 횡선좌표가 +이면 좌측횡선좌표, −이면 우측횡선좌표가 먼저 결정되고, 기타원점지역은 종선에 500,000이나 횡선에 200,000 가상수치를 부여하지 않는다는 것을 유념해야 한다)

   3) 종선의 하부좌표에서 도곽선 종선길이를 더해준다.
      3,300+150=3,450m(종선의 상부좌표(ㄱ))

2. 횡선좌표 결정
   1) 횡선좌표를 도곽선 길이로 나눈다.
      −1,531.42÷200=−7.6571
   2) 도곽선 횡선길이로 나눈 정수에 도곽선 길이를 곱한다.
      −7×200=−1,400m(우측횡선좌표(ㄴ))
   3) 횡선의 우측좌표에서 도곽선 횡선길이를 빼준다.
      −1,400−200=−1,600m(좌측횡선좌표(ㄹ))

2 도해지역의 면적 분할 측량

온도나 습도 등의 영향으로 도면에 신축이 생겼을 때 도면상에서 측정된 면적은 올바른 면적이 될 수 없다. 일반적으로 도곽선의 길이에 0.5mm 미만의 신축이 있는 경우 이 신축량이 면적에 미치는 영향이 극히 적으므로 신축량을 측정 면적에 보정하지 않아도 된다. 토지의 방향 및 형상 등을 고려하여 측정된 면적에 대한 적정한 보정을 해야 할 것이다.

(1) 도곽선 신축량 계산

일반적으로 도곽선에 0.5mm 이상의 신축이 있을 때에는 측정 면적을 보정하게 된다. 도곽선에 0.5mm 이상의 신축여부 및 신축량을 알고자 할 때에는 도곽의 도상 실거리를 측정하여 다음 식으로 그의 신축량을 계산한다.

측정면적 허용교차계산	$A = \pm 0.023^2 M\sqrt{F}$ 여기서, A : 허용면적 M : 축척분모 F : 2회 측정한 면적의 합계를 2로 나눈 수
도곽선의 신축량 계산	$S = \dfrac{\Delta X_1 + \Delta X_2 + \Delta Y_1 + \Delta Y_2}{4}$ 여기서, S : 신축량 ΔX_1 : 왼쪽 종선의 신축된 차 ΔX_2 : 오른쪽 종선의 신축된 차 ΔY_1 : 윗쪽 횡선의 신축된 차 ΔY_2 : 아래쪽 횡선의 신축된 차 신 또는 축된 차(mm) $= \dfrac{1000(L - L_0)}{M}$ 여기서, L : 신·축된 도곽선 지상 길이 L_0 : 도곽선 지상 길이 M : 축척 분모
도곽선의 보정 계수	$Z = \dfrac{X \cdot Y}{\Delta X \cdot \Delta Y}$ 여기서, Z : 보정 계수 X : 도곽선 종선 길이 Y : 도곽선 횡선 길이 ΔX : 신·축된 도곽선 종선 길이의 합 ÷ 2 ΔY : 신·축된 도곽선 횡선 길이의 합 ÷ 2

(2) 면적보정 계산

면적보정계수	면적보정 계수는 도면의 축척과 도곽선 규격에 의하여 모두 달라지게 된다. $$\text{면적보정계수} = \frac{(\text{X도곽선길이})\ (\text{Y도곽선길이})}{(\text{X도곽선길이} \pm \text{신축량})\ (\text{Y도곽선길이} \pm \text{신축량})}$$ 도곽선이 늘어났을 때(신량)는 (+) 부호를 취하고, 줄어들었을 때(축량)는 (−) 부호를 취하여 계산한다. 면적 보정 계수의 자릿수는 소수점 이하 4자리까지 취하여야 한다.
보정면적	지적도나 임야도의 도곽선에 신축이 있을 경우 측정된 면적에 면적 보정 계수를 곱하여 보정면적을 계산하여야 한다. 다만, 그 신축량이 0.5mm 미만일 때에는 보정 면적을 산출하지 않아도 좋다. 보정면적 = 산출면적 × 면적보정계수

(3) 등록전환 및 분할의 면적보정

1) 분할의 경우

신구면적 허용오차	분할 후 각 필지의 면적합계와 분할 전 면적의 오차가 다음의 범위 이내일 때 그 오차를 안분배부하여 분할 후 필지별 면적을 결정한다. $A = 0.026^2 M\sqrt{F}$ 여기서, A : 허용면적 F : 분할 전 면적 M : 축적분모로서, 축척이 1/3,000 이하이면 6,000을 사용
신구면적오차 배부	① 배부면적 $= \frac{\text{각 필지의 산출면적}}{\text{산출면적의 합계}} \times$ 오차 ② 결정면적 $= \frac{\text{원면적}}{\text{측정면적의 합}} \times$ 각 필지의 측정면적
면적차인 조건	① 분할 전 필지의 면적이 5,000㎡ 이상으로서 2매 이상의 도면에 등록되어 있을 것 ② 차인으로 면적을 구하는 필지의 면적이 분할 전 필지면적의 8할 이상일 것 ③ 좌표면적계산법을 사용하는 경우에는 면적을 차인하여 구할 수 없다.

2) 등록전환의 경우

임야대장의 면적과 등록전환될 면적의 오차허용범위	$A = 0.026^2 M\sqrt{F}$ 여기서, A : 오차허용면적 M : 임야도 축적분모(1/3000인 지역 → 6000으로 한다.) F : 임야분할 전 면적

임야대장의 면적과 등록전환될 면적의 차이가 위의 산식에 의한 허용범위 이내인 경우에는 등록전환될 면적을 등록전환면적으로 결정하고 허용범위를 초과하는 경우에는 임야대장의 면적 또는 임야도의 경계를 소관청이 직권으로 정정하여야 한다.

(4) 도곽신축에 따른 면적보정 최소면적

도곽에 신축이 있을 경우에는 그 신축량을 면적에 보정해야 하는 것이나 면적이 극히 작은 것일 때에는 면적을 보정하지 않아도 될 때가 있다. 따라서 도곽신축이 면적에 영향을 주지 않는다고 생각되는 최소 한계의 면적을 도곽신축에 따른 면적보정을 할 최소면적이라 한다.

이 최소면적을 구하려면 우선 면적보정계수를 사용하여 도곽신축률을 계산하고 공부등록 최소단위면적을 이 도곽신축률로 나눔으로써 최소면적을 얻게 된다. 이때 도곽신축률은

$$P = 1 - \frac{A}{E} = 1 - Z$$

여기서, P=도곽신축률

A=정상도곽면적

E=신축도곽면적

Z=면적보정계수

로 구하고, 도곽신축에 따른 면적보정을 할 최소면적은

$$A'' = \frac{a}{P}$$

여기서, A''=면적보정할 최소면적

a=공부등록 최소단위면적

P=도곽신축률

에 의하여 구한다.

일반적으로 공부등록단위는 1/500, 1/600지역에서는 0.1m^{2}로, 1/1000, 1/1200지역에서는 1m^{2}이다. 그런데 1/500, 1/600지역에서는 0.0500~1m^2 이상은 0.1m^{2}로, 1/1000, 1/1200지역에서는 0.500~1m^2 이상은 1m^{2}로 할 수 있으므로 최소면적 산출에 있어서는 면적의 최소 한계값인 1/500, 1/600지역→0.05m^2, 1/1000, 1/1200지역→0.5m^{2}를 사용한다.

QUESTION Q 예제

01 **축척 1/1,000지역에서 산출면적이 200m^{2}이다. 이때 도곽이 3.2mm 줄어들었을 경우에 보정면적을 산출하시오.**

ANSWER & EXPLANATION

축척 1/1,000에서 도곽이 줄어든 양은 3.2mm에 대한 면적보정계수는

$$\text{면적보정계수}(Z) = \frac{(X\text{도곽선길이})\times(Y\text{도곽선길이})}{(X\text{도곽선길이}\pm\text{신축량})\times(Y\text{도곽선길}\pm\text{신축량})}$$

$$= \frac{300.0\times400.0}{296.8\times396.8} = \frac{120000.00}{117770.24} = 1.0189$$

따라서 산출면적에 보정계수를 곱하면

보정면적=산출면적×면적보정계수

$=200\times1.0189=203.78\text{m}^2=204\text{m}^2$

QUESTION Q 예제

02 도곽신축에 따른 신축량 및 면적보정계수 계산하시오.

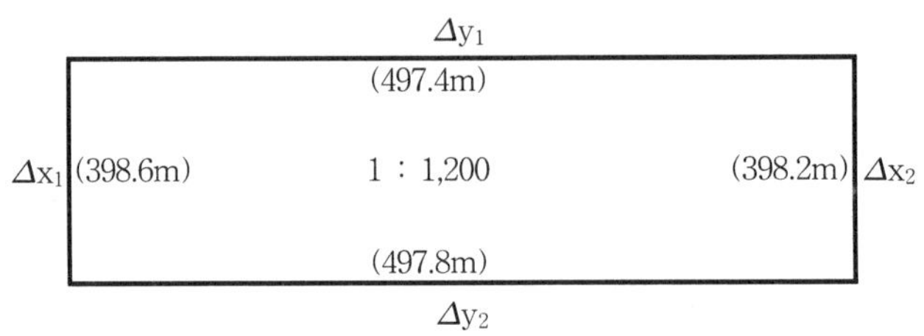

ANSWER & EXPLANATION

1. 신축량 계산

1) 신축된 차(mm) $= \dfrac{1000(L-L_o)}{M}$

① $\Delta x_1 = \dfrac{1000(398.6-400)}{1200} = -1.17\text{mm}$

② $\Delta x_2 = \dfrac{1000(398.2-400)}{1200} = -1.50\text{mm}$

③ $\Delta y_1 = \dfrac{1000(497.4-500)}{1200} = -2.17\text{mm}$

④ $\Delta y_2 = \dfrac{1000(497.8-500)}{1200} = -1.83\text{mm}$

2) 신축량(S) $= \dfrac{\triangle X_1 + \triangle X_2 + \triangle Y_1 + \triangle Y_2}{4}$

$= -\dfrac{1.17+1.50+2.17+1.83}{4} = -1.6675\text{mm}$

2. 면적보정계수 계산

1) 종선신축 $= \dfrac{398.6+398.2}{2} = 398.4\text{m}$

2) 횡선신축 $= \dfrac{497.4+497.8}{2} = 497.6\text{m}$

3) 면적보정계수(Z) $= \dfrac{X \cdot Y}{\Delta X \cdot \Delta Y} = \dfrac{400 \times 500}{398.4 \times 497.6} = 1.00886$

QUESTION Q 예제

03 축척 1/1200 지역에서 원면적 1980m²인 지번 788의 답을 분할하여 지번을 788, 788-1로 하고, 플라니미터로 면적을 측정한 바 다음과 같이 독수를 얻었다.

788 : 195, 196, 198

788-1 : 128, 129, 129

해당 지적도의 도곽선을 지상거리로 측정한 바

좌측종선 : 399$^m_{\circ}$6 우측종선 : 399$^m_{\circ}$8

상측횡선 : 499$^m_{\circ}$5 하측횡선 : 499$^m_{\circ}$9

임을 알았다. 이 경우

1. 지번 788의 독수 허용교차
2. 도곽선 신축량(mm)
3. 면적보정계수(소수 4위)
4. 보정면적(필지별)
5. 신·구면적허용오차
6. 오차
7. 산출면적(필지별)
8. 결정면적(필지별)

에 대하여 지적측량의 규정하는 바에 따라 계산식을 구입하고 답을 계산하시오.

ANSWER & EXPLANATION

플라니미터에 의한 면적측정(측윤 1분획은 축척분모의 5/1,000로 계산)

1. 독수 허용교차의 산식

공식 : $\dfrac{0.023^2 M\sqrt{F}}{C}$

F=측정면적

C=1독수의 면적단위

이므로

$$\frac{0.023^2 \times 1200 \times \sqrt{\left(\frac{195+196+198}{3}\right) \times 6}}{6} = 3.63 = 3\text{독수}$$

2. 도곽신축량 계산

$$신·축된차(mm) = \frac{1000(L - L_0)}{M}$$

L=신·축된 도곽선 지상길이

L_0=정상도곽선의 지상길이

M=축척분모

신축된 차 (mm)

1) $\frac{1000(399.6 - 400)}{1200} = 0.333$

2) $\frac{1000(399.8 - 400)}{1200} = -0.167$

3) $\frac{1000(499.5 - 500)}{1200} = -0.417$

4) $\frac{1000(499.9 - 500)}{1200} = -0.083$

신축량=S라 하면

$$S = \frac{\triangle X_1 + \triangle X_2 + \triangle Y_1 + \triangle Y_2}{4}$$

$$= \frac{-(0.333 + 0.167 + 0.417 + 0.083)}{4} = -0.25\text{mm}$$

$\triangle X_1$=왼쪽 종선의 신 또는 축된 차

$\triangle X_2$=오른쪽 종선의 신 또는 축된 차

$\triangle Y_1$=위쪽 횡선의 신 또는 축된 차

$\triangle Y_2$=아래쪽 횡선의 신 또는 축된 차

혹은

$$\frac{\frac{(-0.4 - 0.2 - 0.5 - 0.1)1000}{1200}}{4} = -0.25\text{mm}$$

3. 면적보정계수의 산식

$$Z=\frac{X \cdot Y}{\Delta X \cdot \Delta Y}$$

ΔX=신·축된 도곽선 종선길이의 합÷2

ΔY=신·축된 도곽선 종선길이의 합÷2

$$종선신축=\frac{399.6+399.8}{2}=399.7$$

$$횡선신축=\frac{499.5+499.9}{2}=499.7$$

$$Z=\frac{400\times500}{399.7\times499.7}=1.0014$$

4. 보정면적(필지별)

1) 측정면적 788 ………(195+196+198)/3×6=1178m²

788−1……(128+129+129)/3×6=772m²

2) 보정면적 788………1178×1.0014=1179㎡6

788−1……772×1.0014=773㎡1

계=1952.7m²

5. 신·구 면적허용오차의 계산

산식$=\pm0.026^2M\sqrt{F}$

$=\pm0.026^2\times1200\times\sqrt{1980}=\pm36$㎡096$=\pm36m^2$

[주] 공차의 소요자리이하는 버림. 예) $36.98m^2=36m^2$

6. 오차의 계산

오차=보정면적(혹은 측정면적…보정치 않았을 때)−원면적(대장면적)

오차=1952.7−1980=−27.3m²

7. 산출면적(필지별)

$$산출면적 = \frac{원면적}{보정면적의 합계} \times 필지별\ 보정면적$$

788 …… $\frac{1179.6 + 27.3}{1952.7} \times 1179.6 = 1196.1m^2$

788-1 … $\frac{773.1 + 27.3}{1952.7} \times 773.1 = 783.9m^2$

8. 결정면적(필지별)

788 …… $1196.1m^2 = 1196m^2$

788-1 … $783.9m^2 = 784m^2$

계 $= 1980m^2$

결정면적의 합이 대장면적(원면적)과 일치하는가 확인한다.

QUESTION Q 예제

04 축척 1,200분의 1지역에서 도곽신축량이 −0.8mm인 지적도에 등록된 원면적이 2,050m²인 80번지의 토지를 분할하기 위하여 면적을 측정한 결과 80번지는 511m², 80−1번지는 822m², 80−2번지는 721m²일 때 면적을 계산하시오. (단, 면적보정계수는 소수점이하 4자리까지 구하시오)

ANSWER & EXPLANATION

1. 면적보정계수 계산

도곽신축량을 지상길이로 환산하면	$축척=\frac{도상거리}{실제거리} \rightarrow \frac{1}{1,200}=\frac{-0.8}{실제거리}$ $\therefore$ 실제거리 $=1,200\times(-0.8)=-960\text{mm}=-0.96\text{m}$ $면적보정계수(Z)=\frac{400\times500}{(400-0.96)\times(500-0.96)}=1.0043$
도곽신축량을 도상길이로 환산하면	$Z=\frac{33.3\times41.7}{(33.3-0.08)\times(41.7-0.08)}=1.0043$

2. 신구면적허용오차 계산

$$A=\pm0.026^2\times M\sqrt{F}$$
$$=\pm0.026^2\times1200\sqrt{2050}=\pm36\text{m}^2$$

3. 보정면적 계산

	측정면적×보정계수=보정면적
80	511×1.0043=513.2
80−1	822×1.0043=825.5
80−2	721×1.0043=724.1
계	2062.8

4. 산출면적 계산

$$\frac{\text{원면적}}{\text{보정면적의 합계}}\times \text{필지별 보정면적}(r=\frac{F}{A}\times a)$$

80	$\frac{2050}{2062.8}\times 513.2=510.0$
80-1	$\frac{2050}{2062.8}\times 825.5=820.4$
80-2	$\frac{2050}{2062.8}\times 724.1=719.6$
계	2050m^2
특징	산출면적의 합계는 반드시 원면적과 같아야 하며 단수 처리상 틀린 경우 증감하여 같게 만들어 결정한다.

5. 결정면적

80	510
80-1	820
80-2	720
계	2,050m^2
특징	오사오입을 적용하여야 한다. 즉 0.5의 앞자리수가 홀수이면 올리고 짝수이면 버린다.

QUESTION Q 예제

05 축척 1,200분의 1지역에서 지적도에 등록된 원면적이 2,050m^{2}인 80번지의 토지를 분할하기 위하여 면적을 측정한 결과 80번지는 511m^2, 80-1번지는 822m^2, 80-2번지는 721m^{2}를 얻었다. 이 도면의 도곽선 길이를 측정한바 $\triangle x_1 =-2.2$mm, $\triangle x_2 =-1.6$mm, $\triangle y_1 =-2.0$mm, $\triangle y_2 =-2.7$mm이다. 분할하여 면적을 결정을 계산하시오. (단, 면적보정계수는 소수점이하 4자리까지 구하시오)

ANSWER & EXPLANATION

1. 측정면적 허용교차(80번지)

$$A=\pm 0.023^2 \times M\sqrt{F}$$
$$=\pm 0.023^2 \times 1200\sqrt{511} = 14\text{m}^2$$

2. 도곽신축량 계산

$$S=\frac{\triangle X_1+\triangle X_2+\triangle Y_1+\triangle Y_2}{4}$$
$$=\frac{(-2.2)+(-1.6)+(-2.0)+(-2.7)}{4}=-2.125\text{mm}$$

신 또는 축된 차(mm)$=\dfrac{1000(L-L_0)}{M}=\dfrac{1000(-2.125)}{1200}=-1.7\text{mm}$

신 또는 축된 길이 계산

$$\Delta X_1=\frac{1000(-2.2)}{1200}=-1.8\text{mm}$$
$$\Delta X_2=\frac{1000(-1.6)}{1200}=-1.3\text{mm}$$
$$\Delta Y_1=\frac{1000(-2.0)}{1200}=-1.7\text{mm}$$
$$\Delta Y_2=\frac{1000(-2.7)}{1200}=-2.2\text{mm}$$
$$S=\frac{-1.8-1.3-1.7-2.2}{4}=-1.7\text{mm}$$

3. 면적보정계수 계산

지상길이로 계산	$\dfrac{400\times500}{\left(400-\dfrac{2.2+1.6}{2}\right)\left(500-\dfrac{2.0+2.7}{2}\right)}=1.0095$
도상길이로 계산	$\dfrac{33.3\times41.7}{\left(33.3-\dfrac{0.18+0.13}{2}\right)\left(41.7-\dfrac{0.17+0.22}{2}\right)}=1.0095$

4. 신구면적 허용공차

$A=\pm0.026^2\times1200\sqrt{2050}=\pm36\text{m}^2$

5. 보정면적 계산

측정면적×보정계수=보정면적	
80	511×1.0095=515.8
80−1	822×1.0095=829.8
80−2	721×1.0095=727.8
계	2073.4

6. 산출면적 계산

$\dfrac{\text{원면적}}{\text{보정면적의 합계}}\times$ 필지별 보정면적$(r=\dfrac{F}{A}\times a)$	
80	$\dfrac{2050}{2073.4}\times515.8=510.0$
80−1	$\dfrac{2050}{2073.4}\times829.8=820.4$
80−2	$\dfrac{2050}{2073.4}\times727.8=719.6$
계	2050m^2
특징	산출면적의 합계는 반드시 원면적과 같아야 하며 단수 처리상 틀린 경우 증감하여 같게 만들어 결정한다.

7. 결정면적

80	510
80−1	820
80−2	720
계	2,050

5장 지적측량응용

QUESTION Q 예제

01 $\overline{AD}$와 $\overline{BC}$가 평행하고 ∠PQC=90°일 때, □ABQP의 면적이 800m^{2}가 되도록 $\overline{PQ}$로 분할하려면 $\overline{AP}$의 길이는 얼마이어야 하는가? (단, $\overline{AB}$=24.57m, β=90°56′19.2″이며 소숫점 이하 2자리까지 산출한다.)

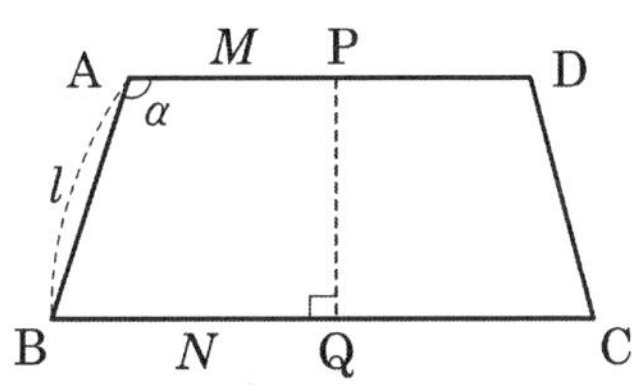

ANSWER & EXPLANATION

$$AP = \frac{F}{l \times \sin\beta} - \frac{l \times \cos\beta}{2}$$

$$= \frac{800}{24.57 \times \sin 90°56'19.2''} - \frac{24.57 \times \cos 90°56'19.2''}{2}$$

$$= 32.77$$

QUESTION Q 예제

02 그림과 같이 AD//BC인 사변형 ABCD를 BC에 수직인 직선 PQ로 분할하여 면적(F)이 2200m^{2}가 되는 사변형 ABPQ를 구하고자 할 때 BP의 길이는?
(단, AB(l)=20m, ∠ABP(β)=120°)

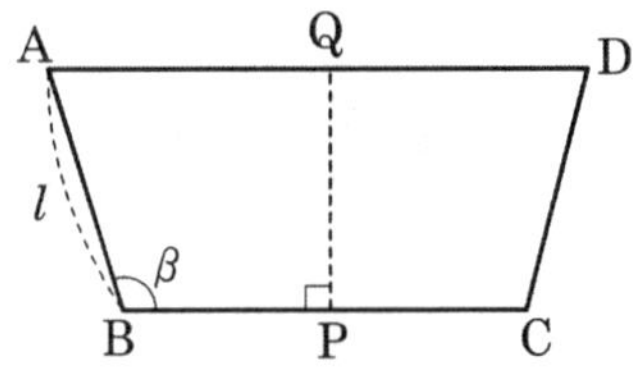

ANSWER & EXPLANATION

$$N = \frac{F}{l \times \sin\beta} + \frac{l \times \cos\beta}{2}$$

$$= \frac{2200}{20 \times \sin 120^\circ} + \frac{20 \times \cos 120^\circ}{2}$$

$$= 127.017 + (-5) = 122.017\text{m}$$

QUESTION 예제

03 다음 그림과 같은 정삼각형 ABC의 내접원의 반지름(r)은? (단, AB=10m)

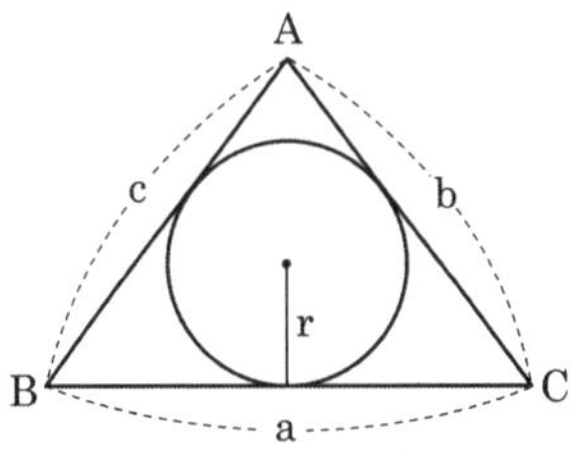

ANSWER & EXPLANATION

[방법 1] $r = \frac{2A}{a+b+c}$

$$A = \sqrt{S(s-a)(s-b)(s-c)}$$

$$S = \frac{a+b+c}{2}$$

$$S = \frac{10+10+10}{2} = 15$$

$$A = \sqrt{15(15-10)(15-10)(15-10)} = 43.3$$

$$r = \frac{2 \times 43.3}{10+10+10} = 2.89\text{mm}$$

[방법 2] $R=\sqrt{\dfrac{(s-a)(s-b)(s-c)}{S}}$

$$S=\frac{a+b+c}{2}$$

$$S=\frac{10+10+10}{2}=15$$

$$R=\sqrt{\frac{(15-10)(15-10)(15-10)}{15}}=2.89\text{mm}$$

QUESTION Q 예제

04 다음 그림과 같이 삼각형에서 각 변의 길이가 7.6mm, 8.4mm, 5.3mm일 때 내접원의 반지름(r)을 구하시오.

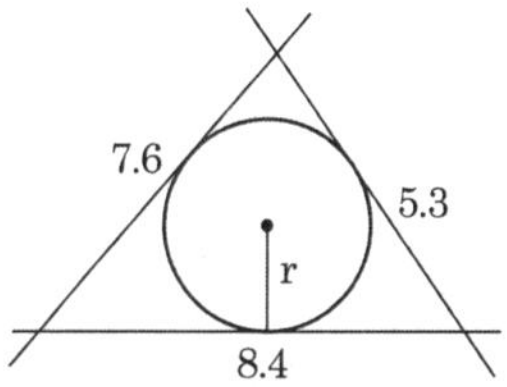

ANSWER & EXPLANATION

[방법 1] $r=\dfrac{2A}{a+b+c}$

$$A=\sqrt{S(s-a)(s-b)(s-c)}$$

$$S=\frac{a+b+c}{2}$$

$$S=\frac{7.6+5.3+8.4}{2}=10.65$$

$$A=\sqrt{10.65(10.65-7.6)(10.65-5.3)(10.65-8.4)}$$

$$=\sqrt{10.65(3.05)(5.35)(2.25)}$$

$$=19.77$$

$$r=\frac{2\times19.77}{7.6+8.4+5.3}=\frac{39.54}{21.3}=1.86\text{mm}$$

[방법 2] $R=\sqrt{\dfrac{(s-a)(s-b)(s-c)}{S}}$

$$S=\frac{a+b+c}{2}$$

$$S=\frac{7.6+5.3+8.4}{2}=10.65$$

$$R=\sqrt{\frac{(10.65-7.6)(10.65-5.3)(10.65-8.4)}{10.65}}$$

$$=\sqrt{\frac{(3.05)(5.35)(2.25)}{10.65}}$$

$$=1.86\text{mm}$$

QUESTION Q 예제

05 그림과 같이 두 점 PQ의 거리를 구하기 위하여 기선 AB를 설치하여 주어진 값을 이용하여 PQ의 거리를 구하시오.

AB의 거리 : 300m
∠PAQ=60°
∠QAB=30°
∠PBQ=75°
∠ABP=45°

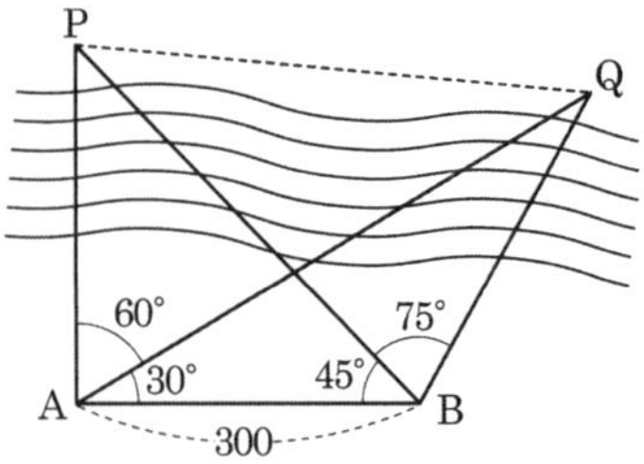

ANSWER & EXPLANATION

1. △PAB에서

$$\text{소구변장}=\frac{\sin\ \text{소구변 대각}}{\sin\ \text{기지변 대각}}\times\text{기지변장}$$

$\angle APB=180°-(60°+30°+45°)=45°$ $\therefore\ AP=\dfrac{\sin 45°}{\sin 45°}\times 300=300\text{m}$	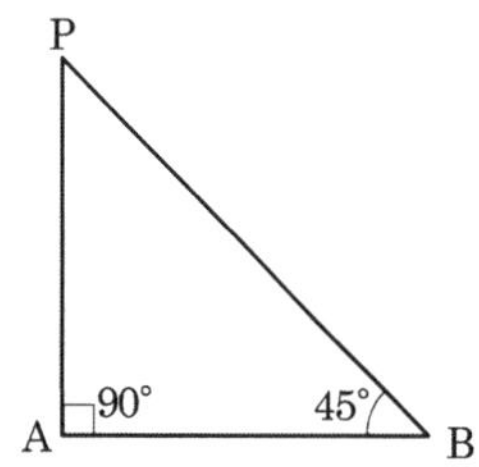
∠ ABQ에서 $\angle AQB=180°-(30°+45°+75°)=30°$ $\therefore\ AQ=\dfrac{\sin 120°}{\sin 30°}\times 300=519.6\text{m}$	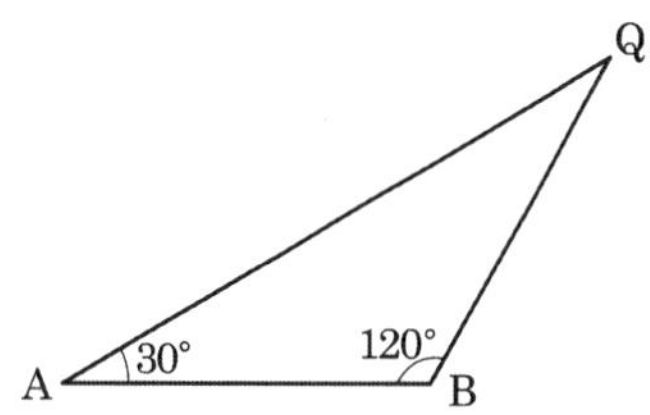

2. cos 제2법칙에서

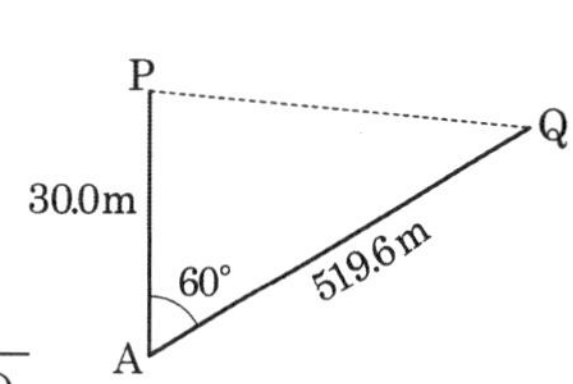

$$\cos\angle PAQ=\frac{PA^2+AQ^2-PQ^2}{2PA\times AQ}$$

$$\therefore\ PQ^2=PA^2+AQ^2-2PA\times AQ\times\cos\angle PAQ$$

$$PQ=\sqrt{PA^2+AQ^2-2PA\times AQ\times\cos\angle PAQ}$$

$$=\sqrt{300^2+519.6^2-2\times300\times519.6\times\cos 60°}$$

$$=451.8\text{m}$$

QUESTION Q 예제

06 축척 1/1200 지역에 등록된 삼각형인 1필지의 3변의 길이를 현지에서 거리를 측정한 바 68.34m, 94.47m, 79.48m이었다. 도곽 신축량이 -0.6mm였을 때 도상에서 등록된 보정되지 않은 산출면적은? (도상의 실면적이다)

ANSWER & EXPLANATION

1. 면적계산(헤론 공식)

$$S=\frac{68.34+94.47+79.48}{2}=121.15$$

$$A=\sqrt{S(s-a)(s-b)(s-c)}$$

$$=\sqrt{121.15(121.15-68.34)(121.15-94.47)(121.15-79.48)}$$

$$=\sqrt{121.15\times52.81\times26.68\times41.67}$$

$$=2667.01\text{m}^2(\text{지상면적})$$

2. 면적보정계수 계산

$$\frac{1}{m}=\frac{\text{도상거리}}{\text{실제거리}}$$

$$\text{지상거리}=-0.6\times1200=720\text{mm}=-0.72\text{m}$$

$$\text{보정계수}=\frac{400\times500}{(400-0.72)(500-0.72)}=\frac{400\times500}{399.28\times499.28}=1.0032$$

3. 산출면적

$$A=2667.01\times1.0032=2675.54\text{m}^2$$

QUESTION Q 예제

07 다음 도형에서 측선 AC와 BD가 만나는 점 P의 좌표를 구하시오.

(단, 계산은 0.01m 까지)

측점	X	Y
A	2362.46	2512.56
B	2311.65	2525.77
C	2308.01	2689.28
D	2366.80	2675.33

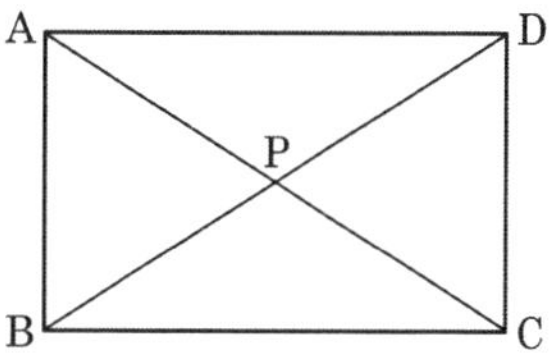

ANSWER & EXPLANATION

1. 거리 계산

$$\overline{AB} = \sqrt{\Delta X^2 + \Delta Y^2}$$
$$= \sqrt{(2311.65 - 2362.46)^2 + (2525.77 - 2512.56)^2}$$
$$= \sqrt{50.81^2 + 13.21^2}$$
$$= 52.5\text{m}$$

2. 방위각 계산

1) V_A^B

$$\theta = \tan^{-1}\frac{\Delta Y}{\Delta X} = \tan^{-1}\frac{2525.77 - 2512.56}{2311.65 - 2362.46} = \frac{13.21}{-50.81} = 14°34'24.9''$$

$V_A^B = 180° - 14° 34'24.9'' = 165° 25'35.1''$ (2상한)

2) V_A^C

$$\theta = \tan^{-1}\frac{\Delta Y}{\Delta X} = \tan^{-1}\frac{2689.28 - 2512.56}{2308.01 - 2362.46} = \frac{176.72}{-54.45} = 72°52'31''$$

$V_A^C = 180° - 72° 52'31'' = 107° 07'29.4''$

3) V_B^D

$$\theta = \tan^{-1}\frac{\Delta Y}{\Delta X} = \tan^{-1}\frac{2675.33 - 2525.77}{2366.80 - 2311.65} = \frac{149.56}{55.15} = 69°45'31.1''$$

$V_B^D = 69° 45'31.1''$

3. 내각 계산

1) $\angle \text{BAP} = V_A^B - V_A^C$

$= 165° 25'35.1'' - 107° 07'29.4''$

$= 58° 18'5.7''$

2) $\angle \text{ABP} = V_B^D - V_B^A$

$= 69° 45'31.1'' - (165° 25'35.1'' + 180°)$

$= 84° 19'56''$

3) $\angle \text{APB} = 180° - (58° 18'5.7'' + 84° 19'56'')$

$= 37° 21'58.3''$

[검산] $\triangle \text{ABP} = 58° 18'5.7'' + 84° 19'56'' + 37° 21'58.3'' = 180°$

4. 변장 계산

$$\text{소구변장} = \frac{\text{소구변의 대각}}{\text{기지변의 대각}} \times \text{기지변장}$$

1) $\overline{\text{AP}}$ 의 변장

$$\text{AP} = \frac{\sin 84° 19'56''}{\sin 37° 21'58.3''} \times 52.5 = 86.08\text{m}$$

2) $\overline{\text{BP}}$ 의 변장

$$\text{BP} = \frac{\sin 58° 18'5.7''}{\sin 37° 21'58.3''} \times 52.5 = 73.60\text{m}$$

5. 좌표 계산

1) A에서 P의 좌표

$X_P = X_A + \text{거리} \times \cos V_A^C$

$= 2362.46 + 86.08 \times \cos 107° 07'29.4''$

$= 2337.11\text{m}$

$Y_P = Y_A + \overline{AP} \times \sin V_A^C$

$= 2512.56 + 86.08 \times \sin 107° 07'29.4''$

$= 2594.82\text{m}$

2) B에서 P의 좌표

$X_P = X_B + \overline{BP} \times \cos V_B^D$

$= 2311.65 + 73.60 \times \cos 69°\ 45'\ 31.1'' = 2337.11\text{m}$

$Y_P = Y_B + \overline{BP} \times \sin V_B^D$

$= 2525.77 + 73.60 \times \sin 69°\ 45'\ 31.1'' = 2594.82\text{m}$

6. P점의 좌표결정(평균)

$X_P = 2337.11\text{m}$

$Y_P = 2594.82\text{m}$

QUESTION 예제

08 다음 도형에서 AC=89.25m, BD=77.46m, α=72° 43′50″일 때 사각형 ABCD의 면적을 구하시오. (단, 면적은 0.1m^2 단위까지)

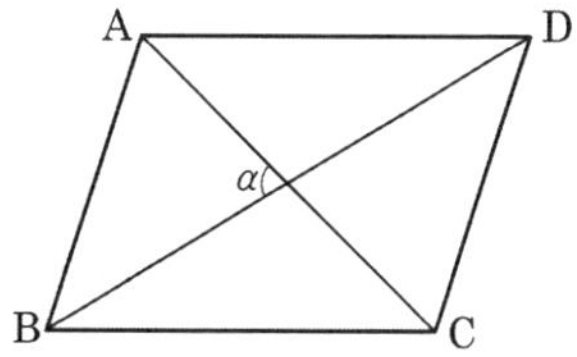

ANSWER & EXPLANATION

사각형의 대각선의 길이를 알고 대각선이 교차하여 이루는 각을 알면 다음 식으로 면적을 구할 수 있다.

공식 : $\frac{1}{2} \times AC \times BD \times \sin\alpha$

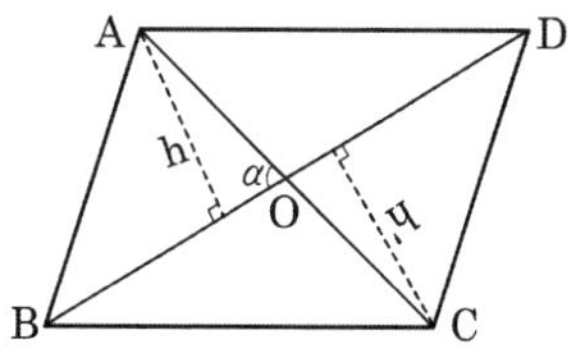

1. △ABD에서의 높이(h)

$h = OA \times \sin\alpha$

△ABD의 면적(A_1)

$A_1 = \frac{1}{2} \times BD \times OA \times \sin\alpha$

2. △BDC에서의 높이(h')

$h' = OC \times \sin\alpha$

△BDC 면적(A_2)

$A_2 = \frac{1}{2} \times BD \times OC \times \sin\alpha$

3. 두 삼각형 면적의 합(사각형 면적이 됨)

$$A = \triangle ABD + \triangle BDC$$
$$= \frac{1}{2} \times BD \times OA \times \sin\alpha + \frac{1}{2} \times BD \times OC \times \sin\alpha$$
$$= \frac{1}{2} \times BD \times (OA + OC) \times \sin\alpha$$
$$= \frac{1}{2} \times BD \times AC \times \sin\alpha$$
$$= \frac{1}{2} \times 77.46 \times 89.25 \times \sin 72°\ 43'50'' = 3300.8\text{m}^2$$

QUESTION Q 예제

09 다음과 같은 삼각형에서 측정한 길이가 $\overline{AC}$=3325.08, $\overline{BC}$=3578.67이었다. 주어진 성과를 이용하여 C점의 좌표를 구하시오. (단, 거리는 0.01m, 각은 0.01초 단위)

A	X : 22350.61 Y : 21080.41
B	X : 24370.61 Y : 23580.31

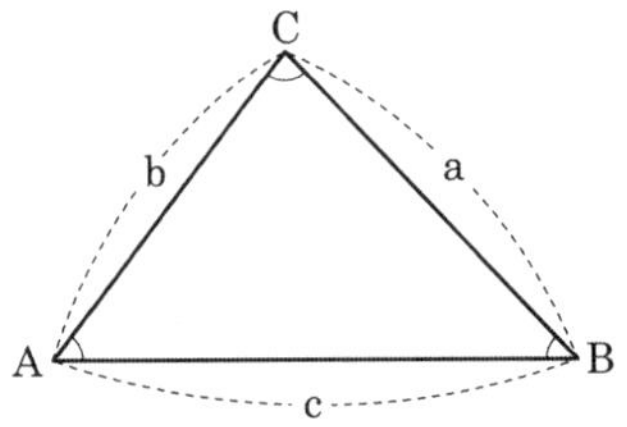

ANSWER & EXPLANATION

1. AB의 거리

$$\overline{AB} = \sqrt{\triangle X^2 + \triangle Y^2}$$
$$= \sqrt{(24370.61 - 22350.61)^2 + (23580.31 - 21080.41)^2}$$
$$= \sqrt{2020^2 + 2499.9^2} = 3214.02\text{m}$$

2. 내각 계산

$$\cos\angle A = \frac{b^2 + c^2 - a^2}{2bc}$$

$$\cos\angle B = \frac{a^2 + c^2 - b^2}{2ac}$$ 에서

1) $\angle A = \cos^{-1}\dfrac{3325.08^2 + 3214.02^2 - 3578.67^2}{2 \times 3325.08 \times 3214.02}$

$= \cos^{-1}\dfrac{8,579,202.589}{21,373,747.24}$

$= 66°20'06''$

2) $\angle B = \cos^{-1}\dfrac{3578.67^2 + 3214.02^2 - 3325.08^2}{2 \times 3578.67 \times 3214.02}$

$= \cos^{-1}\dfrac{12,080,646.52}{23,003,833.91}$

$= 58°19'16.04''$

3. 방위각 계산

1) V_A^B 방위각

$$\tan\theta = \frac{\triangle Y}{\triangle X}$$

$\theta = \tan^{-1}\dfrac{2499.9}{2020.0} = 51°03'38.41''$ (1상한)

$V_A^B = 51°03'38.41''$

2) V_A^C 방위각

$V_A^C = V_A^B - \angle A$

$= 51°03'38.41'' - 66°20'06'' = 344°43'32.4''$

3) V_B^C 방위각

$V_B^C = V_A^B + 180° + \angle B$

$= 51°03'38.41'' + 180° + 58°19'16.04'' = 289°22'54.4''$

4. C점의 좌표

1) A에서 C

$X_C = X_A + \overline{AC} \times \cos V_A^C$

$= 22350.61 + 3325.08 \times \cos 344°43'32.4''$

$= 25558.23\text{m}$

$Y_C = Y_A + \overline{AC} \times \sin V_A^C$

$= 21080.41 + 3325.08 \times \sin 344°43'32.4''$

$= 20204.45\text{m}$

2) B에서 C

$X_C = X_B + \overline{BC} \times \cos V_B^C$

$= 24370.61 + 3578.67 \times \cos 289°22'54.4''$

$= 25558.23\text{m}$

$Y_C = Y_B + \overline{BC} \times \sin V_B^C$

$= 23580.31 + 3578.67 \times \sin 289°22'54.4''$

$= 20204.45\text{m}$

5. C점의 좌표결정(평균)

$X_C = 25558.23\text{m}$

$Y_C = 20204.45\text{m}$

QUESTION 예제

10 다음과 같은 삼각형에서 주어진 성과를 이용하여 C점의 좌표를 구하시오. (단, 거리는 0.001m, 각은 0.01초 단위까지)

A	X : 22350.61 Y : 21080.41
B	X : 24370.61 Y : 23580.31
V_A^C	333°13′23″
V_B^C	268°35′43″

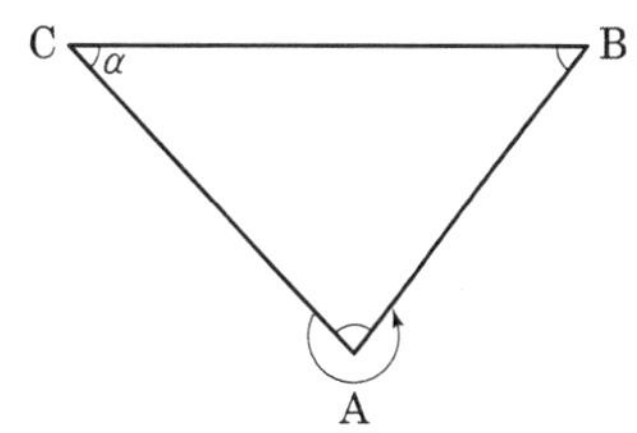

ANSWER & EXPLANATION

1. AB의 거리

$$\overline{AB} = \sqrt{(24370.61 - 22350.61)^2 + (23580.31 - 21080.41)^2}$$
$$= 3214.016m$$

2. α의 각

$$\alpha = V_C^A - V_C^B = (V_A^C + 180) - (V_B^C + 180)$$
$$= (333°13'23'' + 180°) - (268°35'43'' + 180°)$$
$$= 153°13'23'' - 88°35'43''$$
$$= 64°37'40''$$

3. AB의 방위각

$$\tan\theta = \frac{\Delta Y}{\Delta X} = \frac{23580.31 - 21080.41}{24370.61 - 22350.61}$$

$$\theta = \tan^{-1}\frac{2499.9}{2020.0} = 51°03'38.41''(1상한)$$

$$V_A^B = 51°03'38.41''$$

4. ∠A, ∠B

$\angle A = 360° - V_A^C + V_A^B$

$= 360° - 333°13'23'' + 51°03'38.41''$

$= 77°50'15.41''$

$\angle B = V_B^C - V_A^B - 180°$

$= 268°35'43'' - 51°03'38.41'' - 180°$

$= 37°32'4.59''$

[다른 방법] $\angle B = 180° - (\angle A + \angle C)$

$= 180° - (77°50'15.41'' + 64°37'40'')$

$= 37°32'4.59''$

$\therefore\ \angle A + \angle B + \angle C = 180°$

5. AC와 BC의 거리

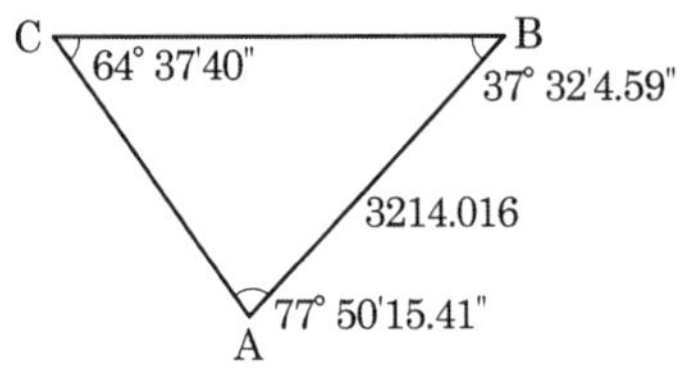

$$AC = \frac{\sin 37°\ 32'4.59''}{\sin 64°\ 37'40''} \times 3214.016 = 2167.145$$

$$BC = \frac{\sin 77°\ 50'15.41''}{\sin 64°\ 37'40''} \times 3214.016 = 3477.283$$

6. C점의 좌표

A → C

$X_C = X_A + \overline{AC} \times \cos V_a^c$

$= 22350.61 + 2167.145 \times \cos 333°13'23'' = 24285.366$

$Y_C = Y_A + \overline{AC} \times \sin V_a^c$

$= 21080.41 + 2167.145 \times \sin 333°13'23'' = 20104.071$

B → C

$X_C = X_B + \overline{BC} \times \cos V_b^c$

$= 24370.61 + 3477.283 \times \cos 268°35'43'' = 24285.366$

$$Y_C = Y_B + \overline{BC} \times \sin V_b^c$$
$$= 23580.31 + 3477.283 \times \sin 268°35'43'' = 20104.072$$

7. C점의 좌표결정(평균)

$X_C = 24285.366\text{m}$

$Y_C = 20104.071\text{m}$

QUESTION Q 예제

11 다음과 같이 삼변측량을 한 결과 그림과 같을 때 삼각형의 내각과 면적을 구하시오. (단, 각도는 0.01초 단위까지 할 것)

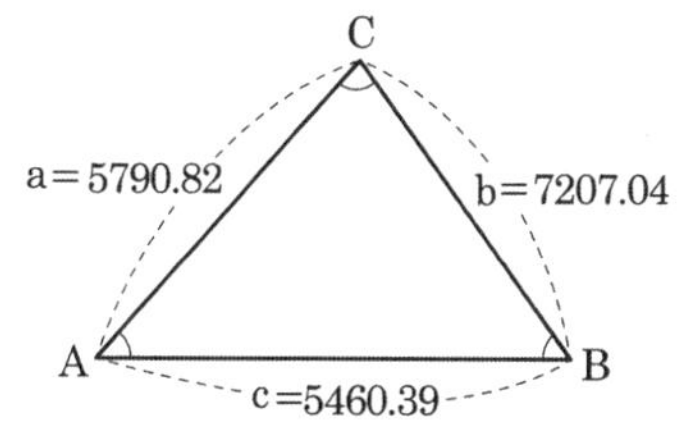

ANSWER & EXPLANATION

1. 내각 계산

$$\cos A = \frac{b^2 + c^2 - a^2}{2bc}$$

$$\cos B = \frac{a^2 + c^2 - b^2}{2ac}$$

$$\cos C = \frac{a^2 + b^2 - c^2}{2ab} \text{에서}$$

$$\angle A = \cos^{-1}\frac{5790.82^2 + 5460.39^2 - 7207.04^2}{2 \times 5790.82 \times 5460.39} = 79°36'27''$$

$$\angle B = \cos^{-1}\frac{7207.04^2 + 5460.39^2 - 5790.82^2}{2 \times 7207.04 \times 5460.39} = 52°12'53''$$

$$\angle C = \cos^{-1}\frac{5790.82^2 + 7207.04^2 - 5460.39^2}{2 \times 5790.82 \times 7207.04} = 48°10'40''$$

계 180°

2. 면적 계산

$$S=\frac{5790.82+7207.04+5460.39}{2}=9229.13$$

$$A=\sqrt{S(s-a)(s-b)(s-c)}$$
$$=\sqrt{9229.13(9229.13-5790.82)(9229.13-7207.04)(9229.13-5460.39)}$$
$$=\sqrt{9229.13\times3438.31\times2022.09\times3768.74}$$
$$=15,550,745.94\text{m}^2$$

QUESTION Q 예제

12 주어진 결과에 의하여 요구사항에 답하시오. (단, 거리와 좌표는 cm단위까지 계산할 것)

A	X : 9529.62 Y : 5409.23
B	X : 7289.27 Y : 5207.10
∠A	57° 43′40″
∠B	57° 53′19″
∠P	64° 23′01″

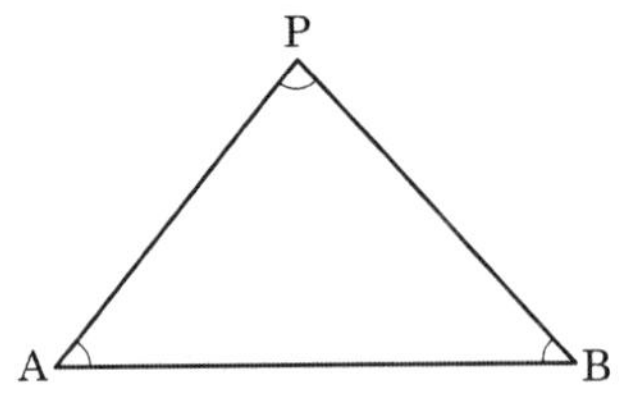

1) AB의 방위각?
2) AP와 BP의 거리
3) P점의 좌표

ANSWER & EXPLANATION

1. AB의 거리 계산

$$\overline{AB}=\sqrt{(7289.27-9529.62)^2+(5207.10-5409.23)^2}$$
$$=\sqrt{(-2240.35)^2+(-202.13)^2}$$
$$=2249.45\text{m}$$

2. 방위각 계산

$$\tan\theta = \frac{\triangle Y}{\triangle X}$$

$$\theta = \tan^{-1}\frac{202.13}{2240.35} = 5°09'19.48''\text{(3상한)}$$

$$V_A^B = 180° + 5°09'19.48'' = 185°09'19.48''$$

3. 변장 계산

$$\text{소구변장} = \frac{\text{소구변의 대각}}{\text{기지변의 대각}} \times \text{기지변장}$$

$$\overline{\mathrm{AP}} = \frac{\sin 57°53'19''}{\sin 64°23'01''} \times 2249.45 = 2113.01$$

$$\overline{\mathrm{BP}} = \frac{\sin 57°43'40''}{\sin 64°23'01''} \times 2249.45 = 2109.28$$

4. 방위각 계산

1) $V_A^P = V_A^B - \angle \mathrm{A}$

$= 185°09'19.48'' - 57°43'40'' = 127°25'39.4''$

2) $V_B^P = V_A^B + 180° + \angle \mathrm{B}$

$= 185°09'19.48'' + 180° + 57°53'19''$

$= 63°02'38.48''$

5. P점의 좌표 계산

1) A에서 P의 좌표

$X_P = X_A + \overline{AP} \times \cos V_A^P$

$= 9529.62 + 2113.01 \times \cos 127°25'39.4''$

$= 8245.42\text{m}$

$Y_P = Y_A + \overline{AP} \times \sin V_A^P$

$= 5409.23 + 2113.01 \times \sin 127°25'39.4''$

$= 7087.22\text{m}$

2) B에서 P의 좌표

$$X_P = X_B + \overline{BP} \times \cos V_B^P$$
$$= 7289.27 + 2109.28 \times \cos 63°02'38.48''$$
$$= 8245.42\text{m}$$
$$Y_P = Y_B + \overline{BP} \times \sin V_B^P$$
$$= 5207.10 + 2109.28 \times \sin 63°02'38.48''$$
$$= 7087.22\text{m}$$

6. P점의 좌표결정(평균)

$$X_P = 8245.42\text{m}$$
$$Y_P = 7087.22\text{m}$$

QUESTION 예제

13 다음과 같이 삼각형의 토지를 면적비 2 : 3으로 분할하려면 CD의 거리를 얼마로 하면 되는가?

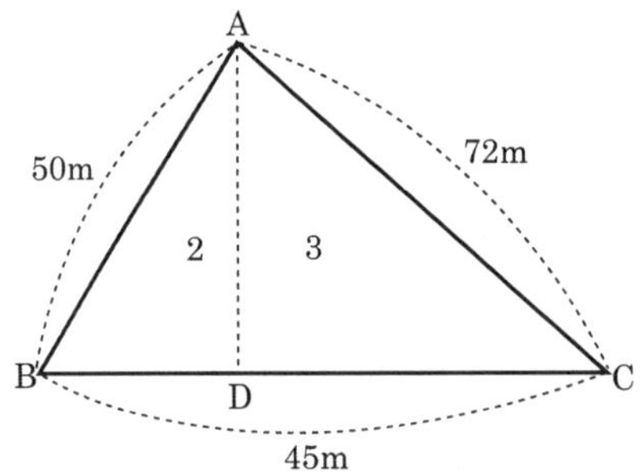

ANSWER & EXPLANATION

$$\frac{\triangle ADC}{\triangle ABC} = \frac{n}{m+n} = \frac{DC}{BC}$$

$$\therefore\ DC = \frac{n}{m+n} \times BC = \frac{3}{2+3} \times 45 = 27\text{m}$$

QUESTION Q 예제

14 그림과 같은 토지의 한 변 BC=52m 위의 점 D와 AC=46m 위의 점 E를 연결하여 △ABC의 면적을 이등분(m : n = 1 : 1)하기 위한 AE의 길이는?

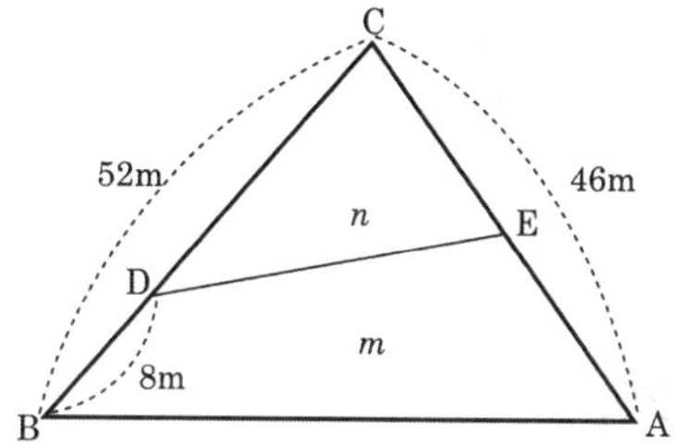

ANSWER & EXPLANATION

$$\frac{\triangle CDE}{\triangle CBA} = \frac{n}{m+n} = \frac{CD \cdot CE}{CB \cdot CA}$$

$$CE = \frac{AC \cdot BC}{CD} \times \frac{n}{m+n} = \frac{46 \times 52}{44} \times \frac{1}{2} \fallingdotseq 27.2\text{m}$$

∴ AE = AC − CE = 46 − 27.2 = 18.8m

QUESTION Q 예제

15 그림과 같은 삼각형 토지에서 A점으로부터 20m 떨어진 AC상의 한 점 D를 고정점으로 하여 D점으로부터 AB상의 한 점 E를 연결하여 △ABC의 면적을 m:n=2:3으로 분할하고자 한다. AE의 길이는 얼마가 되어야 하는가? (단, AB의 길이는 37m, AC의 길이는 30m이다.)

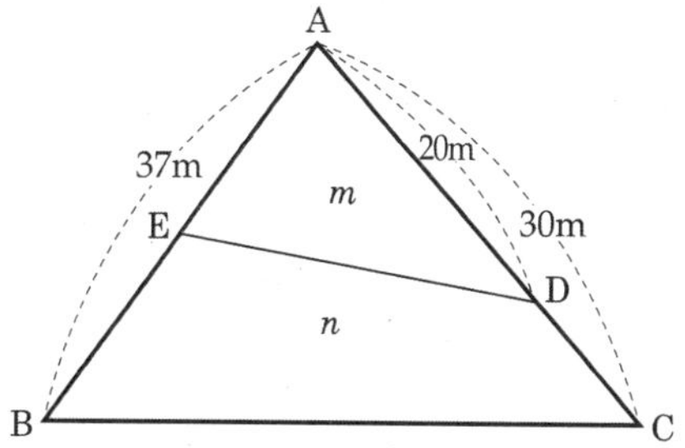

ANSWER & EXPLANATION

$$\frac{\triangle AED}{\triangle ABC}=\frac{m}{m+n}=\left(\frac{AE\cdot AD}{AB\cdot AC}\right)$$

$$AE=\frac{m}{m+n}\left(\frac{AB\cdot AC}{AD}\right)$$

$$=\frac{2}{2+3}\times\left(\frac{37\times30}{20}\right)=22.2\text{m}$$

QUESTION Q 예제

16 그림과 같은 삼각형 ABC의 면적을 1:3으로 분할할 경우 P점의 좌표는? (단, 단위는 m이다.)

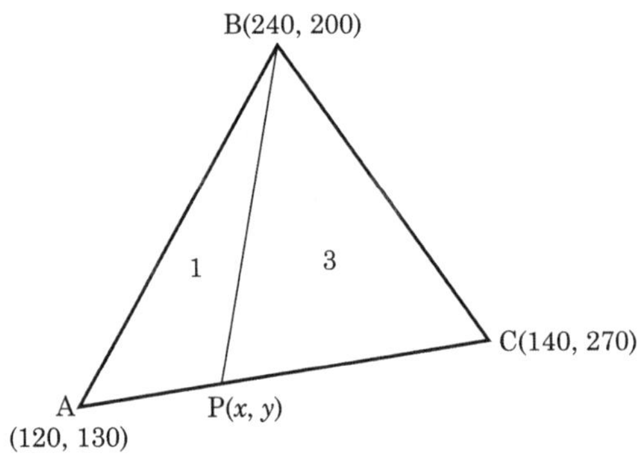

ANSWER & EXPLANATION

$$\frac{AP}{AC}=\frac{1}{1+3}$$

AC의 x거리$=140-120=20$

AC의 y거리$=270-130=140$

$$P(x,y)=(120+\frac{20}{4},\ 130+\frac{140}{4})=(125,\ 165)$$

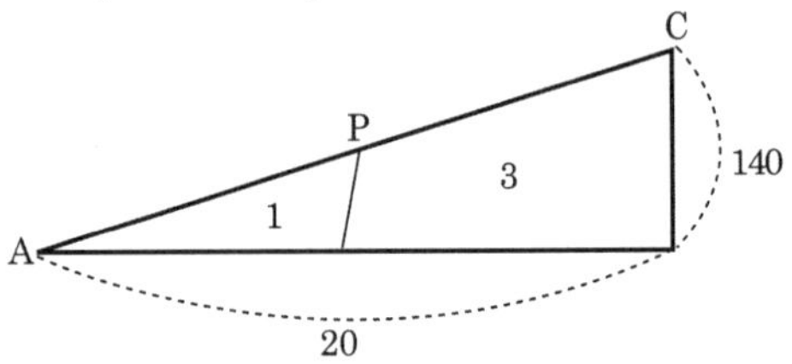

QUESTION Q 예제

17 축척 $\frac{1}{600}$ 도면에서 측정한 값이 그림과 같을 때 ABCD의 실제 면적은?

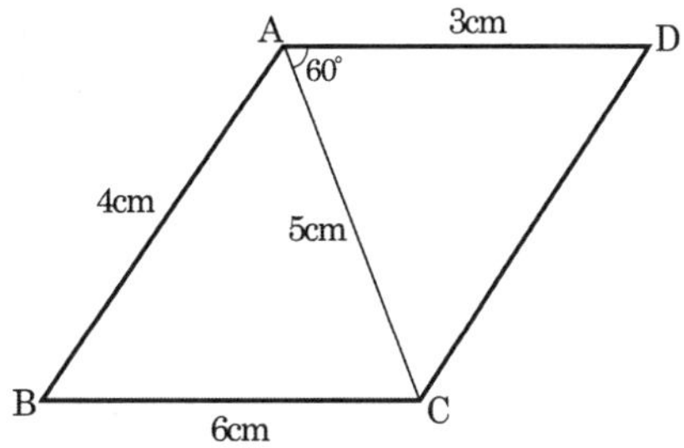

ANSWER & EXPLANATION

$M = \frac{1}{m} = \frac{l}{L}$ (여기서, m : 축척분모, L : 실제거리, l : 도상거리)

$\therefore\ L = m \cdot l$

$\overline{AB} = 600 \times 0.04 = 24\,\text{m}$

$\overline{BC} = 600 \times 0.06 = 36\,\text{m}$

$\overline{AC} = 600 \times 0.05 = 30\,\text{m}$

$\overline{AD} = 600 \times 0.03 = 18\,\text{m}$

$s = \frac{1}{2}(a+b+c)$

$= \frac{1}{2}(24+36+30) = 45\,\text{m}$

$A_1 = \sqrt{s(s-a)(s-b)(s-c)}$

$= \sqrt{45(45-24)(45-36)(45-30)} = 357.2\,\text{m}^2$

$A_2 = \frac{1}{2}ab\sin\theta$

$= \frac{1}{2} \times 30 \times 18 \times \sin 60^\circ$

$= 233.8\,\text{m}^2$

$\therefore$ 전체면적 $A = A_1 + A_2$

$= 357.2 + 233.8$

$= 591\,\text{m}^2$

QUESTION Q 예제

18 다음 그림에서 $\alpha=60°$, $\beta=30°$, $\gamma=45°$, $l=100\text{m}$ 일 때 AB의 변장을 구하시오.

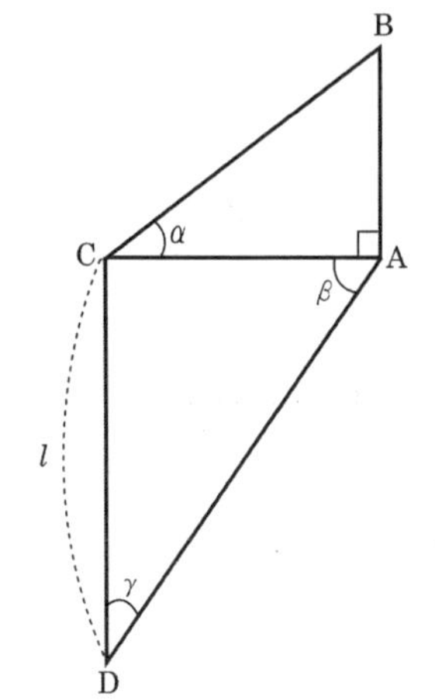

ANSWER & EXPLANATION

$\dfrac{AC}{\sin\gamma}=\dfrac{l}{\sin\beta}$ 에서

$AC=\dfrac{\sin\gamma}{\sin\beta}\times l=\dfrac{\sin 45}{\sin 30}\times 100=141.4\text{m}$

$\dfrac{AB}{\sin\alpha}=\dfrac{AC}{\sin\angle B}$ 에서

$AB=\dfrac{\sin 60°}{\sin 30°}\times 141.4=244.91\text{m}$

QUESTION Q 예제

19 다음 그림에서 $\angle ACD=\angle ABC=90°$, $BC=30\text{m}$, $\text{BD}=15\text{m}$ 일 때 하천의 폭 AB는?

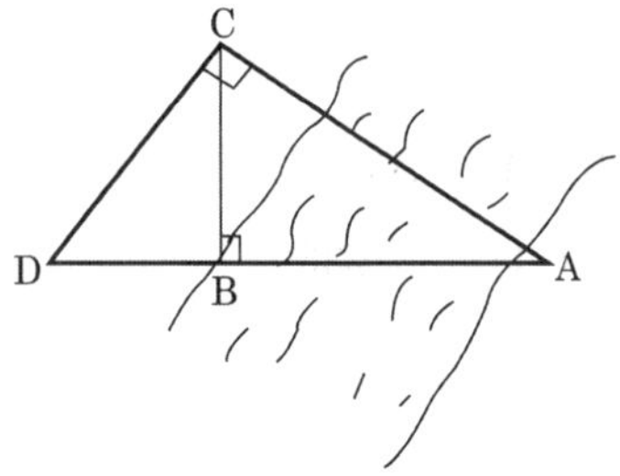

ANSWER & EXPLANATION

$AB : BC = BC : BD$

$\therefore\ AB = \dfrac{BC \times BC}{BD} = \dfrac{30 \times 30}{15} = 60\text{m}$

QUESTION Q 예제

20 다음과 같은 그림에서 θ_1, θ_2 및 x의 거리를 구하시오. (단, 거리는 소수 아래 4자리에서 반올림하고, 각은 초단위까지 계산할 것)

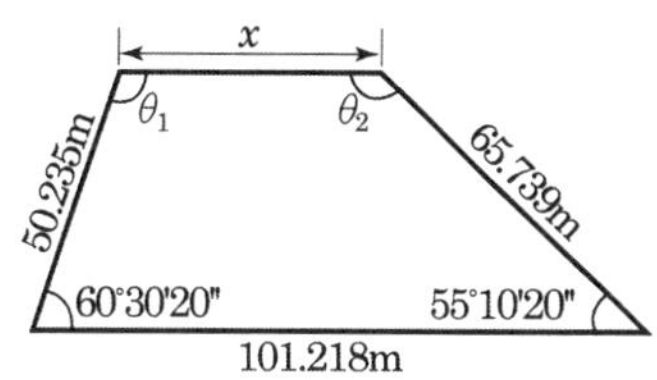

ANSWER & EXPLANATION

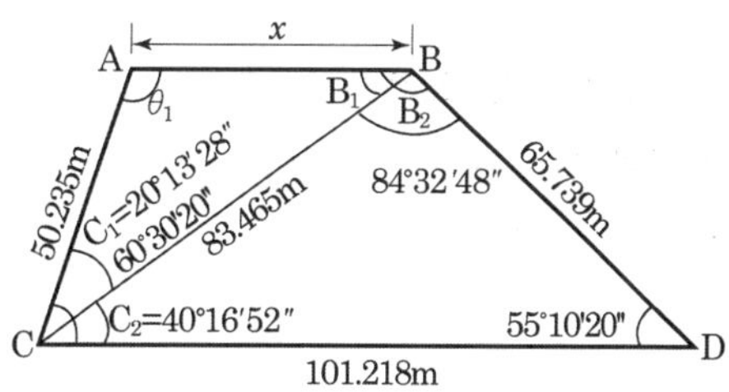

(1) $\triangle BCD$에서

$$\cos\angle D = \frac{a^2 + b^2 - c^2}{2ab}$$

$$\overline{BC} = \sqrt{a^2 + b^2 - (2ab \times \cos CD)}$$

① $BC = \sqrt{65.739^2 + 101.218^2 - (2 \times 65.739 \times 101.218 \times \cos 55°10'20'')}$

$= 83.465\text{m}$

② $\angle C_2 = \cos^{-1}\dfrac{83.465^2 + 101.218^2 - 65.739^2}{2 \times 83.465 \times 101.218} = 40°16'52''$

③ $\angle B_2 = 180° - \angle D - \angle C_2 = 180° - 55°10'20'' - 40°16'52''$

$= 84°32'48''$

④ $\angle C_1 = 60°30'20'' - \angle C_2 = 60°30'20'' - 40°16'52'' = 20°13'28''$

(2) $\triangle ABC$에서

① $AB(x) = \sqrt{50.235^2 + 83.465^2 - 2 \times 50.235 \times 83.465 \times \cos 20°13'28''}$
$= 40.265\text{m}$

② $\theta_1 = \cos^{-1}\dfrac{50.235^2 + 40.265^2 - 83.465^2}{2 \times 50.235 \times 40.265} = 134°13'29''$

③ $\angle B_1 = 180° - \angle \theta_1 - \angle C_1 = 180° - 134°13'29'' - 20°13'28''$
$= 25°33'03''$

따라서 구하고자 하는 답은

① $\theta_1 = 134°13'29''$

② $\theta_2 = \angle B_1 + \angle B_2 = 25°33'03'' + 84°32'48'' = 110°05'51''$

③ $x = 40.265\text{m}$

QUESTION Q 예제

21 폐합 트래버스 ABCDA를 측량한 결과 다음 그림과 같다. 누락된 측정값 $\angle B, \angle C$ 및 BC 간의 거리를 구하시오. (단, 폐합오차가 없는 것으로 하며 각은 분단위, 거리는 소수 2자리까지 나타낸다.)

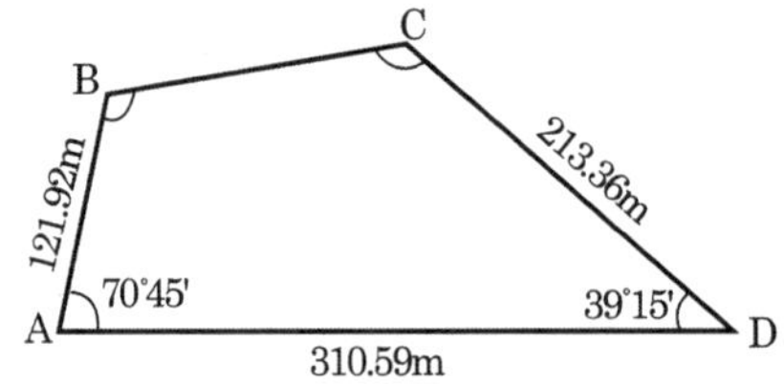

ANSWER & EXPLANATION

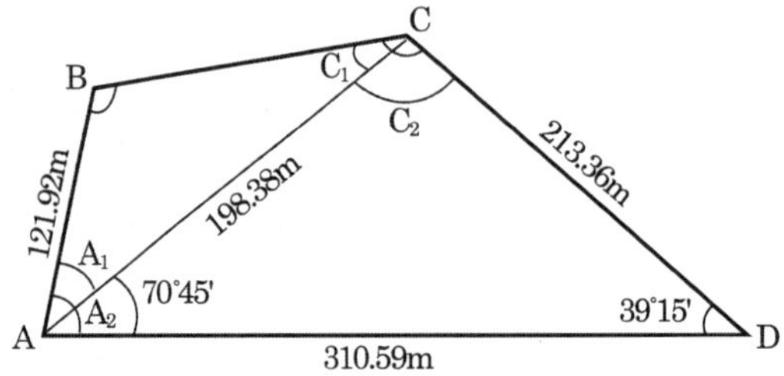

(1) $\overline{AC}$

$\overline{AC} = \sqrt{213.36^2 + 310.59^2 - (2 \times 213.36 \times 310.59 \times \cos 39°15')} = 198.38\text{m}$

(2) $\angle A_2$

$\dfrac{198.38}{\sin 39°15'} = \dfrac{213.36}{\sin \angle A_2}$ $\quad \therefore A_2 = 42°52'$

그러므로

$\angle A_1 = 70°45' - 42°52' = 27°53'$

$\angle C_2 = (42°52' + 39°15') - 180° = 97°53'$

(3) $\overline{BC}$

$\overline{BC} = \sqrt{121.92^2 + 198.38^2 - (2 \times 121.92 \times 198.38 \times \cos 27°53')} = 107.06\text{m}$

(4) $\angle B$

$\angle B = \cos^{-1}\left(\dfrac{121.92^2 + 107.06^2 - 198.38^2}{2 \times 121.92 \times 107.06}\right) = 119°56'$

(5) $\angle C$

$\angle C_1 = 180° - (27°53' + 119°56') = 32°11'$

따라서 $\angle C = \angle C_1 + \angle C_2 = 32°11' + 97°53' = 130°04'$

그러므로, 구하고자 하는 답은

① $\angle B = 119°56'$ ② $\angle C = 130°04'$ ③ $\overline{BC} = 107.06\text{m}$

QUESTION Q 예제

22 다음 측량결과에 의하여 PQ 거리를 구하시오. (단, AB=216.900m이며, 거리는 소수점아래 4자리에서 반올림할 것)

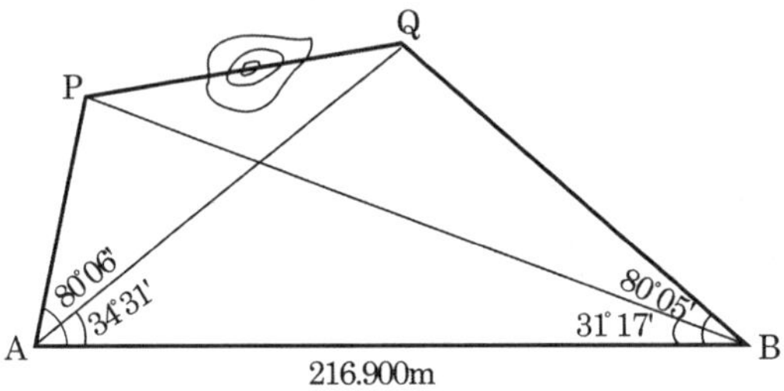

ANSWER & EXPLANATION

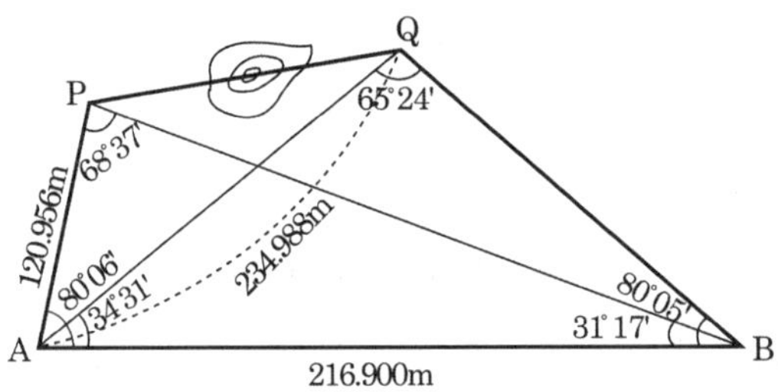

(1) $\overline{AP}$

$$\frac{\overline{AP}}{\sin 31°17'} = \frac{216.900}{\sin 68°37'}$$

$$\therefore\ \overline{AP} = \frac{216.900}{\sin 68°37'} \times \sin 31°17' = 120.956\text{m}$$

(2) $\overline{AQ}$

$$\frac{\overline{QA}}{\sin 80°05'} = \frac{216.900}{\sin 65°24'}$$

$$\therefore\ \overline{QA} = \frac{216.900}{\sin 65°24'} \times \sin 80°05' = 234.988$$

그러므로 구하고자 하는 $\overline{PQ}$는

$$\overline{PQ} = \sqrt{120.956^2 + 234.988^2 - (2 \times 120.956 \times 234.988 \times \cos 45°35')}$$
$$= 173.391$$

※ 별해(AP를 진북으로 보고 좌표에 의해 구한다.)

$(X_A = 0,\ Y_A = 0)$

(1) $X_P = X_A + \overline{AP} \times \cos AP$방위각 $= 0 + 120.956 \times \cos 0° = 120.956$

$Y_P = Y_A + \overline{AP} \times \sin AP$방위각 $= 0 + 120.956 \times \sin 0° = 0$

(2) $X_Q = X_A + \overline{AQ} \times \cos AQ$방위각 $= 0 + 234.988 \times \cos 45°35' = 164.461\text{m}$

$Y_Q = Y_A + \overline{AQ} \times \sin AQ$방위각 $= 0 + 234.988 \times \sin 45°35' = 167.845\text{m}$

$$\therefore\ \overline{PQ} = \sqrt{(X_Q - X_P)^2 + (Y_Q - Y_P)^2}$$
$$= \sqrt{(164.461 - 120.956)^2 + (167.845 - 0)^2}$$
$$= 173.392\,\text{m}$$

QUESTION Q 예제

23

그림과 같은 간단한 삼변 삼각형이 있다. 각 측선의 길이와 A,B의 좌표가 아래 표와 같다고 한다. C점의 평균좌표를 계산하시오.

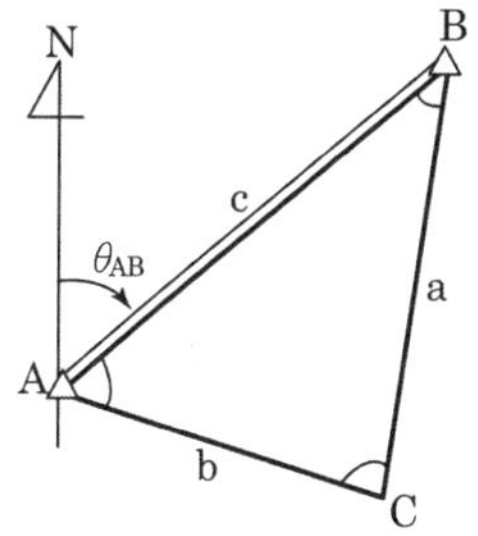

측선	측정거리 (m)	측점	좌표(m)	
			E	N
a	1,814.05	A	1,500.00	2,500.00
b	1,463.87	B	3,312.16	3,379.14

ANSWER & EXPLANATION

C점의 좌표 (평균좌표)

$X_C = X_A + \overline{AC}\ \cos AC$방위각, $\quad Y_C = Y_A + \overline{AC} \sin AC$방위각

$= X_B + \overline{BC} \cos BC$방위각, $\quad = Y_B + \overline{BC} \sin BC$방위각

(1) AC방위각

AC방위각 $= \theta_{AB} + \angle A = 64°07'13.48'' + 60°26'32.49'' = 124°33'45.97''$

① $\theta_{AB} = \tan^{-1}\left(\frac{Y_B - Y_A}{X_B - X_A}\right) = \tan^{-1}\left(\frac{3,312.16 - 1,500.00}{3,379.14 - 2,500.00}\right) = 64°07'13.48''$

② $\angle A$

$$\angle A = \cos^{-1}\left(\frac{b^2 + c^2 - a^2}{2bc}\right) = \cos^{-1}\left(\frac{1,463.87^2 + 2,014.15^2 - 1,814.05^2}{2 \times 1,463.87 \times 2,014.15}\right)$$

$$= 60°26'32.49''$$

※ $\overline{AB}(c) = \sqrt{(3,312.6 - 1,500)^2 + (3,379.14 - 2500)^2} = 2,014.15$

(2) BC방위각

$$BC\text{방위각} = \theta_{AB} - \angle B$$

$$= 64°07'13.48'' + 180° - 44°34'59.49''$$

$$= 199°32'13.99''$$

$$\angle B = \cos^{-1}\left(\frac{a^2 + c^2 - b^2}{2ac}\right) = \cos^{-1}\left(\frac{1,814.05^2 + 2,014.15^2 - 1,463.87^2}{2 \times 1,814.05 \times 2,014.15}\right)$$

$$= 44°34'59.49''$$

따라서

$$X_C = X_A + \overline{AC}\cos AC\text{방위각}$$

$$= 2,500 + 1,463.87 \times \cos 124°33'45.97'' = 1,669.53$$

$$= X_B + \overline{BC}\cos BC\text{방위각}$$

$$= 3,379.14 + 1,814.05 \times \cos 199°32'13.99'' = 1669.53$$

$$Y_C = Y_A + \overline{AC}\sin AC\text{방위각}$$

$$= 1,500 + 1,463.87 \times \sin 124°33'45.97'' = 2,705.50$$

$$= Y_B + \overline{BC}\sin BC\text{방위각}$$

$$= 3,312.16 + 1,814.05 \times \sin 199°32'13.99'' = 2,705.51$$

그러므로, C점의 평균좌표는

$$X_C = 1,669.53$$
$$Y_C = \frac{2,705.50 + 2,705.51}{2} = 2,705.51$$

QUESTION 예제

24 그림과 같은 삼각형에서 삼변측량을 한 결과 그림과 같을 때 삼각형의 내각을 구하시오. (단, 각도는 반올림하여 0.1″단위까지 구하시오.)

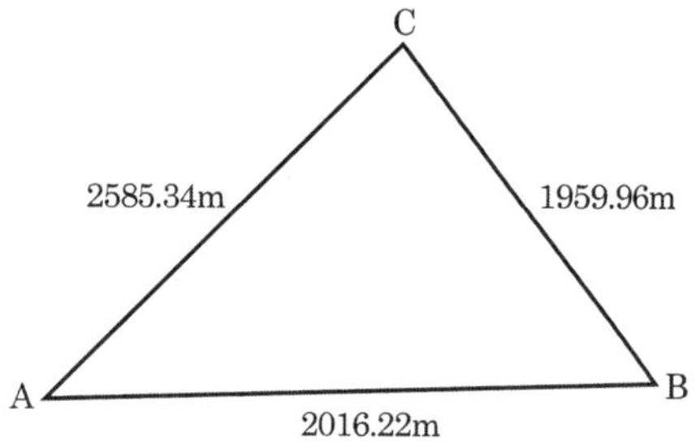

ANSWER & EXPLANATION

(1) 내각 $\angle A$, $\angle B$, $\angle C$ 계산

$$\angle A = \cos^{-1}\left(\frac{b^2 + c^2 - a^2}{2bc}\right)$$
$$= \cos^{-1}\left(\frac{2585.34^2 + 2016.22^2 - 1959.96^2}{2 \times 2585.34 \times 2016.22}\right) = 48°30'7.5$$

$$\angle B = \cos^{-1}\left(\frac{a^2 + c^2 - b^2}{2ab}\right)$$
$$= \cos^{-1}\left(\frac{1959.96^2 + 2016.22^2 - 2585.34^2}{2 \times 1959.96 \times 2016.22}\right) = 81°06'3.6''$$

$$\angle C = \cos^{-1}\left(\frac{a^2 + b^2 - c^2}{2ab}\right)$$
$$= \cos^{-1}\left(\frac{1959.96^2 + 2585.34^2 - 2016.22^2}{2 \times 1959.96 \times 2585.34}\right) = 50°23'48.9''$$

(2) 검산

$\angle A + \angle B + \angle C = 180°$

$48°30'7.5'' + 81°6'3.6'' + 50°23'48.9'' = 180°$

QUESTION Q 예제

25 다음 그림을 보고 아래 요소를 계산하시오. AC, BC의 방위각, C점의 좌표 및 α, β, γ의 내각을 구하시오. (거리는 소수 이하 4자리에서 반올림하고 각도는 $0.1''$까지 계산하시오.)

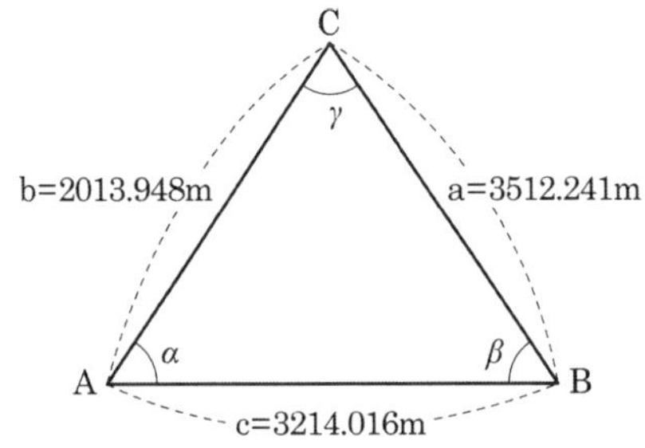

X_A=12,300.50, X_B=14,320.50

Y_A=11,050.30, Y_B=13,550.20

ANSWER & EXPLANATION

(1) 측선 AB의 거리

$$\overline{AB} = \sqrt{(14{,}320.50 - 12{,}300.50)^2 + (13{,}550.20 - 11{,}050.30)^2}$$
$$= 3{,}214.016\text{m}$$

(2) α, β, γ의 내각

- $\alpha = \cos^{-1}\dfrac{b^2 + c^2 - a^2}{2 \cdot b \cdot c}$

$$= \cos^{-1}\frac{(2{,}013.948)^2 + (3{,}214.016)^2 - (3{,}512.241)^2}{2 \times 2{,}013.948 \times 3{,}214.016} = 80°53'18.4''$$

- $\beta = \cos^{-1}\dfrac{a^2+c^2-b^2}{2 \cdot a \cdot c}$

$= \cos^{-1}\dfrac{(3,512.241)^2+(3,214.016)^2-(2,013.948)^2}{2\times 3,512.241\times 3,214.016} = 34°29'01.6''$

- $\gamma = \cos^{-1}\dfrac{a^2+b^2-c^2}{2 \cdot a \cdot b}$

$= \cos^{-1}\dfrac{(3,512.241)^2+(2,013.948)^2-(3,214.016)^2}{2\times 3,512.241\times 2,013.948} = 64°37'40.0''$

$\therefore\ \angle\alpha + \angle\beta + \angle\gamma = 180°$

(3) AC, BC의 방위각

- $\overline{AB}$방위각 $= \tan^{-1}\left(\dfrac{Y_B - Y_A}{X_B - X_A}\right) = 51°03'38.4''$

$\therefore \overline{BC}$방위각 $= \overline{BA}$ 방위각 $+ \angle\beta$

$= (51°03'38.4'' + 180) + 34°29'01.6'' = 265°32'40''$

- $\overline{CA}$ 방위각 $= \overline{CB}$방위각 $+ \angle\gamma$

$= 265°32'40'' - 180 + 64°37'40.0'' = 150°10'20''$

$\therefore \overline{AC}$방위각 $= \overline{CA}$ 방위각 $+ 180° = 150°10'20'' + 180° = 330°10'20''$

(4) C점의 좌표

① A → C

- $X_C = X_A + \overline{AC}$거리 $\times \cos\overline{AC}$방위각

$= 12,300.50 + 2,013.948 \times \cos 330°10'20'' = 14,047.649\text{m}$

- $Y_C = Y_A + \overline{AC}$ 거리 $\times \sin\overline{AC}$방위각

$= 11,050.30 + 2,013.948 \times \sin 330°10'20'' = 10,048.573\text{m}$

② B → C

$X_C = X_B + \overline{BC} \times \cos V_B^C$

$= 14320.50 + 351.241 \times \cos 265°32'40'' = 14,047.649\,\text{m}$

$Y_C = Y_B + \overline{BC} \times \sin V_B^C$

$= 13550.20 + 3512.241 \times \sin 265°32'40'' = 10,048.573\text{m}$

(5) C점의 평균좌표

$X_C = 14,047.649\,\text{m}$

$Y_C = 10,048.573\,\text{m}$

QUESTION Q 예제

26 다각형의 좌표가 다음과 같을 때 공식에 의하여 계산하고 양식에 의하여 풀어 보시오.

점명 \ 좌표	X	Y
A	40	20
B	60	50
C	50	70
D	30	80
E	20	40

ANSWER & EXPLANATION

1. 계산 공식에서

$$S=\frac{1}{2}\{40(50-40)+60(70-20)+50(80-50)+30(40-70)+20(20-80)\}$$

2. 좌표면적 서식에 의하여 계산하면 다음과 같다.

$A=2800.00 \div 2=1400.00$

좌표면적 및 경계점 간 거리 계산부

동면	지번	지목	면적	약도	측점번호	부호	X_n	Y_n	면적계산				거리계산			비고
									$X_{n+1}-X_{n-1}$	$Y_{n+1}-Y_{n-1}$	$X_n(Y_{n+1}-Y_{n-1})$	$Y_n(X_{n+1}-X_{n-1})$	Δx	Δy	거리	
용한동	51	대			A	1	m 40.00	m 20.00	m +40.00	m +10.00	m^2 +400.0000	m^2 +800.0000	m +20.00	m +30.00	m 36.06	
					B	2	60.00	50.00	+10.00	+50.00	+3000.0000	+500.0000	-10.00	+20.00	22.36	
					C	3	50.00	70.00	−30.00	+30.00	+1500.0000	−2100.0000	-20.00	+10.00	22.36	
					D	4	30.00	80.00	−30.00	−30.00	−900.0000	−2400.0000	-10.00	-40.00	41.23	
					E	5	20.00	40.00	+10.00	−60.00	−1200.0000	+400.0000	+20.00	-20.00	28.28	
											+2800.0000	−2800.0000				

신경향 지적측량실무 값 25,000원

저 자	황 보 상 원 안 병 구 이 영 수
발행인	문 형 진

판권 검인

2015년 7월 22일 제1판 제1쇄 인쇄
2015년 7월 29일 제1판 제1쇄 발행

발행처 세 진 사

136-087 서울특별시 성북구 보문로 38 세진빌딩
TEL : 922-6371~3, 923-3422·7224 / FAX : 927-2462
〈등록. 1976. 9. 21 / 등록번호. 서울 제6-28호〉